宇宙一わかりやすい
高校生物
「生物基礎」

船登　惟希

Gakken

はじめに

～生物基礎の勉強を丸暗記から脱却するために～

本書を手に取っていただき，ありがとうございます。

◆生物基礎は暗記科目だと割り切っていませんか？

「物理はニガテだから，暗記すればいい生物を選択した」……そんな人も少なくないはずです。しかし，生物基礎は本来，生物のメカニズムや事象について学ぶ教科。用語をただ暗記するだけではありません。最も大事なのは「何が起きているのか」をイメージできること，そして理解の伴った暗記を行うことです。

◆本書の特長

本書には次のような特長があります。
- 物質や器官などをそれぞれの特徴やはたらきにあわせてキャラクター化することで，イメージを定着しやすくし，覚えやすくしています。
- たとえ話で，事象の理解とイメージをしやすくしています。
- 計算問題でも実際に何が起きているかを図示しているため，理解しながら計算できます。

◆何が起きているかをイメージできれば難問も解ける！

用語をただ丸暗記したり，解答パターンを覚えたりしているだけでは，少しひねった問題を出題されると手も足も出なくなります。「実際に何が起きているか」を理解するためには，イラストでイメージし，理解することが必須。なので，本書は難関大を志望する人にとっても有用です。高校入学から入試直前まで，あなたの頼れるお供になるはずです。

さぁ，頼れる（？）ハカセとツバメと一緒に「生物基礎」を勉強していきましょう！

本書の特長と使いかた

■ 左が説明，右が図解の使いやすい見開き構成

　本書は左ページがたとえ話を多用したわかりやすい解説，右ページがイラストを使った図解となっており，初学者の人も読みやすく勉強しやすい構成になっています。

　左ページを読んでから右ページの図解に目を通すもよし，まず右ページをながめてから左ページの解説を読むもよし，ご自身の勉強しやすいように自由にお使いください。

■ 別冊の問題集と章末のチェックで実力がつく！

　本冊はところどころに別冊の確認問題への誘導がついています。そこまで読んで得た知識を，実際に自分で使えるかどうかを試してみましょう。確認問題の中には難しい問題もあります。最初は解けなかったとしても，再度挑戦し，すべての問題を解ける力をつけるようにしてください。

　章末の「ハカセの宇宙一やさしいチェック」は，その章で学んだ大事なことのチェック事項です。よくわからないところがあれば，該当箇所を読み直してみましょう。

■ 東大生が書いた，受験生に必要なエッセンスが満載の本格派

　本書にはユルいキャラクターが登場し，一見したところ，あまり本格的な参考書には見えないかもしれません。

　しかし，受験において重要な要素はしっかりとまとめてあり，他の参考書では教えてくれないような目からウロコの考えかたや解法も掲載されています。

　侮るなかれ，東大生が自分の学習法を体現した本格派の「生物基礎」の参考書なのです。

■ 楽しんで生物を勉強してください

　上記の通り，実は本格派である「生物基礎」の参考書をなぜこんな体裁にしたのかというと，読者のみなさんに楽しんで勉強をしてもらいたいからです。「勉強はつらく面倒なもの」というのは，たしかにそうなのですが，「少しでも勉強の苦労を軽減させ，みなさんに楽しんでもらえるように」という著者と編集部の想いで本書は作られました。

　みなさんがハカセとツバメと一緒に楽しみながら，生物の力をつけていけることを願っております。

もくじ

Chapter 1 生物の特徴 ……………………… 15

- 1-1 生物の多様性 …………………………………… 18
- 1-2 生物の共通性 ～共通性の由来～ ……………… 20
- 1-3 細胞の発見と細胞説 …………………………… 22
- 1-4 〈発展〉ウイルス ……………………………… 24
- 1-5 〈補足〉顕微鏡の発達 ………………………… 26
- 1-6 細胞の構造① ～原核細胞～ …………………… 28
- 1-7 細胞の構造② ～真核細胞～ …………………… 30
- 1-8 単細胞生物と多細胞生物 ……………………… 32
- 1-9 細胞小器官① ～核～ ………………………… 34
- 1-10 細胞小器官② ～葉緑体～ …………………… 36
- 1-11 細胞小器官③ ～ミトコンドリア～ ………… 38
- 1-12 細胞小器官④ ～液胞～ ……………………… 40
- 1-13 細胞壁 ………………………………………… 42
- 1-14 〈補足〉光学顕微鏡の使い方 ………………… 44
- 1-15 〈補足〉ミクロメーターの使い方 …………… 52
- 1-16 〈補足〉細胞分画法 …………………………… 56

Chapter 2 エネルギーの利用 …………………… 59

- 2-1 代謝 ～エネルギーの利用～ …………………… 62
- 2-2 酵素① …………………………………………… 68
- 2-3 酵素② …………………………………………… 70
- 2-4 〈発展〉酵素の特徴① ～基質特異性～ ……… 72
- 2-5 〈発展〉酵素の特徴② ～最適温度，最適pH～ … 76
- 2-6 ATP① …………………………………………… 82
- 2-7 ATP② …………………………………………… 84
- 2-8 呼吸 ～異化の代表例～ ………………………… 86
- 2-9 〈発展〉呼吸の過程 …………………………… 88

2-10	〈発展〉発酵	92
2-11	光合成 〜同化の代表例〜	96
2-12	共生説	98

Chapter 3 遺伝情報（DNA） 101

3-1	遺伝情報とは	104
3-2	遺伝子の正体はDNA	108
3-3	タンパク質の役割	110
3-4	〈発展〉タンパク質とは	112
3-5	DNAの構造	118
3-6	塩基の相補性	122
3-7	DNAのはたらき① 〜DNAからタンパク質が作られるまで〜	124
3-8	〈発展〉DNAのはたらき② 〜翻訳〜	128
3-9	〈発展〉遺伝暗号表	130
3-10	〈発展〉遺伝子の正体① 〜グリフィスの実験〜	132
3-11	〈発展〉遺伝子の正体② 〜エイブリーらの実験〜	138
3-12	〈発展〉遺伝子の正体③ 〜ハーシーとチェイスの実験〜	140
3-13	〈発展〉突然変異	142
3-14	〈発展〉セントラルドグマ	144
3-15	〈発展〉セントラルドグマの例外 〜逆転写〜	146
3-16	遺伝子の発現とその調整① 〜パフの観察〜	148
3-17	〈発展〉遺伝子の発現とその調整② 〜核移植の実験〜	154
3-18	〈発展〉遺伝子の発現とその調整③ 〜ES細胞とiPS細胞〜	158
3-19	遺伝情報の分配①	162
3-20	遺伝情報の分配② 〜細胞周期〜	164
3-21	遺伝情報の分配③ 〜細胞周期の詳細〜	166

もくじ

3-22	遺伝情報の分配④　〜細胞周期とDNA量の変化〜	170
3-23	〈発展〉遺伝情報の分配⑤　〜減数分裂〜	172
3-24	〈発展〉ゲノムと核相	174

Chapter 4 環境変化への対応 …… 179

4-1	環境変化への対応に重要なもの	182
4-2	体内環境と恒常性	184
4-3	体液とその循環	188
4-4	血液①　〜血しょう〜	190
4-5	血液②　〜赤血球〜	192
4-6	血液③　〜白血球・血小板〜	198
4-7	血液凝固のしくみ	200
4-8	〈発展〉血液凝固のくわしいしくみ	202
4-9	組織液・リンパ液	204
4-10	体液の循環	206
4-11	循環系①　〜心臓〜	208
4-12	循環系②　〜血管〜	210
4-13	循環系③　〜血管系〜	212
4-14	肺循環・体循環	214
4-15	循環系④　〜リンパ管〜	216
4-16	腎臓	218
4-17	腎臓の構造	220
4-18	腎臓のはたらき	222
4-19	〈発展〉腎臓に関する計算問題	226
4-20	拡散と浸透①	236
4-21	〈発展〉拡散と浸透②	238
4-22	単細胞生物の塩類濃度調節	244
4-23	無脊椎動物の塩類濃度調節	246
4-24	魚類の塩類濃度調節	250

ナニナニ…？
「ついに『宇宙一わかりやすい』シリーズの生物が出版決定！この星の生物研究の第一人者である，ハカセ三男が地球の「生物」を宇宙一わかりやすくまとめるために地球へと向かっている。地球の「化学」「物理」に続いて発売されるこの本も売り切れは必至！　絶賛予約受付中！！」ですって…！

なんか大事に
なっておるぞ…？！

4-25	肝臓　〜構造〜	254
4-26	肝臓のはたらき	256
4-27	体内環境の維持のしくみ　〜基本的なしくみ〜	264
4-28	神経系を使って調節する　〜神経系の分類〜	270
4-29	自律神経系　〜間脳の視床下部〜	274
4-30	交感神経と副交感神経	276
4-31	自律神経系を介した情報伝達の例　〜心臓の拍動〜	278
4-32	ホルモンを介した情報伝達の概要	280
4-33	ホルモンの分泌（内分泌腺）	282
4-34	ホルモンの受け取り（標的器官）	284
4-35	〈発展〉水溶性ホルモンと脂溶性ホルモン	286
4-36	ホルモンを介した調節のしくみ	288
4-37	ホルモンを介した情報伝達の例　〜水分量の調節〜	292
4-38	血糖濃度の調節（高血糖の場合）	294
4-39	血糖濃度の調節（低血糖の場合）	296
4-40	体温の調節（体温が低い場合）	298
4-41	体温の調節（体温が高い場合）	298
4-42	糖尿病	304
4-43	生体防御①　〜概要　その1〜	306
4-44	生体防御②　〜概要　その2〜	300
4-45	物理的・化学的防御	312
4-46	免疫①　〜自然免疫〜	314
4-47	免疫②　〜獲得免疫〜	318
4-48	獲得免疫①　〜体液性免疫〜	320
4-49	獲得免疫②　〜細胞性免疫〜	322
4-50	〈発展〉非自己の認識	324
4-51	免疫記憶	328
4-52	免疫と医療	330
4-53	免疫に関する疾患	332

もくじ

Chapter 5 生物の多様性と生態系 ……………… 339

- 5-1 植生の分類 …………………………………… 342
- 5-2 植生と気候の関係 …………………………… 344
- 5-3 生活形 ………………………………………… 348
- 5-4 森林の構造 …………………………………… 350
- 5-5 〈補足〉光合成速度 ………………………… 352
- 5-6 植生の遷移 …………………………………… 360
- 5-7 一次遷移① 〜乾性遷移〜 ………………… 362
- 5-8 一次遷移② 〜湿性遷移〜 ………………… 368
- 5-9 二次遷移 ……………………………………… 370
- 5-10 世界のバイオーム ………………………… 372
- 5-11 日本のバイオーム① 〜水平分布〜 …… 378
- 5-12 日本のバイオーム② 〜垂直分布〜 …… 380
- 5-13 生態系① …………………………………… 384
- 5-14 食物連鎖と食物網 ………………………… 388
- 5-15 〈発展〉生態系② ………………………… 390
- 5-16 陸上生態系と水界生態系の関係 ………… 392
- 5-17 生態ピラミッド …………………………… 394
- 5-18 生態系における物質の循環① 〜はじめに〜 … 396
- 5-19 生態系における物質の循環② 〜炭素〜 … 398
- 5-20 生態系における物質の循環③ 〜窒素〜 … 400
- 5-21 生態系内でのエネルギーの移動 ………… 404
- 5-22 生態系のバランス ………………………… 406
- 5-23 生物濃縮 …………………………………… 412
- 5-24 生物の多様性 ……………………………… 414
- 5-25 生態系を保全するための取り組み ……… 416

Chapter 1

生物の特徴

Chapter 1 生物の特徴

はじめに

地球には数多くの生物がいます。
フシギが大好きなハカセは，1つ1つの生物について
くわしく調べたい気持ちもありますが，
生物に関するすべてを勉強していたら，一生あっても足りません。
本書のChapter 1〜4では，**すべての生物に共通する特徴**について勉強します。

地球上には多種多様な生物が生息していて，見た目も全然違いますが，
実は共通した特徴があるのです。それが，次の4つです。

■ **生物に共通する特徴**
- 細胞からなる　　　　　（⇒くわしくはChapter 1でやります）
- エネルギーを利用する　（⇒くわしくはChapter 2でやります）
- 遺伝情報（DNA）をもつ　（⇒くわしくはChapter 3でやります）
- 環境の変化に対応する　（⇒くわしくはChapter 4でやります）

Chapter1では，1つめの特徴である「細胞」について，勉強していきますよ。

この章で勉強すること
- 細胞に関する歴史
- 細胞の種類と構造
- 細胞に含まれているものの構造とはたらき
- 実験器具の使い方

1-1 生物の多様性

> **ココをおさえよう！**
>
> 種とは，生物の分類の基本的な単位で，互いに交配し子孫を残すことが可能な集団のことである。

地球上には，現在わかっているだけでも，約180万種もの生物がいます。
未知のものも含めると，数千万種もの生物がいると考えられています。

なぜ，これほど多くの種類の生物が生息しているのかというと，
地球にはさまざまな環境があり，それぞれの環境に適した形態や機能をもつ生物が存在しているからです（**砂漠・草原・森林・海洋**……）。

> **補足** 種の定義にはいくつか種類があるのですが，本書では「生物の分類の基本的な単位で，互いに交配し子孫を残すことが可能な集団」とします。

よって，地球上には，似ても似つかない形をした生物がたくさん存在します。
例えば，シジュウカラとイルカなんて，似ても似つかないですよね。

そんな生物にも，実は共通の特徴があるのです。

特徴を調べ，まとめていくと，生物には4つの共通する特徴があることがわかりました。本書ではこの4つの特徴について勉強していきます。

■ 生物に共通する4つの特徴

1. 細胞からなる
2. エネルギーを利用する
3. 遺伝情報（DNA）をもつ
4. 環境の変化に対応する

1-1 生物の多様性

生物は多種多様だが，共通の特徴がある

地球上に存在する生物は約180万種

サソリ　ウマ　シジュウカラ　イルカ

未知のものも含めると，数千万種いるといわれておるぞい

ボクに似てる生物がいるッス

生物はそれぞれのすむ環境に適する形態をしている

砂漠　草原　森林　海洋

だから，多くの生物が似ても似つかないのは当たり前

鳥とイルカではイルカのほうが頭がよいと言われとるんじゃ

地球の鳥も優等生ではないんッスね……

しかし，生物には共通する特徴が4つある

1. 細胞からなる
2. エネルギーを利用する
3. 遺伝情報(DNA)をもつ
4. 環境の変化に対応する

みんな同じなんたから調子に乗るんじゃないッス

1-2 生物の共通性 〜共通性の由来〜

> **ココをおさえよう！**
>
> 生物に共通の特徴があるのは，共通の祖先から進化したから。
> 生物の進化に基づく類縁関係を表した図を系統樹という。
> 特に遺伝情報を手がかりに作られたものは分子系統樹と呼ばれる。

「**生物は多種多様なのに，共通の特徴がある**」
この事実をどう説明したらよいのでしょうか？

どうやら，「**共通の祖先から進化したから，共通した特徴をもっている**」と考えると，うまく説明できそうです。

顔は似てないけど声だけは似ている，なんていう兄弟をたまに見かけます。
「多種多様だけど，共通の特徴がある」というのは，こういうイメージです。

他にも，魚類・両生類・は虫類・鳥類・ほ乳類を比べると，似ても似つかない見た目をしていますが，「**脊椎（背骨）をもつ**」という共通の特徴があります。これは「**脊椎をもつ共通の祖先から進化したから**」なのです。

生物が進化してきた経路に基づく，種や集団の類縁関係を**系統**といいます。
そして，系統を絵としてまとめたものは樹木に似た形になるので，**系統樹**といいます。

系統樹は従来，生物の形態などを手がかりとして作られていましたが，
現在は科学の進歩によって，遺伝情報を手がかりとして作られています。

生物は，近縁な種であるほど，遺伝情報はよく似ています。
逆に，早い段階で共通の祖先から分岐した生物間では，遺伝情報にも大きな差が出てきます。
このような生物間の遺伝情報の差の大きさを比較して作られた系統樹を**分子系統樹**といいます。

1-2 生物の共通性 〜共通性の由来〜

生物は多種多様なのに，共通の特徴がある

共通の祖先から進化したから，共通した特徴をもつ

例 魚類・両生類・は虫類・鳥類・ほ乳類は見た目は似てないが，脊椎をもつという共通の特徴がある。

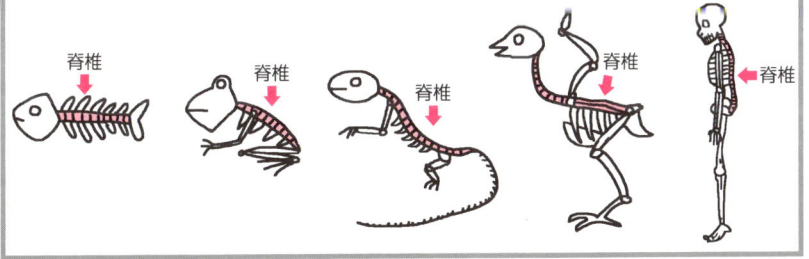

系統樹

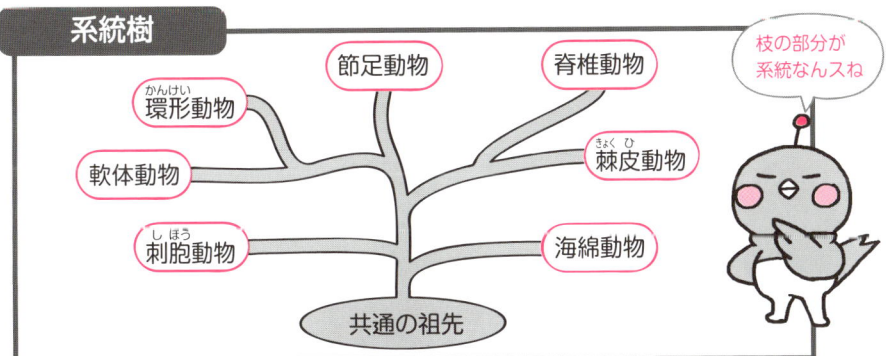

分子系統樹

遺伝情報を手がかりに作られた系統樹。

1-3 細胞の発見と細胞説

ココをおさえよう！

細胞は生物の基本単位。
「すべての生物は細胞からできている」という説を細胞説という。

Chapter 1の主要なテーマの1つである「**細胞**」について，見ていきましょう。

・細胞は生物の基本単位。細胞は分裂して増える

ブロックで作ったアヒルは，ブロックという基本単位を組み合わせることでできています。また，ブロックにはさまざまな種類がありますが，どれも凹凸があるなど，共通した構造をしています。

同じように，すべての生物は，**細胞という基本単位**からなります。
そして，細胞にはさまざまな種類がありますが，細胞質の最外層に細胞膜があるなど，共通した構造をしています（細胞の構造については，p.28〜31で説明しますね）。

また，細胞は**細胞分裂**（**体細胞分裂**）によって増殖をします。私たちの体内では常に新しい細胞ができているのです。細胞分裂ではもとの細胞と同じ細胞が複製されます。細胞分裂（体細胞分裂）についてはp.162〜169でくわしくお話ししますね。

・細胞の発見

細胞は，ロバート・フックによって発見されました。
ロバート・フックは，顕微鏡を用いてさまざまなものを観察し，1665年に，『ミクログラフィア』として成果をまとめ，出版しました。
その中で彼は，コルクを薄く切り取ったものを観察しており，コルクには，蜂の巣のように小さく区切られた小部屋（cell）があることを発見しました。
これが，細胞（cell）の発見とされています。

> **補足** 実際は，このときロバート・フックが見たのは，細胞そのものではなく，死んだコルクの細胞壁でした。

細胞が発見されると，「**すべての生物は細胞からできているのではないか**」という人が出てきました。これを**細胞説**といいます。
1838年には，シュライデンが「すべての植物は細胞からできている」と，
1839年には，シュワンが「すべての動物は細胞からできている」と唱えました。

1-3 細胞の発見と細胞説

細胞は生物の基本単位

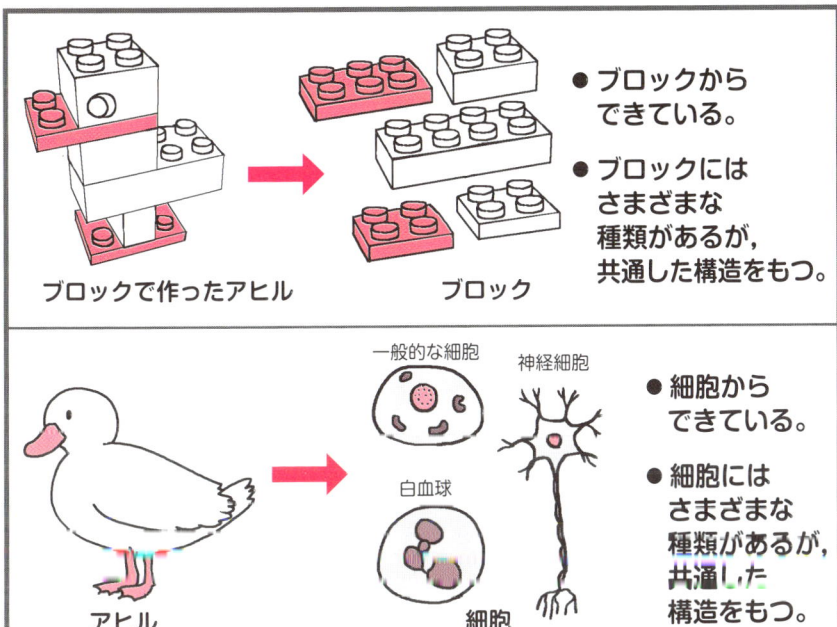

細胞の発見の歴史

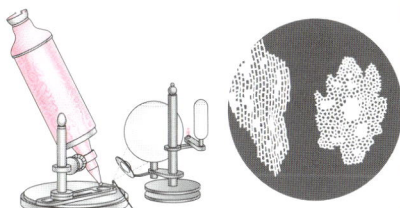

1-4 発展 ウイルス

ココをおさえよう！

ウイルスは生物でも無生物でもない。

生物なのか無生物なのか，明確に分類できないものも，地球上にはいます。
それが，**ウイルス**です。インフルエンザやエイズなどの病気を引き起こす，あのいまいましいヤツのことです。
ウイルスは，生物の細胞内に侵入すると，その細胞の中で急激に増殖し，細胞から外に出ます。
外に出たウイルスは，他の細胞に侵入し，増殖を繰り返すことで，ウイルスはどんどん広がっていくのです。

生物の4つの共通点と，ウイルスの特徴を照らし合わせてみましょう。

1. 細胞からなる？
細胞という構造はもっていません。核酸という遺伝物質を，タンパク質の殻で包んだような構造をしています。

2. エネルギーを利用する？
栄養分の取り込みや不要物の排出などは行わず，エネルギーの出入りはありません。

3. 遺伝情報をもつ？
遺伝情報はもっていますが，細胞のように自ら分裂して増えることはできません。他の生物の細胞内に侵入し，細胞内にある物質を利用します。そして，ウイルスの遺伝物質を複製し，増殖します。

> 補足　ウイルスの遺伝情報はDNAだったりRNAだったりします（→p.140, 146）。

4. 環境の変化に対応する？
対応しません。

以上のように，遺伝情報はもっていますが，それ以外の特徴はもっていないため，生物とも無生物ともいえない存在なのです。

1-4 〈発展〉 ウイルス

ウイルスは生物でも無生物でもない！

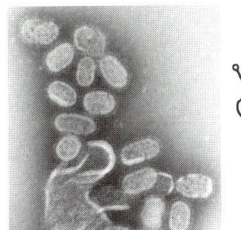

生物の4つの特徴と照らし合わせてみると…。	
Q.1 細胞からなる？	**Q.2** エネルギーを利用する？
A いいえ。核酸をタンパク質で包んだ構造です。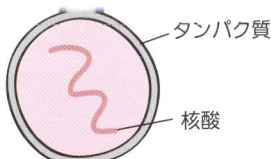	**A** いいえ。エネルギーの出入りはありません。
Q.3 遺伝情報をもつ？	**Q.4** 環境の変化に対応する？
A はい。ただし，他の細胞を利用して増殖します。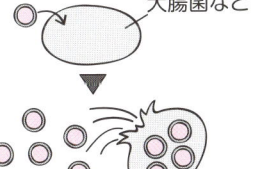	**A** いいえ。対応しません。

ここまでやったら 別冊 p.1 へ

1-5 補足 顕微鏡の発達

ココをおさえよう！

区別できる2つの点の幅を，分解能という。
光学顕微鏡の分解能は0.2 μm(マイクロ)，電子顕微鏡の分解能は0.2 nm(ナノ)。

ロバート・フックが細胞を発見できたのも，小さな細胞が観察できる**顕微鏡**が発明されたからです。また，顕微鏡の性能が向上することで，私たちはより小さなものを観察できるようになりました。

そんな生物学の発展に多大な貢献をしてきた顕微鏡に焦点を当ててみましょう。

・顕微鏡の性能が向上するとは，分解能が高くなること

顕微鏡の性能は，**区別できる2点の最小の幅**で表されます。これを**分解能**と呼びます。

例えば，1 mmの幅をあけて2つの点が描かれていたとき，
分解能の低い顕微鏡は，1点に見えてしまいます。つまり，小さなものを観察することができません。

一方，分解能の高い顕微鏡は，2点を区別して見ることができます。つまり，小さなものを観察することができます。

・光学顕微鏡の分解能は0.2 μm

皆さんが実験室で使っている**光学顕微鏡**は，分解能が0.2 μm (1 mmの1000分の2)です。これは，0.2 μmまで近づいた2点を識別できるということを表しています。

・電子顕微鏡の分解能は0.2 nm

さらに分解能の高い顕微鏡に，**電子顕微鏡**があります。電子顕微鏡は，光の代わりに電子線を用いる顕微鏡で，分解能は0.2 nmです。光学顕微鏡より，さらに1000分の1も細かいものを観察できるということですね。驚異的です。

補足 ヒトの肉眼の分解能は0.1 mmくらいです。

$$1\,mm = \frac{1}{1000}\,m,\ 1\,\mu m = \frac{1}{1000}\,mm,\ 1\,nm = \frac{1}{1000}\,\mu m$$

1-5 〈補足〉 顕微鏡の発達

細胞の発見の裏に，顕微鏡の発明あり！
↓
顕微鏡について勉強しよう

顕微鏡の性能が向上 ＝ 分解能が高くなる。
　　　　　　　　　　　（より近い2点が区別できるようになる）

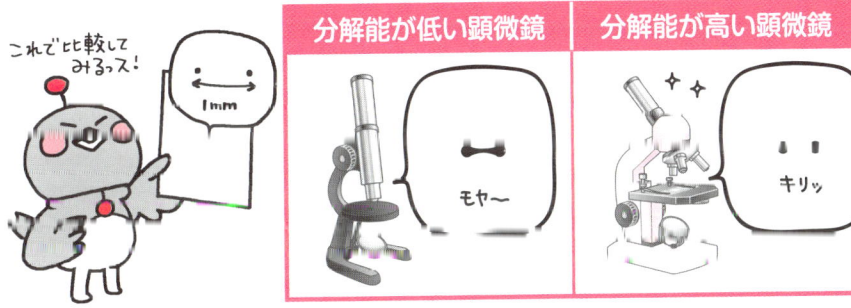

光学顕微鏡

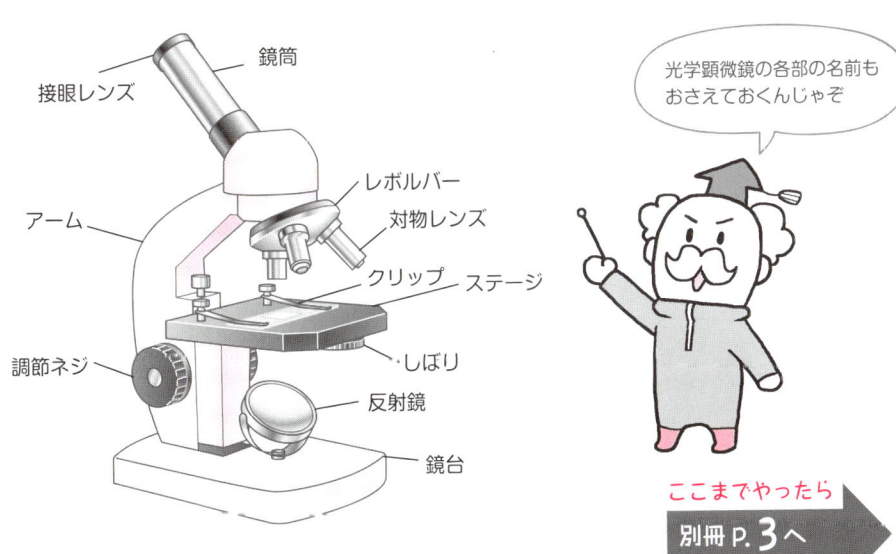

ここまでやったら 別冊 p.3 へ

1-6 細胞の構造① ～原核細胞～

> **ココをおさえよう！**
> 原核細胞は核をもたないが，細胞壁はもっている。

ハカセとツバメが，顕微鏡を用いて，さまざまな生物の細胞を観察してみました。すると，細胞は大きく分けて2種類あることがわかりました。

それが，**原核細胞**と**真核細胞**です。

まずは，原核細胞について。

・原核細胞の特徴は，核がない＆細胞壁がある

原核細胞の構造は，次のような構造になっています。

① むき出しの染色体　←核がないのは大事なポイント！（真核細胞には核がある）
② 細胞質基質
③ 細胞膜
④ 細胞壁　←細胞壁をもつのは大事なポイント！

※その他，べん毛や繊毛をもつ原核細胞もあります。

・原核生物

原核細胞からなる生物を，**原核生物**といいます。
大腸菌や**シアノバクテリア**などの**細菌類**が代表例です。

1-6 細胞の構造① 〜原核細胞〜

- **原核細胞…核がない＆細胞壁がある**

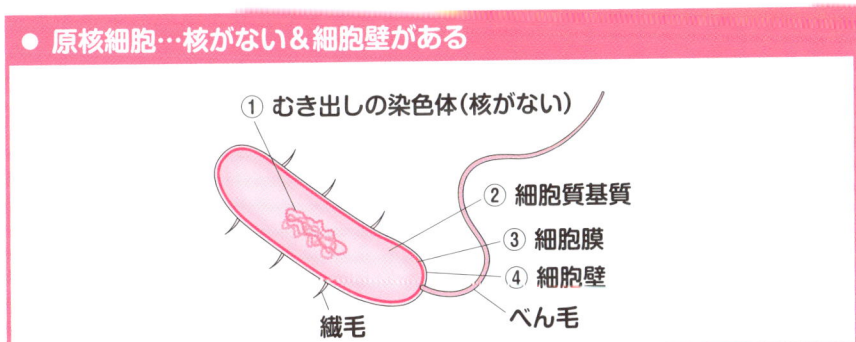

① むき出しの染色体（核がない）
② 細胞質基質
③ 細胞膜
④ 細胞壁
繊毛
べん毛

- **原核生物…原核細胞からなる生物**

例 大腸菌・シアノバクテリアなどの細菌類

1-7 細胞の構造② 〜真核細胞〜

> **ココをおさえよう！**
>
> 真核細胞には核がある。
> 原形質と細胞壁に分けられ，原形質は核と細胞質に分けられる。

続いて，真核細胞について観察してみましょう。

・真核細胞の大きな特徴は，核があること
真核細胞が原核細胞と大きく違うところは，核をもっていることです。

・原形質と細胞壁
真核細胞の構造は，**原形質**と**細胞壁**に分けられます。
原形質というのは，細胞膜とそれに包まれた内部をまとめた総称です。
（**植物には細胞壁がある**ことがポイントです。）

・核と細胞質
原形質は，核と核以外の部分（細胞質）に分けられます。

細胞質のいちばん外側には細胞膜があり，細胞の内部と外部を仕切っています。
細胞内には，**細胞小器官**（核やミトコンドリア・葉緑体など）があり，その間を細胞質基質が満たしています。
細胞質基質は液状で，水やグルコース，酵素などが含まれており，さまざまな生命活動（物質の分解や合成）が行われています。
細胞質基質には流動性が見られ，その現象は**原形質流動**と呼ばれます。

・真核生物
真核細胞からなる生物を**真核生物**と呼びます。
動物や植物は真核生物です。

原核細胞と真核細胞（動物・植物）を比較したものを右ページに載せておきました。
確認に使ってみてください。

> **補足** ちなみに，酵母菌（p.92）は菌類です。「菌」という字に惑わされて，細菌類と混同しないよう，注意が必要です。

1-7 細胞の構造② ～真核細胞～

● 真核細胞…核がある

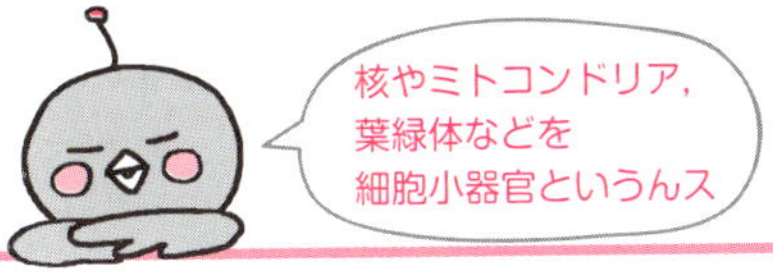

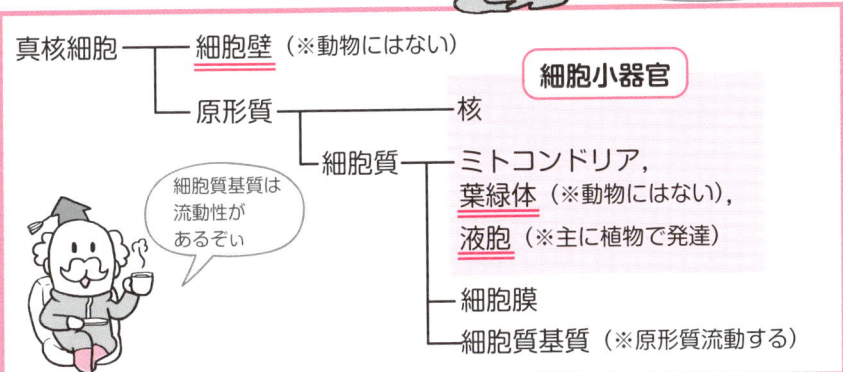

● 真核細胞は，動物と植物で違う

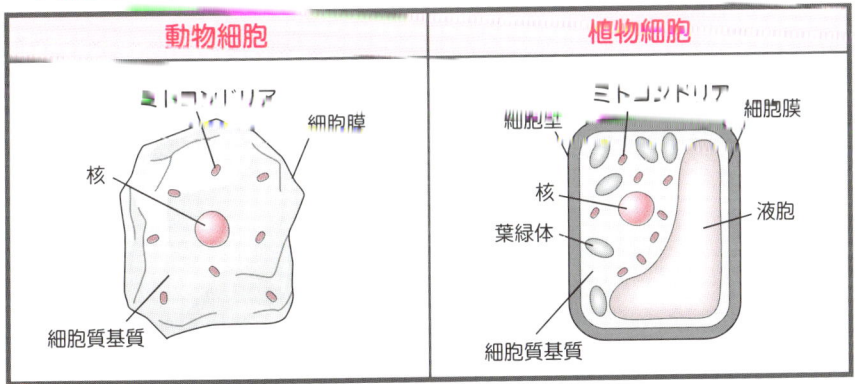

● 真核生物…真核細胞からなる生物

〈原核細胞と真核細胞(動物・植物)の比較〉

構造体	原核細胞	真核細胞 動物	真核細胞 植物
染色体	○	○	○
細胞膜	○	○	○
細胞壁	○	×	○
核(核膜)	×	○	○
ミトコンドリア	×	○	○
葉緑体	×	×	○

ここまでやったら 別冊 p.4 へ

1-8 単細胞生物と多細胞生物

> **ココをおさえよう！**
>
> 生物は，単細胞生物と多細胞生物に分けられる。
> 多細胞生物は，細胞⇒組織⇒器官⇒個体といった階層構造をもつ。
> 単細胞生物＝原核生物ではない。

生物は細胞によって作られていますが，個体を構成する細胞の数は，生物によってさまざまです。

・単細胞生物

1つの細胞からなる生物を，**単細胞生物**といいます。ゾウリムシ・大腸菌・酵母菌などがいます。
単細胞生物は，1つの細胞でいろんな役割をしなくてはいけません。
そのために，ゾウリムシには，水分を排出する**収縮胞**，食べ物を消化する**食胞**など，1つの細胞内に特殊な構造がいろいろと発達しています。

・多細胞生物

動物や植物のように多数の細胞からなる生物を，**多細胞生物**といいます。
多細胞生物は，細胞ごとに役割をもち，分業しています。
似たようなはたらきをもつ細胞どうしが集まって**組織**となり，組織が集まって**器官**となっています。そして，器官が統合して**個体**が作られているのです。

・単細胞生物と原核生物は同じ？

p.28～31でお話しした原核生物・真核生物という分類と，単細胞生物・多細胞生物という分類との関係性はどうなっているのでしょうか？
気をつけるべき点は，"単細胞生物＝原核生物"ではないことです。

大腸菌（細菌類）と酵母菌（菌類）はともに単細胞生物ですが，大腸菌は原核生物で，酵母菌は真核生物です。**真核生物には，多細胞生物だけでなく酵母菌のような単細胞生物もいるのです**（一方，原核生物はすべて単細胞生物です）。

ちなみに，**微生物**という言葉は，単細胞生物でも多細胞生物でも，肉眼では観察できない小さな生物の便宜的な総称です。

1-8 単細胞生物と多細胞生物

細胞はどのように個体を形成しているのか？

- **単細胞生物**…1つの細胞からなる生物。
  （ゾウリムシ・大腸菌・酵母菌など）**1つの細胞でさまざまな役割をする必要がある。**

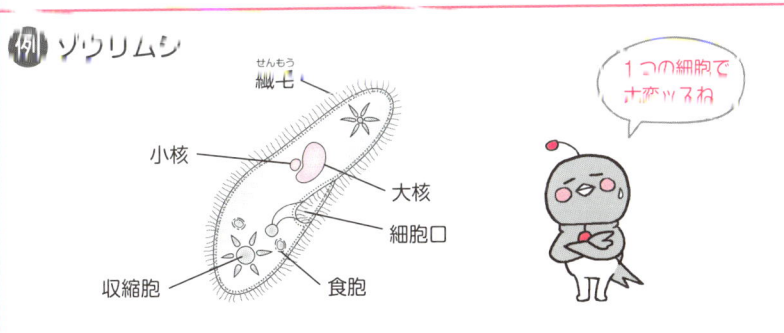

例 ゾウリムシ （1つの細胞で大変ッスね）

- **多細胞生物**…多数の細胞からなる生物。
  （多くの動物・植物）**細胞ごとに役割をもち，分業する。**

原核生物はすべて単細胞生物，真核生物には単細胞生物と多細胞生物がおるぞい

細胞 → 組織 → 器官 → 個体

例（植物）
表皮細胞 → 表皮 → 葉
導管細胞 → 木部 → 茎
→ 植物

例（動物）
筋細胞 → 心筋 → 心臓
上皮細胞 → 上皮 → 小腸
→ 動物

ここまでやったら
別冊 P.6 へ

1-9 細胞小器官① 〜核〜

ココをおさえよう！

核は遺伝情報を保持している細胞小器官。
酢酸カーミンまたは酢酸オルセインで赤く染めて観察する。

光学顕微鏡で観察ができる主な細胞小器官を，それぞれ見ていきましょう。

■ **光学顕微鏡で観察できる主な細胞小器官**

- 核
- 葉緑体
- ミトコンドリア
- 液胞

まずは，**核**から観察してみましょう。

・核のはたらき
核は，**細胞の形態やはたらきに関する情報（遺伝情報）を保持**しています。

・核の構造
核は球形の構造をしており，最外層には**核膜**があります。
内側には**染色体**があります。染色体は **DNA** と**タンパク質**からなり，DNAという物質が，遺伝情報をもっているのです（DNAについては，Chapter 3でくわしく学びます）。

> 核膜は二重膜（内膜・外膜）からなり，核膜の内側には染色体の他に核小体が存在します。核膜には，核膜孔という穴が空いており，核膜内外で物質をやり取りする際の通り道として使われます。

・核の観察
核は，そのままでは透明で観察できないのですが，**酢酸カーミン**や**酢酸オルセイン**という染色液を用いると染色体が赤色に染色され，観察することができます。

・その他の特徴
細胞分裂の際に，核は分裂します（**核分裂**）。

1-9 細胞小器官① ～核～

光学顕微鏡で観察できる主な細胞小器官

核　　葉緑体　　ミトコンドリア　　液胞

核は遺伝情報が記録された DNA というビデオテープのようなものをもっているッス

葉っぱのしっぽがついているのは植物細胞に特有のものじゃよ

1 核

核のはたらき…細胞の形態やはたらきに関する情報を保持。

核の構造　球形。いちばん外側には核膜がある。内側には染色体が含まれている。

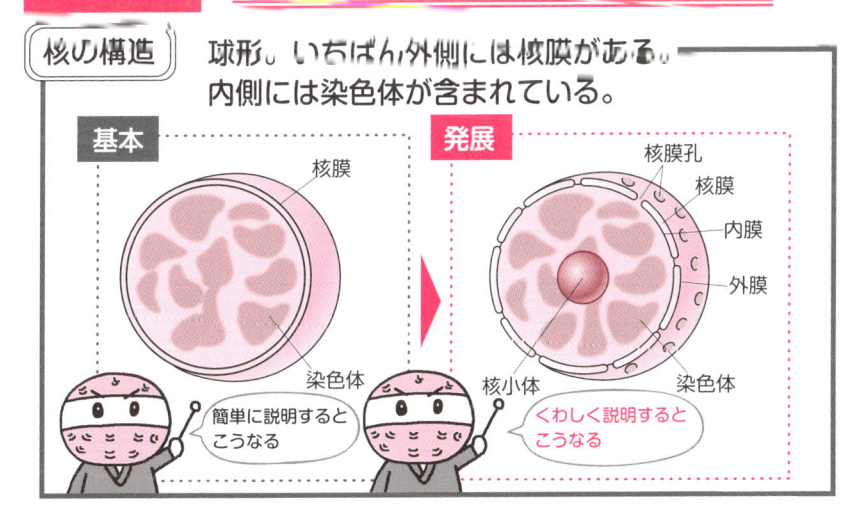

基本
- 核膜
- 染色体

簡単に説明するとこうなる

発展
- 核膜孔
- 核膜
- 内膜
- 外膜
- 核小体
- 染色体

くわしく説明するとこうなる

核の観察…酢酸カーミンや酢酸オルセインで赤色に染色して観察。

私は普段，透明なので……

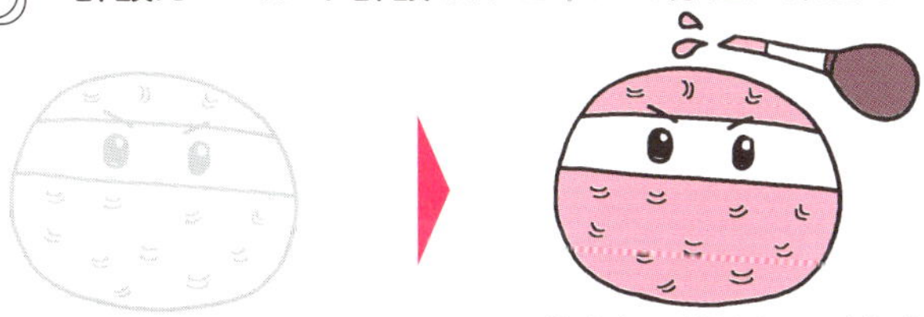

染色して観察してくれ！

1-10 細胞小器官② 〜葉緑体〜

> **ココをおさえよう！**
>
> 葉緑体は光合成を行う細胞小器官。

続いて，**葉緑体**を観察してみましょう。
葉緑体は**植物細胞に存在する**細胞小器官です。

・葉緑体のはたらき

光合成を行います。
光合成とは，**二酸化炭素と水と光エネルギーを使って，有機物と酸素を作る過程**のことをいいます。

・葉緑体の構造

粒状の構造をしています。

> **発展▶** 葉緑体は二重の膜（外膜・内膜）に包まれており，内部にはチラコイドという平べったい袋状の構造をもっています。チラコイドが多数積み重なっている部分はグラナと呼ばれます。チラコイドには，クロロフィルなどの光合成色素が含まれていて，光エネルギーを吸収します。また，チラコイドの間を満たしている部分はストロマと呼ばれ，二酸化炭素を用いて有機物を生成する場となっています。

・その他の特徴

葉緑体もDNAをもち，核とは別に独自に分裂します。
核は細胞分裂の際に分裂しますが，葉緑体の分裂は細胞分裂とは別に独自に行われるのです。
（これについては，p.98で興味深いお話をしますよ）

2 葉緑体

葉緑体のはたらき …光エネルギーを用いて有機物と酸素を作る（光合成）。

葉緑体の構造 …粒状の構造。

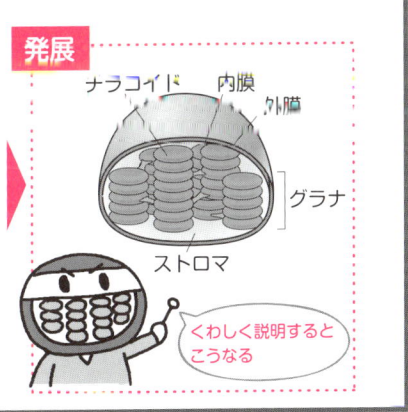

基本 → 簡単に説明するとこうなる

発展 → くわしく説明するとこうなる
- チラコイド
- 内膜
- 外膜
- グラナ
- ストロマ

その他の特徴 …核のDNAとは異なる独自のDNAをもつ。

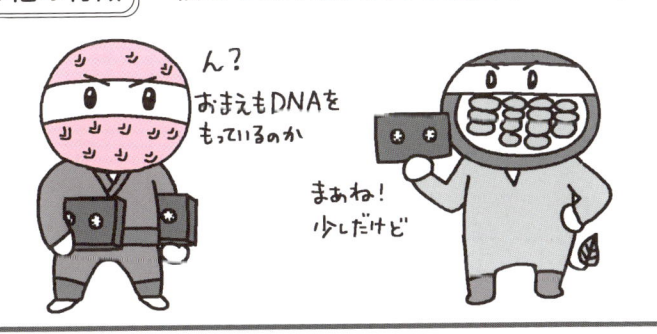

ん？おまえもDNAをもっているのか

まぁね！少しだけど

1-11 細胞小器官③ 〜ミトコンドリア〜

> **ココをおさえよう！**
> ミトコンドリアは呼吸を行う細胞小器官。

続いて，**ミトコンドリア**を観察してみましょう。
ミトコンドリアは，**植物細胞にも動物細胞にも存在する**細胞小器官です。

・ミトコンドリアのはたらき
ミトコンドリアは，酸素を消費して，有機物からエネルギーを取り出すはたらき（**呼吸**）が行われる場です。
ほぼすべての真核細胞に存在します。

葉緑体は**エネルギー→有機物**
ミトコンドリアは**有機物→エネルギー**と
逆のことをしているのですね。

・ミトコンドリアの構造
棒状または粒状の細胞小器官です。

> **発展** ミトコンドリアは，二重の膜（外膜・内膜）でできた細胞小器官です。
> ミトコンドリアの内膜に囲まれた部分は**マトリックス**と呼ばれ，ここには有機物を分解する酵素が含まれています。
> ・ミトコンドリアの観察
> ミトコンドリアは，**ヤヌスグリーン**で青緑色に染色することで，観察することができます。

・その他の特徴
ミトコンドリアも，葉緑体と同じく，**DNA をもち，核とは別に独自に分裂します。**
ミトコンドリアの分裂も，細胞分裂とは別に独自に行われるのです。
（p.98で，これに関するお話をします）

3 ミトコンドリア

ミトコンドリアのはたらき
…有機物からエネルギーを取り出す(呼吸)。

有機物 バクバク 酸素 エネルギー

ミトコンドリアの構造 … 棒状または粒状の構造。

基本

簡単に説明するとこうなる

発展

外膜／内膜／マトリックス

くわしく説明するとこうなる

ミトコンドリアの観察 … ヤヌスグリーンで青緑色に染色して観察。

私は普段，透明なので……

染色して観察してくれ！

その他の特徴 … 核のDNAとは異なる独自のDNAをもつ。

おまえももっておったか

少しだけどね

1-12 細胞小器官④ 〜液胞〜

> **ココをおさえよう！**
>
> 液胞は，細胞内の水分・物質の濃度調節，老廃物の貯蔵を行う細胞小器官。
> 細胞が成長するにつれて，細胞の体積に占める液胞の割合が大きくなっていく。

続いて，**液胞**を観察してみましょう。
液胞は，**主に成長した植物細胞で発達**した細胞小器官です。

補足 動物細胞や若い植物細胞にも存在しますが，小さくて目立ちません。

・液胞のはたらき
細胞内の水分・物質の濃度調節，老廃物の貯蔵を行っています。

・液胞の構造
液胞内は細胞液と呼ばれる液体で満たされており，アミノ酸・炭水化物・無機塩類が含まれています。植物細胞では，アントシアンと呼ばれる色素が含まれていることもあります。
花弁が赤色や紫色に見えるのはそのためです。

・その他の特徴
細胞が成長するにつれて，**細胞の体積に占める液胞の割合が大きくなっていきます。**

1-12 細胞小器官④ ～液胞～

4 液胞

液胞のはたらき …細胞内の水分・物質の濃度調節, 老廃物の貯蔵。

- 水分
- 老廃物
- 物質

液胞の構造 …細胞液と呼ばれる液体で満たされている。

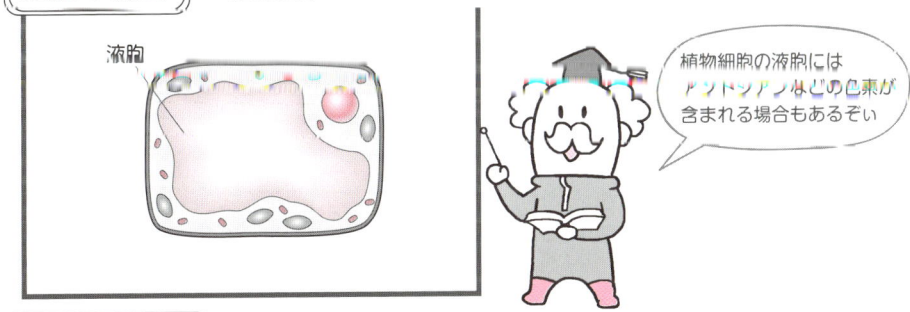

液胞

植物細胞の液胞には アントシアンなどの色素が 含まれる場合もあるぞい

その他の特徴 …細胞の成長につれ, 体積に占める液胞の割合が大きくなる。

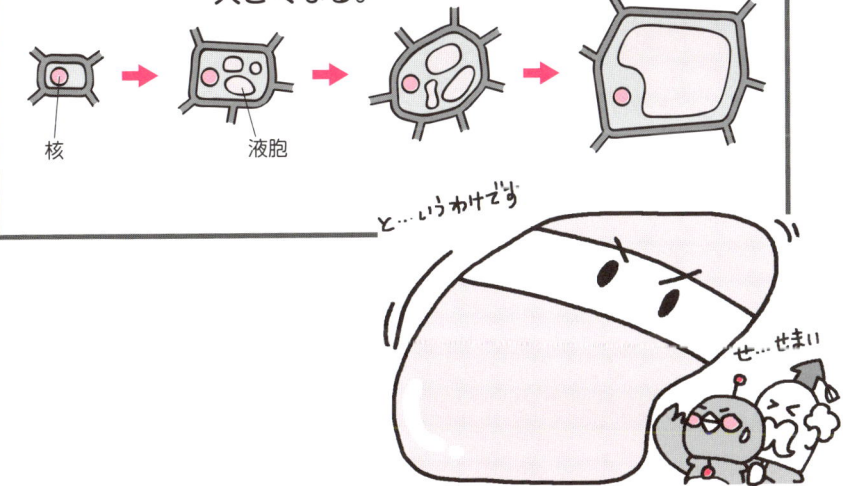

核 → 液胞 → →

と…いうわけです

せ…せまい

1-13 細胞壁

> **ココをおさえよう！**
>
> 細胞壁は，細胞の形態を支え，保護する役割をもつ。
> 動物細胞にはない。

これまでは，細胞小器官（細胞膜の内部に存在する構造体）についてご紹介してきましたが，最後に，**細胞壁**（細胞膜の外部に存在する構造体）について観察しましょう。

細胞壁は，植物や菌類・細菌類などの細胞のいちばん外側にあります。
動物細胞には細胞壁がないので，**植物細胞と動物細胞を識別する１つの手がかり**になりますね。

・細胞壁のはたらき

細胞壁には，**細胞の形態を支え，保護する役割**があります。骨格をもたない植物が地上高く成長できるのは，細胞壁によって支持強度が高まるからなのです。

水の入ったビニール袋は，ぐにゃりとへたってしまいますが，
もしこのビニール袋を段ボールの箱に入れたら，きちんと立ちますね。
この段ボールの役割をしているのが，細胞壁なのです。

> **発展** 細胞壁の主成分はセルロースという炭水化物です。ここにリグニンが沈着すると細胞壁が厚く硬くなります。これを木化といいます。また，スベリンが沈着すると空気や水を通しにくくなり，中に空気を閉じ込めたような状態になります。これをコルク化といいます。これらによって，細胞壁の厚さや硬さが増します。

以上で，光学顕微鏡で観察することができる主な細胞小器官や構造体の紹介は終わりです。

1-13 細胞壁　43

細胞壁 …植物・菌類・細菌類などの細胞のいちばん外側にある。

細胞壁は，植物細胞と動物細胞を区別する手がかりになるッス

細胞壁のはたらき …細胞の形態を支え，保護する。

ダンボールなし　ぐにゃり
ダンボールあり　ピシッ

細胞壁なし　ぐにゃり
細胞壁あり　ピシッ

こういうイメージかな？

発展

細胞壁の主成分はセルロース
・リグニンが沈着…木化
・スベリンが沈着…コルク化

とぅっ

変わり身の術!!

ありがとうな〜
バイバイ〜
バイバーイ！

ここまでやったら
別冊 p.7 へ

1-14 補足 光学顕微鏡の使い方

ココをおさえよう！

光学顕微鏡で観察する際の主な注意点は，
① 「接眼レンズ⇒対物レンズ」の順に取り付ける。
② 対物レンズをプレパラートから遠ざけるようにピントを合わせる。

ハカセは細胞を観察するために，
どのようにして光学顕微鏡を操作していたのでしょうか？
光学顕微鏡の取り扱い方法について，くわしく見てみましょう。
（各部の名前は，p.27を参照してくださいね）

1) 顕微鏡の取り扱い方（正しい方法：ハカセ，間違った方法：ツバメ）

a．顕微鏡のもち運び
片手でアームを握り，もう片方の手は軽く鏡台に添えましょう。

（※アーム以外をもつと，破損の原因となります。）

b．鏡台を置く場所
直射日光の当たらない明るいところで，水平な机の上に置きましょう。

（※直射日光の当たるところでは，直射日光が目に入って大変危険です。
※水平でないところに置くと，正しく観察できません。また，顕微鏡が落下したりして危険です。）

c．レンズの取り付け
先に接眼レンズをはめ，続いて対物レンズを取り付けます。

接眼レンズは，その名の通り，目に接するほうのレンズで，
対物レンズは，その名の通り，観察したい物に近いレンズです。

（※対物レンズを先に取り付けると，ゴミやほこりが入ってしまい，観察のジャマになってしまいます。）

1) 光学顕微鏡の取り扱い方

a. 顕微鏡のもち運び

片手でアームを握り，もう片方の手は軽く鏡台に添える。

※アーム以外をもつと破損の原因に！

b. 鏡台を置く場所

直射日光の当たらない明るいところで，水平な机の上に置く。

※直射日光の当たるところでは，直射日光が目に入って危険！
※水平でないところでは，正しく観察できない。顕微鏡が落下する危険性も！

c. レンズの取り付け

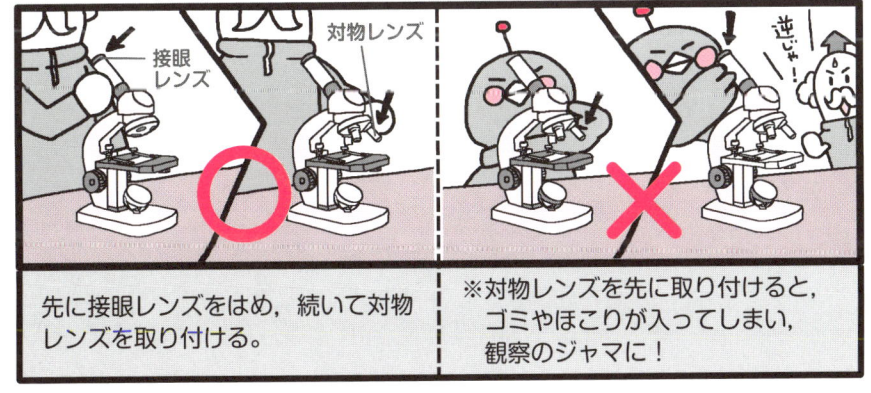

接眼レンズ　対物レンズ

先に接眼レンズをはめ，続いて対物レンズを取り付ける。

※対物レンズを先に取り付けると，ゴミやほこりが入ってしまい，観察のジャマに！

2）顕微鏡の調節

①レボルバーを回し，対物レンズを最低倍率にセットします。

（※低倍率のほうが，観察できる範囲が広く，観察する対象が視野に入りやすいからです。）

②しぼりが開いていることを確認します。

※しぼりは，光量を調節するものです。
　しぼりを開くと視野が明るくなり，しぼりを絞ると暗くなります。
　特に，高倍率にすると視野が暗くなりますので，しぼりを開くとよいでしょう。

③接眼レンズをのぞき，反射鏡を動かして明るくなるように調節します。
　反射鏡には，平面鏡と凹面鏡があります。

※低倍率のときは少ない光でも明るいため平面鏡を，
　高倍率のときは暗くなるため，多くの光を集める凹面鏡を使いましょう。

④プレパラートをステージにセットし，観察したい部分が中央にくるようにクリップでとめます。

※プレパラートとは，スライドガラスの上に試料を置き，そこにカバーガラスをかけたものです。

2) 顕微鏡の調節

① レボルバーを回し，対物レンズを最低倍率にセットする。

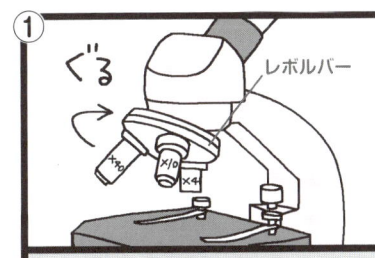

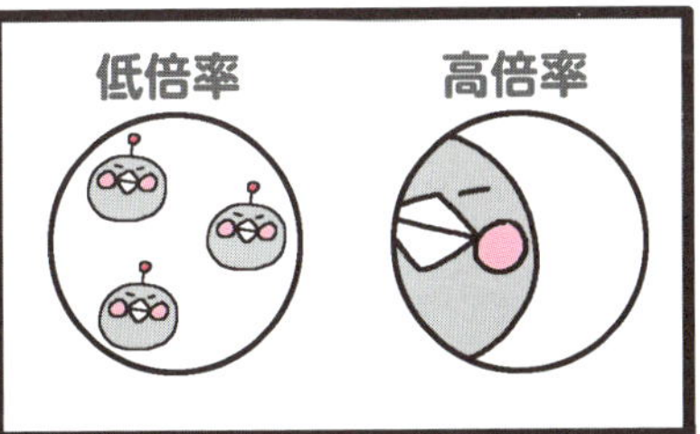

※低倍率のほうが観察できる範囲が広いので，観察対象が視野に入りやすい！

② しぼりが開いていることを確認する。

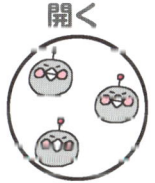

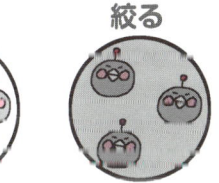

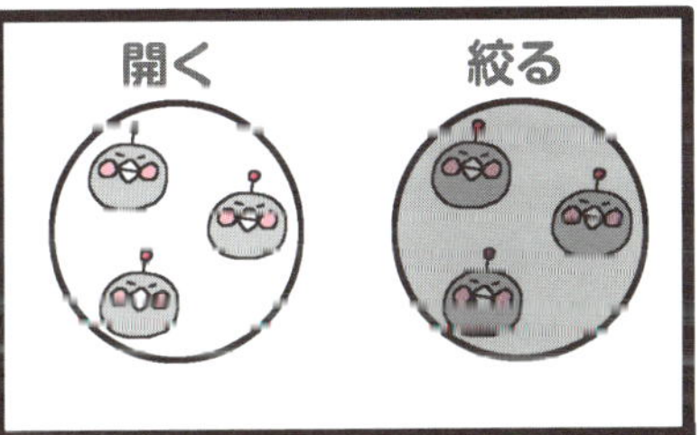

※しぼりを開くと視野が明るくなり，しぼりを絞ると暗くなる！

③ 接眼レンズをのぞき，反射鏡を動かして明るくなるよう調節する。

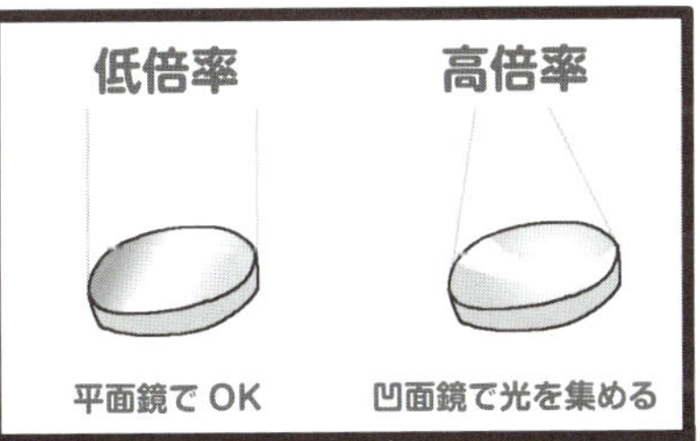

※低倍率のときは平面鏡，高倍率のときは凹面鏡を使う！

平面鏡でOK　　凹面鏡で光を集める

④ プレパラートをステージにセットし，観察したい部分が中央にくるようクリップでとめる。

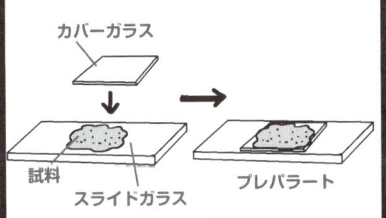

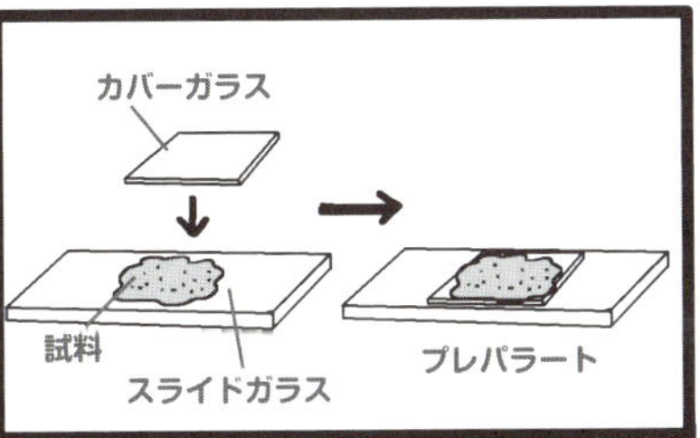

※スライドガラスの上に試料を置き，カバーガラスをかけたものがプレパラート！

⑤ピントを合わせましょう。
　横から見ながら調節ネジを回し，対物レンズの先端をプレパラートに近づけます。

（※近づけすぎてレンズとプレパラートが接触しないよう慎重に操作しましょう。）

⑥対物レンズをのぞきながら，対物レンズをプレパラートから遠ざけるように調節ネジを回し，ピントを合わせます。

（※対物レンズをプレパラートに近づけるようにしてピントを合わせると，対物レンズがプレパラートに接触し，プレパラートが破損したり，対物レンズに傷がついたりしてしまいます。）

⑦観察したいものを視野の中央にもってきましょう。

（※観察したいものは，プレパラートを移動させた方向とは逆方向に動きます。例えば，観察物を左下に移動させたいときは，プレパラートを右上に移動させます。）

1-14〈補足〉光学顕微鏡の使い方

⑤ ピントを合わせるため，まずは横から見ながら調節ネジを回し，対物レンズの先端をプレパラートに近づける。

※近づけすぎて，レンズとプレパラートが接触しないように！

⑥ 対物レンズをのぞきながら，対物レンズをプレパラートから遠ざけるように調節ネジを回し，ピントを合わせる。

※対物レンズが近づくように調節ネジを回してピントを合わせようとすると，対物レンズとプレパラートが接触して破損してしまうおそれがある！

⑦ 観察したいものを視野の中央にもってくる。

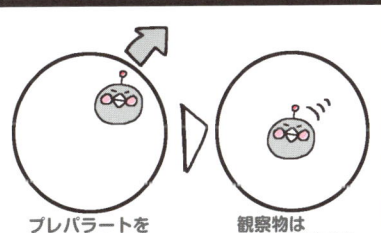

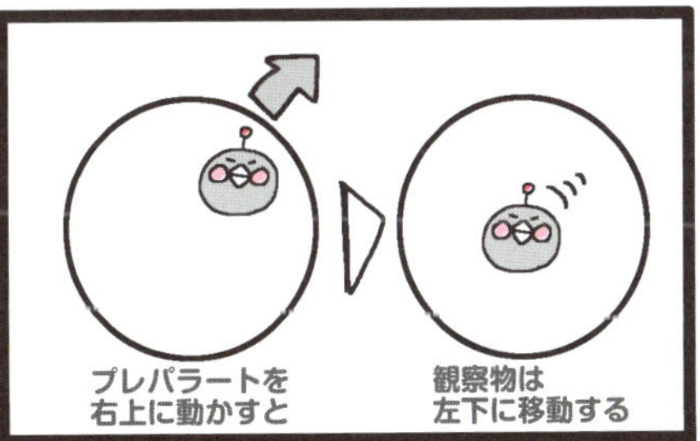

※観察したいものは，移動させた方向とは逆方向に動く！

⑧もっと拡大して観察したいときは，レボルバーを回して高倍率の対物レンズに変え，ピントを調節します。

（※高倍率にすると，視野が暗くなります。そのときは，しぼりを開いて明るくしましょう。または，反射鏡を凹面鏡に変えましょう。）

（※高倍率にすると，見える範囲は小さくなり，焦点深度が浅くなります。つまり，ピントの合う範囲が狭くなるのです。そのため，調節ネジをちょっと動かしただけで，ピントがずれてしまうので慎重に調節しましょう。）

⑨観察するときは，両目を開けて行いましょう。片方の目で接眼レンズをのぞき，他方の目はスケッチに使います。

（※スケッチは必要な部分だけ線と点で描きましょう。斜線や塗りつぶしなどによって影をつけてはいけません。）

補足 視野にゴミがあった場合，それは「接眼レンズ」，「対物レンズ」，「プレパラート」のどこかにあるはずです。どこにゴミがあるかを調べるためにはゴミの動きに注目します。

- 接眼レンズを回したとき，ゴミも回ったら…　➡接眼レンズにゴミがある。
- レボルバーを回したとき，ゴミが消えたら…　➡対物レンズにゴミがある。
- プレパラートを動かしたとき，ゴミも動いたら…➡プレパラートにゴミがある。

1-14 〈補足〉 光学顕微鏡の使い方

⑧ ぐる レボルバーを回す

暗いと思ったら… しぼりを開く または 凹面鏡に

焦点深度が浅くなる 調整ネジを少し回すだけでズレてしまう

もっと拡大して観察したいときは、レボルバーを回して高倍率の対物レンズに変え、ピントを調節する。

※高倍率にすると視野が暗くなるので、しぼりを開いたり、反射鏡を凹面鏡に変えたりして調節する。
※高倍率にすると焦点深度が浅くなる。調節ネジをちょっと動かしただけでピントがズレてしまうので慎重に！

⑨ ○ スケッチ

リアルに塗るっス！ コラせんでいい！ ✕

観察するときは、両目を開けて行う。片方の目で接眼レンズをのぞき、もう片方の目でスケッチする。

※スケッチは必要な部分だけを点と線で描く。斜線や塗りつぶしなどで影をつけてはダメ！

補足 視野にゴミがあった場合、そのゴミはどこにあるのだろう？

くる ゴミ-? ゴミも回る

カチ ゴミは消える

ぐる ゴミも動く

接眼レンズを回したとき、ゴミも回ったら…
➡接眼レンズにゴミがある！

レボルバーを回したとき、ゴミが消えたら…
➡対物レンズにゴミがある！

プレパラートを動かしたとき、ゴミも動いたら…
➡プレパラートにゴミがある！

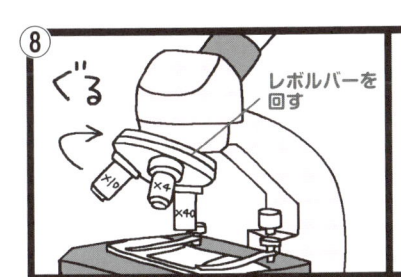

ここまでやったら 別冊 P.8 へ

1-15 補足 ミクロメーターの使い方

ココをおさえよう！

接眼ミクロメーター1目盛りの長さ (μm) ＝
$$\frac{\text{対物ミクロメーターの目盛り数}}{\text{接眼ミクロメーターの目盛り数}} \times 10 \text{ μm}$$

光学顕微鏡で観察をしながら，観察物の大きさを測りたい，
または，移動する観察物の移動距離を測りたいという場合があります。
そんなときに使うのが，**ミクロメーター**です。

・ミクロメーターは2種類ある

ミクロメーターには，接眼レンズ側に設置する接眼ミクロメーターと，
ステージにセットする対物ミクロメーターの2種類があります。
対物ミクロメーターは，接眼ミクロメーター1目盛りの長さを調べるためのものです。
実際の測定では接眼ミクロメーターのみを使います。

・まずは接眼ミクロメーター1目盛りの長さを求める必要がある（対物レンズの倍率ごとに！）

接眼ミクロメーターは，接眼レンズや対物レンズより手前に設置するので，**接眼ミクロメーターの目盛りの見た目（間隔）は，常に変わりません**。
しかし，レボルバーを回して対物レンズの倍率が変わると，見た目（間隔）が同じでも，**接眼ミクロメーター1目盛りの表す大きさが変わってしまいます**。

ここで，対物ミクロメーターの出番です。
対物ミクロメーターをステージにのせることで，それぞれの対物レンズについて，
接眼ミクロメーター1目盛りが表す大きさを特定することができます。
対物ミクロメーター1目盛りの大きさは10 μmと決まっているので，それを基準にしますよ。

1-15〈補足〉ミクロメーターの使い方

ミクロメーター

光学顕微鏡で観察しながら，観察物の大きさを測ったり，動く観察物の移動距離を測ったりするときに使うもの。
接眼ミクロメーターと**対物ミクロメーター**がある。

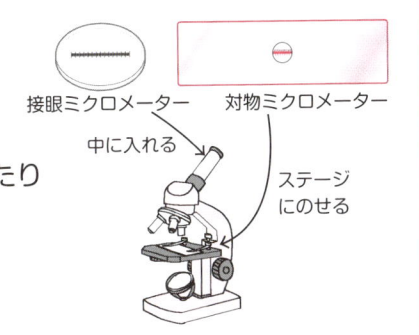

接眼ミクロメーター → 中に入れる
対物ミクロメーター → ステージにのせる

・接眼ミクロメーターと対物ミクロメーターの役割

【接眼ミクロメーター＝"見た目が不変の目盛り"】

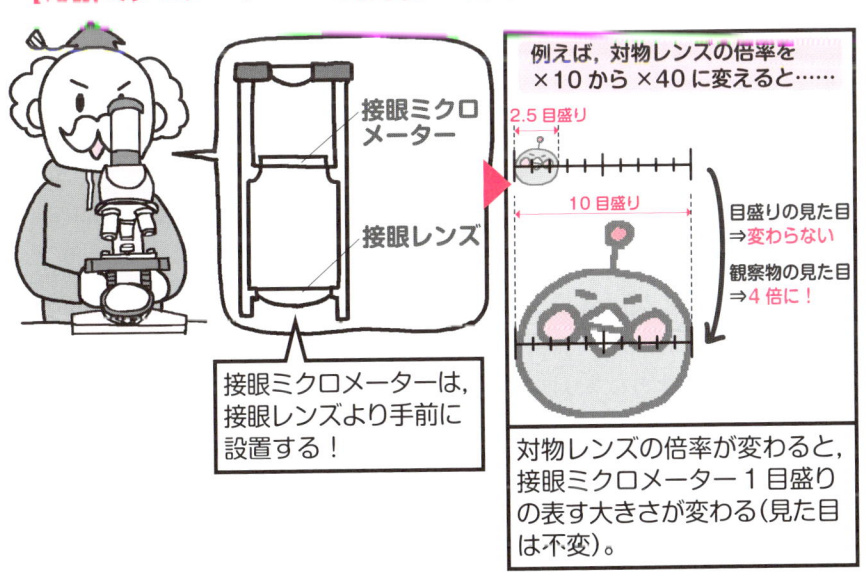

接眼ミクロメーター
接眼レンズ

接眼ミクロメーターは，接眼レンズより手前に設置する！

例えば，対物レンズの倍率を×10から×40に変えると……

2.5目盛り
10目盛り

目盛りの見た目 ⇒ 変わらない
観察物の見た目 ⇒ 4倍に！

対物レンズの倍率が変わると，接眼ミクロメーター1目盛りの表す大きさが変わる（見た目は不変）。

【対物ミクロメーター＝"長さの基準"】

観察する前に，対物ミクロメーター1目盛りの大きさ 10μm を基準にして，対物レンズごとに，接眼ミクロメーター1目盛りの長さがいくつになるか調べる。

・接眼ミクロメーター1目盛りの長さの求め方(計算方法)

では，接眼ミクロメーター1目盛りの表す長さを求めてみましょう。

接眼ミクロメーターと対物ミクロメーターの両方をセットすると，
右ページのように，2種類の目盛りが現れました。
両方の目盛りが重なるところを2カ所探しましょう(そろえるのが大事です)。
どうやら，対物ミクロメーター9目盛りあたり，接眼ミクロメーター20目盛りのようですね。

あとは，「接眼ミクロメーター1目盛りは，対物ミクロメーターの目盛りいくつ分だろう？」と考えます。
接眼ミクロメーター1目盛りあたりの，対物ミクロメーターの目盛り数を求めたいので，接眼ミクロメーターの目盛り数で割ります。

$$\frac{対物ミクロメーターの目盛り数}{接眼ミクロメーターの目盛り数} = \frac{9}{20} = 0.45 目盛り分$$

つまり，接眼ミクロメーター1目盛りは，対物ミクロメーター0.45目盛り分です。

対物ミクロメーター1目盛りは10 μmですので

$$0.45 \times 10 \text{ μm} = 4.5 \text{ μm}$$

まとめると，以下のようになります。

$$接眼ミクロメーター1目盛りの長さ(\text{μm}) = \frac{対物ミクロメーターの目盛り数}{接眼ミクロメーターの目盛り数} \times 10 \text{ μm}$$

ここまでで，接眼ミクロメーターの1目盛りの大きさがわかりました。
観察する際には，プレパラートを作り，接眼ミクロメーターのみを用いて観察物の大きさなどを測ります。**対物ミクロメーターは観察には用いません**。
これは大事なポイントですよ。

> 補足　対物ミクロメーターに観察物をのせてプレパラートを作ってはいけません。

1-15〈補足〉ミクロメーターの使い方

> それじゃあ,接眼ミクロメーター1目盛りの長さを求めるぞい

> 目盛りが重なる2カ所を探すッス

対物ミクロメーター：1目盛りは 10μm
接眼ミクロメーター：1目盛りは……？

対物ミクロメーターは9目盛り
接眼ミクロメーターは20目盛り
目盛りが重なる2カ所

接眼ミクロメーター1目盛りは,対物ミクロメーターいくつ分だろう？

$$\frac{\text{対物ミクロメーターの目盛り数}}{\text{接眼ミクロメーターの目盛り数}} = \frac{9}{20} = 0.45 \text{目盛り分}$$

> 接眼ミクロメーターが分母になるッスね

対物ミクロメーター1目盛りは 10μm なので…

$$0.45 \times 10\mu m = 4.5\mu m$$

> 接眼ミクロメーター1目盛りの大きさがわかったな

まとめると…

接眼ミクロメーター1目盛りの長さ（μm）

$$= \frac{\text{対物ミクロメーターの目盛り数}}{\text{接眼ミクロメーターの目盛り数}} \times 10\mu m$$

Point 観察するときは,接眼ミクロメーターのみを用いる。
（対物ミクロメーターでプレパラートを作らない！）

ここまでやったら 別冊 p.9 へ

1-16 補足 細胞分画法

> **ココをおさえよう！**
> 密度や大きさの違いを利用して，細胞小器官を分別して取り出す方法を細胞分画法という。

これまで観察してきた，さまざまな細胞小器官を分別して取り出してみましょう。その際に用いる方法が，**細胞分画法**です。

•細胞分画法とは？

細胞分画法とは，細胞に含まれる細胞小器官や構成要素を分離する方法です。
すりつぶした細胞に遠心力を段階的にかけていくことで，各細胞小器官や構成要素を別々に取り出すことができます。

注意点

細胞分画法を行う際に注意すべき点は，
「**細胞をすりつぶすときは，氷で冷やしながらつぶす**」ということです。
これは，細胞小器官を分解する酵素の活性を抑え，せっかく分離した細胞小器官が壊れてしまわないようにするためです。

•細胞分画法の原理

大きさや密度の大きな（＝重い）細胞小器官は，小さな遠心力でも沈殿します。
一方，大きさや密度の小さな（＝軽い）細胞小器官は，大きな遠心力をかけないと沈殿しません。この原理を用いて，それぞれの細胞小器官を取り出します。

•細胞分画法の結果

細胞分画法では，だんだんと強い遠心力をかけていきます（これには遠心分離機という装置を使います）。
そうすることで，以下の順序で細胞小器官を取り出すことができます。大きさや密度が大きな順で取り出せます。

① 核，細胞片
② 葉緑体
③ ミトコンドリア
④ その他（微小な構造体など）

1-16 〈補足〉細胞分画法

細胞分画法 …目的の細胞小器官を分別して取り出す方法。

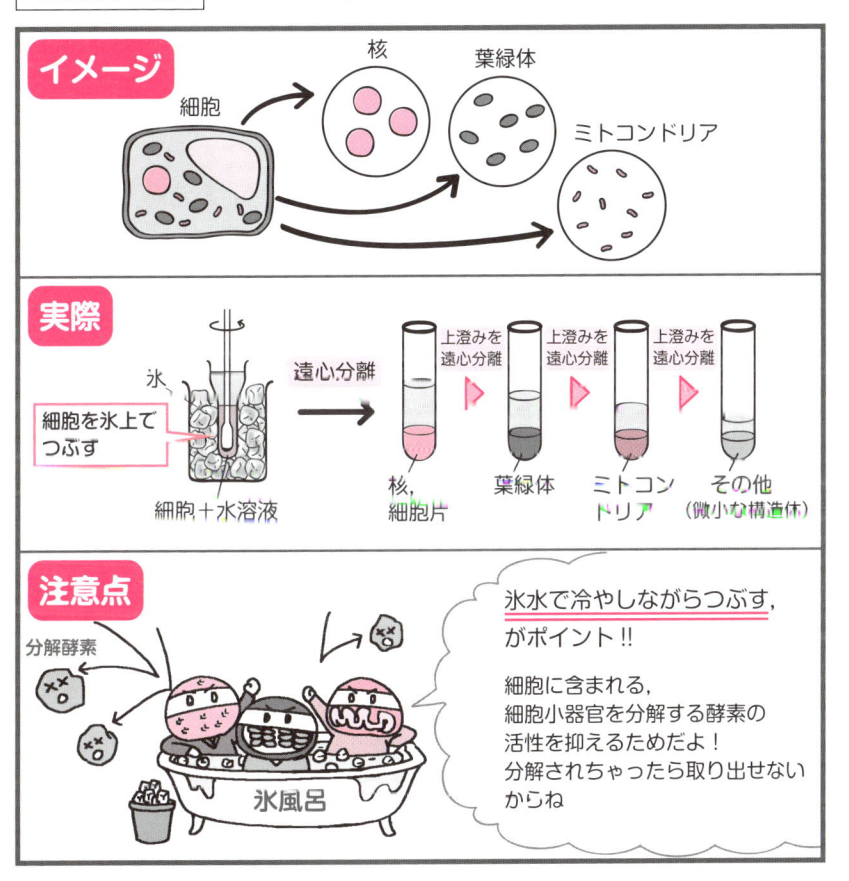

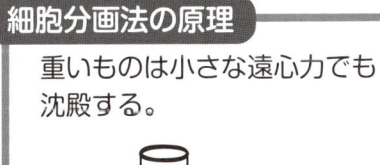

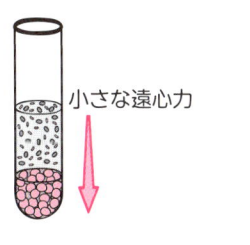

イメージ
細胞 → 核、葉緑体、ミトコンドリア

実際
細胞を氷上でつぶす → 細胞＋水溶液 → 遠心分離 → 核,細胞片 → 上澄みを遠心分離 → 葉緑体 → 上澄みを遠心分離 → ミトコンドリア → 上澄みを遠心分離 → その他（微小な構造体）

注意点

氷水で冷やしながらつぶす，がポイント!!

細胞に含まれる，細胞小器官を分解する酵素の活性を抑えるためだよ！分解されちゃったら取り出せないからね

分解酵素／氷風呂

細胞分画法の原理

重いものは小さな遠心力でも沈殿する。	軽いものは大きな遠心力をかけないと沈殿しない。
小さな遠心力	大きな遠心力

ここまでやったら 別冊 p.10 へ

ハカセの宇宙一キビしいチェック!!

理解できたものに，☑チェックをつけよう。

- [ ] 生物が進化してきた経路に基づく種や集団の類縁関係を系統という。
- [ ] 遺伝情報を手がかりとして作られた系統樹を分子系統樹という。
- [ ] 細胞は生物の基本単位である。
- [ ] 「すべての生物は細胞からできている」という説を細胞説という。
- [ ] ウイルスは生物でも無生物でもない。
- [ ] 「区別できる2点の最小の幅」で表される顕微鏡の性能を分解能という。
- [ ] 原核細胞には核がなく，細胞壁がある。
- [ ] 代表的な原核生物には，大腸菌やシアノバクテリアなどの細菌類がある。
- [ ] 真核細胞は細胞壁と原形質からなる（細胞壁は動物細胞にはない）。
- [ ] 原形質は核と細胞質からなり，細胞質には細胞小器官や細胞質基質がある。
- [ ] 細胞質基質には流動性があり，その現象を原形質流動という。
- [ ] 1つの細胞からなる生物を単細胞生物という。
- [ ] 多数の細胞からなる生物を多細胞生物という。
- [ ] 多細胞生物は，似たようなはたらきをもつ細胞どうしが集まって組織となり，組織が集まって器官となり，器官が統合して個体となっている。
- [ ] 原核生物はすべて単細胞生物だが，真核生物には単細胞生物と多細胞生物がいる。
- [ ] 核の最外層には核膜があり，内側には染色体が存在している。
- [ ] 光合成は葉緑体で行われる。
- [ ] 呼吸はミトコンドリアで行われる。
- [ ] 液胞は，主に成長した植物細胞で発達している。

Chapter 2

エネルギーの利用

Chapter 2 エネルギーの利用

はじめに

自動車は，ガソリンを入れないと，走りません。
携帯電話は，電池を入れないと，起動しません。

同じように……

生物も，体の外からエネルギー源を取り入れないと，生きていけません。
運動をしたり，心臓を動かしたり，新しい細胞を作ったり……と，
生きるためにはさまざまな活動をしていますが，それにはエネルギーが必要なのです。

「腹が減っては，戦はできぬ」ということわざがあるように，
「エネルギーが切れては，生きてはいけぬ」というのが，生物に共通する2つめの特徴です。

ということで，Chapter 2では，生物の4つの共通点のうちの，2つめ「エネルギーの利用」について見ていきますよ。

この章で勉強すること
- 代謝について
- 酵素について
- ATPについて
- 異化についてと呼吸のしくみ
- 同化についてと光合成のしくみ

宇宙一
わかりやすい
ハカセの
Introduction

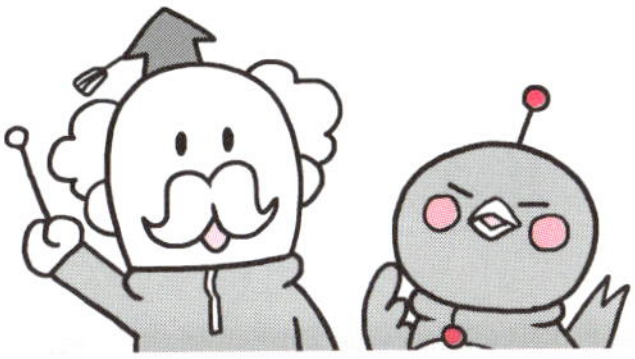

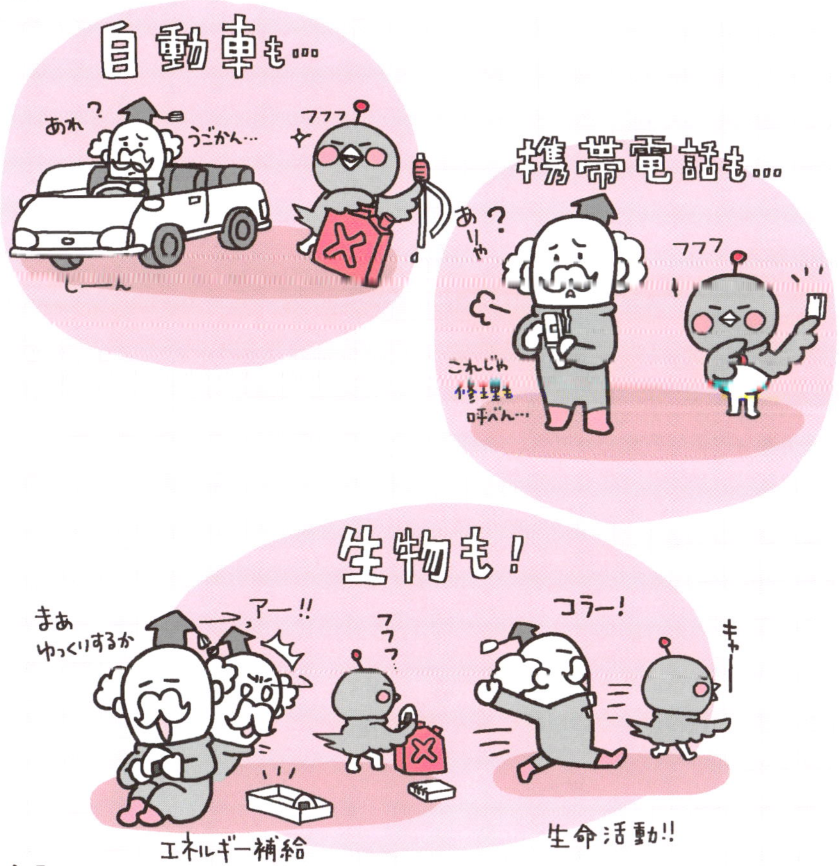

体外からエネルギーを取り入れないと生きていけない

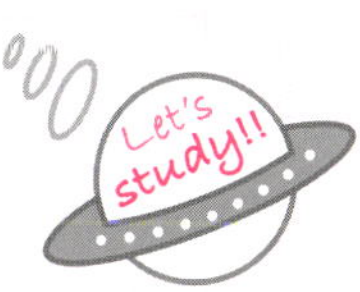

2-1 代謝 ～エネルギーの利用～

ココをおさえよう！

生物は外界からエネルギーを取り入れ，代謝を行っている。
代謝は異化と同化に分けられる。

自動車は，ガソリンがないと，走りません。なぜでしょうか？
ガソリンに，何か秘密がありそうですね。
そこで，ガソリンについて調査してみました。

【調査結果】
どうやらガソリンは，主に**有機物**からできているようです。

複雑な構造をもった有機物は，「もっと単純な物質になりたい！」という不満を抱えています。なので，火をつけると，不満を爆発させるかのように熱を放出し，**単純な物質に変化**します。
ガソリンから放出された熱のエネルギーによって，車は走るのです。

- **不満＝化学エネルギー**

ガソリンのお話に出てきた「不満」は，化学エネルギーを例えたものです。化学エネルギーとは，化学結合に蓄えられたエネルギーのことです。

有機物のように複雑な構造の物質は，化学エネルギーを多く蓄えています。
一方，無機物のように単純な構造の物質は，化学エネルギーをあまり蓄えていません。

このことは覚えておきましょう！

> **補足** 有機物とは炭素Cを含む物質のことです。無機物は炭素Cを含まない物質のことで，有機物のほうが無機物より構造が複雑になります。
> 炭素Cを含む物質でも単純な構造をしている一酸化炭素CO，二酸化炭素CO_2などは無機物に分類されます。

2-1 代謝 〜エネルギーの利用〜

なぜ，自動車はガソリンがないと走らないのか？

ガソリンの調査結果

有機物

もっと単純になりたいぜ！

カチッ　バーン

複雑な構造の有機物は，「もっと単純になりたい」という不満をエネルギーに変える。

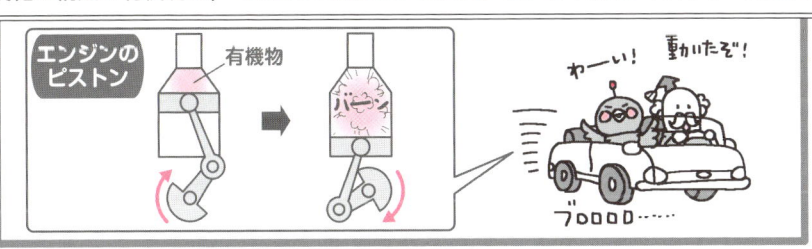

エンジンのピストン　有機物

わーい！動いたぞ！ブロロロ……

そのエネルギーを使ってエンジンを動かし，自動車は走る。

スピード出しすぎじゃ!!　イェ〜イ!!

走る！

・有機物はエネルギーの元手

車はガソリンという有機物をエネルギーの元手としていましたが,生物も有機物を生命活動のエネルギーの元手としています。
植物と動物の,有機物の取り入れ方の違いについて見てみましょう。

・植物は,主に自分自身で有機物を作る

植物は,太陽の光エネルギーを利用し,水と二酸化炭素という単純な物質から複雑な有機物を作っています。これを**光合成**といいます。
中学のときに,「水と二酸化炭素から,デンプンと酸素ができる」と習いましたよね。デンプンは有機物なのです。
こうして作られた有機物を,単純な物質に分解し,エネルギーを取り出しています。

・動物は体外から取り入れた有機物を分解して,エネルギーを得ている

動物は植物のように,自分で有機物を作り出すことはできません。
体外から有機物を食料として摂取し,それを分解してエネルギーを得ています。

> 補足 ちなみに,体外から摂取したものを分解するのは,エネルギーを取り出すことだけが目的ではありません。例えば,有機物を分解してできた炭素原子は,体を構成する成分として利用されますよ。

・植物や動物はエネルギーを何に使う?

生命活動に必要な物質は,複雑な構造をしています。
植物や動物は**取り出したエネルギーを利用**して,単純な物質から,生命活動に必要な**複雑な構造の物質を作っています。**
例えば,炭素や窒素という単純な物質から,タンパク質や脂質などを作るときに,エネルギーを使っているのです。

2-1 代謝 〜エネルギーの利用〜

植物も動物も有機物がエネルギーの元手

・植物の場合

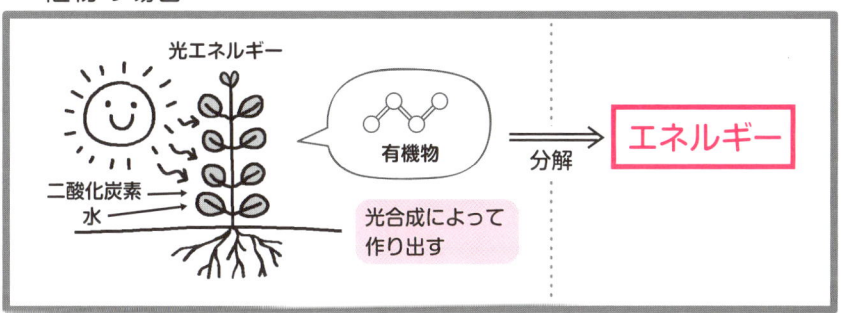

光エネルギー
二酸化炭素
水
有機物 → 分解 → エネルギー
光合成によって作り出す

・動物の場合

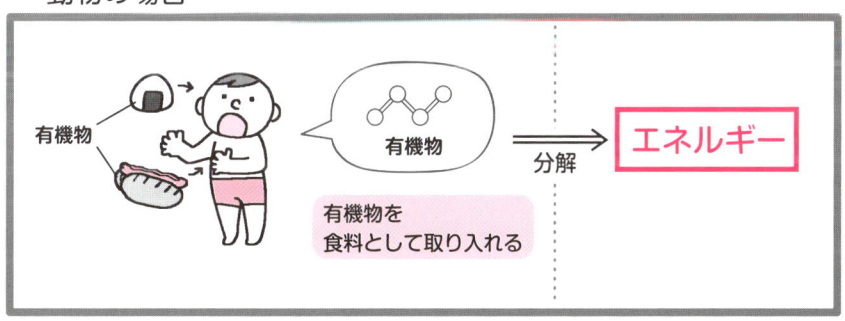

有機物
有機物 → 分解 → エネルギー
有機物を食料として取り入れる

取り出したエネルギーを利用して，生命活動に必要な複雑な構造の物質を作っている。

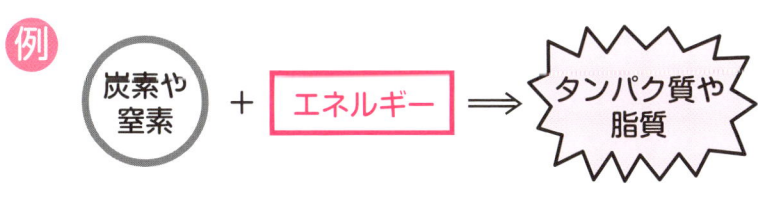

例 炭素や窒素 ＋ エネルギー ⇒ タンパク質や脂質

・体内で行われていることは，分解と合成の2つに大別される

人間を含めて，生物は外界からいろいろな物質を取り入れて，生命活動に必要な物質を体内・細胞内で合成しています。
また，体内・細胞内で役目を果たした物質は，分解されて排出されます。

生物の体内・細胞内では，いろんな化学反応が起きているのですが，
大別すると，以下の2つにまとめられます。

1つは，**複雑な物質を単純な物質に分解する反応**です。これを**異化**といいます。
もう1つは，**単純な物質から複雑な物質を合成する反応**です。これを**同化**といいます。
このような，生体内で行われている化学反応，つまり異化と同化をまとめて，**代謝**と呼びます。

異化と同化をエネルギーの観点から見てみましょう。
p.62で，有機物のような複雑な物質はエネルギーを多く蓄えており，無機物のような単純な物質はエネルギーをあまり蓄えていないという話をしましたね。

つまり，複雑な物質を単純な物質に分解する「異化」では，反応の過程でエネルギーが放出され，単純な物質から複雑な物質を合成する「同化」では，反応の過程でエネルギーが吸収される(利用される)のです。

・異化と同化の代表的な例

異化の代表的な例は呼吸です。
呼吸をすることで有機物が分解されて，エネルギーが取り出されます。

同化の代表的な例は光合成です。
光エネルギーを利用することで二酸化炭素と水から，有機物を作ります。

それ以外にも，植物や動物の体内では，いろいろな同化と異化が行われています。

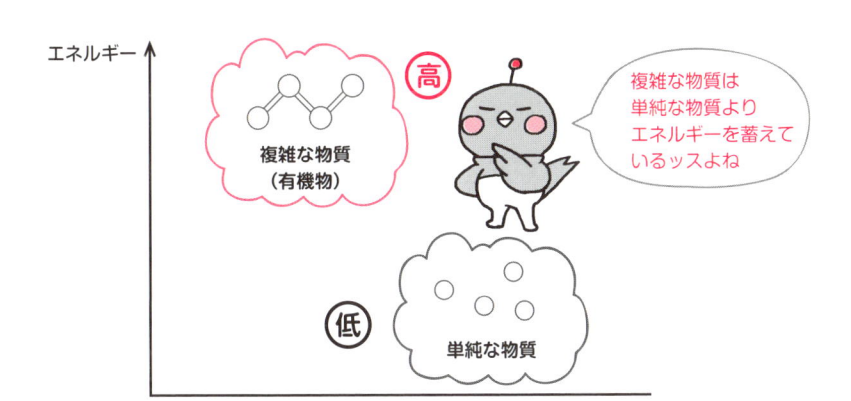

2-1 代謝 〜エネルギーの利用〜　67

エネルギー

複雑な物質
（有機物）
高

単純な物質
低

複雑な物質は単純な物質よりエネルギーを蓄えているッスよね

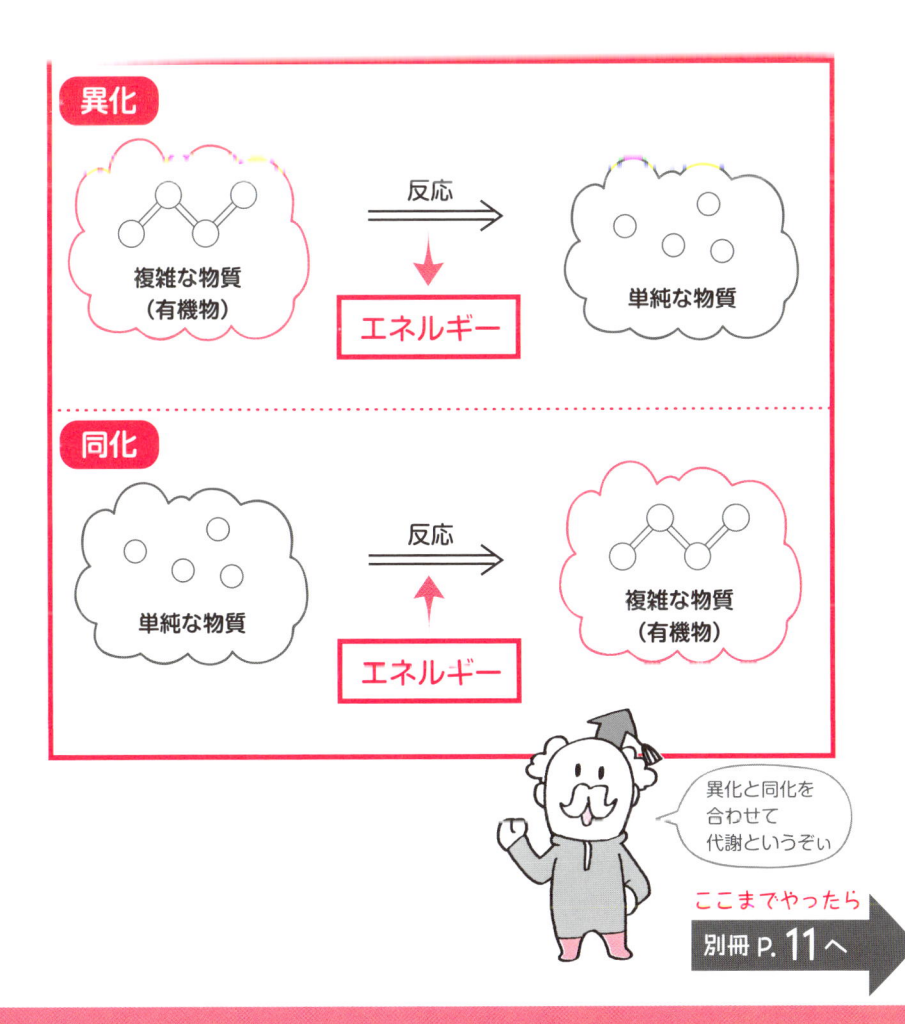

異化

複雑な物質（有機物） →反応→ 単純な物質
↑ エネルギー

同化

単純な物質 →反応→ 複雑な物質（有機物）
↑ エネルギー

異化と同化を合わせて代謝というぞい

ここまでやったら
別冊 p.11 へ

2-2 酵素①

> **ココをおさえよう！**
> 酵素には，体内で化学反応を起こさせるのに必要なエネルギー（活性化エネルギー）を低下させるはたらきがある。

動物は，自動車と同じく，有機物を体外から取り入れて化学エネルギーを得て，それを元手に生命活動をしているのでした。

しかし，動物と自動車は違います。
自動車は，エンジン内でガソリンを燃やしてエネルギーを取り出していましたが，動物は体内で火を使っているわけではありません。

ヒトの体内は，35℃前後と低く，そして中性です。
つまり，**とても穏やかな環境**なのです。

・エネルギーを取り出すためには，活性化エネルギー以上のエネルギーを加える必要がある

有機物（複雑な物質）を分解するには，**活性化エネルギー**という，一定のレベル以上のエネルギーを外部から加える必要があります。活性化エネルギー以上のエネルギーを加えることで，有機物は分解され，反応前と反応後の物質のもつエネルギーの差だけ，エネルギーを取り出すことができます。

しかし，ヒトの体内のような穏やかな環境では，この活性化エネルギーを越えることができません。では，どのようにして，体内で化学反応を起こしているのでしょうか？

この問題を解決するのが，**酵素**です。

酵素には，反応に必要なエネルギー（活性化エネルギー）を低下させるというはたらきがあるのです。

次の 2-3 で，酵素についてくわしく見てみましょう。

2-2 酵素① 69

自動車がエネルギーを取り出すとき

カチッ
ん？生物の体内で火をつけたりしないぞ？
バーン

生物の体内は，穏やかな環境

35℃ 中性
火つけてみる？
コラッ！

では，どうやってエネルギーを取り出しているのか？

活性化エネルギー以上のエネルギーを加える必要あり。

エネルギー
活性化エネルギー
反応前
取り出されるエネルギー
反応後

ガソリンは火の熱エネルギーで活性化エネルギーを越えることができた

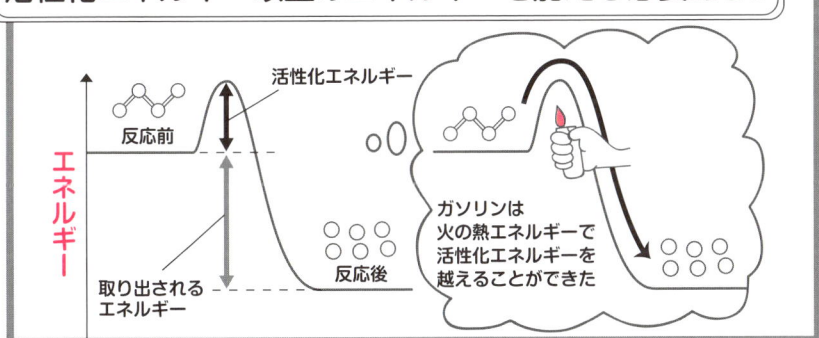

酵素には，活性化エネルギーを低下させるはたらきがある。

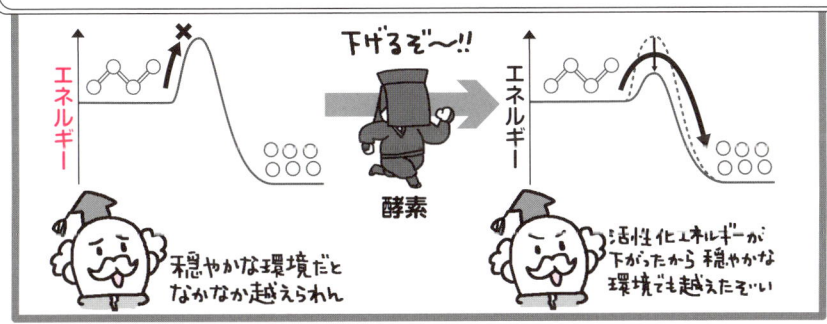

エネルギー
×
下げるぞ〜!!
酵素
エネルギー

穏やかな環境だとなかなか越えられん

活性化エネルギーが下がったから穏やかな環境でも越えたぞぃ

2-3 酵素②

> **ココをおさえよう！**
>
> 酵素は，触媒の一種である。
> 主にタンパク質からなる触媒を酵素という。

酵素は，**触媒**と呼ばれる物質の一種です。
触媒のうち，主に**タンパク質からなるもの**を，特に酵素と呼んでいるのです。

また，酵素が関与する反応を**酵素反応**といいます。

・触媒とは？
触媒とは，ある**化学反応を促進する**物質で，**反応前後において自分自身は変化しない**ような物質のことをいいます。

・触媒の例：酸化マンガン（Ⅳ）……タンパク質以外からなる触媒
例えば，過酸化水素水に含まれる過酸化水素は常温ではほとんど分解されませんが，少量の酸化マンガン（Ⅳ）（これが触媒！）を加えると，水と酸素に分解されます。

常温であっても化学反応が速やかに進むのは，触媒のおかげです。
ちなみに，酸化マンガン（Ⅳ）自身には何の変化もありません。

> **補足** 酸化マンガン（Ⅳ）のように，無機物からできている触媒を無機触媒といいます。

・酵素の例：カタラーゼ……タンパク質からなる触媒
酸化マンガン（Ⅳ）と同じはたらきをする別の物質に，カタラーゼがあります。

酸化マンガン（Ⅳ）が無機物であるのに対し，カタラーゼはタンパク質（＝有機物）です。このような，触媒の中でも主にタンパク質からなるものは，特別に酵素と呼ぶのです。

わざわざ酵素という名前をつけているのは，タンパク質以外からなる触媒にはない特徴があるからです。特別扱いしているのですね。これについては，次ページで触れますよ。

2-3 酵素②

触媒 ─┬─ タンパク質からなる…**酵素**
　　　└─ タンパク質以外からなる

> ボクは触媒さ

触媒とは？

ある化学反応を促進する物質で、反応前後で自分は変化しないような物質のこと。

反応前 → **反応後**

> ボクは変わらない

- 触媒の例：**酸化マンガン(Ⅳ)**…タンパク質以外からなる触媒

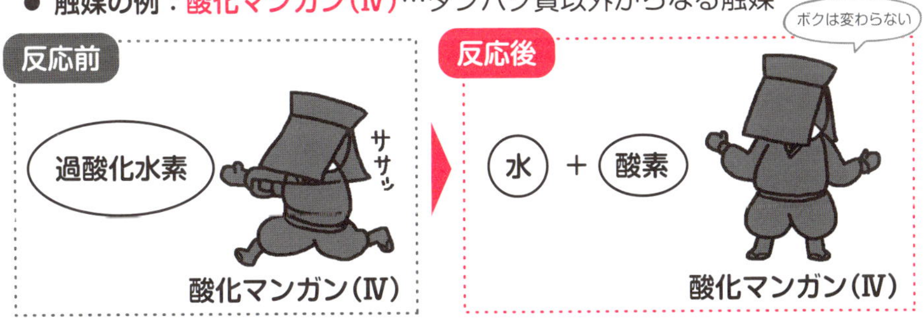

反応前：過酸化水素 / 酸化マンガン(Ⅳ)
反応後：水 + 酸素 / 酸化マンガン(Ⅳ)

> ボクは変わらない

- 酵素の例：**カタラーゼ**…タンパク質からなる触媒

反応前：過酸化水素 / カタラーゼ
反応後：水 + 酸素 / カタラーゼ

> ボクも変わらない

ここまでやったら 別冊 p.12 へ

2-4 発展 酵素の特徴① ～基質特異性～

ココをおさえよう！

酵素は，特定の基質にしか作用しないという特徴がある（基質特異性）。
基質と結合する部位を活性部位（活性中心）といい，酵素と基質が結合したものを酵素-基質複合体という。

酵素には，以下の2つの特徴があります。
・**基質特異性**
・**最適温度，最適pH**

まずは，基質特異性から解説しましょう。

・基質特異性
生体内にはさまざまな酵素が存在しますが，それぞれの酵素は**特定の物質にしかはたらきません**。酵素が作用することができる特定の物質を**基質**といい，酵素が特定の基質にしか作用しないことを基質特異性といいます。

例えば，だ液に含まれている酵素である**アミラーゼ**は，**デンプンの分解を促進**しますが，タンパク質の分解を促進することはありません。

一方，胃から分泌される酵素である**ペプシン**は，**タンパク質の分解を促進**しますが，デンプンの分解を促進することはありません。

2-4 〈発展〉 酵素の特徴① ～基質特異性～ 73

酵素の特徴 ──①基質特異性
　　　　　　└②最適温度，最適pH

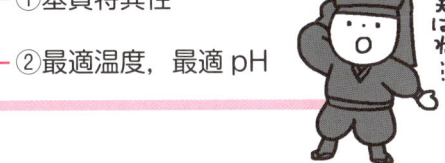

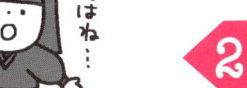

実はね…

■基質特異性

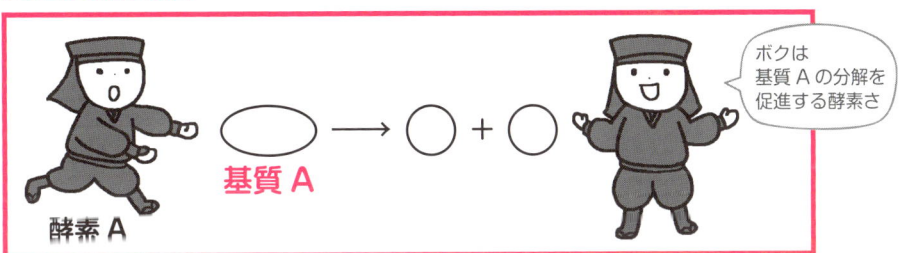

基質A → ○ + ○

酵素A

ボクは基質Aの分解を促進する酵素さ

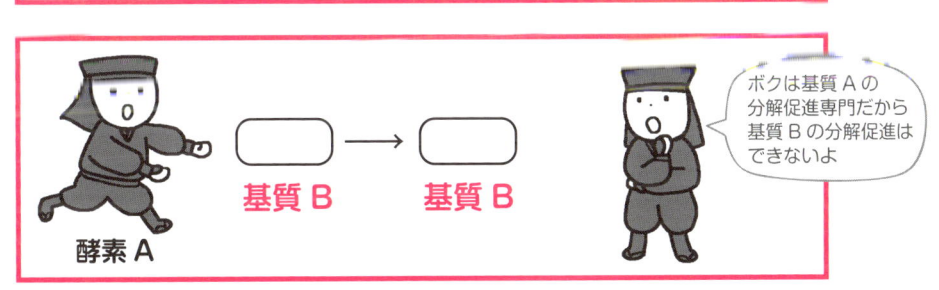

基質B → 基質B

酵素A

ボクは基質Aの分解促進専門だから基質Bの分解促進はできないよ

例

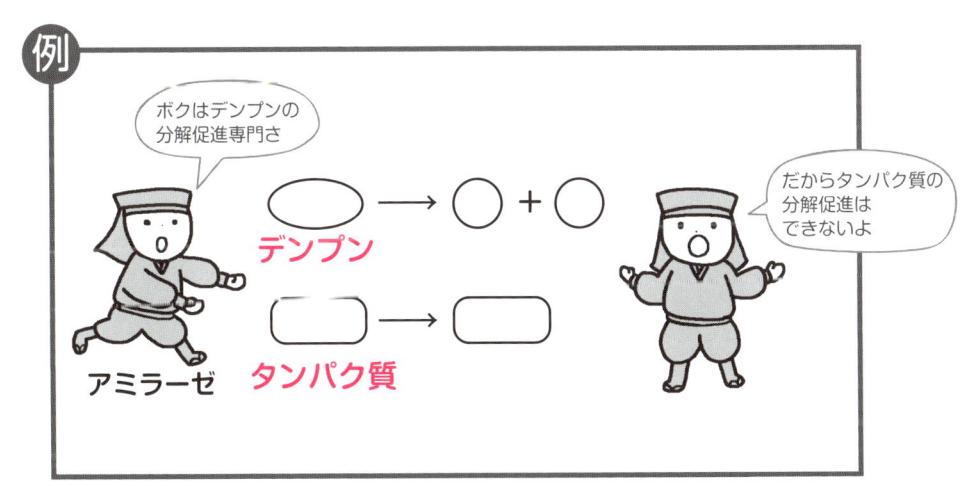

ボクはデンプンの分解促進専門さ

デンプン → ○ + ○

タンパク質 → □

アミラーゼ

だからタンパク質の分解促進はできないよ

・酵素に基質特異性がある理由

酵素には，**活性部位**（**活性中心**）という立体的な構造があります。
酵素反応が起きる際，この**活性部位が基質の特定の部分と結合**します。

通常，酵素はこの活性部位を1つしかもっていません。
よって，結合できる基質も決まってしまうのです。
これが，基質特異性が生まれる原因です。

ちなみに，酵素と基質が結合したものを，**酵素-基質複合体**といいます。

・酵素が化学反応を促す理由

酵素-基質複合体の状態は，エネルギー的に高い状態（不安定な状態）です。
つまり，反応が起きやすい状態なのですね。
だから，体内の穏やかな環境の下でも，活性化エネルギーを越えることができるため，反応が進むのです。

これが，酵素が化学反応を促進する理由です。

2-4 〈発展〉 酵素の特徴① ～基質特異性～

- 酵素に基質特異性がある理由

イメージ

酵素には，活性部位（活性中心）という立体的な構造がある（酵素によって形が違う）。	活性部位が基質の特定の部位と結合し，反応が起きる。
 活性部位	 ぴったし！

通常，酵素は活性部位を1つしかもっていないので，結合できる基質も決まる。

基質1／基質2／基質3　酵素A　酵素B

基質1は酵素A，基質3は酵素Bとしか結合しないッス

- 酵素が化学反応を促す理由

酵素−基質複合体の状態は，基質がエネルギー的に高い状態になっている。	体内の穏やかな環境の下でも反応が進む。
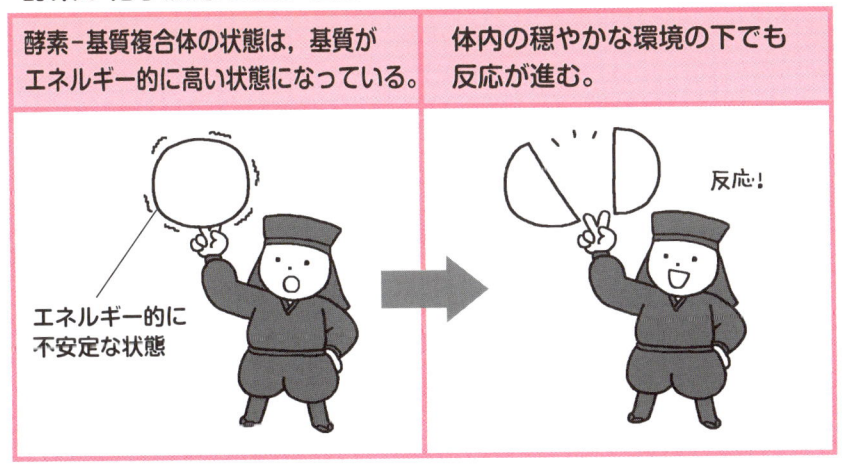 エネルギー的に不安定な状態	反応！

2-5 発展 酵素の特徴② 〜最適温度，最適pH〜

> **ココをおさえよう！**
>
> 最適温度……酵素のはたらきが最大化する温度のこと。
> 最適pH ……酵素のはたらきが最大化するpHのこと。

酵素が触媒としてはたらき，基質の化学反応を促進するということはわかったと思います。
では，酵素がよりよく作用するには，どういった条件が必要なのでしょうか。

条件は，主に3つあります。

① 酵素の濃度を高くする。

基質に対して酵素が十分にあれば，短時間で反応が進みます。つまり，反応速度が上がるということです。

> **注意点**
>
> ただし，ある濃度以上に酵素を増やすと，すべての基質が酵素－基質複合体となり，それ以上基質と複合体ができなくなります。すると反応速度は一定になります。酵素－基質複合体の濃度が反応に関係しているのです。

2-5〈発展〉酵素の特徴② 〜最適温度，最適pH〜

『酵素がよりよく作用する条件』

① 酵素の濃度を高くする。

濃度が低いとき

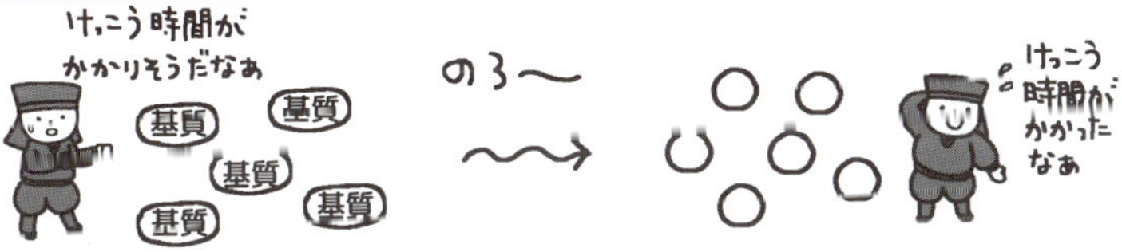

濃度が高いとき

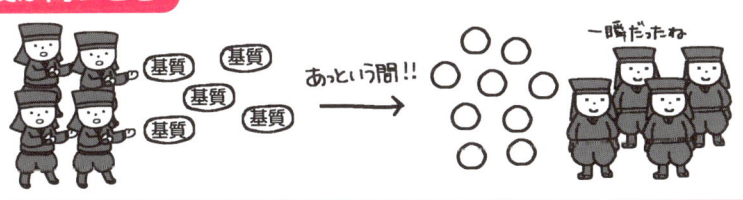

※ただし，濃度が高すぎても…

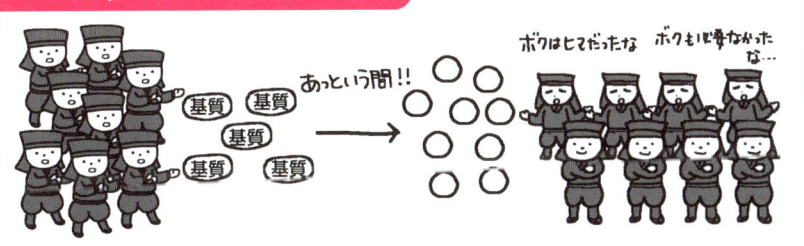

多すぎてもヒマになる酵素が出てくる

② 最適な温度にする。

温度を高めると，酵素は活発に運動するようになります。これにより，**単位時間あたりに基質と出会う回数が増え**，反応速度は大きくなります。

> **注意点**
>
> ただし，温度を上げ続ければいいわけではありません。
> 酵素はタンパク質でできているため，温度が高くなりすぎるとタンパク質が変質し，逆に活性は失われてしまうのです。
> タンパク質の性質が変わることを**変性**といい，活性が失われることを**失活**といいます。

ヒトのもっている酵素は，だいたい40℃前後で酵素の活性が最も高くなります。（これはヒトの体温くらいのときに，よくはたらくようになっているからですね）

一方，高温の温泉などに生息する細菌内の酵素は80℃前後で最も活性が高くなります。最も活性が高くなる温度を，**最適温度**と呼びます。

② 最適な温度にする。

温度が低いとき

温度が高いとき

※ただし，温度が高すぎると…

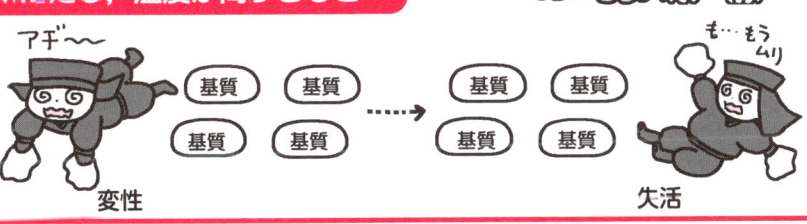

変性　　　　　　　　　　　　　失活

● 最適温度は生物によって異なる。

③ 最適なpHにする。

酵素によって，**最もはたらきやすいpHが異なります**。

例えば，だ液中に存在する**アミラーゼは，中性（pH＝7）付近**で最も活性が高くなります。一方，胃液中ではたらく**ペプシンは，酸性（pH＝2）付近**で最も活性が高くなります。

最も活性が高くなるpHを，**最適pH**と呼びます。

注意点
最適pHよりpHが高くなっても低くなっても，酵素は変性し，活性が低下してしまいます。

以上のように，酵素が活躍するには，適した濃度があります。また，温度やpHには最適なポイントが存在します。理解していただけたでしょうか？

③ 最適な pH にする。

pH=7 付近のとき

アミラーゼ　　　　　　　　ペプシン

アミラーゼにとっては最適なpHだったようじゃな！

pH=2 付近のとき

アミラーゼ　　　　　　　　ペプシン

今度はペプシンにとって最適だったようじゃ！

● 酵素によって，最も活性化する pH は異なる。

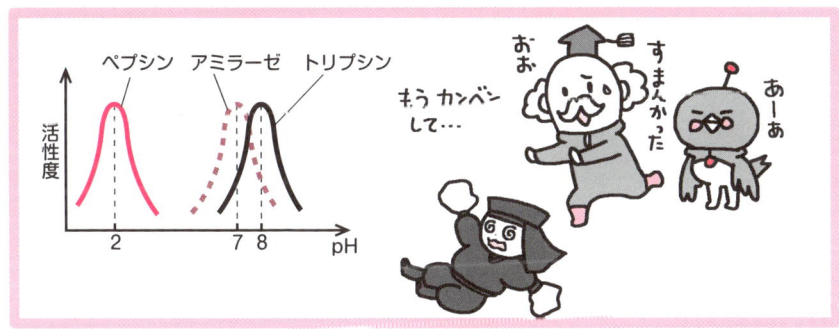

ペプシン　アミラーゼ　トリプシン

活性度

2　　　7　8　　pH

おお／すまんかった／もうカンベンして…／あーあ

まとめ

酵素の濃度は高すぎても頭打ちになる。
温度，pH は酵素によって最適なポイントがある。

ここまでやったら
別冊 p.12 へ

2-6 ATP ①

> **ココをおさえよう！**
>
> 生物の体内におけるエネルギーのやり取りは，ATP（アデノシン三リン酸）を介して行われる。
> この性質からATPは「エネルギーの通貨」と呼ばれる。

生物が生命活動を営むためのエネルギーの元手は有機物で，
有機物（複雑な物質）を単純な物質に分解するとエネルギーを取り出せて，
分解反応を起こすには酵素のはたらきが必要だということがわかりました。
ここでは，エネルギーについて，もう少しくわしく見てみましょう。

・**エネルギーは，ATPという物質を介してやり取りされる**
異化によって，エネルギーが放出されて（取り出されて），
同化において，エネルギーが吸収される（反応に利用される）のでしたね（p.66）。

異化によって放出されたエネルギーが，うまい具合にそのまま，同化に使われたらいいのですが，そうもいきません。

エネルギーが放出される（異化が行われる）場所と，エネルギーが利用される（同化が行われる）場所が，離れてしまっているからです。

なので，異化によって放出されたエネルギーは，一度**ATP**（**アデノシン三リン酸**）という物質に保存され，同化が行われるところに移動し，そこでATPが保存したエネルギーを受け渡すということになります。
ATPはエネルギーの受け渡しをする役割なので，「**エネルギーの通貨**」と呼ばれています。

> **補足** 異化によって放出されたエネルギーを**ADP**が受け取り，ATPというエネルギーの高い状態になります。そしてATPがADPになるときに放出されるエネルギーを用いて，同化が行われるのです。
> ATPとADPについては，p.84で説明しますね。

エネルギーがあるから，生命活動を営むことができる。

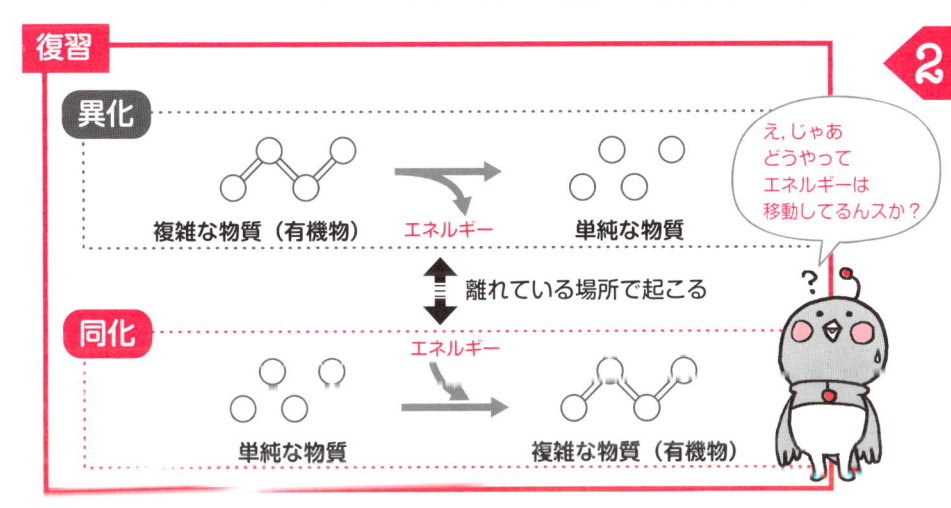

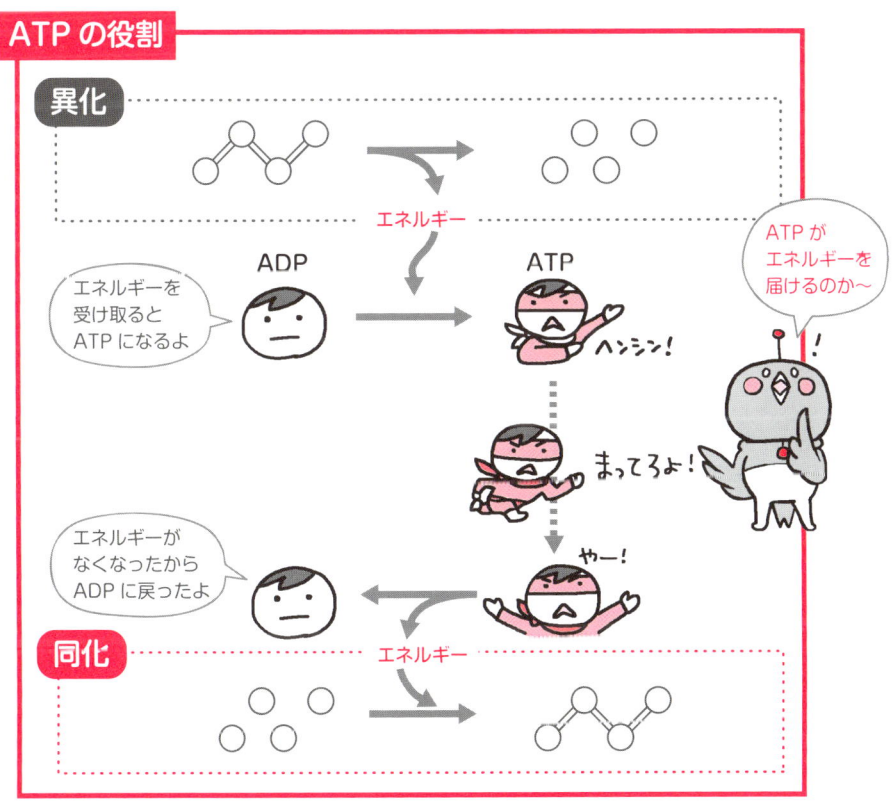

復習

異化
複雑な物質（有機物） → エネルギー → 単純な物質

離れている場所で起こる

同化
単純な物質 → エネルギー → 複雑な物質（有機物）

え,じゃあどうやってエネルギーは移動してるんスか？

ATPの役割

異化
（複雑な物質）→ エネルギー →（単純な物質）

エネルギーを受け取るとATPになるよ

ADP → ATP ヘンシン！

ATPがエネルギーを届けるのか〜

まってるよ！

やー！

エネルギーがなくなったからADPに戻ったよ

同化
エネルギー
（単純な物質）→（複雑な物質）

2-7　ATP②

> **ココをおさえよう！**
>
> ATPの高エネルギーリン酸結合が切れることでエネルギーが取り出される。
> この反応により，ATPはADPとリン酸になる。

ATPとは，一体どのような物質なのでしょうか？

・ATPとは？

ATPとは，アデノシンという物質と，3つのリン酸という物質からなる，**アデノシン三リン酸**という物質の略称です。
異化によって放出されたエネルギーを受け取っているので，**エネルギーが高い状態**になっています。

> 補足　ATP = <u>A</u>denosine <u>T</u>riphosphate

一方，エネルギーを受け取る前は，ADPという物質です。

・ADPとは？

ADPは**アデノシン二リン酸**という物質の略称で，アデノシンと，2つのリン酸からなります。
ATPに比べると**エネルギーが低い状態**になっています。

> 補足　ADP = <u>A</u>denosine <u>D</u>iphosphate

・ATPとADPのまとめ

ADPは，エネルギーを受け取ると，1つのリン酸と結合し，ATPになります。
ATPには，結合した3つのリン酸が含まれます。このリン酸どうしの結合は**高エネルギーリン酸結合**と呼ばれ，多くの化学エネルギーが蓄えられています。

そしてこの**リン酸の間の結合が切れると，ATPはADPとリン酸になり，エネルギーが放出される**のです。

ATP …アデノシン三リン酸

アデノシン ― リン酸 ― リン酸 ― リン酸

エネルギー高

ADP …アデノシン二リン酸

アデノシン ― リン酸 ― リン酸

エネルギー低

まとめると…

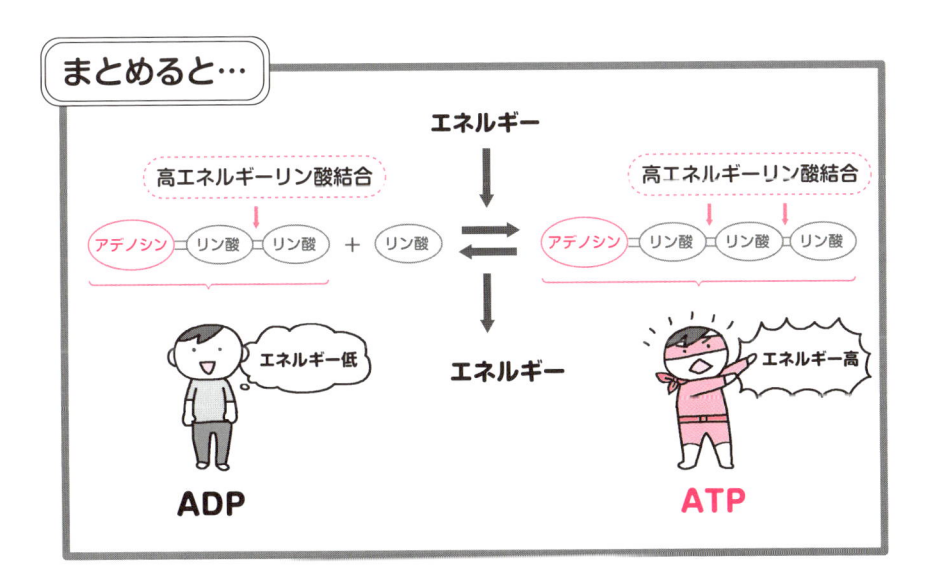

エネルギー

高エネルギーリン酸結合
アデノシン ― リン酸 ― リン酸 ＋ リン酸 ⇌ アデノシン ― リン酸 ― リン酸 ― リン酸
高エネルギーリン酸結合

エネルギー

ADP　エネルギー低

ATP　エネルギー高

ここまでやったら
別冊 p.14 へ

2-8 呼吸 〜異化の代表例〜

> **ココをおさえよう！**
> 異化の代表例である呼吸は，細胞内のミトコンドリアで行われる。

「複雑な物質を単純な物質に分解し，エネルギーが放出される（取り出される）過程」を異化と呼ぶのでした。

そんな異化について，くわしく見ていきましょう。

・呼吸

体内にある有機物（複雑な物質）を分解し，効率的にエネルギーを取り出すために，生物は酸素（O_2）を利用します。
酸素（O_2）を用いて有機物を分解すると，エネルギーが放出されます。そのエネルギーによってATPができるのです。このはたらきを，**呼吸**と呼びます。呼吸は，異化の代表例です。

> **補足** ここでいう呼吸は，私たちが普段使っている呼吸という言葉とは，少し意味が異なります。細胞レベルで酸素（O_2）を取り入れる過程を指すため，**細胞呼吸**と呼ばれることもあります。

呼吸によって取り出されるエネルギーを，式の中に入れて表すと，呼吸の過程は，次のようになります。

有機物 + 酸素 ⟶ 水 + 二酸化炭素 + エネルギー

・呼吸はミトコンドリアで行われている

真核生物では，呼吸は主に，細胞内のミトコンドリアで行われます。
ミトコンドリアのもつ，さまざまな酵素のはたらきにより，
有機物は酸素（O_2）を用いて分解され，エネルギーが取り出されているのです。

2-8 呼吸 〜異化の代表例〜

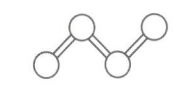

異化
複雑な物質（有機物） → エネルギー + 単純な物質

異化についてくわしく勉強するぞい

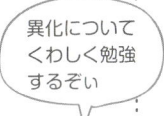

呼吸 …酸素を使って，異化を行うこと。

有機物 + O_2 → エネルギー + 単純な物質

エネルギーを式の中に入れて表したッスね

呼吸の過程

有機物 ＋ 酸素 → 水 ＋ 二酸化炭素 ＋ **エネルギー**

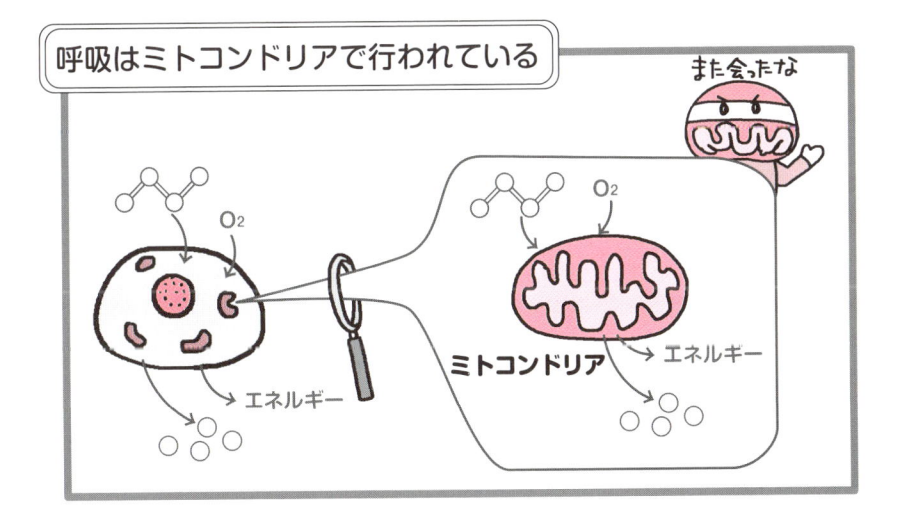

呼吸はミトコンドリアで行われている

また会ったな

ミトコンドリア → エネルギー

2-9 発展 呼吸の過程

> **ココをおさえよう！**
>
> 呼吸は，解糖系⇒クエン酸回路⇒電子伝達系を経て行われる。
> その結果，グルコース1分子に対し，ATPが38個生成される。

呼吸の過程をくわしく見てみましょう。

・呼吸は3つの過程からなる

呼吸は，以下の3つの過程からなり，ミトコンドリアが重要な役割を果たします。

※ミトコンドリアについては，p.38を参照。

- **解糖系**
- **クエン酸回路**
- **電子伝達系**

① 解糖系

細胞質基質で行われる化学反応のことで，
グルコース（$C_6H_{12}O_6$）が分解されて，ピルビン酸（$C_3H_4O_3$）が生成します。

※この過程で，グルコース1分子あたり**2個のATP**が生成されます。

② クエン酸回路

ピルビン酸はミトコンドリアに取り込まれると，まずは**マトリックス**に存在する酵素の作用によって二酸化炭素を放出します。そして次に，マトリックス内に存在するオキサロ酢酸と結合して，クエン酸になります。

※この過程で，グルコース1分子あたり**2個のATP**が生成されます。

クエン酸は，水が結合したり二酸化炭素を放出したりしながら，再びオキサロ酢酸に戻ります。

2-9〈発展〉呼吸の過程

呼吸の過程

ミトコンドリア
「オレが大活躍だぜ」

3つの過程からなる
① 解糖系
② クエン酸回路
③ 電子伝達系

① 解糖系…2個の ATP が生成（細胞質基質で行われる）

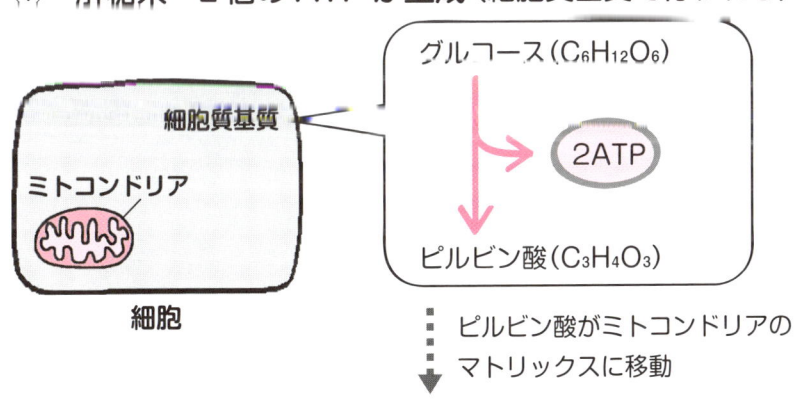

細胞質基質
ミトコンドリア
細胞

グルコース（$C_6H_{12}O_6$）
→ 2ATP
ピルビン酸（$C_3H_4O_3$）

ピルビン酸がミトコンドリアのマトリックスに移動

② クエン酸回路…2個の ATP が生成
　（ミトコンドリアのマトリックスで行われる）

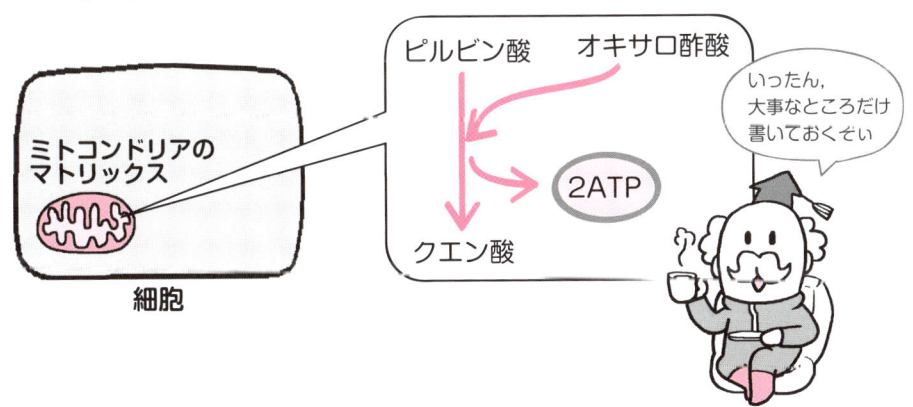

ミトコンドリアのマトリックス
細胞

ピルビン酸　オキサロ酢酸
→ 2ATP
クエン酸

「いったん，大事なところだけ書いておくぞぃ」

③ 電子伝達系

実は，解糖系とクエン酸回路では，多量の電子（e^-）が放出されており，それによって，NADHやFADH$_2$という物質が作られていました。

> **補足** NADHは，NAD$^+$（ニコチンアミドアデニンジヌクレオチド）に電子（e^-）と水素イオン（H^+）が結合してできた物質。FADH$_2$は，FAD（フラビンアデニンヌクレオチド）に電子（e^-）と水素イオン（H^+）が結合してできた物質。NAD$^+$とFADはともに，他の物質から水素イオンを奪うはたらきのある物質です。

これらの物質から再度放出された電子（e^-）が，電子伝達系を移動する過程で，ATPが大量に合成されます。

※この過程で，グルコース1分子あたり最大 **34個のATP** が合成されます。

電子伝達系を経た電子（e^-）は，遊離していた水素イオン（H^+）とともに酸素を受け渡され，水が生じます。

以上の①，②，③の過程は，次のような反応式にまとめることができます。
（これは，p.86で表した式をくわしくしたものです）

$$C_6H_{12}O_6 + 6O_2 + 6H_2O \longrightarrow 12H_2O + 6CO_2 + (38ATP)$$
グルコース　酸素　　水　　　　水　　二酸化炭素　エネルギー

とにかく，この「呼吸の過程」について，「生物基礎」でおさえておきたいのは，次の3つです。「生物」まで勉強する人は，そこでよりくわしく学びます。

① 構成について：呼吸は，解糖系・クエン酸回路・電子伝達系という3つの過程を経て行われる。
② 場所について：解糖系は細胞質基質，クエン酸回路はミトコンドリアのマトリックス，電子伝達系はミトコンドリアの内膜で行われる。
③ ATPについて：解糖系では2個のATP，クエン酸回路でも2個のATP，電子伝達系では最大34個のATPが生成され，合計で最大38個のATPが1分子のグルコースから作られる。

③ 電子伝達系…34個のATPが合成（ミトコンドリアの内膜で行われる）

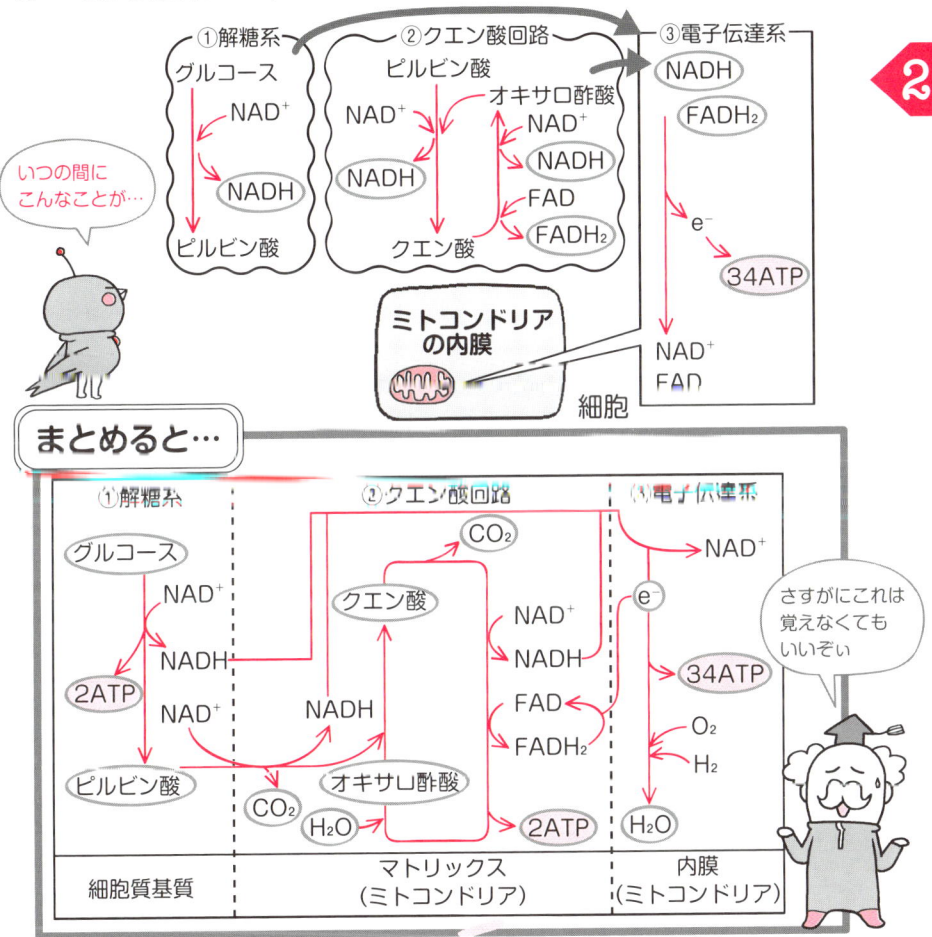

①解糖系
グルコース
NAD⁺ → NADH
ピルビン酸

②クエン酸回路
ピルビン酸
NAD⁺ → NADH
オキサロ酢酸
NAD⁺ → NADH
FAD → FADH₂
クエン酸

③電子伝達系
NADH
FADH₂
e⁻ → 34ATP
NAD⁺
FAD

（いつの間にこんなことが…）

ミトコンドリアの内膜

細胞

まとめると…

①解糖系（細胞質基質）
グルコース
NAD⁺ → NADH
2ATP
NAD⁺
ピルビン酸

②クエン酸回路（マトリックス（ミトコンドリア））
CO₂
クエン酸
NAD⁺ → NADH
FAD → FADH₂
NADH
オキサロ酢酸
CO₂　H₂O
2ATP

③電子伝達系（内膜（ミトコンドリア））
NAD⁺
e
34ATP
O₂
H₂
H₂O

（さすがにこれは覚えなくてもいいぞぃ）

反応式でまとめると…

$$C_6H_{12}O_6 + 6O_2 + 6H_2O \longrightarrow 12H_2O + 6CO_2 + (38ATP)$$

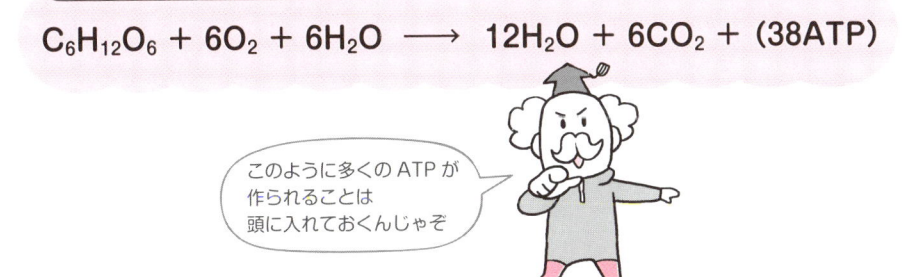

（このように多くのATPが作られることは頭に入れておくんじゃぞ）

2-10 発展 発酵

> **ココをおさえよう！**
>
> 発酵は異化の一種で，アルコール発酵，乳酸発酵などがある。
> 発酵は呼吸に比べ，グルコース1分子から生成されるATPが少ない。

呼吸とは，酸素(O_2)を用いて有機物を分解しエネルギーを取り出す過程のことでした。しかし，**酸素(O_2)を用いないで有機物を分解**し，エネルギーを取り出すこともあります。
このような過程を，**発酵**といいます。発酵も**異化の一種**です。
発酵ではミトコンドリアは反応に関係しません。

発酵にはいくつか種類がありますが，ここでは次の2つを勉強します。

- **アルコール発酵**
- **乳酸発酵**

■ アルコール発酵

酵母菌（**酵母**）という単細胞生物がいます。

酵母菌は，酸素(O_2)の多い条件下では呼吸を行ってエネルギーを得ているのですが，酸素のない条件下では，酸素を用いずにエネルギーを得ています。

グルコース($C_6H_{12}O_6$)などの糖を，エタノール(C_2H_5OH)と二酸化炭素(CO_2)に分解し，エネルギーを取り出しているのです。エタノールはアルコールの1つなので，このような発酵を**アルコール発酵**といいます。

アルコール発酵では，グルコース1分子に対し，2分子のエタノールと2分子の二酸化炭素，そして2分子のATPが生成されます。この反応式は大事なのでおさえておきましょう。

$$C_6H_{12}O_6 \longrightarrow 2C_2H_5OH + 2CO_2 + (2ATP)$$
グルコース　　エタノール　二酸化炭素　エネルギー

2-10 〈発展〉発酵

発酵 …酸素を用いずに行う異化のこと。
（ミトコンドリアも関係しない）

ミトコンドリア：なにっ 私を使わずにエネルギーを取り出すというのか？！

アルコール発酵

$$C_6H_{12}O_6 \longrightarrow 2C_2H_5OH + 2CO_2 + (2ATP)$$
グルコース　　　　エタノール　　二酸化炭素　エネルギー

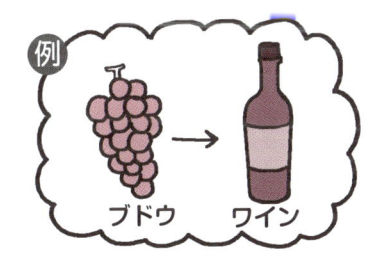

例：ブドウ → ワイン

酵母菌：ボクも酸素(O_2)があれば呼吸するよ。だって,グルコース1分子あたり,呼吸なら最大38個のATPが得られるのに,アルコール発酵だと2個のATPしか得られないんだよ！効率悪いよね

・呼吸
$C_6H_{12}O_6 + 6O_2 + 6H_2O \longrightarrow 12H_2O + 6CO_2 +$ **(38ATP)**

・アルコール発酵
$C_6H_{12}O_6 \longrightarrow 2C_2H_5OH + 2CO_2 +$ **(2ATP)**

■ 乳酸発酵

乳酸菌という微生物（細菌）がいます。
乳酸菌はヨーグルトを作る際に活躍している，皆さんもご存知の細菌です。

乳酸菌は，グルコースなどの糖を乳酸に分解してエネルギーを取り出しています。これを**乳酸発酵**といいます。

乳酸発酵では，1分子のグルコースから2分子の乳酸（$C_3H_6O_3$）と2分子のATPが生成されます。この反応式も大事ですよ。

$$C_6H_{12}O_6 \longrightarrow 2C_3H_6O_3 + (2ATP)$$
グルコース　　　　　乳酸　　　エネルギー

※アルコール発酵も乳酸発酵も，1分子のグルコースが2分子のピルビン酸（$C_3H_4O_3$）へと変換されたのちに，最終的な形へと変換されています。反応経路が似ているのです。

実は，この乳酸発酵と同じ反応は，ヒトをはじめとする動物の体内でも行われているのです。

動物の筋肉では，激しい運動を行うと，呼吸をするために必要な酸素の供給が，間に合わなくなることがあります。すると，酸素を用いずに筋肉中のグルコースが分解され，乳酸発酵と同様の反応によって，エネルギーが取り出されます。
これを**解糖**と呼びます。

アルコール発酵・乳酸発酵・解糖の説明をしてきましたが，発酵について覚えておいてほしい最も重要なことは，**発酵は呼吸よりも，グルコース1分子から得られるエネルギー（ATP）が少ない**ということです。
呼吸ではグルコース1分子あたり最大38ATPが得られますが，発酵ではグルコース1分子あたり2ATPしか得られません。
効率よくエネルギーを得るためには，酸素（O_2）が重要だということですね。

2-10〈発展〉発酵

乳酸発酵

$$C_6H_{12}O_6 \longrightarrow 2C_3H_6O_3 + (2ATP)$$
グルコース　　　　乳酸　　　エネルギー

例: MILK → ヨーグルト

乳酸菌: ボクも、酸素があれば呼吸するけどね

解糖

$$C_6H_{12}O_6 \longrightarrow 2C_3H_6O_3 + (2ATP)$$
グルコース　　　　乳酸　　　エネルギー

あれ、乳酸発酵と同じだね

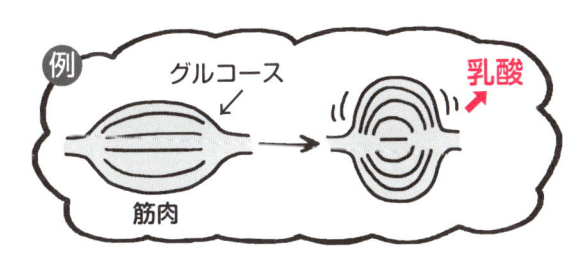

例: 筋肉 グルコース → 乳酸

乳酸たまった〜

激しい運動などで呼吸に必要な酸素の供給が間に合わないときに行われる

2-11 光合成 〜同化の代表例〜

> **ココをおさえよう！**
>
> 無機物から炭水化物を合成するはたらきを炭酸同化といい，その代表例が光合成である。
> （光合成：二酸化炭素 ＋ 水 ＋ 光エネルギー ⟶ 有機物 ＋ 酸素）

異化について勉強してきましたが，続いて，同化について勉強しましょう。

同化とは，「**エネルギーを利用して，単純な物質を複雑な物質に合成する過程**」のことでした。

・炭酸同化

同化のうち，二酸化炭素（無機物）から炭水化物などの有機物を合成するはたらきを**炭酸同化**と呼びます。

そして，**炭酸同化の代表例**としてよく挙げられるのが，**光合成**です。

・光合成とは？

光合成とは，二酸化炭素と水から光エネルギーを用いて，デンプンなどの有機物と酸素を作る反応です。

| 二酸化炭素 ＋ 水 ＋ 光エネルギー ⟶ 有機物 ＋ 酸素 |

> **補足** 空気中の窒素を用いて窒素化合物を合成し，エネルギーを蓄えるはたらきを**窒素固定**といいます。一部の細菌などが行うはたらきで，マメ科植物に寄生する**根粒菌**が行うことで有名です。（くわしくはp.402で勉強します。）

2-11 光合成　〜同化の代表例〜

同化

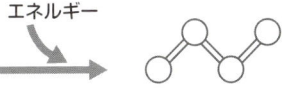

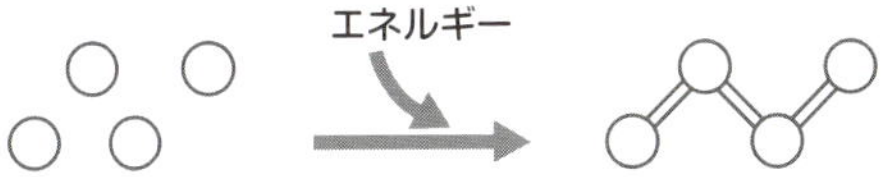

単純な物質 →（エネルギー）→ 複雑な物質（有機物）

次は同化についてじゃ

炭酸同化…無機物から炭水化物などの有機物を作ること。

二酸化炭素（無機物） → 炭水化物（有機物）

光合成…光エネルギーを用いて，二酸化炭素と水から，有機物と酸素を作る反応。炭酸同化の１つ。

二酸化炭素（無機物） ＋ 水 →（光エネルギー）→ 有機物 ＋ 酸素

ボクも光合成できたら日なたぼっこしてるだけでおなかいっぱいになれるのになぁ

なまけものめ…

補足：窒素固定…空気中の窒素から窒素化合物を作ること。

マメ科植物
根粒菌
N_2
窒素化合物

ボクこれでもいい！

おぬしには無理じゃ…

2-12 共生説

> **ココをおさえよう！**
>
> ミトコンドリアや葉緑体は，細胞外で生息していた原核生物が細胞内に取り込まれて共生した結果，細胞小器官になったと考えられており，このような説を共生説という。
> 共生説が唱えられているのは，次のような特徴が，葉緑体やミトコンドリアにあるためである。
> ・核内のDNAとは異なる，独自のDNAが存在する。
> ・細胞の分裂とは別に，独自に分裂して増殖する。
> ・内外2枚の膜がある。

生物は代謝（異化や同化）を行っています。そして異化の代表的なものである呼吸はミトコンドリアで，同化の代表的なものである光合成は葉緑体で行われているのでした。

実は，この2つの細胞小器官には，こんな"説"があります。
「ミトコンドリアや葉緑体はもともと，細胞外で生息していた原核生物だったが，細胞内に取り込まれて共生した結果，細胞小器官になったのではないか？」

これを，**共生説**（**細胞内共生説**）といい，多くの学者によって支持されています。

もちろん，共生説が支持されているのには理由があります。
葉緑体とミトコンドリアには，次のような特徴があるからなのです。

・核内のDNAとは異なる，独自のDNAが存在する。
・細胞の分裂とは別に，独自に分裂して増殖する。
・内外2枚の膜がある。

ちなみに，ミトコンドリアは呼吸する細菌が，
葉緑体は原始的なシアノバクテリアが起源だと考えられています。

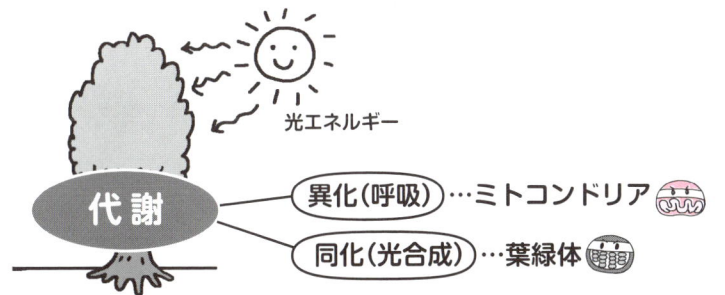

2-12 共生説　99

光エネルギー

代謝 ─ 異化（呼吸）…ミトコンドリア
　　　└ 同化（光合成）…葉緑体

この2つの細胞小器官には，次のような説がある。

共生説（細胞内共生説）

もともと細胞外で生息していた原核生物だったが，
細胞内に取り込まれて共生した結果，細胞小器官になった。

理由

・核内のDNAとは異なる，独自のDNAが存在する。
　（もともと細胞外で独自に生息していた生物だったからでは？）

核　　ミトコンドリア　　葉緑体
DNA　　DNA　　DNA
ボクのと違うの　　うん　　みんな違って
もってるみたいだね　　　　　　みんないい

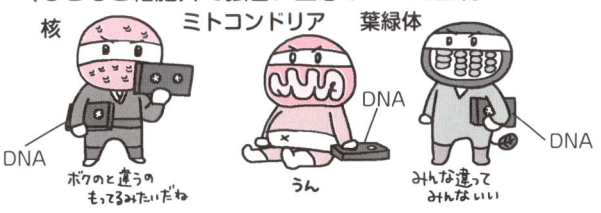

・細胞の分裂とは別に，独自に分裂して増殖する。
　（もともと細胞外で独自に生息していた生物だったからでは？）

細胞分裂 → 独自に分裂
あ…細胞は分裂したみたい　　ボクらはマイペースにいこー

・内外2枚の膜がある。（二重膜は細胞に取り込まれたからでは？）

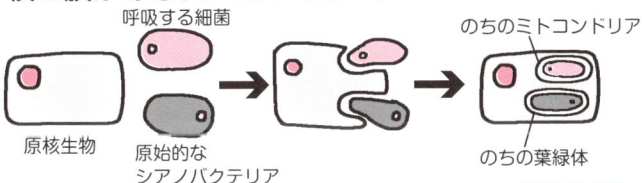

原核生物　　呼吸する細菌　　　　のちのミトコンドリア
　　　　　　原始的な　　　　　　のちの葉緑体
　　　　　　シアノバクテリア

ここまでやったら
別冊 p.15 へ

理解できたものに，☑チェックをつけよう。

- [ ] 複雑な物質を，単純な物質に分解する反応を，異化という。異化によってエネルギーは取り出される。
- [ ] 単純な物質から，複雑な物質を合成する反応を，同化という。同化によってエネルギーは吸収される。
- [ ] 触媒のうち主にタンパク質からなるものを酵素という。酵素には反応を起こさせるのに必要なエネルギー（活性化エネルギー）を低下させるはたらきがある。
- [ ] 酵素には，特定の基質にしか結合しない基質特異性という特徴がある。
- [ ] 酵素と基質の結合する部位を活性部位（活性中心）という。
- [ ] 酵素と基質が結合したものを酵素-基質複合体という。
- [ ] 酵素には最も活性が高くなる最適温度や最適pHがある。
- [ ] 酵素はタンパク質からなるため，温度を上げすぎると変性し，失活する。
- [ ] 生体内におけるエネルギーのやり取りはATP（アデノシン三リン酸）を介して行われる。
- [ ] ATPには高エネルギーリン酸結合があり，この結合が切れるとエネルギーが放出される。
- [ ] 呼吸は，異化の代表例である。
- [ ] 同化のうち，無機物から有機物を合成するはたらきを炭酸同化という。
- [ ] 光合成は，同化の代表例である。
- [ ] 光合成：二酸化炭素 + 水 + 光エネルギー ⟶ 有機物 + 酸素
- [ ] 「ミトコンドリアや葉緑体はもともと，細胞外で生息していた原核生物だったが，細胞内に取り込まれて共生した結果，細胞小器官になった」という説を，共生説（細胞内共生説）という。

Chapter

3

遺伝情報（DNA）

Chapter 3 遺伝情報（DNA）

はじめに

どんな生物も生殖によって自分の形質に似た子を作ります。
（ツバメからウミガメが産まれることは，決してありませんよね）

これは，すべての生物に共通する特徴です。
親は子へ，「生きていくために必要な情報」を渡します。

では，どのようにしてその情報は受け渡されているのでしょうか？

また，受け渡された情報から，成体はどのようにしてできるのでしょうか？
ヒトでは，父親と母親の生殖細胞が合体してできた受精卵から体ができます。
でも，突然，体ができあがるわけではないですよね。

そして，そもそも，情報とは何なのでしょうか？
生物の体内に，カセットテープのような記録媒体があるようにも思えません……。

Chapter 3では，すべての生物に備わり，すべての生物が親から受け継ぐ「遺伝情報」について，解説していきます。

この章で勉強すること

・遺伝情報とは？
・タンパク質の構造とはたらき
・DNAの構造とはたらき
・遺伝子の発現とその調整，遺伝情報の分配

宇宙一わかりやすい ハカセの Introduction

どんな生物も，生殖によって自分の形質に似た子を作る。

Q.1 どのようにして，親は子へ生きるために必要な情報を受け渡しているのか？

Q.2 受け渡された情報から，体はどのようにしてできるのか？

Q.3 そもそも情報とは何か？

3-1 遺伝情報とは

> **ココをおさえよう!**
>
> 生物の形態や性質を子に伝え遺すことを遺伝という。
> その際, 親が子に渡す情報を遺伝情報という。

親が子に渡す情報を, **遺伝情報**といいます。

遺伝情報といわれても, 何のことだかさっぱりわかりませんよね。
実体のない, 抽象的な言葉なので, イメージしづらいのは当然です。

しかし, 心配は無用です。わかりやすく解説するために, ハカセとツバメは地球にやってきたのですから。

さて……。

すべての生物は子を作り, 種のもつ情報を子どもに伝えていきます。いい換えると, その生物の形態や性質を, **子に"伝"え, "遺"している**, ということです。

この事象を指して, **遺伝**と呼んでいます。

いちいち「生物が子を作り, 種のもつ情報を子に伝えていく」と説明するのが面倒なので, ひと言でこれを表す言葉を科学者が作ったのでしょう。

3-1 遺伝情報とは

親が子に渡す情報 … 遺伝情報

わかりやすく解説するために
ハカセとツバメは地球に
やってきたのですから…

プレッシャーじゃのう…

ハカセ，まかせたッス

受精卵 → 遺伝情報

遺伝 … 生物が子を作り，種のもつ情報を子に伝えていくこと。

つまり，すべての生物は，その生物の形態や性質を，子に伝え，遺している。 ➡ **遺伝**

えっと，あの，「生物が子を作り，種のもつ情報を子に伝えていく」ということに関して聞きたいことがあるんッスけど……。というもの，ボクは今，「生物が子を作り，種のもつ情報を子に伝えていく」というものをわかりやすく説明しようとしているんッスけど，その「生物が子を作り…

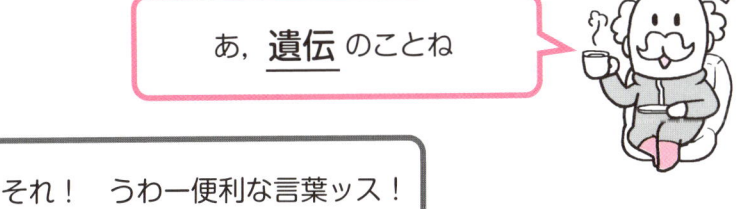

あ，**遺伝**のことね

それ！ うわー便利な言葉ッス！

・遺伝情報は，その生物の形質について書かれた設計書のようなもの

遺伝情報は，その生物の形態や性質（これを**形質**と呼びます）について書かれた，設計書のようなイメージです。

・設計書を，どうやって子に渡すか？

基本的には，父親と母親がそれぞれ生殖細胞をもち寄り（ヒトにおいては精子と卵），合体することで設計書が完成します。

> **補足** 「基本的には」という表現をしたのは，父親と母親が細胞をもち寄るのではなく，1つの個体から分裂して子ができる生物もいるからです。

父親と母親からできた受精卵は，遺伝情報をもっています。

さて，遺伝情報は，紙に書かれているわけではありません。もちろん，CDやUSBメモリの中に入っているわけでもありません。

では，一体，遺伝情報は何に書き込まれているのでしょうか？

遺伝情報は，その生物の形質について書かれた設計書

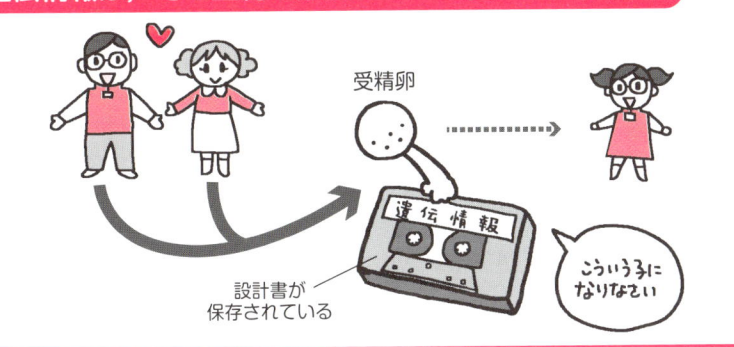

設計書が保存されている

こういう子になりなさい

遺伝情報は，父親と母親の生殖細胞が合体することで完成する

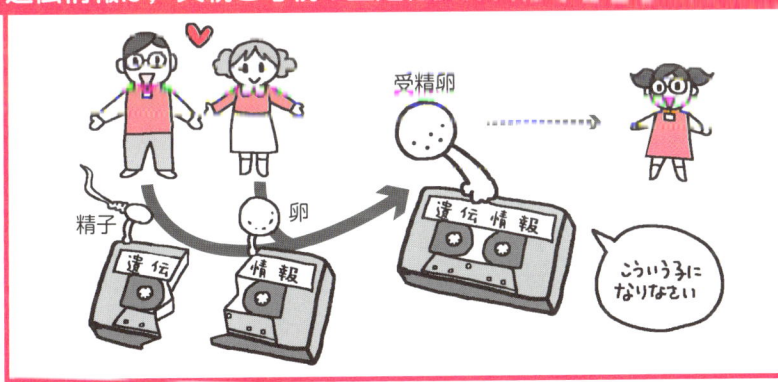

精子　卵

受精卵

こういう子になりなさい

遺伝情報は，紙に書かれているわけでも，CDやUSBメモリの中に入っているわけでもない

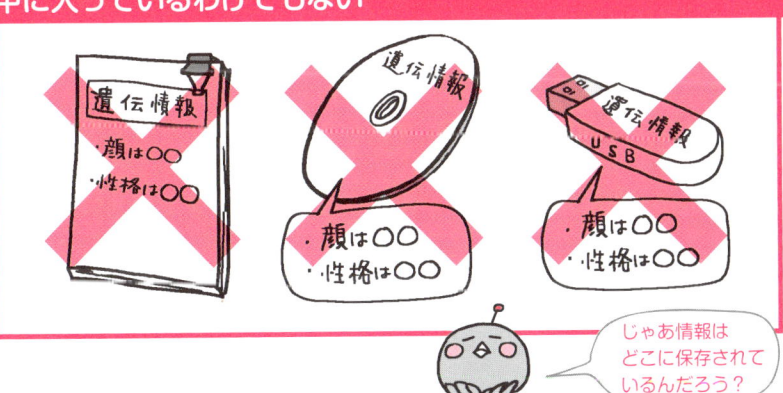

遺伝情報
・顔は○○
・性格は○○

遺伝情報
・顔は○○
・性格は○○

遺伝情報 USB
・顔は○○
・性格は○○

じゃあ情報はどこに保存されているんだろう？

3-2 遺伝子の正体はDNA

> **ココをおさえよう！**
>
> 遺伝情報をもつ物質（遺伝子）は，**DNA（デオキシリボ核酸）**とい
> う物質である。遺伝情報をもとにタンパク質が合成される。

遺伝情報をもつ物質を遺伝子といいます。
長い間，遺伝子は一体どんな物質なのかと，科学者の間で論争が続いていました（これについては，3-10（p.132）でくわしくお話しします）。

歴史をすっ飛ばすと，現在では，遺伝子の正体は核の染色体を構成するDNAという物質であることがわかっています。生物の体は多くの細胞からなりますが，そのすべての細胞に同じ遺伝子（DNA）が納められているのです。
DNAは**デオキシリボ核酸**の略で，**リン酸**と**糖**（**デオキシリボース**），**塩基**からなります（DNAの構造は，3-5（p.118）でくわしく触れますね）。

塩基には，**アデニン**，**チミン**，**グアニン**，**シトシン**の4種類があり，それぞれ**A，T，G，C**と略されるのですが，これらがDNAの中で「…ATTGCTGCA…」のように並んでいます。この塩基の並びこそが，遺伝情報なのです。

・遺伝情報は，タンパク質を作るための設計図

「塩基の並びこそが遺伝情報」とはどういうことかというと，実は，DNAのもっている遺伝情報をもとに，細胞内ではアミノ酸という物質が作られます。そして，アミノ酸が連なってタンパク質が生成されるのです（タンパク質については，3-3（p.110）で説明します）。

DNAの塩基の並びが「どんなタンパク質を作るべきか（つまり，どんな形質の個体を作るべきか）**」を決めている情報，すなわち，遺伝情報の正体**なのです。

DNAは，例えるならビデオテープです。ビデオテープには音楽や映像の情報が記録されていて，その情報をもとに音楽や映像が再生されます。それと同じように，DNAにはどんなタンパク質を作るべきかという情報が記録されていて，その情報をもとに，タンパク質が作られるのです。

3-2 遺伝子の正体はDNA   109

| 遺伝子の正体 | …DNA（デオキシリボ核酸）

● DNAはリン酸と糖（デオキシリボース）と塩基からなる。

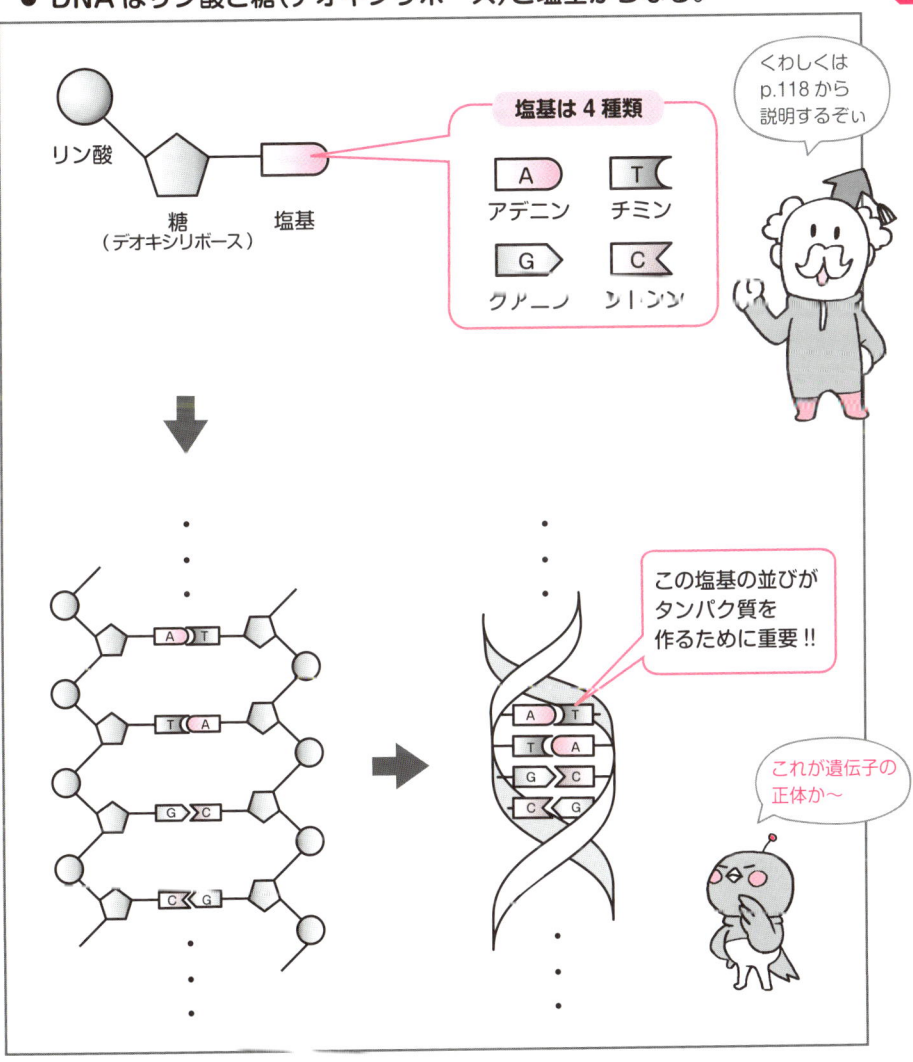

リン酸
糖（デオキシリボース）
塩基

塩基は4種類
A アデニン
T チミン
G グアニン
C シトシン

くわしくは p.118 から説明するぞい

この塩基の並びがタンパク質を作るために重要!!

これが遺伝子の正体か〜

3-3 タンパク質の役割

> **ココをおさえよう！**
>
> タンパク質は，酵素・ヘモグロビン・フィブリン・ホルモン・抗体などを構成する，重要な物質である。

・なぜ，タンパク質を作るのか？

なぜ，遺伝情報は，タンパク質に関する情報なのでしょうか。
親から子へ，子から孫へと引き継ぐような大事な情報が，タンパク質の合成に関する情報でいいのでしょうか？　それほどタンパク質は，重要なのでしょうか？

そうです，とても重要なのです。

例えば，代謝を促進するのに不可欠な**酵素**(p.68)，赤血球中の**ヘモグロビン**(p.192)，血しょう中の**フィブリン**(p.200)，特定の組織や器官のはたらきを調整する**ホルモン**(p.280)，免疫にかかわる**抗体**(p.320)などは，すべてタンパク質からなります。

このようにタンパク質は，**生物の生命活動に必要不可欠な物質**なのです。

> **補足** ヒトの体内には，数万種類ものタンパク質が存在しているといわれています。

家庭科の授業で大事な栄養素であるとは教わっていましたが，タンパク質は生物にとってこんなにも重要な物質だったのですね。

Q なぜ，遺伝情報はタンパク質に関する情報なのか？

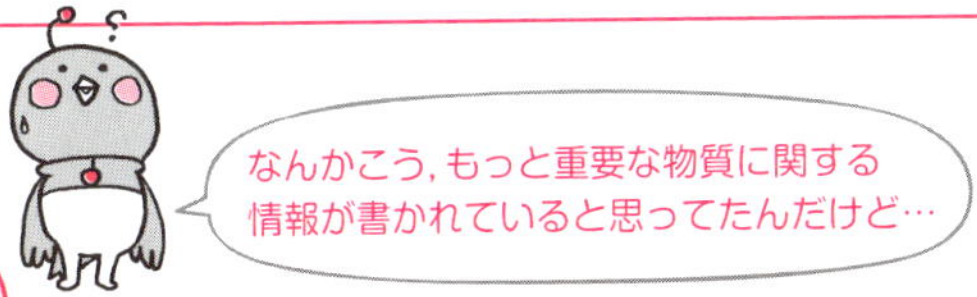

なんかこう，もっと重要な物質に関する情報が書かれていると思ってたんだけど…

なに？タンパク質が重要でないとでもいいたいのかね？

A タンパク質はとても重要な物質だから

タンパク質は，以下の物質のもとになっている。

- 酵素 …………… 代謝を促進 
- ヘモグロビン … 赤血球のはたらきの中心 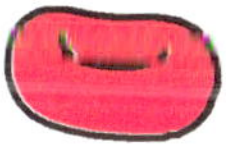
- フィブリン …… 血液凝固にかかわる 
- ホルモン ……… 体内環境の調節にかかわる
- 抗体 …………… 免疫にかかわる

ゲッ…めっちゃ大事じゃん

タンパク質は，生命活動に必要不可欠！

ここまでやったら
別冊 p.17 へ

3-4 発展 タンパク質とは

ココをおさえよう！

タンパク質はアミノ酸からなる。
アミノ酸の組み合わせと順序が変わることで，さまざまなタンパク質となる。

生物にとって大事なタンパク質のことを，私たちはあまりよく知りません。
ここでは，タンパク質について深く突っ込んでみましょう。

• タンパク質は，アミノ酸からできている

タンパク質は，**多数のアミノ酸がペプチド結合で連なってできています。**
アミノ酸とは，アミノ基NH_2とカルボキシ基$COOH$をもつ化合物の総称です。
基本的な構造は右ページの通りで，側鎖(R)と呼ばれる部分は，アミノ酸によって異なります。
タンパク質を作るアミノ酸は20種類しかないのですが，アミノ酸の組み合わせと順序が変わることで，さまざまなタンパク質を作ることができます。

アミノ酸の種類と省略記号を，右ページの表にまとめておきましたので，確認してくださいね。

• ペプチド結合

ペプチド結合とは，一方のアミノ酸のカルボキシ基と，もう一方のアミノ酸のアミノ基から水分子が1つ取れてできた結合です。多数のペプチド結合をもつ，鎖状構造を，**ペプチド鎖（ポリペプチド）**といいます。タンパク質もペプチド鎖（ポリペプチド）です。

3-4 〈発展〉 タンパク質とは　113

タンパク質について深く突っ込んでみよう！

● **タンパク質は，多数のアミノ酸が連なってできている。**

…─[アミノ酸]─[アミノ酸]─[アミノ酸]─…
　　　　　　↑　　　↑
　　　　　ペプチド結合

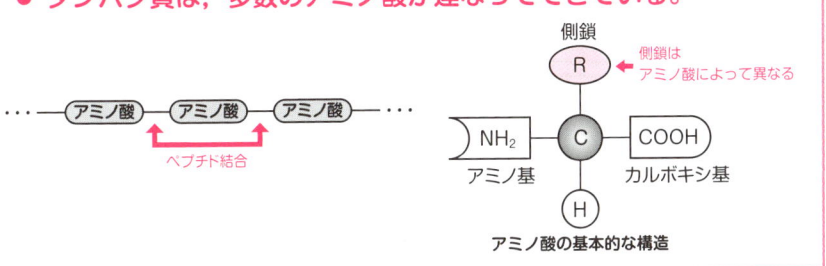

側鎖
R　← 側鎖はアミノ酸によって異なる

[NH₂]─C─[COOH]
アミノ基　│　カルボキシ基
　　　　　H

アミノ酸の基本的な構造

● **アミノ酸の種類と記号**

名称	記号	名称	記号
グリシン	Gly	アスパラギン酸	Asp
セリン	Ser	システイン	Cys
トレオニン	Thr	アラニン	Ala
アスパラギン	Asn	イソロイシン	Ile
チロシン	Tyr	ロイシン	Leu
グルタミン	Gln	フェニルアラニン	Phe
グルタミン酸	Glu	トリプトファン	Trp
リシン	Lys	バリン	Val
アルギニン	Arg	プロリン	Pro
ヒスチジン	His	メチオニン	Met

たった20種類でも，組み合わせ次第でたくさんの種類のタンパク質が作れるんじゃ

● **ペプチド結合**…アミノ酸のカルボキシ基とアミノ基から水分子が1つ取れてできた結合。

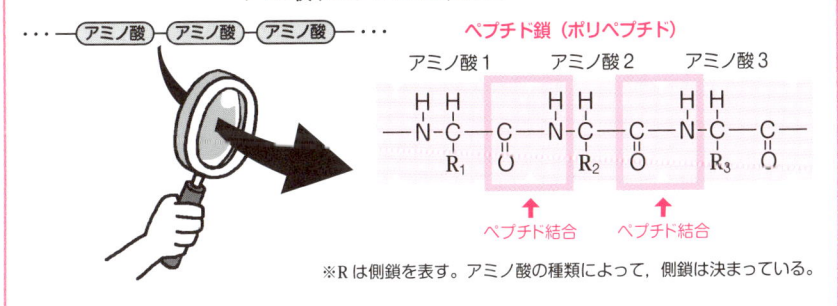

…─[アミノ酸]─[アミノ酸]─[アミノ酸]─…

ペプチド鎖（ポリペプチド）

アミノ酸1　　　アミノ酸2　　　アミノ酸3

　　H　H　　　　H　H　　　　H　H
　　│　│　　　　│　│　　　　│　│
─N─C─C─N─C─C─N─C─C─
　　│　‖　　　　│　‖　　　　│　‖
　　R₁　O　　　R₂　O　　　R₃　O
　　　　　↑　　　　　↑
　　　ペプチド結合　ペプチド結合

※Rは側鎖を表す。アミノ酸の種類によって，側鎖は決まっている。

・**タンパク質の構造は，ハカセの愛犬ポチの毛玉のよう？**

タンパク質がどのようにしてできているかはわかったと思いますが，
次は，**タンパク質の構造**について見てみましょう。

タンパク質の構造は，ハカセが星で飼っている犬のポチの毛玉の構造とよく似ています。

『ある日，部屋を掃除していると，愛犬ポチの毛玉が落ちていることに気づきました。ハカセは，生まれもった好奇心と，ポチへの愛情から，毛玉についてくわしく調べてみることにしました。

毛玉は，実は**いくつかの小さな毛玉が集まってできていた**ものでした。

じゃあ，ということで，1つの小さな毛玉を調べてみると，
1つの小さな毛玉は，**1本の毛がごちゃっとまるまった構造**になっていました。

もっともっと，ということで，**1本の毛を調べてみると，その毛自体も，らせん状になっていたり，ジグザグになっていたり**したのです。

さらにさらに，と思って，**毛の成分について調べてみると，20種類の成分がいろんな順序に並んでいる**ことがわかったのです。

ハカセは，毛玉のそれぞれの構造を，調べた段階ごとに四次構造，三次構造，二次構造，一次構造と名付け，区別することにしました。』

3-4 〈発展〉タンパク質とは

タンパク質の構造について

····─[アミノ酸]─[アミノ酸]─[アミノ酸]─····

タンパク質のなりたちは勉強した。

→ 次はタンパク質の構造

ハカセの愛犬ポチについて

ん？
ZZZZ

ポチの毛玉が…
かわいいのう

ポチの毛玉をちょいと調べてみるか

複数の毛玉が集まって1つの毛玉になっているようじゃな

もっと調べてみるか…
おっ！1本の毛がまるまった構造になっとるぞ

もっともっと調べてみる！
おぉ！らせん構造やジグザグ構造になっておる！
らせん構造
ジグザグ構造

もっともっともっとじゃ!!
成分1 成分2 成分3 成分4
…成分1 成分2 成分3
おぉ！20種類の成分の組み合わせでできておるのじゃな!!

で…ポチの毛玉の構造はどんなだったんだい？
犬ともだち

それはどの構造のことじゃろう？

四次構造　三次構造　二次構造　一次構造

どの構造についてたずねておるのかのう？

むずかしい話ならいいんだ…またね

・**タンパク質の立体構造**

タンパク質の構造は，ポチの毛玉の構造と，とてもよく似ています。
タンパク質の構造も，4種類の構造を区別する必要があるのです。

タンパク質を構成する，アミノ酸の配列順序のことを，タンパク質の**一次構造**と呼びます。
「そのタンパク質は，どんなアミノ酸が，どんな順序で配列してできているのか」というのをひと言で表しているのが，一次構造という言葉です。

アミノ酸が連なると，アミノ酸どうしがひき付け合ったり，反発し合ったりすることで，列自体が構造をもちます。それは，**らせん構造**だったり**ジグザグ構造**だったりするのですが，これをタンパク質の**二次構造**と呼びます。

タンパク質は，このような二次構造をもった"紐"がごちゃごちゃっとからまった**立体構造**をとります。これをタンパク質の**三次構造**と呼びます。紐がまとまって作られる構造のことですね。

さらに，三次構造をもつタンパク質が複数集まった構造をもっているタンパク質もあります。これをタンパク質の**四次構造**と呼びます。赤血球に含まれるヘモグロビンは，複数のタンパク質が集まってできているため，四次構造をとっています。

このように，タンパク質は，二次構造，三次構造，四次構造など，さまざまな構造をとります。これらの構造は，**アミノ酸の配列順序（一次構造）によって決まります**。

アミノ酸の配列順序が決まると，タンパク質の性質が決まるのですが，タンパク質の構造自体も，アミノ酸の配列順序によって決まっているということです。

3-4 〈発展〉 タンパク質とは

タンパク質にも4種類の構造がある

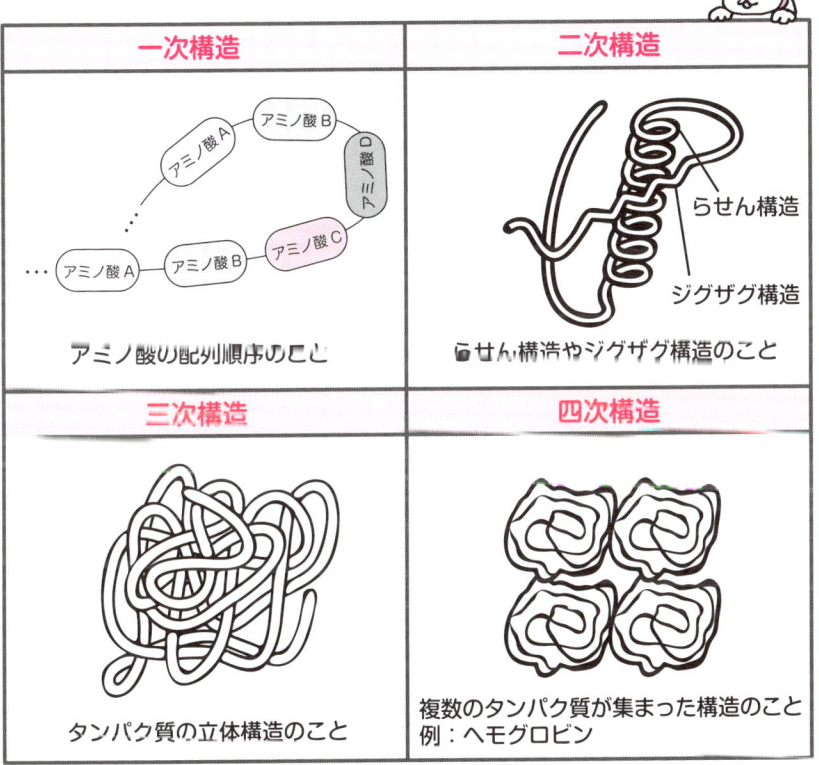

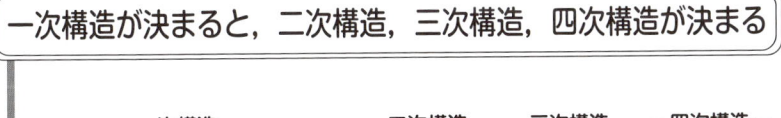

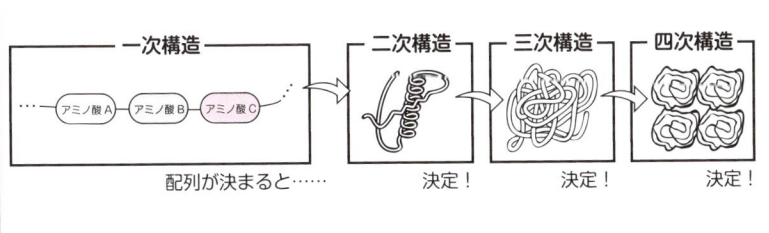

一次構造
アミノ酸の配列順序のこと

二次構造
らせん構造
ジグザグ構造

らせん構造やジグザグ構造のこと

三次構造
タンパク質の立体構造のこと

四次構造
複数のタンパク質が集まった構造のこと
例：ヘモグロビン

一次構造が決まると，二次構造，三次構造，四次構造が決まる

一次構造　　…—アミノ酸A—アミノ酸B—アミノ酸C—…
配列が決まると……

二次構造　決定！
三次構造　決定！
四次構造　決定！

3-5 DNAの構造

> **ココをおさえよう！**
>
> DNAは，2本のヌクレオチド鎖がらせん状になった物質である。ヌクレオチド鎖とは，ヌクレオチドが連なってできたものであり，ヌクレオチドとは，リン酸と糖（デオキシリボース），塩基が1つずつ結合してできた物質である。
> 塩基にはA（アデニン），T（チミン），G（グアニン），C（シトシン）の4種類がある。

遺伝子の正体がDNAであるということは，お話ししましたね（p.108）。
では，DNAとは一体，どのような物質なのでしょうか？

・DNAの構造にそっくりな，「宇宙一豪華なダブルネックレス」

DNAの構造を説明するため，全宇宙の王様が欲しがる「宇宙一豪華なダブルネックレス」をご紹介しましょう。このネックレスの構造は，DNAの構造にそっくりなのです。

「宇宙一豪華なダブルネックレス」は，真珠とダイヤモンド，宝石からできていて，宝石にはA，T，G，Cの4種類があります。

ネックレスは，真珠とダイヤモンド，宝石が1つずつくっついた"パーツ"が，数多く連なった構造になっています。

これだけでも豪華ですが，実はネックレスはもう1本あり，宝石どうしでくっついています。ただし，くっつきかたにはルールがあって，2本のネックレスは，AはTと，GはCとだけ，くっつくように作られているのです。

最後にねじってらせん状にすれば，ダブルネックレスの完成です。

3-5 DNAの構造

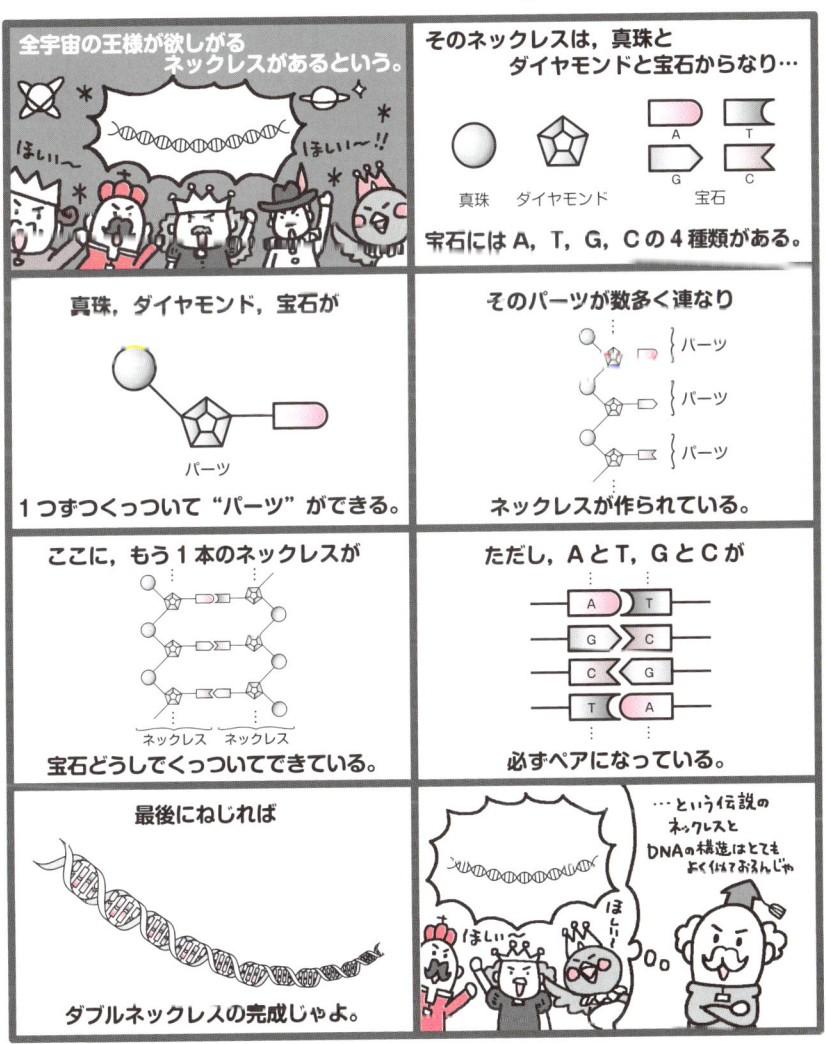

DNAはどんな物質なのか？

『宇宙一豪華なダブルネックレス』

おっ！ DNAの構造を調べておったら「宇宙一豪華なダブルネックレス」を思い出したぞい

全宇宙の王様が欲しがるネックレスがあるという。

そのネックレスは，真珠とダイヤモンドと宝石からなり…

真珠　ダイヤモンド　宝石

宝石にはA，T，G，Cの4種類がある。

真珠，ダイヤモンド，宝石が

パーツ

1つずつくっついて"パーツ"ができる。

そのパーツが数多く連なり

パーツ
パーツ
パーツ

ネックレスが作られている。

ここに，もう1本のネックレスが

ネックレス　ネックレス

宝石どうしでくっついてできている。

ただし，AとT，GとCが

必ずペアになっている。

最後にねじれば

ダブルネックレスの完成じゃよ。

…という伝説のネックレスとDNAの構造はとてもよくにておるんじゃ

・実際のDNAはどんな構造？

DNAの構造は「宇宙一豪華なダブルネックレス」の構造に，とても似ているということでしたが，実際どのような構造をしているのでしょうか？

DNAは，**リン酸**と**糖**（**デオキシリボース**），**塩基**の3つからなります。
塩基には**A**（**アデニン**），**T**（**チミン**），**G**（**グアニン**），**C**（**シトシン**）の4種類があります。

リン酸と糖，塩基が1つずつくっついたものを**ヌクレオチド**といい，
ヌクレオチドが連なったものを**ヌクレオチド鎖**と呼びます。

DNAは，このヌクレオチド鎖2本からなります。
2本のヌクレオチド鎖は，塩基どうしでくっついていて，**AとT，GとCが必ずペアになっています。**
そして，この2本のヌクレオチド鎖はらせん構造をしているのです。

これが，DNAです。

ちなみに，このDNAの**二重らせん構造**は，ワトソンとクリックという人によって解明されました。

> 補足　塩基はAとT，GとCで結合しているといいましたが，それぞれ，AとTは2つの**水素結合**で，GとCは3つの水素結合でゆるやかに結合しています。

『実際のDNAはどんな構造をしているのか？』

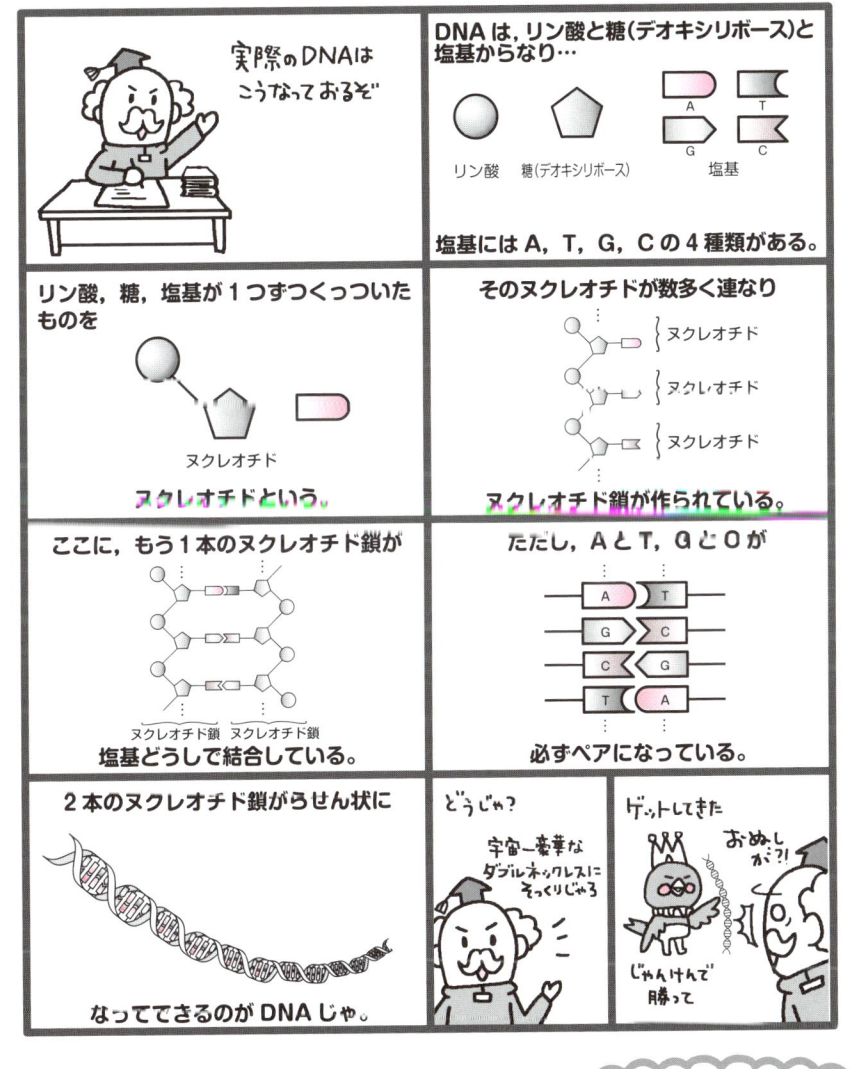

実際のDNAはこうなっておるぞ

DNAは，リン酸と糖（デオキシリボース）と塩基からなり…

リン酸　糖（デオキシリボース）　塩基

塩基にはA，T，G，Cの4種類がある。

リン酸，糖，塩基が1つずつくっついたものを

ヌクレオチド

ヌクレオチドという。

そのヌクレオチドが数多く連なり

ヌクレオチド
ヌクレオチド
ヌクレオチド

ヌクレオチド鎖が作られている。

ここに，もう1本のヌクレオチド鎖が

ヌクレオチド鎖　ヌクレオチド鎖

塩基どうしで結合している。

ただし，AとT，GとCが

必ずペアになっている。

2本のヌクレオチド鎖がらせん状に

なってできるのがDNAじゃ。

どうじゃ？
宇宙一豪華なダブルネックレスにそっくりじゃろ

ゲットしてきた
おぬしが？！
じゃんけんで勝って

補足　AとTは2つの水素結合，GとCは3つの水素結合で結合している。

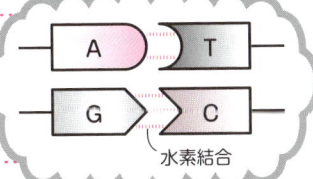

水素結合

3-6 塩基の相補性

> **ココをおさえよう！**
>
> DNAの塩基は，AとT，GとCが結合している。
> このような性質を，塩基の相補性という。

DNAは，AとT，GとCが結合した構造になっているということは，
先ほどお話ししましたね。これを，塩基の**相補性**といいます。
（相補とは「相互に補い合う」という意味ですが，簡単にいうと，片方が，もう片方の対の塩基になっているということです）

この性質を用いて，よく出題される問題が2つあります。

① もう片方の塩基配列を求める問題

片方の塩基配列がわかっているとき，もう片方の塩基配列はどうなっているか，という問題です。
例えば，片方の塩基配列が「ATTGACCT」だったとき，もう片方はどのような塩基配列になっているでしょう？

正解は「TAACTGGA」です。AはTと，GはCとしか結合しないのですから，**対となる塩基の配列を答えればよい**のです。

② 含まれている塩基の割合を求める問題

ある塩基の割合をもとに，他の塩基の割合を答えさせる問題です。
例えば，ある生物のDNAに含まれている全塩基のうち，Aの割合が21%だったとしましょう。このとき，他の塩基の割合はいくらでしょうか？

Aが21%ということは，その対となるTも21%存在します。
残り 100－21－21＝58〔%〕はGとCになりますが，この2つも対になっていますので，同じ割合で存在しています。
よって，G＝C＝58÷2＝29〔%〕となります。

3-6 塩基の相補性

塩基の相補性 …AとT，GとCが結合すること。

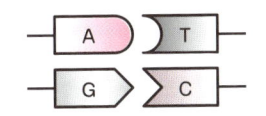

- 塩基の相補性という性質をもとにした，頻出問題

① もう片方の塩基配列を求める問題

Q 片方の塩基配列が「ATTGACCT」だったとき，もう片方の塩基配列はどうなっているか？

A
```
A T T G A C C T
| | | | | | | |
T A A C T G G A
```
なので，「TAACTGGA」

② 含まれている塩基の割合を求める問題

Q ある生物のDNAに含まれている全塩基のうち，Aの割合が21%である。このとき，他の塩基の割合はいくらか？

（これだけで求められるんッスか？）

A Aの割合が21%ということは，
Tも同じだけ含まれているので，Tも21%である。
すると，AとTだけで42%の割合を占める。
残りの 100%－42%＝58% がGとCだが，
GとCは同じ割合ずつ存在するので，58%÷2＝29%
よって，T：21%，G：29%，C：29%

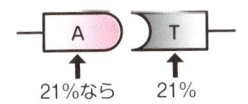

A — T
↑　　↑
21%なら　21%

G — C
合わせて58%なら
29%ずつ

ここまでやったら
別冊 p.18 へ

3-7 DNAのはたらき① ～DNAからタンパク質が作られるまで～

ココをおさえよう！

・DNAからタンパク質が作られるまでの流れは
「DNA」→転写→「RNA」→翻訳→「アミノ酸」→「タンパク質」
・RNAとDNAの相違点（3つ）は必ず覚える。

DNAについて理解したところで，次は，DNAからタンパク質が作られる過程を，もっとくわしく見てみましょう。大まかな流れは，以下のようになっています。

「DNA」→転写→「RNA」→翻訳→「アミノ酸」→「タンパク質」

・RNA

DNAのもつ遺伝情報からタンパク質が合成される最初のステップ（**転写**）では，**RNA**（**リボ核酸**）と呼ばれる物質が合成されます。

まずは，このRNAについて説明します。

RNAとDNAはよく似た物質です。
DNAが「宇宙で一番目に豪華なダブルネックレス」だとしたら，
RNAは「宇宙で二番目に豪華なシングルネックレス」というイメージです。

・DNAとRNAの相違点

☆DNAの糖はデオキシリボースであるのに対し，RNAの糖は**リボース**。
　（よって，DNAはデオキシリボ核酸，RNAはリボ核酸なのです）

☆DNAの塩基は，A，T，G，C。RNAの塩基は，A，**U**（**ウラシル**），G，C。

☆DNAは2本のヌクレオチド鎖がらせん状になっているのに対し，RNAは通常，
1本のヌクレオチド鎖からなる。

3-7 DNAのはたらき① 〜DNAからタンパク質が作られるまで〜

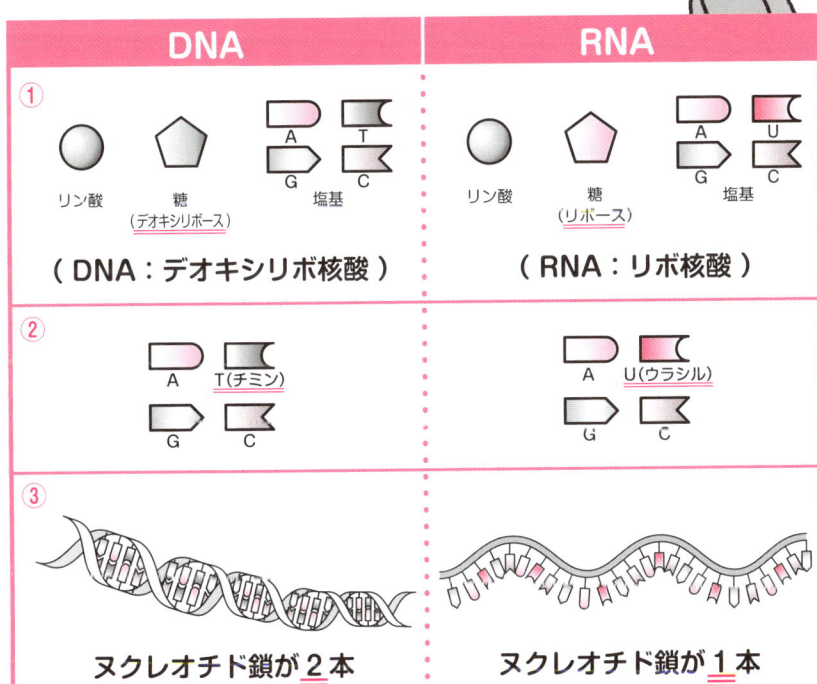

DNAからタンパク質が作られる過程

DNA —転写→ RNA —翻訳→ アミノ酸 ——→ タンパク質

- RNAとは？

イメージ

DNAが「宇宙で一番目に豪華なダブルネックレス」だとしたら，RNAは「宇宙で二番目に豪華なシングルネックレス」である

- DNAとRNAの相違点

	DNA	RNA
①	リン酸　糖（デオキシリボース）　塩基 A T G C （DNA：デオキシリボ核酸）	リン酸　糖（リボース）　塩基 A U G C （RNA：リボ核酸）
②	A T(チミン) G C	A U(ウラシル) G C
③	ヌクレオチド鎖が2本	ヌクレオチド鎖が1本

・DNAからRNAが作られる過程を,転写という

DNAからRNAが合成されるときは,まず,DNAの2本鎖の一部がほどけます。すると,DNAのもつ塩基があらわになります。

そこに,対となる塩基をもったヌクレオチドが結合し,ヌクレオチドどうしが結合してヌクレオチド鎖になります。このヌクレオチド鎖がRNAです。

このように,DNAの情報をRNAが写しとる過程を,**転写**と呼びます。

<注意点>

> ここで注意しないといけないのは,DNAの塩基Aの対となるのが,RNAの塩基U(ウラシル)であるということです。RNAはT(チミン)をもっていませんよ。

・RNAの情報をもとにアミノ酸が指定される過程を,翻訳という

タンパク質の情報をもつRNAを,**mRNA**(**伝令RNA**)といいます。
mRNAの塩基配列では,3つの連続する塩基配列がアミノ酸1つを指定しています(例えば,AUCという配列はイソロイシンを指定します)(❶)。

指定されたアミノ酸が**tRNA**(**運搬RNA**)というRNAによって次々と運ばれてきて結合し,タンパク質ができます(❷)。

アミノ酸どうしが結合すると,tRNAは外れます(❸)。
転写された遺伝情報をアミノ酸の配列に読みかえる過程を**翻訳**といいます。

3-7 DNAのはたらき① 〜DNAからタンパク質が作られるまで〜

- **転写**…DNAからRNAが作られる過程。

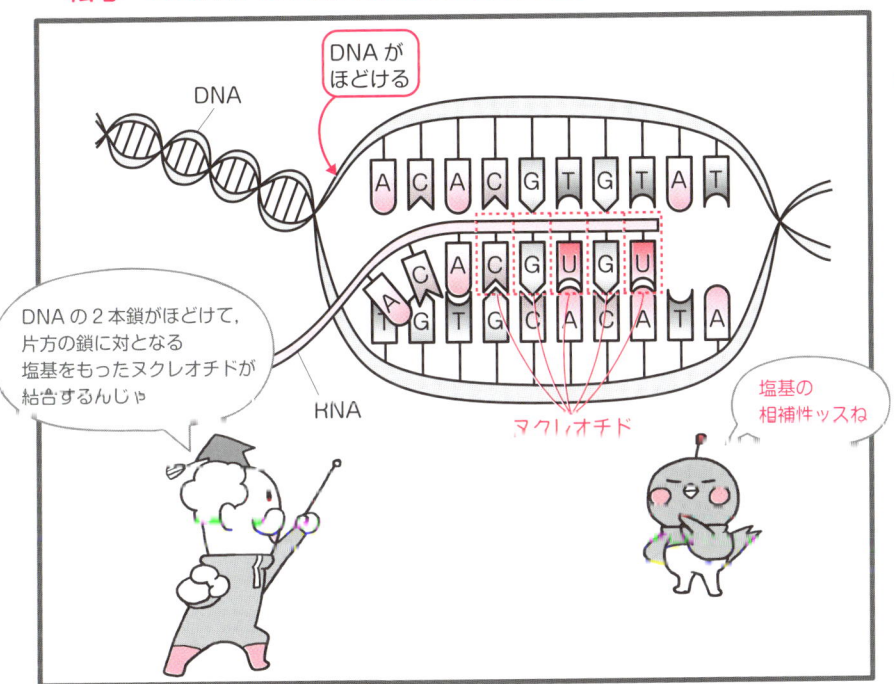

DNAの2本鎖がほどけて、片方の鎖に対となる塩基をもったヌクレオチドが結合するんじゃ

DNAがほどける

塩基の相補性ッスね

DNA / RNA / ヌクレオチド

- **翻訳**…RNAの情報をもとにアミノ酸が指定される過程。

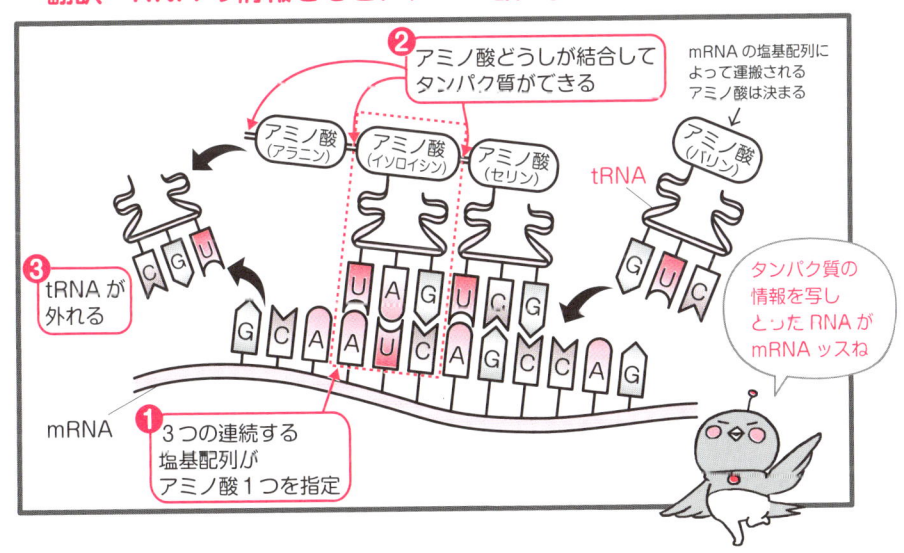

② アミノ酸どうしが結合してタンパク質ができる

mRNAの塩基配列によって運搬されるアミノ酸は決まる

アミノ酸(アラニン) / アミノ酸(イソロイシン) / アミノ酸(セリン) / アミノ酸(バリン)

tRNA

③ tRNAが外れる

mRNA

① 3つの連続する塩基配列がアミノ酸1つを指定

タンパク質の情報を写しとったRNAがmRNAッスね

3-8 発展 DNAのはたらき② 〜翻訳〜

ココをおさえよう！

翻訳：DNAから作られたRNAはスプライシングを経てmRNAとなり核外に出る。
すると，mRNAのコドンに対応するアンチコドンをもったtRNAがアミノ酸を運んでくる。
そして，リボソーム上でアミノ酸どうしが次々と結合し，タンパク質となる。

翻訳について，もう少しくわしく見てみましょう。

転写直後のRNAには，タンパク質の合成に不要な部分（**イントロン**）が存在します。この不要な部分を切り捨て，必要な部分（**エキソン**）をつなぎ合わせて初めてmRNAとなります。この過程を**スプライシング**といいます。

mRNAはその後，核膜孔を通って核の外に出ます。

核の外に出たmRNAは，細胞内にある**リボソーム**と結合します。このリボソーム上で，翻訳は行われるのです。

その後，リボソームと結合したmRNAに，**tRNA**（**運搬RNA**）がアミノ酸を運んできます。

mRNAには**コドン**という3つの連続する塩基配列があり，これがアミノ酸を指定しています。tRNAは，このコドンと対になる配列である**アンチコドン**をもっています。コドンとアンチコドンが結合することで，指定されたアミノ酸が正しく運ばれてくることになります。1つのtRNAは1つのアミノ酸だけしか運んでこないので，翻訳は少しずつ少しずつ進みます。
アミノ酸はその直前に運ばれていたアミノ酸と結合して連なり，DNAの遺伝情報通りのタンパク質ができるのです。

こんなすごいメカニズムをもっているなんて，生物は本当にフシギですね。

3-8 〈発展〉 DNAのはたらき② ～翻訳～

• **翻訳について，もう少しくわしく見てみよう**

転写直後のRNAには，不要な部分（イントロン）と必要な部分（エキソン）が混合している。

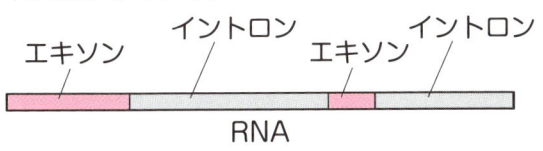

よって，イントロンを取り除き，エキソンをつなぎ合わせてmRNAを完成させる。この過程を，スプライシングという。

その後，mRNAは核の外に出て，リボソームと結合する。

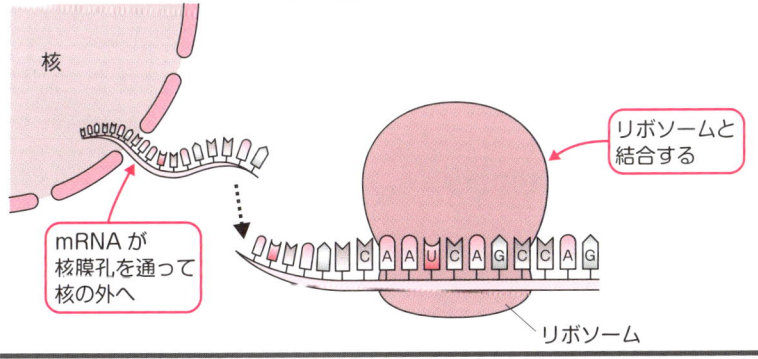

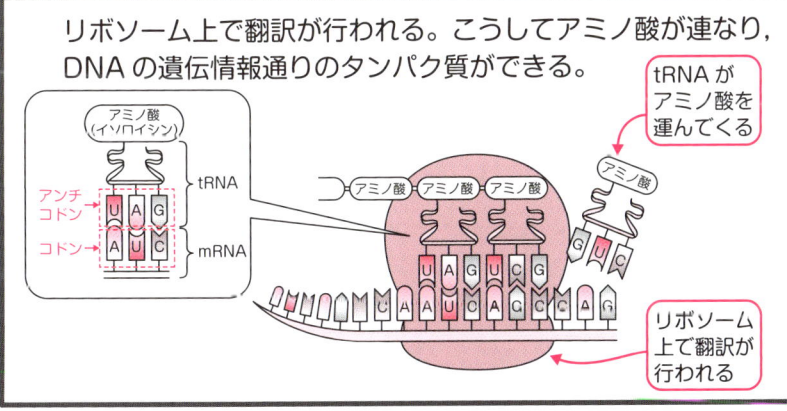

- mRNAが核膜孔を通って核の外へ
- リボソームと結合する
- リボソーム

リボソーム上で翻訳が行われる。こうしてアミノ酸が連なり，DNAの遺伝情報通りのタンパク質ができる。

- アミノ酸（イソロイシン）
- tRNA
- アンチコドン
- コドン
- mRNA
- tRNAがアミノ酸を運んでくる
- リボソーム上で翻訳が行われる

3-9 発展 遺伝暗号表

ココをおさえよう！

mRNAのコドンとアミノ酸の対応表を，遺伝暗号表という。

mRNAは3つの塩基配列がひと組となって，1つのアミノ酸を指定しているんでしたね。
では，どの配列がなんのアミノ酸を指定しているのでしょうか。

3つひと組の塩基配列をトリプレットといいます。このトリプレットはまるで暗号のようなので，コドン（＝暗号）と呼ばれています。

このコドンとアミノ酸の対応を一覧にしたものを，遺伝暗号表といいます。

> **補足** なぜ，3つの塩基配列に対して，1つのアミノ酸が対応しているのでしょうか？
>
> もし，「1つの塩基が1つのアミノ酸を指定する」と仮定すると，塩基の種類は4種類なので，指定できるアミノ酸も**4通り**となります。アミノ酸は20種類あるので，これでは足りません。
>
> また，「2つの塩基が1つのアミノ酸を指定する」と仮定した場合，指定できるアミノ酸は4×4＝**16（通り）**となります。これでも20種類には足りませんね。
>
> 実際には，3つの塩基が1つのアミノ酸を指定しているため，指定できるアミノ酸は4×4×4＝**64（通り）**となり，20種類のアミノ酸をすべて指定することができるのです。
>
> うまくできているものですね。

〈遺伝暗号表〉

1番目の塩基	2番目の塩基				3番目の塩基
	U	C	A	G	
U	UUU, UUC } フェニルアラニン UUA, UUG } ロイシン	UCU, UCC, UCA, UCG } セリン	UAU, UAC } チロシン UAA, UAG } (終止)	UGU, UGC } システイン UGA (終止) UGG トリプトファン	U C A G
C	CUU, CUC, CUA, CUG } ロイシン	CCU, CCC, CCA, CCG } プロリン	CAU, CAC } ヒスチジン CAA, CAG } グルタミン	CGU, CGC, CGA, CGG } アルギニン	U C A G
A	AUU, AUC, AUA } イソロイシン AUG メチオニン(開始)	ACU, ACC, ACA, ACG } トレオニン	AAU, AAC } アスパラギン AAA, AAG } リシン	AGU, AGC } セリン AGA, AGG } アルギニン	U C A G
G	GUU, GUC, GUA, GUG } バリン	GCU, GCC, GCA, GCG } アラニン	GAU, GAC } アスパラギン酸 GAA, GAG } グルタミン酸	GGU, GGC, GGA, GGG } グリシン	U C A G

64通りもあるから1つのアミノ酸に対していくつかのコドンがある場合もあるんだな

AUGはメチオニンを指定するだけでなく，タンパク質合成開始の合図でもあるぞい「終止」というのは，タンパク質の合成を終了しなさいという意味じゃ

補足 3つの塩基で1つのアミノ酸を指定しているのはなぜ？

1つの塩基で1つのアミノ酸では4通りのアミノ酸しか指定できない。
2つの塩基で1つのアミノ酸では16通りのアミノ酸しか指定できない。
3つの塩基で1つのアミノ酸なら64通りのアミノ酸が指定できる！

ここまでやったら
別冊P.19へ

3-10 発展 遺伝子の正体① 〜グリフィスの実験〜

ココをおさえよう！

グリフィスは，加熱したS型菌をR型菌に混ぜると形質が変化することを発見した。形質が変化する現象を，形質転換という。

「遺伝情報はDNAにある」ことが発見されるまでの歴史を追ってみましょう。

＊＊＊

舞台は20世紀初頭。
当時，親から子に遺伝情報が受け継がれているということはわかっていました。
しかし，遺伝情報をもっている物質を，とりあえず「遺伝子」と呼んでいただけで，遺伝子とは一体どんな物質なのか，誰もわかっていませんでした。

そんな中でも1つだけ，わかっていたことがあります。
それは「**遺伝子が染色体上にある**」ということです。

染色体は，タンパク質とDNAという2つの物質からできていることも知られていましたので，「**遺伝子の正体はタンパク質なのかDNAなのか**」で，議論になっていました。

優勢だったのは「タンパク質派」で，「DNA派」は少数でした。
タンパク質は生命活動において重要なはたらきをし，種類も豊富にあることが当時すでに知られていました。だから，生物の情報などという，大きくて複雑なデータは，タンパク質がもっているはずだと考える人が多かったのです。

「遺伝情報は DNA にある」ことが発見されるまでの歴史

20世紀初頭

- 親から子に遺伝情報が受け継がれている，ということはわかっていた。
- 遺伝情報をもっている物質を「遺伝子」と呼んでいた。
- 「遺伝子は染色体にある」ということはわかっていた。
- 染色体の成分はタンパク質と DNA。このどちらが「遺伝子」なのか，つまり遺伝情報を保持しているのはどちらの物質なのか，議論になっていた。

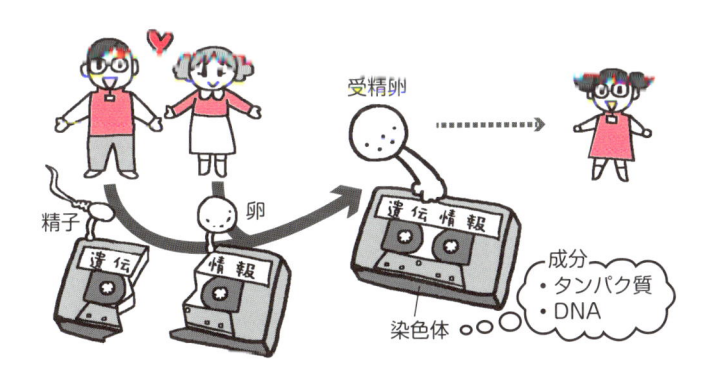

- **優勢だったのは「タンパク質派」**

生物の情報なんていう大きくて複雑なデータが，DNA みたいな単純な構造の物質に保存できるわけないだろー!!

■ グリフィスの実験

優勢な「タンパク質派」と，劣勢な「DNA派」。
この形勢を逆転させるきっかけとなったのが，**グリフィス**による実験でした。

20世紀前半，イギリスの研究者グリフィスは，当時，死因の上位であった肺炎を引き起こす細菌，**肺炎球菌**（**肺炎双球菌**）について研究をしていました。

肺炎球菌には，**病原性のS型菌**と，**非病原性のR型菌**とがあります。
つまり，S型菌をマウスに注射すると肺炎を発病しますが，R型菌を注射しても発病しない，ということです。

グリフィスは，S型菌を加熱して熱で殺し，マウスに注射してみました。
S型菌はすでに死んでいるので，マウスは発病しませんでした。

しかし，S型菌を加熱して熱で殺したものと，R型菌を混ぜてマウスに注射すると，マウスは発病したのです。

何かしらの理由で，R型菌の性質が変わってしまったのです。

> 補足 このように，形質が変化する現象を**形質転換**といいます（形質とは，生物の色や形，性質などを表す特徴のことです）。

3-10〈発展〉 遺伝子の正体① 〜グリフィスの実験〜　135

グリフィスの実験

…2種類の肺炎球菌を
マウスに注射する実験を実施。

グリフィス
当時 死因の上位だった肺炎を引き起こす肺炎球菌を研究していた

肺炎球菌…S型菌とR型菌の2種類

S型菌（病原性あり）
ぐー
発病

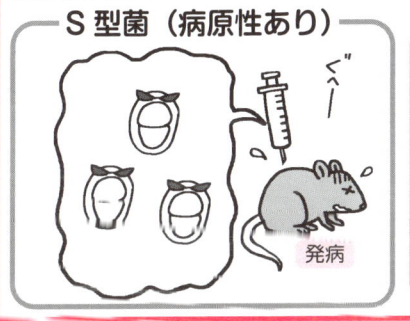

R型菌（病原性なし）
発病せず

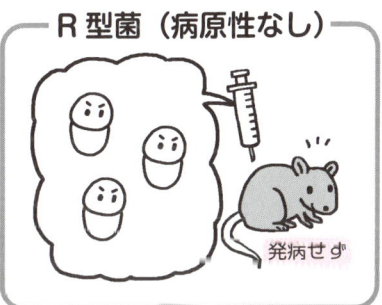

肺炎球菌に手を加える

S型菌を加熱処理 → 病原性なし
コワクないぞ
発病せず

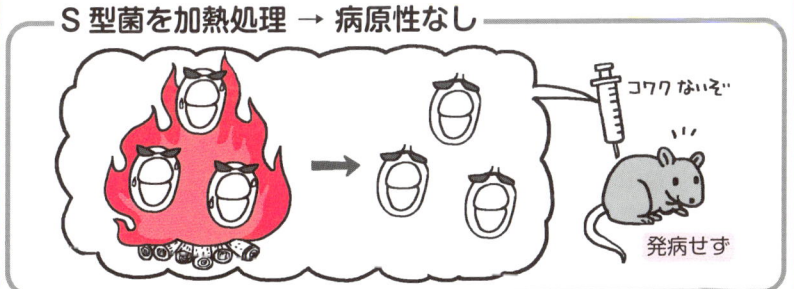

R型菌に，加熱処理したS型菌を混ぜる
油断した…
発病

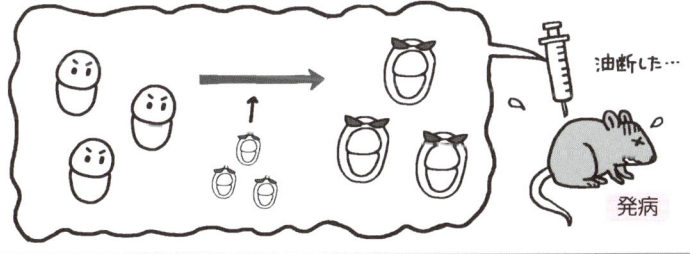

形質転換…形質が変化する現象

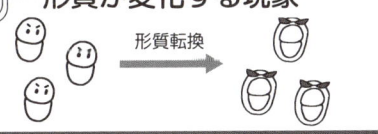

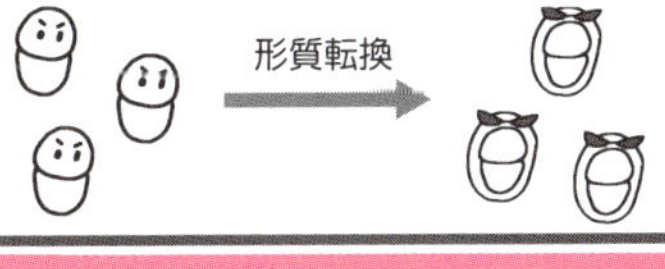

形質転換

ナゼこんなことが起きるんだろう？

・肺炎球菌の形質転換が意味すること

グリフィスの実験結果は，加熱殺菌したS型菌から，"熱に強い何かしらの物質"がR型菌に移り，R型菌の形質を変化させたことを示していました。

この"熱に強い何かしらの物質"は，S型菌の形質に関する情報をもっているということから，S型菌の遺伝子ではないかと考えられました。

> **補足** もし熱に弱い物質であったら，S型菌を加熱殺菌した際に変質し，遺伝情報は失われているはずです。

・"熱に強い何かしらの物質"が遺伝子である……ということは？

グリフィスの実験から，遺伝子の正体は，"熱に強い何かしらの物質"であるということがわかりました。

遺伝子の正体は，染色体を形成する2つの物質，タンパク質かDNAのどちらかとわかっていましたが，**タンパク質は"熱に弱い物質"**です。

「ということは，遺伝子の正体はタンパク質ではなく，DNAなのではないか？」と，グリフィスの実験以降ささやかれることになるのです。

3-10〈発展〉 遺伝子の正体① ～グリフィスの実験～

肺炎球菌の形質転換が意味すること

- "熱に強い何かしらの物質"が，加熱殺菌したS型菌からR型菌に移った。
- "熱に強い何かしらの物質"＝遺伝子
  ("熱に強い何かしらの物質"にはS型菌の形質に関する情報が保持されているため）

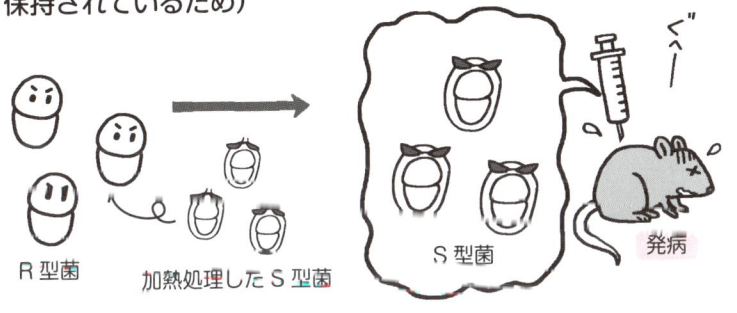

R型菌　加熱処理したS型菌　S型菌　発病

"熱に強い何かしらの物質"が遺伝子である……ということは？

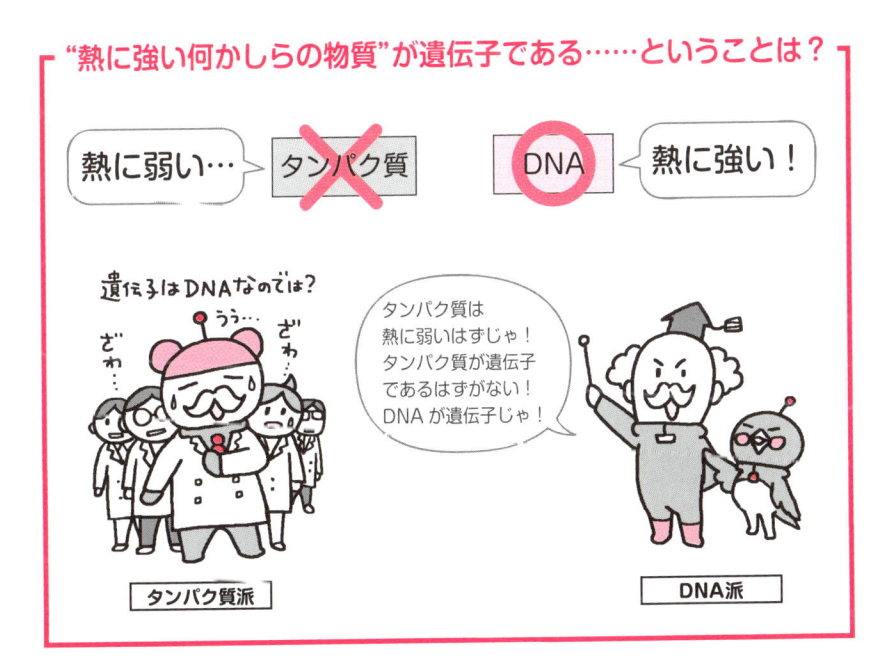

熱に弱い… ✗ タンパク質　　○ DNA 熱に強い！

遺伝子はDNAなのでは？

タンパク質は熱に弱いはずじゃ！タンパク質が遺伝子であるはずがない！DNAが遺伝子じゃ！

タンパク質派　　DNA派

3-11 発展 遺伝子の正体② ～エイブリーらの実験～

ココをおさえよう！

エイブリーらは，S型菌の抽出液にDNAを分解する酵素を混ぜると形質転換が起きないことを発見した。

グリフィスの実験結果を後押しするような実験が，**エイブリー**らによって行われました。

エイブリーらは，形質転換が起きる原因を調べれば，遺伝子がどの物質なのかはっきりすると考え，形質転換の原因となる物質を特定する実験を行いました。

S型菌をすりつぶして得た抽出液を，R型菌に混ぜると，R型菌は形質転換を起こしてS型菌になるということはわかっていました。そこでエイブリーらは，S型菌の抽出液に含まれる物質を分解することを思いつきました。

まず，S型菌の抽出液に，タンパク質を分解する酵素を混ぜて培養し，それをR型菌に混ぜてみたところ，R型菌はS型菌に形質転換しました。

これは，**タンパク質が形質転換を起こす物質ではない**ことを表しています。

一方，S型菌の抽出液に，DNAを分解する酵素を混ぜて培養し，それをR型菌に混ぜてみたところ，R型菌は形質転換しなかったのです。

これは，**形質転換を起こす物質が，DNAであることを示す結果**でした。

しかし，それでもまだ，遺伝子の正体がDNAであることを支持しない研究者もいました。それほど，DNAのような単純な物質に，遺伝情報という大きなデータが保存されているとは考えられていなかったのです。

この論争に決着をつけたのが，ハーシーとチェイスの実験でした。

3-11 〈発展〉 遺伝子の正体② ～エイブリーらの実験～

エイブリーらの実験

…形質転換の原因となる物質を特定する実験を実施。

S型菌をすりつぶして得た抽出液をR型菌に加えると，S型菌に形質転換。

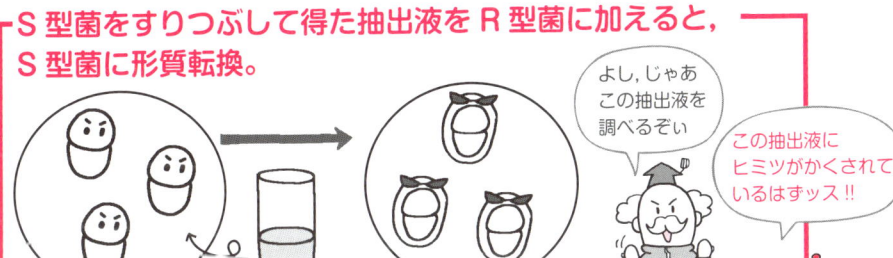

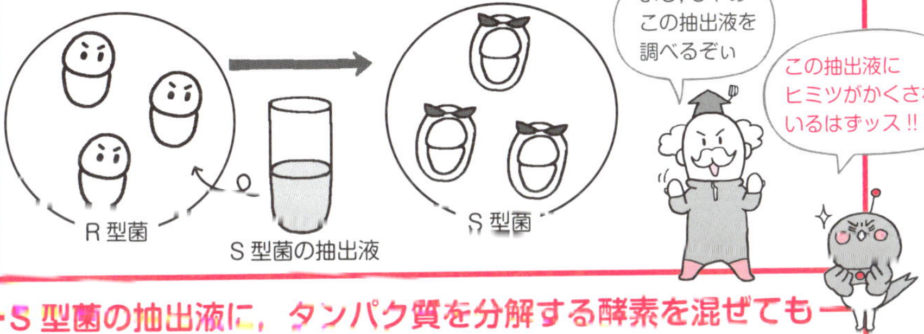

R型菌 → S型菌の抽出液 → S型菌

「よし，じゃあこの抽出液を調べるぞい」
「この抽出液にヒミツがかくされているはずッス!!」

S型菌の抽出液に，タンパク質を分解する酵素を混ぜても形質転換する。

R型菌 → S型菌の抽出液（タンパク質分解済み）→ S型菌

「タンパク質がなくても形質転換したぞい！」

S型菌の抽出液に，DNAを分解する酵素を混ぜると形質転換しない！

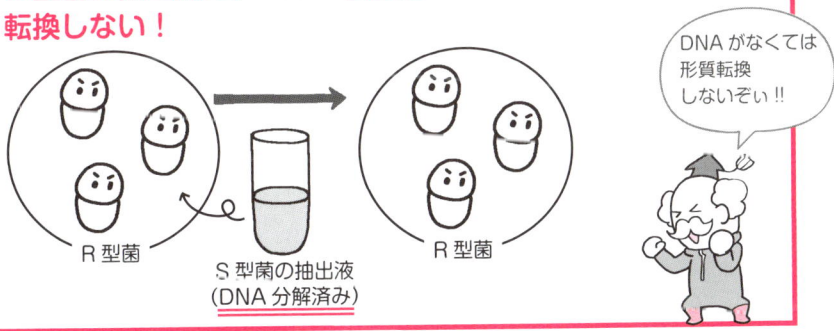

R型菌 → S型菌の抽出液（DNA分解済み）→ R型菌

「DNAがなくては形質転換しないぞい!!」

「それでもDNAが遺伝情報を保持できるとは考えられん!!」

「DNAがなくては形質転換が起きなかったんじゃ…DNAが遺伝子の正体じゃよ」
「なるほど！」

3-12 発展 遺伝子の正体③ ～ハーシーとチェイスの実験～

> **ココをおさえよう！**
>
> ハーシーとチェイスは，T₂ファージを用いて遺伝子の正体がDNAであることを突き止めた。

ハーシーと**チェイス**は，**T₂ファージ**というウイルスを用いて遺伝子の本体を明らかにしました。

T₂ファージは，大腸菌に寄生して増殖するウイルスで，タンパク質の殻とDNAからなります。

ウイルスは，p.24で解説したように，単体では増殖することができません。T₂ファージも例にもれず単体では増殖できないため，**他の細菌に自身の遺伝子を注入**し，細菌の機能を利用して増殖します。

この性質をうまく利用して，ハーシーとチェイスは，**T₂ファージのタンパク質とDNAのどちらが細菌に注入されるのか**を調べました。

彼らは，T₂ファージのタンパク質とDNAに，それぞれを識別できるような放射性物質の目印をつけ，T₂ファージを大腸菌に感染させる実験を試みました。
そして，目印をつけたタンパク質とDNAの行方を追っていくと，DNAだけが大腸菌の中に注入され，タンパク質の殻は外側に取り残されていることがわかりました。

この結果から，**細菌の中に注入された遺伝子は，DNAであることがわかった**のです。

こうした歴史を経て，遺伝子の正体はタンパク質ではなく，DNAであることがわかったのです。

3-12 〈発展〉 遺伝子の正体③ 〜ハーシーとチェイスの実験〜

ハーシーとチェイスの実験

…T_2 ファージというウイルスを用いた実験を実施。

T_2 ファージはタンパク質と DNA からなるウイルス

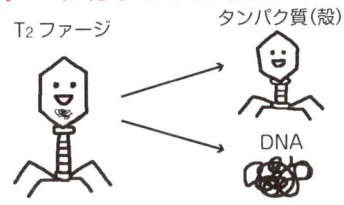

- T_2 ファージ
- タンパク質（殻）
- DNA

Q タンパク質と DNA のどちらを注入しているのか？

A DNA を注入していた。

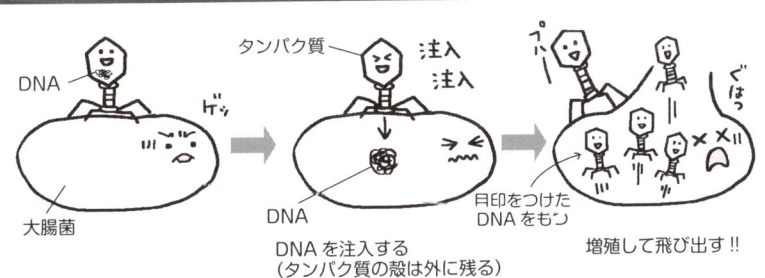

- DNA
- タンパク質
- 大腸菌
- DNA を注入する（タンパク質の殻は外に残る）
- 目印をつけた DNA をもつ
- 増殖して飛び出す!!

つまり，遺伝子＝DNA であることがわかった。

ここまでやったら 別冊 P.21 へ

3-13 発展 突然変異

> **ココをおさえよう！**
>
> DNAの塩基配列に変化が生じたり，染色体の構造や数に変化が生じる現象を，突然変異という。
> かま状赤血球は突然変異によって生じる代表例である。

素晴らしいメカニズムによって，正確に，DNAからタンパク質が合成されていることは，3-7，3-8 でお話ししましたね。

しかし，**DNAの塩基配列が変化してしまったら，それにしたがって合成されるタンパク質が変わってしまう**という，恐ろしいことが起きる場合があります。

このように，DNAの塩基配列に変化が生じたり，染色体の構造や数に変化が生じる現象を，**突然変異**といいます。

突然変異の例として有名なのが，ヒトの赤血球に関する突然変異です。

・突然変異によって生じる，かま状赤血球

赤血球を作るためのDNAの塩基配列の一部は，正常な場合，**GGACTCCT** という順番になっています。
この塩基配列のとき，両面の中央が凹んだ円盤状の赤血球が作られます。

しかし，もし，遺伝子の一部が突然変異し，1つ目のTがAに置き換わったとしたらどうでしょう？（つまり，塩基配列がGGAC<u>A</u>CCTになるということ）

この塩基配列によって作られるのは，**かま状赤血球**と呼ばれる赤血球です。
かま状赤血球は，毛細血管につまってしまったり，赤血球の膜が破れてしまったりします。その結果，貧血などの症状が現れます。

たった1つの塩基が変わっただけで，重い症状を引き起こすことがあるのです。
それだけ，DNAの塩基配列は重要ということなのです。

3-13 〈発展〉突然変異

DNA の塩基配列によって，作られるタンパク質が決まる

DNA の塩基配列 → アミノ酸－アミノ酸－アミノ酸－アミノ酸（タンパク質）

DNA の塩基配列が変わると，作られるタンパク質も変わることがある

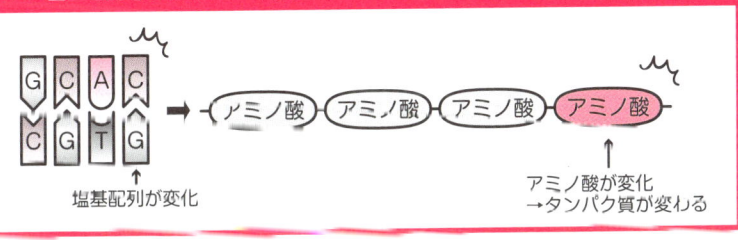

塩基配列が変化 → アミノ酸が変化 → タンパク質が変わる

突然変異 … DNA の塩基配列に変化が生じたり，染色体の構造や数に変化が生じる現象のこと。

例　かま状赤血球

正常な場合

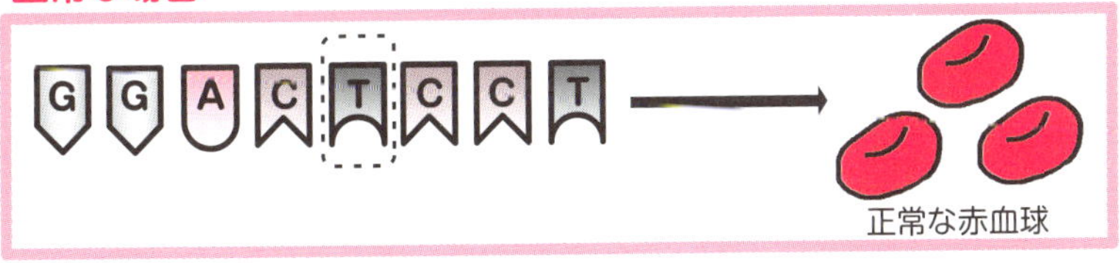

G G A C T C C T → 正常な赤血球

突然変異した場合

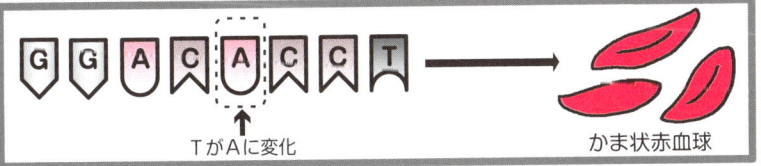

G G A C A C C T → かま状赤血球

T が A に変化

- 毛細血管につまる
- 膜が破れる

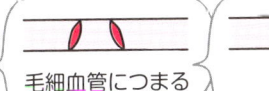

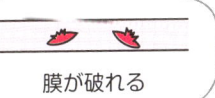

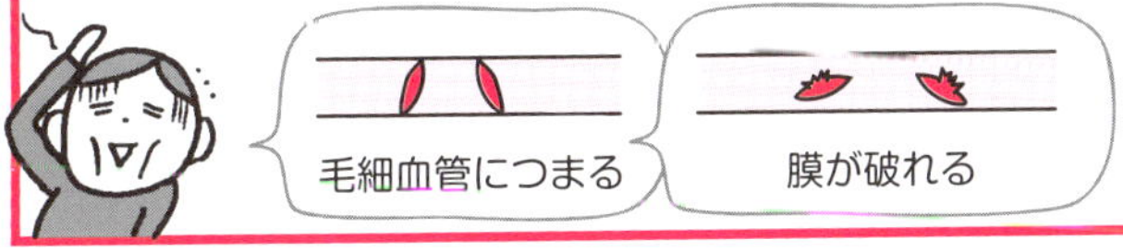

3-14 発展 セントラルドグマ

ココをおさえよう！

遺伝情報は「DNA→RNA→タンパク質」という一方向に伝達されるという原則を，セントラルドグマという。

復習ですが，DNAからタンパク質が作られる流れは以下のようになっていました。

**DNAからRNAが作られ（転写），
RNAの塩基配列にしたがってアミノ酸が指定される（翻訳）。
アミノ酸が多数結合して，タンパク質になる。**

このように，**遺伝情報は原則として，「DNA→RNA→タンパク質」と，一方向に流れます**。これは，「タンパク質がDNAに影響を及ぼすことはない。DNAのもっている情報がタンパク質を左右するんだ」ということをいっています。

このような原則を，**セントラルドグマ**と呼びます。

> **補足** セントラルとは「中心」，ドグマとは「教義」という意味です。すなわち，「DNA→RNA→タンパク質」の順に遺伝情報が流れることは，**生物学的な中心原理**であるということです。

遺伝情報が一方向にのみ流れるということは，生物学的な中心原理であると考え，「そんなに大事な原理なら名前を付けよう！」ということで，セントラルドグマなんていう仰々しい名前が付けられたのです。

3-14 〈発展〉 セントラルドグマ

DNAからタンパク質が作られる流れ

DNA →(転写) RNA →(翻訳) アミノ酸 → タンパク質

セントラルドグマ
…DNAからタンパク質が作られる際, 遺伝情報はDNAからタンパク質に, 一方向に伝えられるという原理。

DNA → RNA → タンパク質

そのとき遺伝情報は…？
DNA → RNA → タンパク質
一方向で逆戻りしない！

補足

セントラルドグマ … 「生物学における大原則」
　中心　　教義

というような意味じゃ

これは生物学における大原則に違いない！これを セントラルドグマ と名付けよう！

またアヤシイ科学者がおるぞ

3-15 発展 セントラルドグマの例外 ～逆転写～

ココをおさえよう！

セントラルドグマには逆転写という例外がある。
レトロウイルスは，逆転写によってRNAからDNAを合成する。
逆転写に用いられる酵素を逆転写酵素という。

セントラルドグマ（生物学的な中心原理）なんていう仰々しい名前を付けたからには，この原理は絶対なんだろうな，と普通思いますよね。たしかに，セントラルドグマという考えかたが提唱された当時は，この原理にあてはまらない事例は発見されていませんでした。

しかし，時間が経つにつれ，**セントラルドグマに反する事例**が見つかります。

例えばウイルスには，RNAを遺伝子としてもつ「**RNAウイルス**」という種類のものがいます。そんなRNAウイルスに，**RNAからDNAを合成する種類のものがいた**のです。

補足 このウイルスを，**レトロウイルス**といいます。

この事例により，遺伝情報は必ずしも一方向だけに伝達されるわけではないということがわかりました。

このように，RNAからDNAを合成することを**逆転写**といいます。
逆転写は，**逆転写酵素**のはたらきによって起こります。

セントラルドグマに反する事例

RNAウイルス …RNAを遺伝子としてもつウイルス

レトロウイルス …RNAウイルスの一種。
RNAからDNAを合成する。

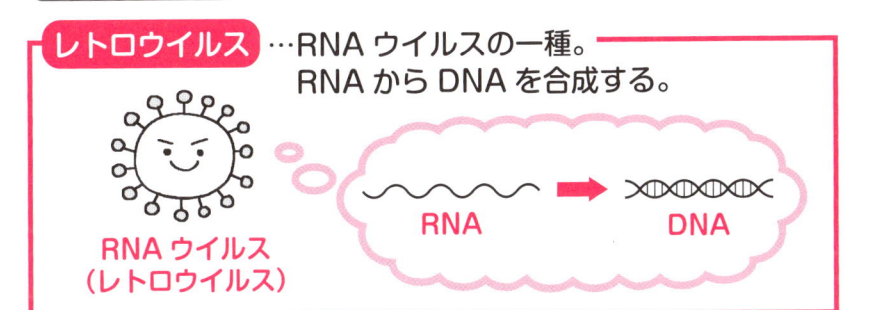

RNAウイルス（レトロウイルス）

RNA → DNA

逆転写と逆転写酵素

RNA —**逆転写**（逆転写酵素が用いられる）→ DNA

まぁ あると思ってたけどね
さーて…ランチ どうするかな…

『宇宙ーシリーズ（化学編）』に出てくる クマに似ているな…
あやっ…じゃまに来たな…

えっ あれが クマ先輩…

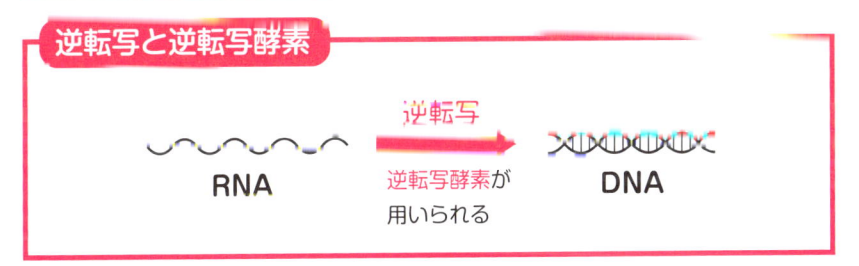

ここまでやったら
別冊 P.22 へ

3-16 遺伝子の発現とその調整① 〜パフの観察〜

> **ココをおさえよう！**
>
> 個体の体細胞は，基本的にすべて同じDNAをもつが，成長の段階や組織によって異なる細胞が生成される（細胞の分化）。
> これは成長の段階や組織によって発現する遺伝子が異なり，合成されるタンパク質が異なっていることが原因である。

ヒトをはじめとする多細胞生物は，多数の細胞からできています。
そして，それぞれの細胞では，成長の段階や組織によって，さまざまなタンパク質が合成されます。例えば，次のようにです。

☆**筋肉を構成する筋細胞：アクチンやミオシン**
☆**赤血球中：ヘモグロビン**
☆**すい臓の細胞：ホルモン**
☆**白血球：抗体**

しかし，それぞれの細胞は，もともとは1つの受精卵でした。それが細胞分裂を繰り返すことでできたものです。
つまり，**原則としてすべての細胞は同じ遺伝情報をもっている**のです。

では，なぜ「同じ遺伝情報をもっているのに，筋肉や赤血球などといった異なる形質の細胞ができ，異なるタンパク質が合成される」のでしょうか？

> **補足** ちなみに，遺伝情報をもとにタンパク質が作られ，特定の形質が現れることを，**形質発現（発現）**と呼びます。

3-16 遺伝子の発現とその調整① 〜パフの観察〜

多細胞生物の細胞はすべて同じ遺伝情報をもっている。

受精卵 → 分裂 → 多細胞生物

遺伝情報 …同じ… → 筋肉の細胞／赤血球／すい臓の細胞／白血球

> 全部同じ遺伝情報なのに，なんで違うものができるんッスか？

形質発現（発現）
…遺伝情報をもとにタンパク質が作られ，生物の形質が現れること。

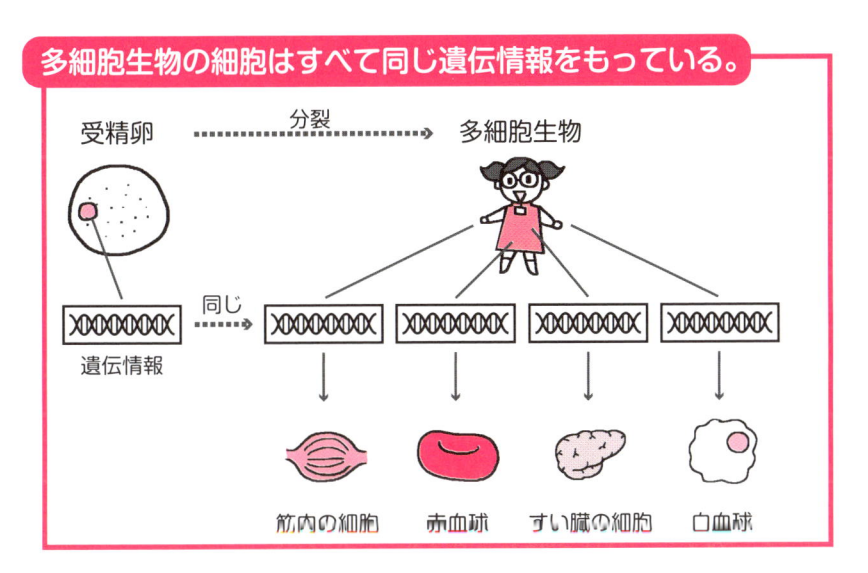

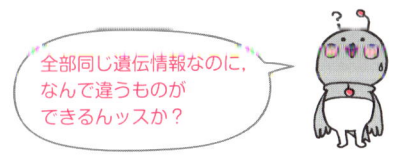

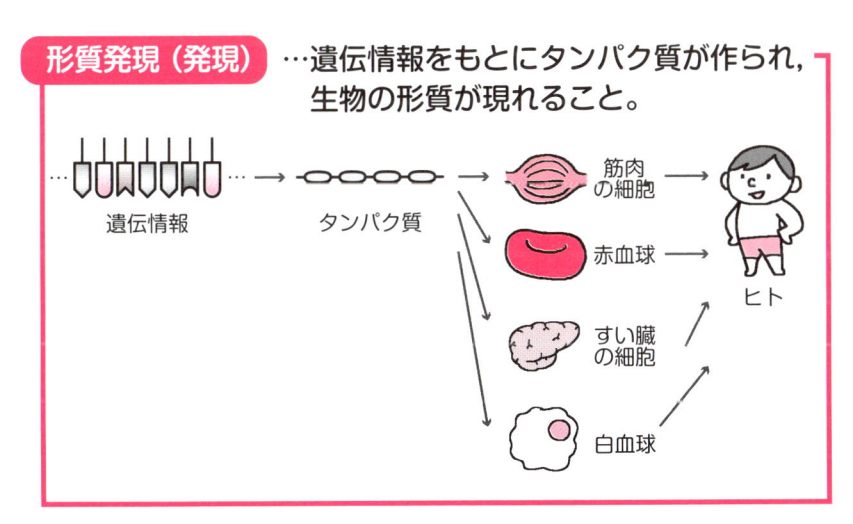

遺伝情報 → タンパク質 → 筋肉の細胞／赤血球／すい臓の細胞／白血球 → ヒト

さて、ここで「DNA」と「遺伝子」という言葉の関係性について、ちゃんと説明しておきましょう。

・DNAのすべてが遺伝子というわけではない

ここまでで「遺伝子の正体はDNAである」と説明してきましたが、DNAのすべてが遺伝子というわけではありません。
遺伝情報というのは、DNAの塩基配列として記されています。
DNAが1本のものすごく長い紙で、その紙にA、T、G、Cの4種類の塩基がAGCGGCTTATCG……と、ずっと記されているイメージです。
そのたくさん書かれているDNAの塩基のうち、すべてが遺伝子というわけではなく、**塩基の並びのうち、遺伝子として情報を伝達する役割を果たす並びもあれば、そのような役割をもたない並びもある**のです。
（アルファベットを特定の並べ方をすると単語になりますが、ランダムに並べても意味をなさないのと同じです）

・ヒトの遺伝子の数は2万〜2万5000！

遺伝子の数は、ヒトの場合、2万〜2万5000といわれています。
DNAという長い塩基配列の中で、遺伝子①、遺伝子②、遺伝子③、……、というように遺伝子としてはたらく塩基配列のまとまりが、点在しているのです。

・さまざまな遺伝子によって、さまざまなタンパク質が合成される

遺伝子の塩基配列が転写されてRNAが作られ、翻訳されてアミノ酸に置き換わり、アミノ酸が連結することでタンパク質ができます。
遺伝子の種類は多数あるので、できるタンパク質も多数あります。
このように、**遺伝子の情報によってタンパク質ができることを、その遺伝子が発現する**といいますので覚えておきましょう。

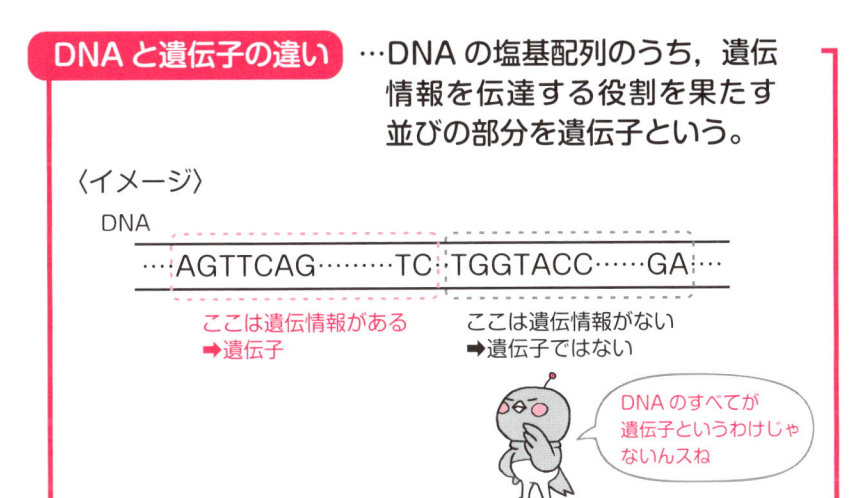

3-16 遺伝子の発現とその調整①　～パフの観察～　151

DNAと遺伝子の違い　…DNAの塩基配列のうち，遺伝情報を伝達する役割を果たす並びの部分を遺伝子という。

〈イメージ〉

DNA
····AGTTCAG········TC·TGGTACC······GA····

ここは遺伝情報がある
➡遺伝子

ここは遺伝情報がない
➡遺伝子ではない

DNAのすべてが遺伝子というわけじゃないんスね

・**遺伝子はたくさんある。**

DNA　遺伝子①　遺伝子②
····AGTC······TAAA····
····CCTC····
遺伝子③
····TGCA····
遺伝子④

いろんな遺伝子があるからいろんなアミノ酸ができて，いろんなタンパク質になるんスね

ヒトの遺伝子は2万〜2万5000といわれておるぞい

では，ここでユスリカの染色体について見てみましょう。
（遺伝子の発現をわかりやすく観察できる例として，ユスリカやキイロショウジョウバエのだ腺染色体がよく用いられます）
染色体はタンパク質とDNAで構成されるのでしたね。

・ユスリカの幼虫のだ腺染色体を観察してみる

ユスリカの幼虫の**だ腺染色体**をよく観察してみると，ところどころに**パフ**と呼ばれる，ふくらんだ部分が見られます。パフは，**遺伝子が活発に転写され，mRNAが合成されている部分**です。

実は，パフができる染色体上の位置は，**成長過程や組織によって異なっている**ようなのです。つまり，DNAに含まれるすべての遺伝子が同時に発現するのではなく，**成長の段階や組織によって，発現する遺伝子が異なり，合成されるタンパク質が異なっている**ということなのです。

・続いて，ヒトの染色体に注目してみる

ユスリカもヒトと同じ多細胞生物です。
多細胞生物の細胞は，その種によって基本的にすべて同じ遺伝情報をもってはいますが，成長する過程や組織によって，発現する遺伝子が異なり，合成されるタンパク質が異なります。

こうして細胞は，成長の過程や組織により，特定の形やはたらきをもつようになります。

これを**細胞の分化**といいます。

3-16 遺伝子の発現とその調整① 〜パフの観察〜

ユスリカの幼虫のだ腺染色体

ユスリカの幼虫 → だ腺 → だ腺の細胞（核）→ だ腺染色体

パフ
…転写が活発に行われている部分。成長過程や組織によって位置が異なる。

← パフ（mRNAが合成されている）

だ腺染色体

成長過程で位置が異なる：ある日／別の日

組織で位置が異なる：ある組織／別の組織

- ユスリカの幼虫のだ腺染色体は遺伝子の発現を観察しやすいぞい
- 転写は，DNAからRNAが作られることだったッス

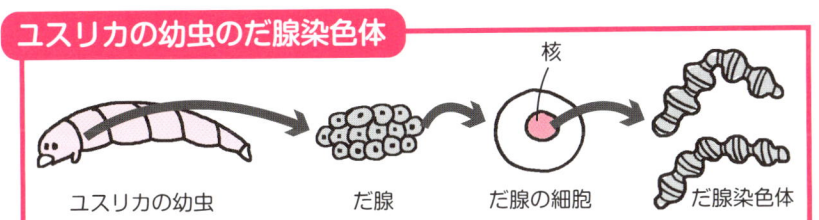

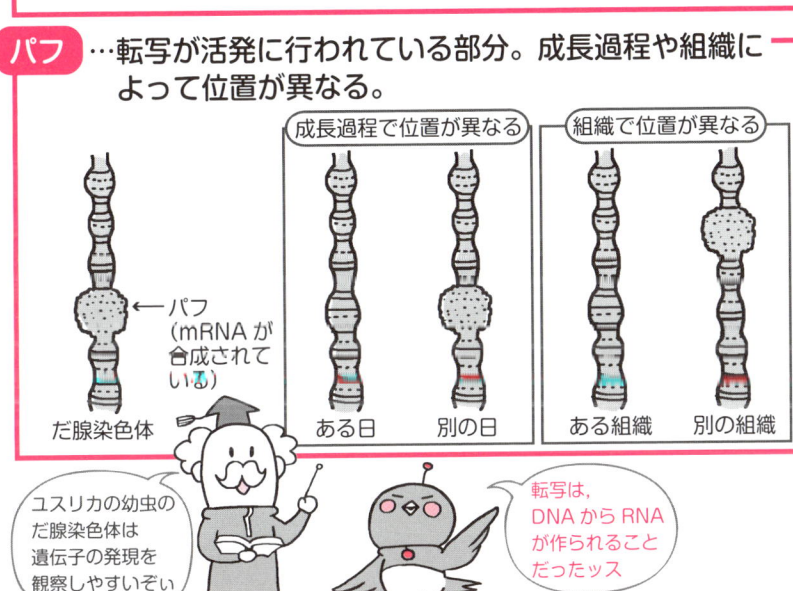

ヒトの組織でも，成長する過程や組織によって，発現する遺伝子が異なる。

例 組織によって，細胞が発現する遺伝子が異なり，作られるタンパク質も異なる。

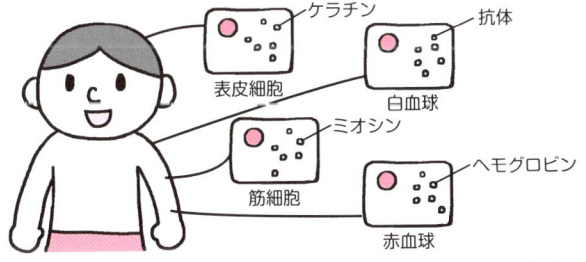

- 表皮細胞 → ケラチン
- 白血球 → 抗体
- 筋細胞 → ミオシン
- 赤血球 → ヘモグロビン

細胞は，成長の過程や組織により，特定の形やはたらきをもつようになる。➡ **細胞の分化**

3-17 発展 遺伝子の発現とその調整② ～核移植の実験～

> **ココをおさえよう！**
> 分化した細胞にも，個体を作るために必要なすべての遺伝情報が含まれていることが実験的に証明されている。

分化した細胞にも，個体を作るために必要な遺伝情報が含まれています。体内の細胞は，基本的に同じ情報をもっていますからね。例えば，筋肉に分化した細胞は，筋肉の遺伝情報だけをもっているのではなく，神経や消化器官に関する遺伝情報などももっているということです。
これを証明する有名な実験を2つご紹介しましょう。

ここでは，カエルとヒツジに登場してもらいます。

・カエルの核移植実験
1960年代，イギリスの**ガードン**は，次のような実験をしました。

①　アフリカツメガエルの未受精卵に紫外線を照射し，核のはたらきを失わせる。

②　アフリカツメガエルの幼生（オタマジャクシ）の小腸の上皮細胞から核を取り出す。

③　①に，②の核を移植したところ，**正常なオタマジャクシや成体が得られた**。

この実験により，**分化した細胞にも，個体を作るために必要なすべての遺伝情報が含まれている**，ということが示されました。

すると，「両生類のカエルでは証明されたが，ほ乳類でも同じことが起きるのか？」という疑問が投げかけられました。

そこで，ヒツジを使った実験が行われました。

3-17 〈発展〉 遺伝子の発現とその調整② ～核移植の実験～

> 体内の細胞は基本的に同じ遺伝情報をもっている

カエルの核移植実験

① アフリカツメガエルの未受精卵に紫外線を照射し、核のはたらきを失わせる。

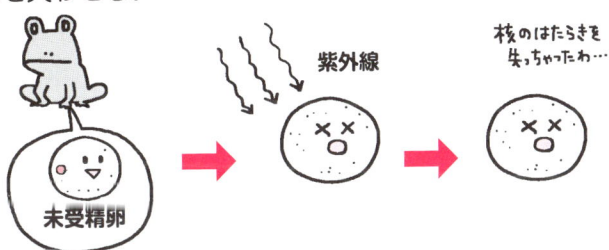

紫外線

核のはたらきを失っちゃったわ…

未受精卵

② アフリカツメガエルの幼生（オタマジャクシ）の小腸の上皮細胞から核を取り出す

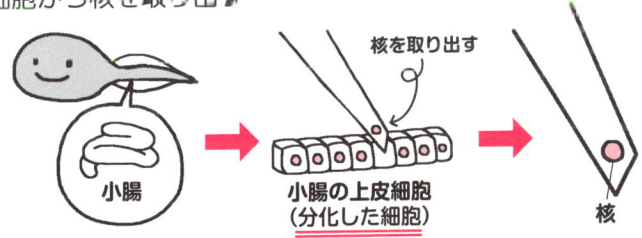

核を取り出す

小腸

小腸の上皮細胞（分化した細胞）

核

③ ①に②を移植したところ、正常なオタマジャクシや成体が得られた。

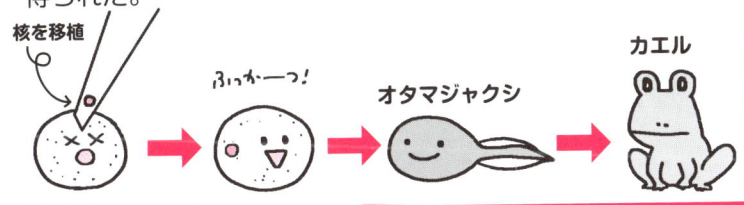

核を移植 → ふっかーっ！ → オタマジャクシ → カエル

この実験から、**分化した細胞にも、個体を作るために必要なすべての遺伝情報が含まれている** ということが示された！

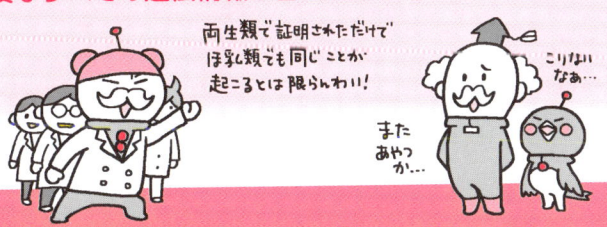

両生類で証明されただけで、ほ乳類でも同じことが起こるとは限らんわ！！

またあやつか…

こりないなあ…

・ヒツジの核移植実験

1996年，イギリスで次のような実験が行われました。

> ① フィンドーセットと呼ばれる種類のヒツジの体細胞から核を取り出す。
>
> ② スコティッシュブラックフェイスと呼ばれる種類のヒツジの未受精卵から核を取り除く。
>
> ③ ②の未受精卵に①の核を移植し，別の個体のスコティッシュブラックフェイスの子宮に戻したところ，**核を提供したフィンドーセットと同じ形質のヒツジが誕生**した。

この実験により，**ほ乳類においても体内の細胞は基本的に同じ遺伝情報をもっている**，ということが証明されたのです。

・まとめ

個体の体細胞は，基本的にすべて同じDNAをもっています。

しかし，成長の段階や組織によって異なる遺伝子が発現し，特定の形やはたらきをもつようになります（細胞の分化）。

分化した細胞にも，個体を作るために必要なすべての遺伝情報が含まれていることは，核移植実験によって証明されています。

3-17 〈発展〉 遺伝子の発現とその調整② ～核移植の実験～

ヒツジの核移植実験

① フィンドーセットと呼ばれる種類のヒツジの体細胞から核を取り出す。

体細胞 → 体細胞（分化した細胞） → 核

② スコティッシュブラックフェイスと呼ばれる種類のヒツジの未受精卵から核を取り除く。

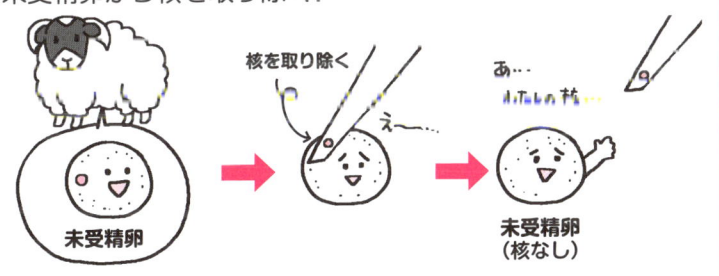

未受精卵 → 核を取り除く → 未受精卵（核なし）

③ ②に①の核を移植し，別の個体のスコティッシュブラックフェイスの子宮に戻したところ，核を提供したフィンドーセットと同じ形質のヒツジが誕生した。

核を移植 → ②とは別の個体 → 子宮に戻す → 出産

未受精卵（核なし）

この実験から，
ほ乳類においても体内の細胞は基本的に同じ遺伝情報をもっている
ということが示された！

3-18 発展 遺伝子の発現とその調整③
〜ES細胞とiPS細胞〜

> **ココをおさえよう！**
>
> 胚性幹細胞（ES細胞）…発生初期の胚から得られる未分化な細胞。
> 人工多能性幹細胞（iPS細胞）…分化した細胞を初期化して作られた細胞。

「細胞はすべて同じ遺伝情報をもっているが，細胞ごとに発現する遺伝子が異なるため，形質が異なる」ということは，おわかりいただけたと思います。

すると，次のように考えた人がいました。

「分化していない細胞（未分化な細胞）の発現をコントロールして，特定の細胞に分化させることはできないか？　好きな細胞を自分で作り出すことができたら，そこから好きな臓器を作ることもできる。そうしたら，臓器移植に使えるぞ！」

そこで，**胚性幹細胞（ES細胞）**と呼ばれる細胞を用いた研究がなされました。

・ES細胞とは？

ES細胞とは，**発生初期の胚から得られる未分化な細胞**（特定の形やはたらきをもっていない細胞）です。
ES細胞を培養し，特定の遺伝子の発現を制御することで，目的の細胞を分化させることができる，ということがわかっています。

しかし，ES細胞から作られた臓器を移植するには，2つの問題があります。

1つは，他人由来のES細胞は，**拒絶反応を起こしてしまう**ことです。これでは，移植できません。

もう1つは，拒絶反応を避けるためには，自分由来の受精卵か，自分の遺伝情報をもつ受精卵を用いる必要があることです。しかし，これはもともと人間に成長するはずだった受精卵を使うということなので，**倫理的に問題があります**。

このような理由から，ES細胞の人体への応用は，法律によって厳しく制限されています。

3-18 〈発展〉 遺伝子の発現とその調整③ 〜ES細胞とiPS細胞〜

復習 細胞はすべて同じ遺伝情報をもっているが，細胞ごとに発現する遺伝子が異なるため，形質が異なる。

ということは？ 分化していない細胞（未分化な細胞）の発現をコントロールして，特定の細胞に分化させることができれば，好きな臓器を作ることもでき，臓器移植に使える！

ES細胞 …初期の胚から得られる未分化な細胞

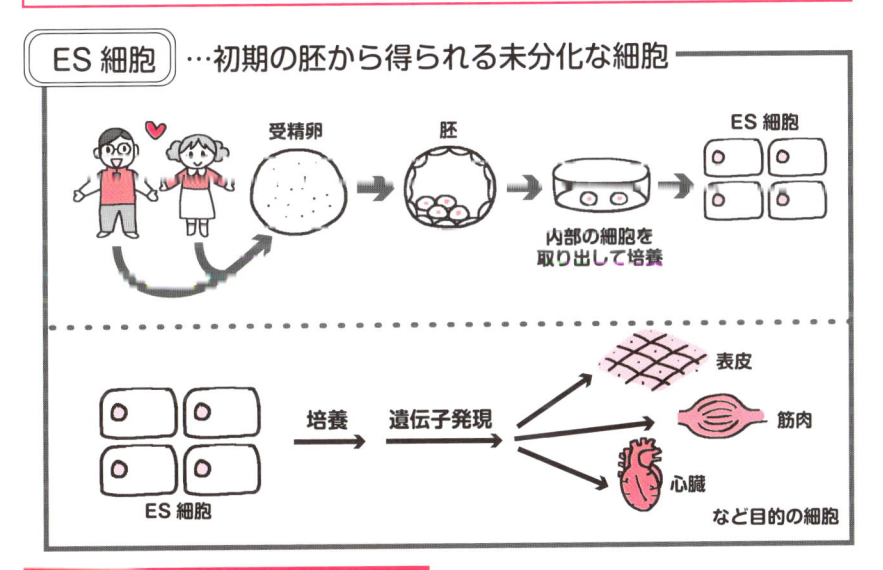

受精卵 → 胚 → 内部の細胞を取り出して培養 → ES細胞

ES細胞 → 培養 → 遺伝子発現 → 表皮／筋肉／心臓 など目的の細胞

ES細胞をめぐる問題点（2つ）

① 他人由来のES細胞を移植すると拒絶反応が起きる。
② 倫理的な問題。

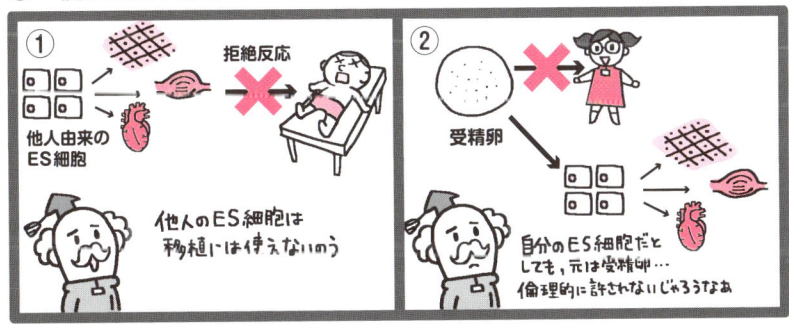

① 他人由来のES細胞 → 拒絶反応
「他人のES細胞は移植には使えないのう」

② 受精卵
「自分のES細胞だとしても，元は受精卵…倫理的に許されないじゃろうなあ」

- **ES細胞の抱える課題を乗り越えるには？**

ES細胞の抱える2つの問題を避けるには，「**自分自身の分化した細胞を，未分化の状態に戻し，そこから目的とする細胞に再び分化させる**」ということをする必要があります。

- **iPS細胞とは？**

京都大学の山中伸弥教授は，**分化した細胞に，ある4つの遺伝子を導入する**ことで，**ES細胞のような未分化の細胞に変化させる**ことに世界で初めて成功しました。

この細胞は，**人工多能性幹細胞**（**iPS細胞**）と呼ばれます。
この成果により山中教授は，2012年にノーベル賞を受賞しました。

iPS細胞は，ES細胞のようにさまざまな種類の細胞へ分化させることが可能である，ということが明らかになりました。これによって，例えば網膜の移植が必要となった人から血液をとり，血液中の細胞をiPS細胞へ変化させて未分化の状態に戻したあと，網膜の細胞に分化させ，移植するということが可能になりそうです。

3-18〈発展〉遺伝子の発現とその調整③ 〜ES細胞とiPS細胞〜　161

ES細胞の抱える問題を避けるには…

自分自身の分化した細胞を，未分化の状態に戻し，そこから目的とする細胞に再び分化させる ……ということをする必要がある

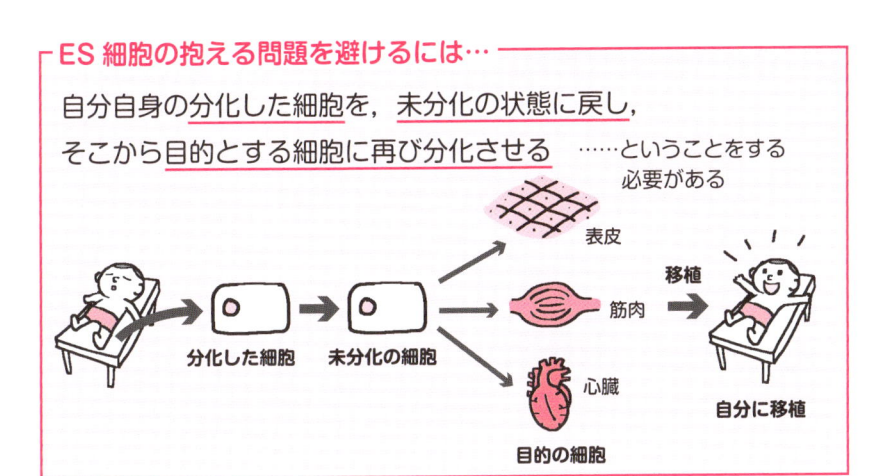

分化した細胞 → 未分化の細胞 → 表皮／筋肉／心臓（目的の細胞） →【移植】自分に移植

iPS細胞

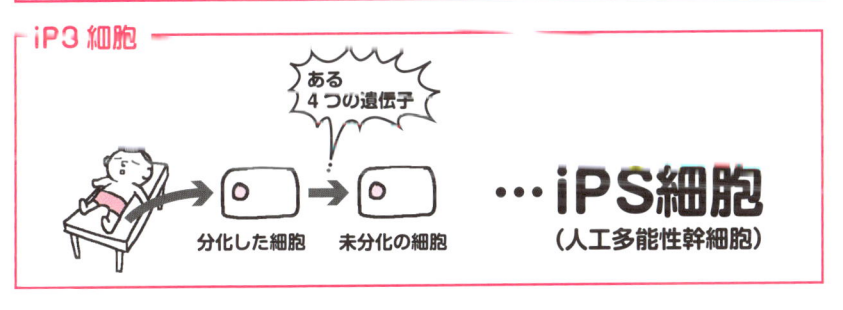

分化した細胞 → （ある4つの遺伝子）→ 未分化の細胞 …iPS細胞（人工多能性幹細胞）

おめでとう〜!!
うぉー!!
ピー!!
ぼくだっていつか!

京都大学
山中伸弥 教授
2012年 iPS細胞の発見に関する功績によりノーベル生理学・医学賞受賞

ここまでやったら
別冊 P.23 へ

3-19 遺伝情報の分配①

> **ココをおさえよう！**
> 細胞分裂の際，遺伝情報（DNA）がどのように受け渡されているかを知りたければ，染色体の動きを追えばいい。

多細胞生物の細胞は，もともと1つの細胞（受精卵）が分裂してできたものです。そのため，体を構成する細胞はすべて同じ遺伝情報をもっているのでしたね。

では，細胞分裂の際，どのようにして遺伝情報を受け渡しているのでしょうか？

ヒトの体は約60兆個もの細胞からできていますが，これだけ多くの細胞が同じ遺伝情報をもっているということは，遺伝情報を正確にコピーするしくみがあるはずです。

ということで，ここからは，個体内で体を構成する細胞が増えていく，**細胞分裂**（**体細胞分裂**）についてくわしく見ていきましょう。
特に，DNAを含む**染色体**の動きに注目してくださいね。

> **補足　DNAと染色体と核の関係**
> DNAは，**ヒストン**と呼ばれるタンパク質に巻き付き，**クロマチン繊維**と呼ばれる構造をとります。さらにクロマチン繊維が集まって染色体となり，核の中におさまっています。そして，核は細胞の中に存在するのです。
>
> 以上から，遺伝情報（DNA）がどのように受け渡されているかということ知りたければ，染色体の動きを追えばいいということがおわかりいただけると思います。

ちなみに，染色体は，2体で1セットとなっており，対になっている2本の染色体のことを**相同染色体**といいます。
相同染色体は，互いに形や大きさが同じになっています。
ヒトの相同染色体は片方は父親に由来するもの，もう片方は母親に由来するもので，**ヒトの1つの体細胞には23組・46本の染色体が含まれています。**

3-19 遺伝情報の分配① 163

多細胞生物は，細胞分裂の際，どのように遺伝情報を受け渡しているのだろうか？

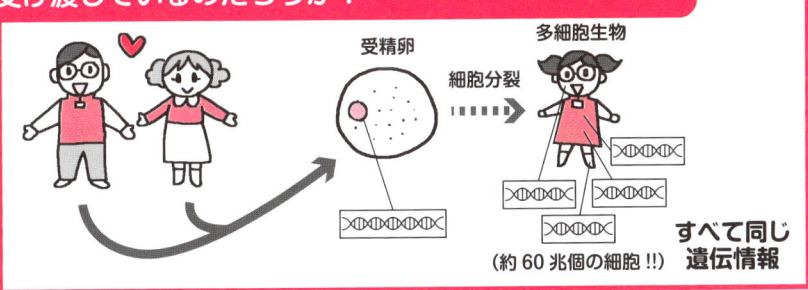

受精卵 → 細胞分裂 → 多細胞生物（約60兆個の細胞!!）
すべて同じ遺伝情報

細胞分裂についてくわしく見てみることで，遺伝情報が正確に受け渡されるしくみを知ろう。

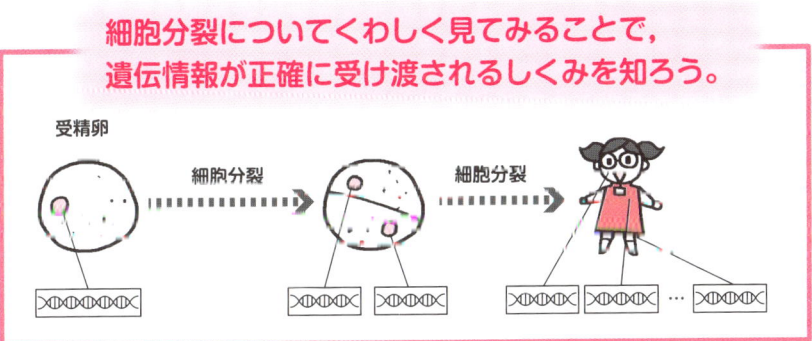

受精卵 → 細胞分裂 → 細胞分裂 →

補足 DNAと染色体と核の関係

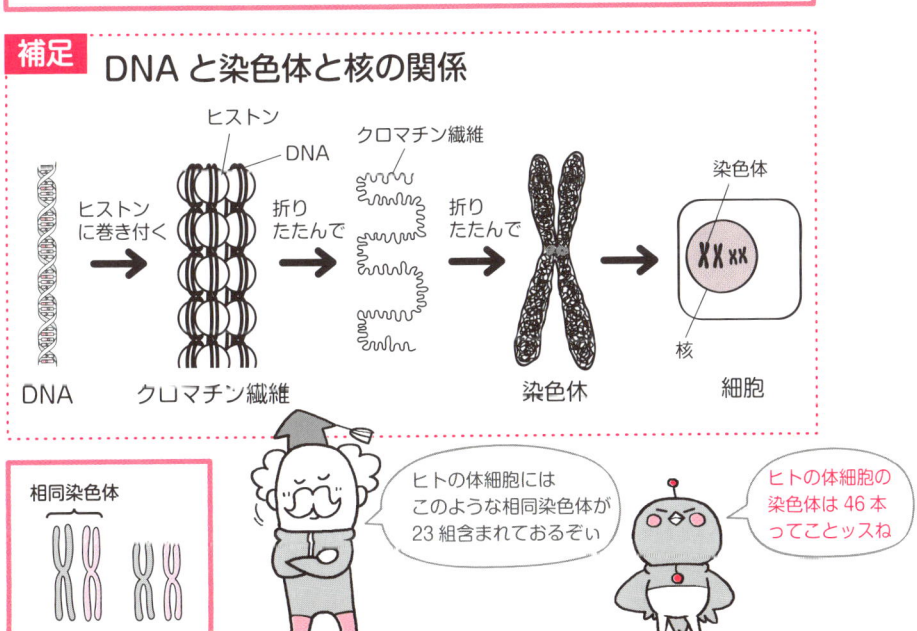

DNA → ヒストンに巻き付く → クロマチン繊維（ヒストン・DNA）→ 折りたたんで → クロマチン繊維 → 折りたたんで → 染色体 → 細胞（核・染色体）

相同染色体

ヒトの体細胞にはこのような相同染色体が23組含まれておるぞぃ

ヒトの体細胞の染色体は46本ってことッスね

3-20 遺伝情報の分配② ～細胞周期～

> **ココをおさえよう！**
>
> 細胞分裂は，分裂期に行われている。
> 分裂期は，前期／中期／後期／終期に分けられる。
> 分裂期以外の期間を間期といい，G_1期，S期，G_2期に分けられる。

ここでは細胞分裂に注目してみましょう。細胞分裂と遺伝情報の分配は深いかかわりがありますよ。

細胞は，常に分裂しているわけではありません。細胞には**分裂期**と**間期**という時期があり，細胞分裂は分裂期にのみ行われます。

また細胞は，1回だけ分裂する，というわけではなく，**何度も分裂しては休憩するということを，周期的に繰り返します**。
このような細胞のもつ周期性を，**細胞周期**と呼びます。

分裂期はさらに「**前期**」「**中期**」「**後期**」「**終期**」に分けられます。
日本には春夏秋冬という季節があります。同じように，細胞にもいろいろな時期があるのです。

> **補足** 分裂期は**M期**とも呼ばれます。MはMitosis（**有糸分裂**）の略です。

間期は，分裂期以外の時期のことで，分裂期の準備をしている時期と呼べるでしょう。間期は「G_1**期**」「S**期**」「G_2**期**」の3つに分けられます。
基本的に，この間期のほうが分裂期よりも長い期間です。

> **補足** GはGap（間），SはSynthesis（合成）の略です。G_1期：**DNA合成準備期**，S期：**DNA合成期**，G_2期：**分裂準備期**と呼ぶこともあります。

3-20 遺伝情報の分配② ～細胞周期～

細胞分裂は，分裂期にのみ行われる。そして分裂期と間期は周期的に繰り返される。

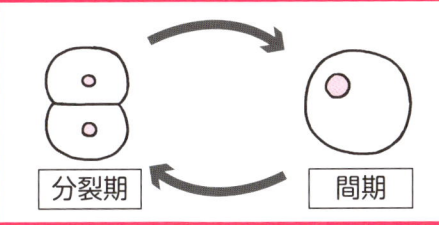

分裂期 ⇄ 間期

周期的に繰り返し行われる。（細胞周期）

分裂期はさらに，前期・中期・後期・終期に分けられる。

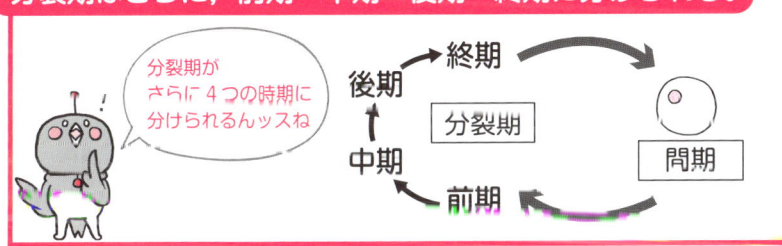

分裂期：前期 → 中期 → 後期 → 終期 → 間期

分裂期がさらに4つの時期に分けられるんッスね

間期は，分裂期以外の時期のことで，G_1期・S期・G_2期に分けられる。

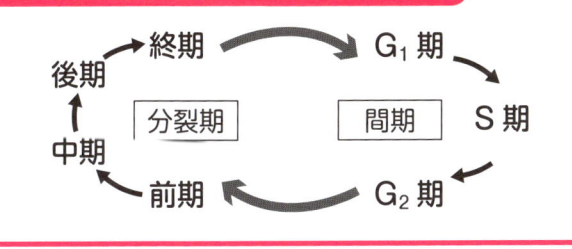

分裂期（前期・中期・後期・終期）→ 間期（G_1期 → S期 → G_2期）→ 分裂期…

G_1期：DNA合成準備期
S期：DNA合成期
G_2期：分裂準備期
と呼ぶぞぃ

まとめると…

細胞周期：分裂期（M期）＝前期・中期・後期・終期／間期＝G_1期・S期・G_2期

あ，わかりやすい！そういうことだったんッスね!!

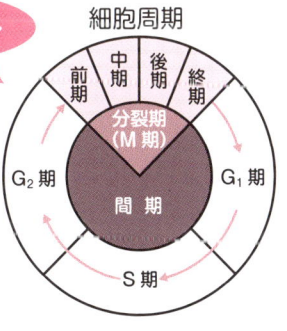

3-21 遺伝情報の分配③ ～細胞周期の詳細～

> **ココをおさえよう！**
> 間期と分裂期のそれぞれの特徴を覚えよう。

間期と分裂期のそれぞれについて，くわしく見てみましょう。
まずは間期についてです。

■ 間期
間期は，G_1 期，S 期，G_2 期の 3 つに分けられるのでしたね。
それでは，3 つについてそれぞれくわしく見ていきましょう。

・G_1 期
「DNA 合成準備期」とも呼ばれる，**細胞分裂の終了～ S 期開始までの期間**のことです。

・S 期
「DNA 合成期」とも呼ばれる，**DNA が複製される期間**です。

分裂期で 2 つに分かれるため，DNA 量が半減してしまいますから，この **S 期で 2 倍に増やしておき，細胞分裂のために備えている**のです。

・G_2 期
「分裂準備期」とも呼ばれる，**S 期終了～分裂開始までの期間**のことです。

S 期で DNA 量を倍増させ，分裂期を迎えるのを待っているのです。

間期について勉強しよう！

間期には G_1 期，S 期，G_2 期がある。

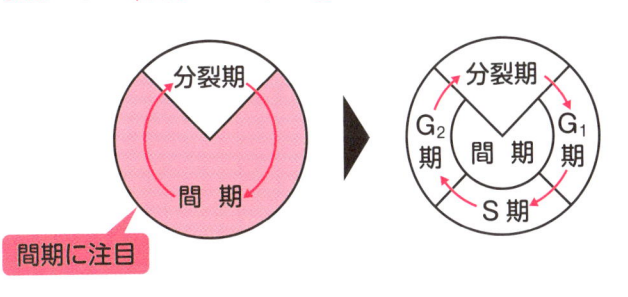

間期に注目

- **G_1 期**…「DNA 合成準備期」とも呼ばれる，細胞分裂終了〜S 期開始までの期間。

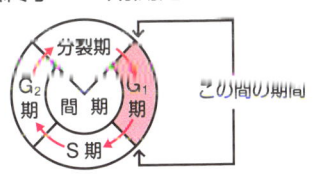

  この間の期間

- **S 期**…「DNA 合成期」とも呼ばれる，DNA が複製される期間。

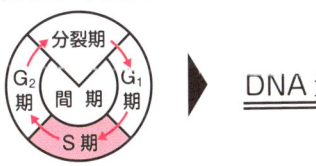

  DNA 量が 2 倍になる

- **G_2 期**…「分裂準備期」とも呼ばれる，S 期終了〜分裂開始までの期間。

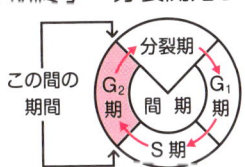

  この間の期間

続いて分裂期を見ていきましょう。
まずは核が2つになる**核分裂**が起こり，その後，2つの細胞に分かれる**細胞質分裂**が起きて，細胞分裂が完了しますよ。

■ **分裂期**
① **前期**
核膜が消失します。また，間期では明確に観察されなかった核内の染色体が，**糸状から太く短くなります。**

② **中期**
染色体が**赤道面**に並ぶため，染色体を最も観察しやすい時期です。

> 補足　中期には，細胞の両極にある**中心体**から，糸状の**紡錘糸**という構造が伸びてきます。紡錘糸は染色体に付着し，**紡錘体**と呼ばれる構造を形成します。

③ **後期**
それぞれの染色体が2つに分離して，両極に移動する時期です。

> 補足　紡錘糸に引かれて，染色体は両極に向かって移動していきます。

④ **終期**
染色体の移動が完了したところから始まります。
染色体は**再び細い糸状になり，核膜に包まれます**。ここで，**核分裂が終了**します。
続いて赤道面にくびれができて**細胞質分裂**が起こり，2つの細胞となります。

こうして，分裂前の細胞（**母細胞**）から，新しく2つの細胞（**娘細胞**）が生じるのです。以上が，細胞周期1周分の流れです。

> 補足　終期にくびれができるのは動物細胞の場合です。
> 植物細胞では，細胞板が形成されます。

注意すべきは，母細胞も娘細胞も同じ数の染色体をもっているということです。細胞分裂の最中に母細胞の染色体が複製（コピー）され，その後，2つに分離するためです。**細胞分裂の前後で，1つの細胞に含まれる染色体の本数は変わらない**ことを覚えておきましょう。

3-21 遺伝情報の分配③ ～細胞周期の詳細～

分裂期について勉強しよう！

次は分裂期に注目するぞい

・核分裂

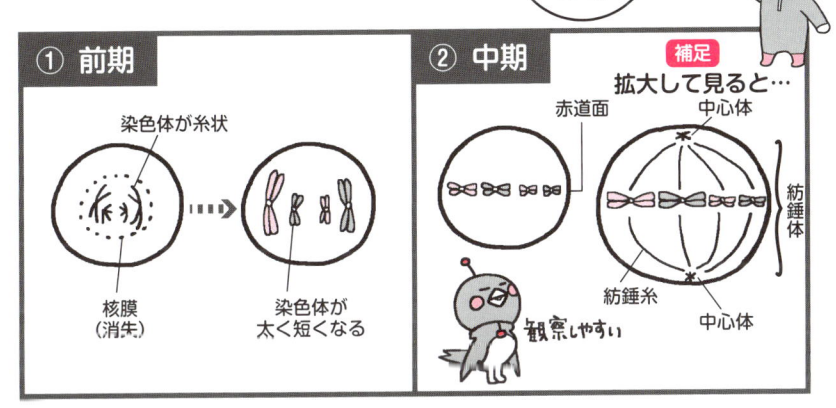

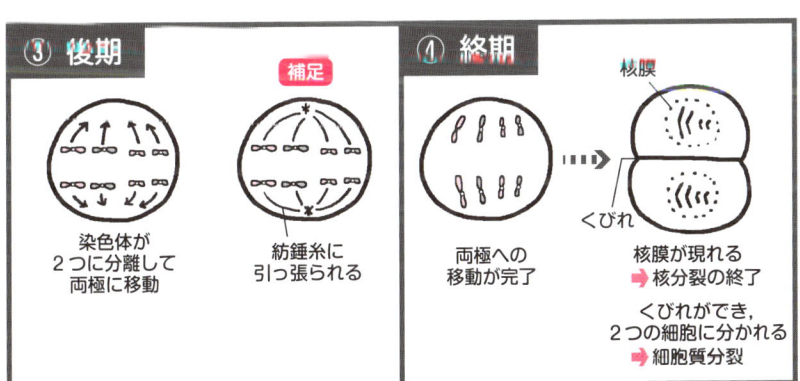

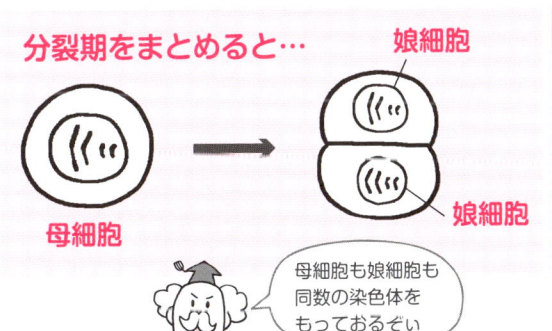

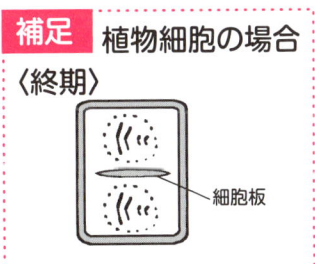

① 前期
- 染色体が糸状
- 核膜（消失）
- 染色体が太く短くなる

② 中期
- 赤道面
- 観察しやすい

補足 拡大して見ると…
- 中心体
- 紡錘体
- 紡錘糸
- 中心体

③ 後期
- 染色体が2つに分離して両極に移動

補足
- 紡錘糸に引っ張られる

④ 終期
- 両極への移動が完了
- 核膜
- くびれ
- 核膜が現れる ➡ 核分裂の終了
- くびれができ、2つの細胞に分かれる ➡ 細胞質分裂

分裂期をまとめると…

母細胞 → 娘細胞／娘細胞

母細胞も娘細胞も同数の染色体をもっておるぞい

補足 植物細胞の場合
〈終期〉
- 細胞板

3-22 遺伝情報の分配④ ～細胞周期とDNA量の変化～

> **ココをおさえよう！**
>
> G_1期の核1個あたりのDNA量を1としたとき，S期で倍増し，分裂期終期が終わった段階で1に戻る。

細胞分裂の前後では，1つの細胞に含まれる染色体の数は変わらないのでした。
次は，DNAの量に注目しましょう。
細胞分裂の過程では，DNA量の変化が見られます。

① **G_1期**：間期が始まるG_1期をスタートとしましょう。
ここでの核1個あたりのDNA量を1とします。

② **S期**：G_1期で1だったDNA量は，**S期に2倍**の2になります。S期は「DNA合成期」と呼ばれているように，細胞分裂に備えて，DNA量を倍増させるのです。

③ **G_2期**：S期でDNA量が2になったまま維持されます。あとは，分裂が始まるのを待つばかり。

④ **分裂期**：分裂期の前期～終期にかけては，核1個あたりのDNA量は2のままですが，最終的には2つの細胞に分裂して，核も2個になるため，**終期が終わると核1個あたりのDNA量は1に戻ります**。こうして，再びG_1期（①）に戻ります。

3-22 遺伝情報の分配④ ～細胞周期とDNA量の変化～

DNA量という視点から，細胞分裂の過程について見てみよう。

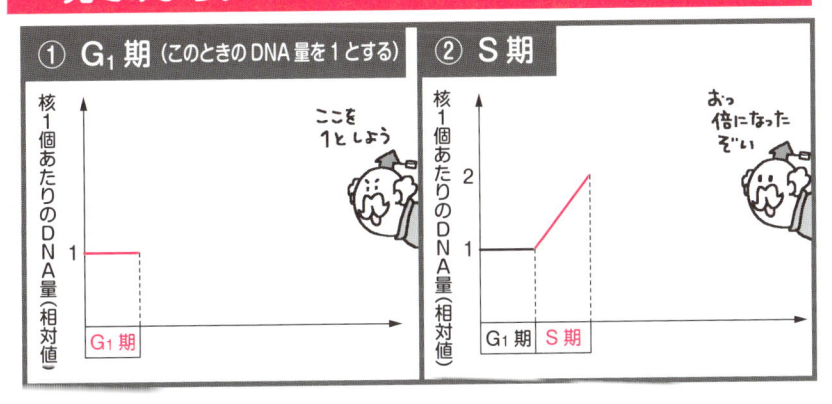

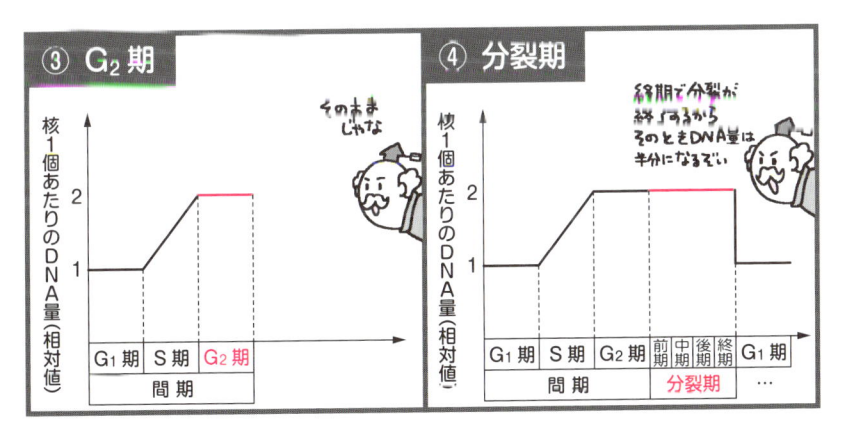

① G_1期（このときのDNA量を1とする）

ここを1としよう

② S期

おっ倍になったぞぃ

③ G_2期

そのままじゃな

④ 分裂期

終期で分裂が終了するからそのときDNA量は半分になるぞぃ

①～④が繰り返されるんッスね

ここまでやったら別冊 P.25 へ

3-23 発展 遺伝情報の分配⑤ ～減数分裂～

> **ココをおさえよう！**
>
> 生殖細胞（精子や卵）が作られる際の細胞分裂を減数分裂という。
> 減数分裂の前後では，核1個あたりの染色体の数は半減し，
> DNA量も半減する。

体を構成している体細胞の分裂（体細胞分裂）に関しては，前ページまでに勉強しました。

しかし，精子や卵のような**生殖細胞**を作るときは，体細胞分裂とは違った分裂が起こります。

この分裂を，**減数分裂**といいます。

> 補足 多細胞生物の細胞は，体細胞と生殖細胞に分けられます。

減数分裂という名前になっているのは，分裂前後で，細胞1つあたりの染色体の数が半減するからです。
体細胞分裂では，分裂前後で染色体の数自体は変わりませんでしたね。

減数分裂については，「生物」で勉強します。
生殖細胞を作る減数分裂は，その他の体細胞を作る体細胞分裂とは異なるということだけ，頭に入れておいてください。

3-23 〈発展〉 遺伝情報の分配⑤ ～減数分裂～

体を構成する主な細胞の分裂

→ 表皮

体細胞分裂

分裂前後で染色体の数自体は **変わらない**

生殖細胞を作る際の細胞分裂

→ 精子

減数分裂

分裂前後で染色体の数が **半減する**

> 多細胞生物の細胞は、体細胞と生殖細胞に分けられるらしいッス

体細胞分裂の概要

母細胞 1つ → 体細胞分裂（前期・中期・後期・終期）→ 娘細胞 2つ

⇔ 比較

減数分裂の概要

連続する2回の細胞分裂からなる。

母細胞 1つ → 減数分裂 第一分裂（前期・中期・後期・終期）→ 第二分裂（前期・中期・後期・終期）→ 娘細胞 4つ

> これについては「生物基礎」の範囲外じゃ 減数分裂というのがあることだけ覚えておくとよいぞい

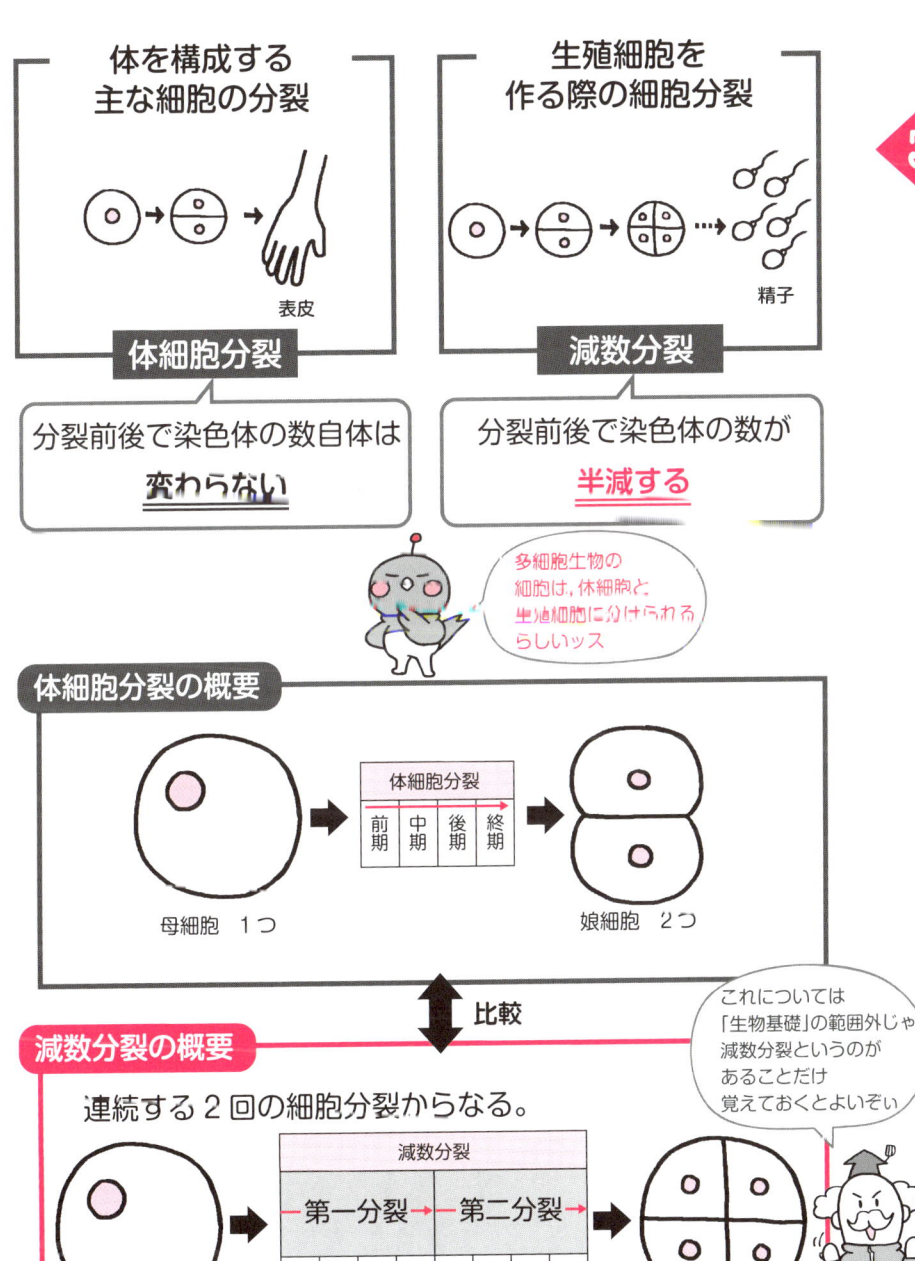

3-24 発展 ゲノムと核相

> **ココをおさえよう！**
>
> 核相とは，ゲノムが何セット含まれているかを表したもの。
> nは1組のゲノムを表している。

・ゲノム

ある生物について考えたとき，その生物の染色体がもつ全遺伝子情報を**ゲノム**と呼びます。

ヒトの生殖細胞にはゲノムが1セット含まれています。
ヒトは父方と母方の生殖細胞が1つずつ合体してできるので，体細胞には2セットのゲノムが含まれています。

・核相

ゲノムが何セット含まれているのかを表したものを，**核相**といいます。

「その細胞の核相は？」と聞かれたとき，それは「その細胞には何セットのゲノムが含まれているの？」と聞かれているのと同じなのです。答えかたは，1セットのゲノムだったらn，2セットのゲノムだったら$2n$，3セットのゲノムだったら$3n$，となります。

ヒトの場合，父方の生殖細胞，母方の生殖細胞には，それぞれ23本の染色体が含まれていますが，この23本の染色体が1セットのゲノムです。
父方の染色体23本，母方の染色体23本が，体細胞内で相同染色体として組になっているのでした（p.162）。
よって，ヒトなどの動物の生殖細胞（精子や卵）の核相はn，体細胞の核相は$2n$となります。

> **補足** 被子植物の胚乳は$3n$です。

以上で，Chapter 3は終わりです。お疲れさまでした！

3-24 〈発展〉 ゲノムと核相

ゲノム …ある生物について考えたとき，その生物の染色体がもつ全遺伝子情報のこと。
ヒトの場合，生殖細胞に1セットのゲノムが含まれる。

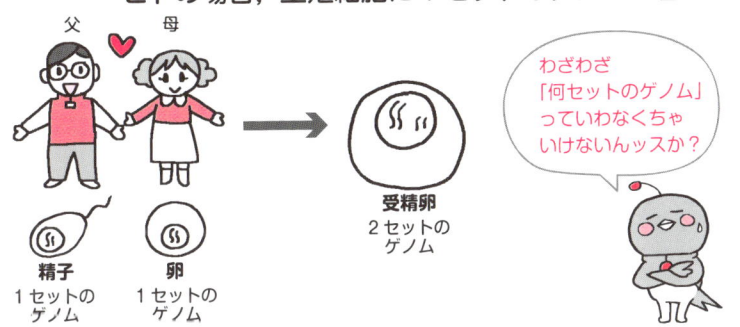

父　母
精子　卵
1セットのゲノム　1セットのゲノム
→ 受精卵　2セットのゲノム

「わざわざ「何セットのゲノム」っていわなくちゃいけないんッスか？」

核相 …ゲノムが何セット含まれているかを表したもの。
1セットを n で表す。

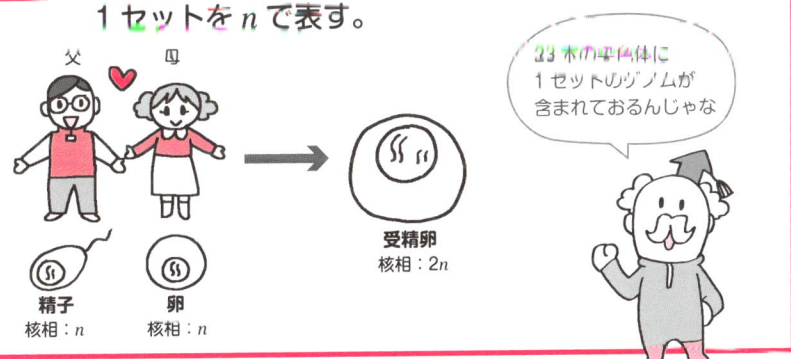

父　母
精子　卵
核相：n　核相：n
→ 受精卵　核相：$2n$

「23本の染色体に1セットのゲノムが含まれておるんじゃな」

補足 被子植物の胚乳の核相は $3n$。

胚乳　核相：$3n$

「コメ　胚乳　お米は胚乳部分だったんだよ!」

ここまでやったら
別冊 P.26 へ

ハカセの 宇宙一キビしい チェック!!

理解できたものに，☑チェックをつけよう。

- ☐ 生物の形態や性質（形質）を子に伝え遺すことを遺伝という。
- ☐ 遺伝情報はDNA（デオキシリボ核酸）という物質に存在する。
- ☐ アミノ酸が多数結合してタンパク質になる。
- ☐ タンパク質は多数のアミノ酸がペプチド結合で連なってできている。
- ☐ 多数のペプチド結合をもつ鎖状構造をペプチド鎖（ポリペプチド）という。
- ☐ DNAはリン酸と糖（デオキシリボース）と塩基からなる。
- ☐ DNAを構成する塩基には，A（アデニン），T（チミン），G（グアニン），C（シトシン）の4種類がある。
- ☐ リン酸と糖，塩基が1つずつくっついたものをヌクレオチドという。
- ☐ ヌクレオチドが連なったものをヌクレオチド鎖という。
- ☐ DNAは2本のヌクレオチド鎖からなる物質で，二重らせん構造をしている。
- ☐ RNA（リボ核酸）を構成するヌクレオチドの糖はリボースである。
- ☐ RNAの塩基は，A，U（ウラシル），G，Cの4種類である。
- ☐ 塩基には，AはT（U）と，GはCとしか結合しない相補性という性質がある。
- ☐ DNAからRNAが作られる過程を，転写という。
- ☐ RNAの情報をもとにアミノ酸が指定される過程を，翻訳という。
- ☐ タンパク質の情報をもつRNAをmRNA（伝令RNA）という。
- ☐ グリフィスは2種類の肺炎球菌をマウスに注射する実験により，肺炎球菌の形質転換を発見した。
- ☐ エイブリーらは，形質転換を起こす物質がDNAであることを解明した。

- [ ] ハーシーとチェイスは、T_2ファージを用いた実験により、遺伝子の正体がDNAであることを証明した。
- [ ] 遺伝情報は「DNA→RNA→タンパク質」という一方向に伝達されるという原則をセントラルドグマという。
- [ ] 遺伝情報をもとにタンパク質が作られ、生物の形質が現れることを形質発現(発現)という。
- [ ] 細胞が、成長の過程や組織により、特定の形やはたらきをもつようになることを、細胞の分化という。
- [ ] ES細胞(胚性幹細胞)は、発生初期の胚から得られる未分化な細胞。
- [ ] iPS細胞(人工多能性幹細胞)は、ES細胞の抱える2つの課題(拒絶反応、倫理的な問題)を解決している。
- [ ] DNAはヒストンと呼ばれるタンパク質に巻き付き、クロマチン繊維と呼ばれる構造をとる。さらに、クロマチン繊維が集まって染色体となる。
- [ ] 細胞には分裂期と間期があり、細胞分裂は分裂期に行われる。
- [ ] 分裂期は「前期」・「中期」・「後期」・「終期」からなり、間期は「G_1期」・「S期」・「G_2期」からなる。
- [ ] 前期では核膜が消失し、染色体が糸状から太く短くなる。
- [ ] 中期では染色体が赤道面に並ぶ。
- [ ] 後期では染色体が2本に分離し、両極に移動する。
- [ ] 終期では染色体が細い糸状になり、核膜に包まれる。

賞が欲しいわけじゃ
ないんじゃよ
ワシは生物のフシギを
解明したいだけなんじゃ

ハカセも
ノーベル賞
獲れるんじゃ
ないッスか？

ボクは助手ッス

Chapter

4

環境変化への対応

Chapter 4 環境変化への対応

はじめに

生物には，体内環境を一定に保とうとするしくみが備わっています。

例えば，沖縄と北海道では，平均気温の差は約20度もありますが※，沖縄の人が北海道に行った瞬間，寒さで死んでしまうということはありません。暑いときは体温を上げないように，寒いときは体温を上げるように，体が調節しているからです。

たくさん勉強したあとは血糖濃度が下がりますが，ぶっ倒れることはありません。血糖濃度を一定に保とうと体が調節しているからです。

また，私たちの身の回りには，多くの病原体があります。でも，そう簡単に病気になったりしません。病原体に感染したときにはそれを排除するよう，体が対応しているからです。

Chapter 4では，生物がどのようにして，体の状態を維持しているかについて，勉強していきます。

この章で勉強すること

- 体液
- 神経とホルモン
- 生体防御

※札幌市と那覇市の1月における，1981年〜2010年の平均気温を比較。

宇宙一わかりやすい ハカセの Introduction

生物はつらいよ

北海道と沖縄の平均気温の差は約20℃

沖縄　暑いっス

北海道　寒いっス…それでも生きていくっス

勉強すると血糖濃度が下がる。

勉強すると血液中の糖分を消費するッス…

それでも生きるッス！

本当にちゃんと勉強してるんじゃろうな？

身の回りには多くの病原体がいる。

えっ こんなに病原体っていたんだ…

それでも生きるッス

生物には，体内環境を一定に保とうとするしくみが備わっている。

ボクたち生物には体内環境を一定に保つしくみが備わっているから こうやって生きていけるッス 生物はつらいッス

Let's study!!

4-1 環境変化への対応に重要なもの

> **ココをおさえよう！**
> すべての生物は，体外や体内の環境変化に対応して生きている。

すべての生物は，体外や体内の環境変化に対応して生きています。キーワードは次の3つです。Chapter 4ではこれらについて勉強していきますよ。

・体液

ほ乳類をはじめとする多細胞動物は，変化の激しい環境に置かれても，体を構成している細胞は安定的に生命活動を行っています。
これは，多細胞動物の体内が**体液**（血液・組織液・リンパ液の総称）で満たされていて，細胞が直接，体外の環境変化を受けなくてすむからなのです。

> **補足** 単細胞生物は，外界の変化を直接受けています。

・神経とホルモン

体内が体液で満たされているからといって，体の機能が何もはたらかないと，すぐに生物は不調におちいってしまいます。
例えば，外が寒くなったら，体内ではそれに応じていろいろな器官が対応しています。
ヒトを例に考えると，環境の変化に関する情報は脳に伝わります。そして，脳はどのように対応するか，各器官に指示を出します。つまり，情報伝達が行われるのです。

情報伝達には，神経やホルモンが関係しています。

・生体防御

身の回りに存在する，病原体などの異物が体に侵入するのを防いだり，侵入したものを排除したりする必要もありますね。生物に備わっている生体防御システムについても，勉強していきますよ。

それではさっそく始めましょう！

4-1 環境変化への対応に重要なもの

生物は，体外や体内の環境変化に対応して生きている

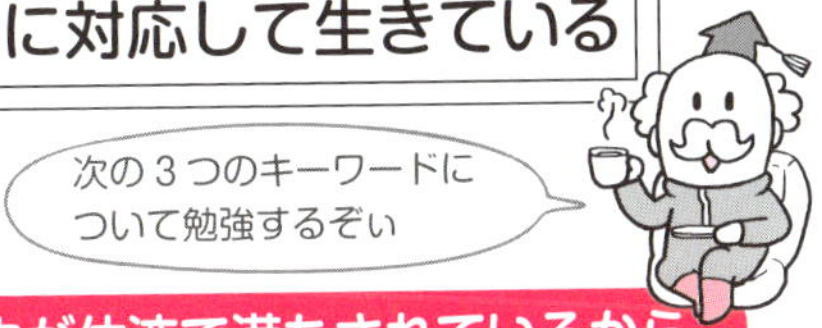

次の3つのキーワードについて勉強するぞい

・体液

外界の変化を直接受けないのは，体内が体液で満たされているから。

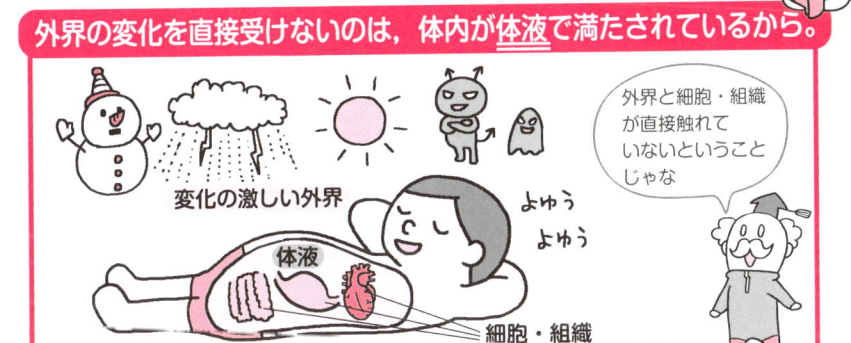

変化の激しい外界／体液／細胞・組織

外界と細胞・組織が直接触れていないということじゃな

・神経とホルモン

環境の変化を脳に伝えたり，脳が各所に指令を出す必要がある。

感知／指令／寒いな…

神経が関係するものやホルモンが関係するものがあるッス

体内環境の調節には，情報伝達のしくみが必要じゃな

・生体防御

病原体などの異物が体内に侵入することを防いだり，侵入したものを排除したりする。

防ぐ／病原体／排除／白血球／あー風邪引いちゃうとこだったよ〜

生物の体ってよくできてるんッスね

4-2 体内環境と恒常性

> **ココをおさえよう！**
> 生物にとって体内環境（内部環境）は重要。体内環境を一定に保とうとする性質を，恒常性（ホメオスタシス）という。

・快適に過ごせるかどうかは，室外環境でなく室内環境で決まるように…

室外がどんなに暑くても，室内の温度を調節すれば，快適に暮らすことができます。
（地球温暖化問題については別途考えなくてはいけないのですが……）

このように，人間にとって，快適に過ごせるかどうかという観点でいえば，室外の環境よりも，室内の環境のほうが重要です。

同じことが，生物の体内でもいえます。

・生物にとって体内環境は重要

ヒトは外部の環境（体外環境，外部環境）から，さまざまな影響を受けて生活しています。気温や塩類濃度，病原体などがこれにあたります。

しかし，ヒトでは，ほとんどの細胞が体液と呼ばれる液体に浸されています。
ですから，細胞が直接，体外環境に触れることは基本的にありません。

体液は細胞にとっての環境ですので，**体内環境**（**内部環境**）と呼ばれます。
体外環境がどのように変化しても，生物にとっては，体内環境さえ一定に保っていれば問題ないのです。

4-2 体内環境と恒常性

- 人間にとって重要なのは室内環境であるように…

室外がどんなに暑かろうと…

室内が快適なら問題がないように…

- 生物にとって体内環境は重要

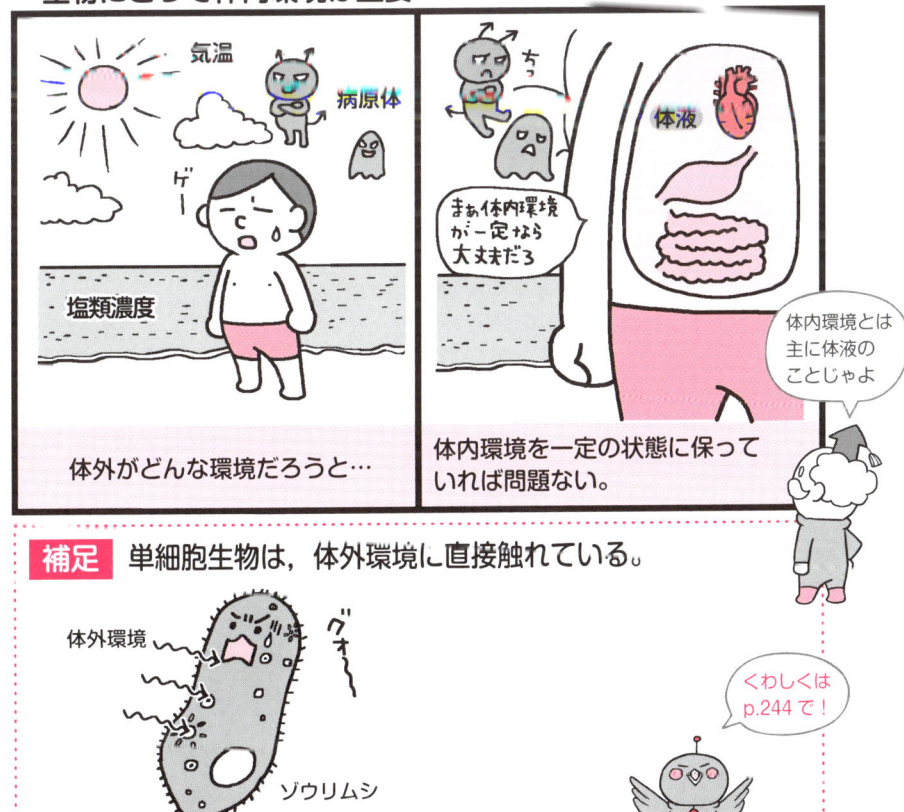

体外がどんな環境だろうと…

体内環境を一定の状態に保っていれば問題ない。

体内環境とは主に体液のことじゃよ

補足 単細胞生物は、体外環境に直接触れている。

ゾウリムシ

くわしくはp.244で！

- **体内環境（主に体液の状態）を一定に保つはたらきを，恒常性という**

細胞を，体外環境の直接的な影響から守るためには，体外で何か変化があったとしても体内環境を一定に保つことが大事です。
体内環境とは，体温や塩類（ナトリウムやカリウムなど）濃度・酸素濃度・グルコース濃度などのことです。

ヒトには，体内環境を一定に保とうとするはたらきが備わっていて，
このはたらきを，**恒常性**（**ホメオスタシス**）と呼びます。

恒常性という性質をもっていなければ，ヒトは外界の環境に大きな影響を受け，正常な生命活動を行うことができません。

例えば，北海道の寒さの中で雪祭りを楽しむことはできませんし，海に入れば水分がすっかり抜かれてしまいますし，風邪を引いたらそのまま死んでしまう……ということになってしまいます。

環境の変化はなかなか目に見えないものですが，
私たちが当たり前のように生きていられるのは，恒常性のおかげなのです。

4-2 体内環境と恒常性

- 体内環境（主に体液の状態）を一定に保つはたらきを，恒常性という。

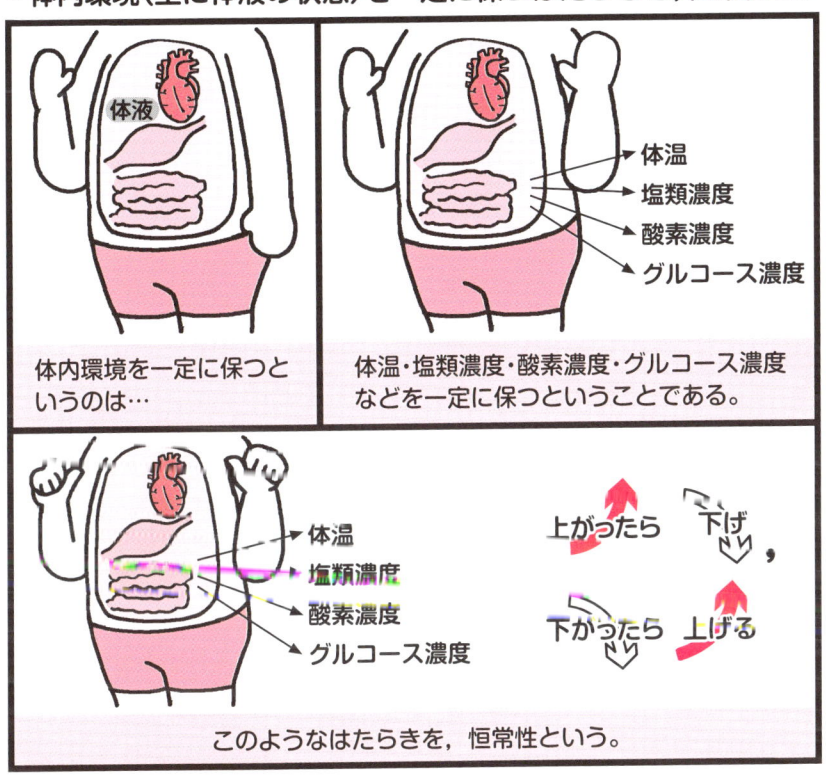

体内環境を一定に保つというのは…

体温・塩類濃度・酸素濃度・グルコース濃度などを一定に保つということである。

体温
塩類濃度
酸素濃度
グルコース濃度

上がったら 下げ，
下がったら 上げる

このようなはたらきを，恒常性という。

恒常性がないと…

- 低温で酵素がはたらかなくなる
- 水分が体外に抜ける
- 風邪で死ぬ

知らないところで体は頑張ってくれてたんッスね

そうじゃよ感謝せねばな

4-3 体液とその循環

> **ココをおさえよう！**
>
> 体液とは，血液・組織液・リンパ液のこと。
> それぞれの液体は体内を循環している。

体内環境を整えるのに体液はとても大事なわけですが，そもそも，体液とは何なのでしょうか？

・体液とは，血液・組織液・リンパ液のこと

脊椎動物の体液は，血管内を流れる**血液**，細胞どうしの間を満たす**組織液**，リンパ管（p.216）の中を流れる**リンパ液**に分けられます。この３つをまとめて，体液と呼んでいます。

・血液・組織液・リンパ液の関係

血液・組織液・リンパ液は，まったく別の液体というわけではありません。

心臓によって押し出された血液が，血管の末端である毛細血管に達すると，血液の液体成分である血しょうの一部が，血管外にしみ出します。

このしみ出した液体が，組織液です。

組織液の大半は，細胞間を移動したあと，再び毛細血管に戻って静脈血になるのですが，一部はリンパ管内に入り込みます。

この，リンパ管内に入り込んだものが，リンパ液です。

そしてリンパ管は静脈につながっており，リンパ液は血液と合流します。
このように，血液・組織液・リンパ液は，**常に体内を循環**しているのです。

4-3 体液とその循環

・体液とは，血液・組織液・リンパ液のこと

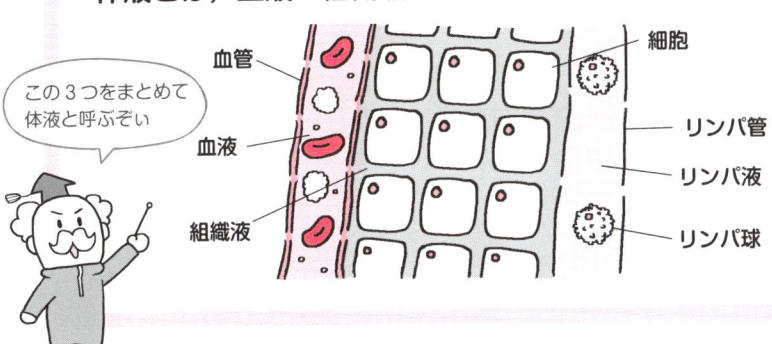

この3つをまとめて体液と呼ぶぞい

- 血管
- 血液
- 組織液
- 細胞
- リンパ管
- リンパ液
- リンパ球

・血液・組織液・リンパ液の関係

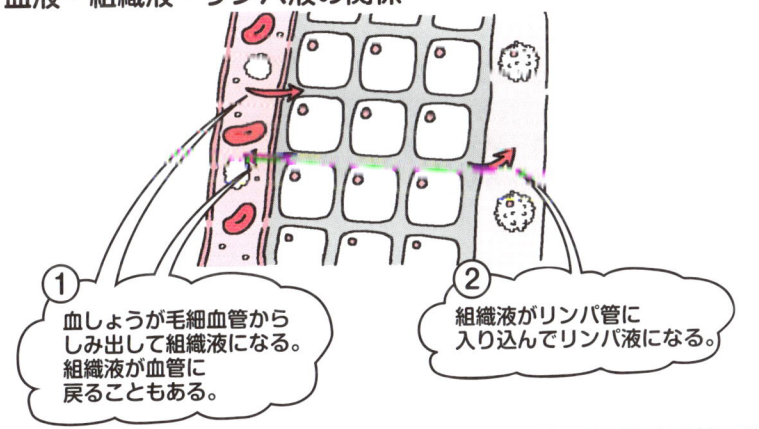

① 血しょうが毛細血管からしみ出して組織液になる。組織液が血管に戻ることもある。

② 組織液がリンパ管に入り込んでリンパ液になる。

・体液は体内を循環する

- 心臓
- 細胞
- 静脈
- 動脈
- リンパ管
- 毛細血管

体液の流れ（➡）をまとめるとこうなるんッスね

4-4 血液① 〜血しょう〜

> **ココをおさえよう！**
> 血液は，血しょう・赤血球・白血球・血小板などからなる。

体液の1つ，血液について見てみましょう。

・血液の成分

血液は，液体成分である**血しょう**と，有形成分である**赤血球・白血球・血小板**などからなります。赤血球・白血球・血小板を**血球**といいます。

> **補足** 血液は，55％が液体成分（血しょう）からなり，
> 残り45％が有形成分（赤血球・白血球・血小板など）からなります。

・血球の生成

血球の多くは，胸骨・肋骨・骨盤の内部にある**骨髄**で作られます。
骨の内部で血球が作られているなんて，ちょっとビックリですね。

・血しょう

血しょうは90％以上が水からなり，塩化ナトリウム，炭酸カルシウムなどの無機塩類やタンパク質・グルコース・脂質などを含んでいます。粘性のある淡黄色の液体です。

主成分が水なので，タンパク質やイオン・ホルモン・グルコースなどを取り込んで細胞に送り届けたり，老廃物を受け取ってもち去ったりできます。

つまり，あるときは宅配便だったり，またあるときは廃品回収車だったりする成分なのです。

血しょうによって細胞に送り届けられるタンパク質は，**免疫**や**血液凝固**に使われます。イオンは**塩類濃度の調節**に，ホルモンは**情報伝達**に，グルコースは細胞の栄養分として使われますよ。

4-4 血液①　～血しょう～

- 血液について

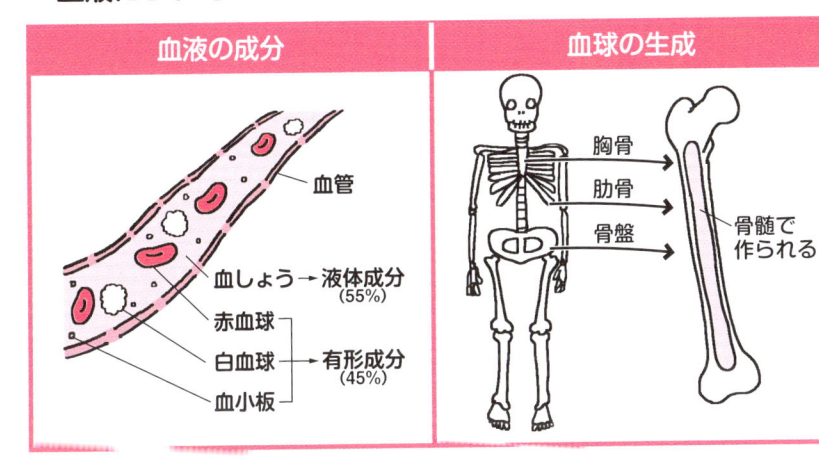

血液の成分	血球の生成
血管 血しょう → 液体成分 (55%) 赤血球 白血球 → 有形成分 (45%) 血小板	胸骨 肋骨 骨盤 → 骨髄で作られる

- 血しょうについて

血しょうの成分	血しょうのはたらき
・90％以上が水からなる。 ・無機塩類・タンパク質・グルコース・脂質などを含む。 ・粘性のある淡黄色の液体。	タンパク質 イオン ホルモン グルコース 老廃物　細胞 しみ出た血しょうを組織液というんだったっス

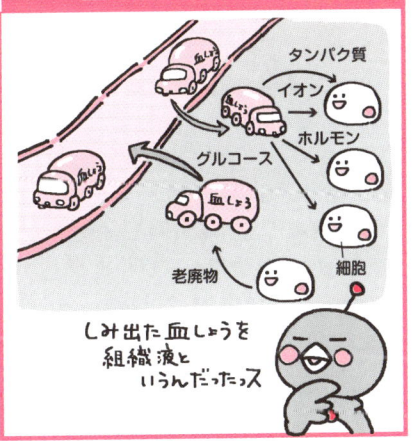

4-5 血液② 〜赤血球〜

> **ココをおさえよう！**
>
> 赤血球の主なはたらきは酸素を運ぶこと。
> 赤血球に含まれているヘモグロビンというタンパク質は、酸素分圧の高いところでは酸素と結合し、酸素分圧の低いところでは酸素を放出する。

赤血球について、くわしく見てみましょう。

・**赤血球**

ほ乳類の赤血球の主なはたらきは、全身の細胞に酸素を運ぶことです。
酸素は主に、呼吸（細胞呼吸）に使われるのでしたね（p.86）。

赤血球が酸素を運ぶことができるのは、**ヘモグロビン**という赤い色素タンパク質をもっているからです。

ヘモグロビンには、酸素が多い（酸素分圧が高い）ところでは、酸素と結合した**酸素ヘモグロビン**になりやすいという性質があります。

一方、酸素の少ない（酸素分圧の低い）ところでは、酸素を放出（解離）してヘモグロビンに戻りやすいという性質があります。

よって、酸素分圧と、酸素ヘモグロビンの割合は、右ページの図1のような曲線の関係にあるのです。図1は二酸化炭素分圧が一定（40 mmHg）のときの、酸素分圧の違いによる酸素ヘモグロビンとヘモグロビンの割合を表したもので、これを**酸素解離曲線**といいます。その名の通り、「それぞれの酸素分圧でどれだけのヘモグロビンが酸素を解離するのかを示す曲線」です。

> **補足** 分圧とは、一定の体積中に含まれている多成分の混合気体のうち、ある気体のみがその体積を占めていた場合の気圧のことです。ここで使われている記号 mmHg は圧力を表す単位で、760 mmHg = 1013 hPa（1気圧）です。

4-5 血液② ～赤血球～

・赤血球について

赤血球のはたらき
全身の細胞に酸素を運ぶ
赤血球／呼吸／O_2／細胞

赤血球の成分
ヘモグロビン（タンパク質）

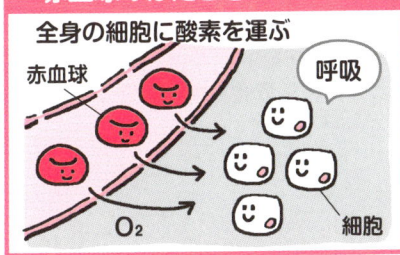

・ヘモグロビンの特徴

酸素が多いところ（酸素分圧が高いところ）
酸素ヘモグロビン
酸素と結合して酸素ヘモグロビンになる。

酸素が少ないところ（酸素分圧が低いところ）
ヘモグロビン
酸素を放出（解離）してヘモグロビンに戻る。

・酸素解離曲線（図1）

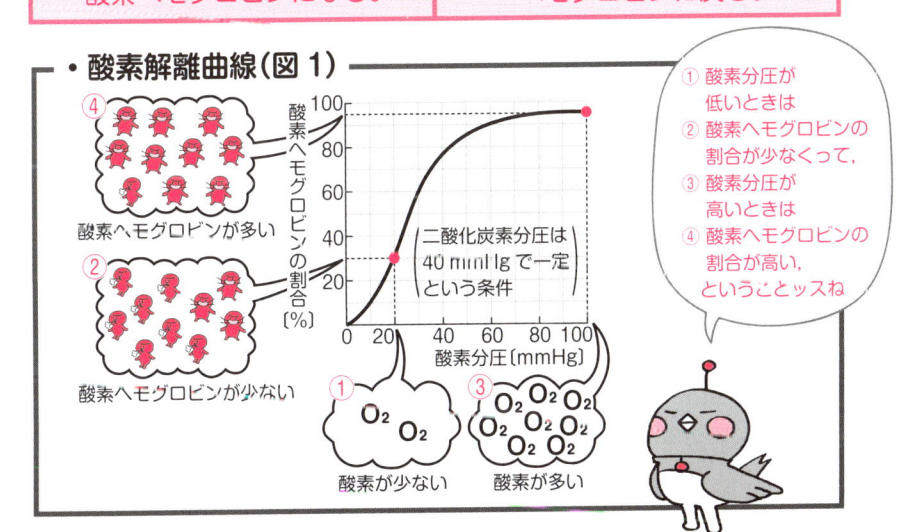

④ 酸素ヘモグロビンが多い
② 酸素ヘモグロビンが少ない
① 酸素が少ない
③ 酸素が多い

二酸化炭素分圧は40 mmHgで一定という条件

横軸：酸素分圧 [mmHg]　縦軸：酸素ヘモグロビンの割合 [%]

① 酸素分圧が低いときは
② 酸素ヘモグロビンの割合が少なくって、
③ 酸素分圧が高いときは
④ 酸素ヘモグロビンの割合が高い、
ということッスね

・酸素解離曲線の読みかた

もう1つ，ヘモグロビンと酸素の結合に関して，知っておかなくてはならないことがあります。それは，「**酸素分圧が同じもとでは，二酸化炭素分圧が高いほど，ヘモグロビンは酸素を放出しやすい**（酸素ヘモグロビンの割合が低い）」ということです。

右ページの図2を見ながら，説明していきましょう。

図1は，二酸化炭素分圧が40 mmHgの場合の曲線でした。
図2はこれに，二酸化炭素分圧が70 mmHgの場合の曲線も一緒に表したものです。

例えば，酸素分圧が30 mmHgのときを考えてみましょう。
横軸の目盛り（酸素分圧）が30 mmHgのところに注目して，2つの曲線を見比べてください。

二酸化炭素分圧が40 mmHgの曲線（実線）では，縦軸の目盛り（酸素ヘモグロビンの割合）は約60%になりますが，二酸化炭素分圧が70 mmHgの曲線（点線）では，約30%しかありません。
二酸化炭素分圧が低いと，酸素ヘモグロビンになりやすいので酸素ヘモグロビンの割合が高くなり，二酸化炭素分圧が高いと，酸素ヘモグロビンは酸素を放出しやすいので，酸素ヘモグロビンの割合が低くなる，ということですね。

さて，これを踏まえて，例題にチャレンジしてみましょう。

> **問4-1** 酸素分圧30 mmHgで二酸化炭素分圧が70 mmHgの体内の組織は，酸素分圧が100 mmHgで二酸化炭素分圧が40 mmHgの肺の組織（肺胞）から運ばれてきた酸素ヘモグロビンのうち，何%分の酸素を受け取るでしょうか？ 右ページ図3の酸素解離曲線から数値を読み取り，答えは小数点第1位まで求めなさい。

答えと解説はp.196です。
いきなり自力で解くのは難しいかもしれません。少し考えてみて，わからないようでしたら，すぐにページをめくりましょう。

4-5 血液② 〜赤血球〜

- 酸素分圧が同じもとでは、二酸化炭素分圧が高いほど、ヘモグロビンは酸素を放出しやすい。

酸素分圧が同じなら（体積あたりの酸素の量が同じなら）……

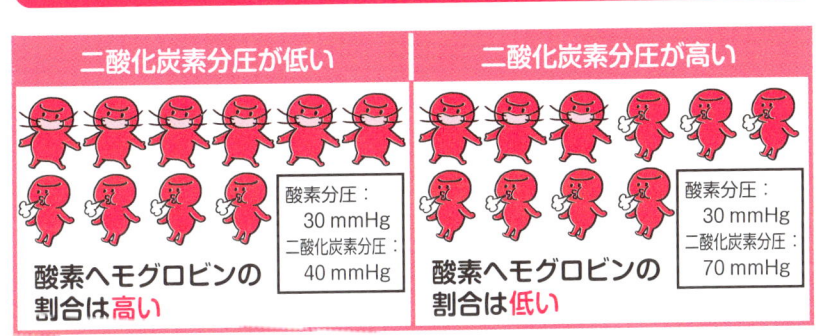

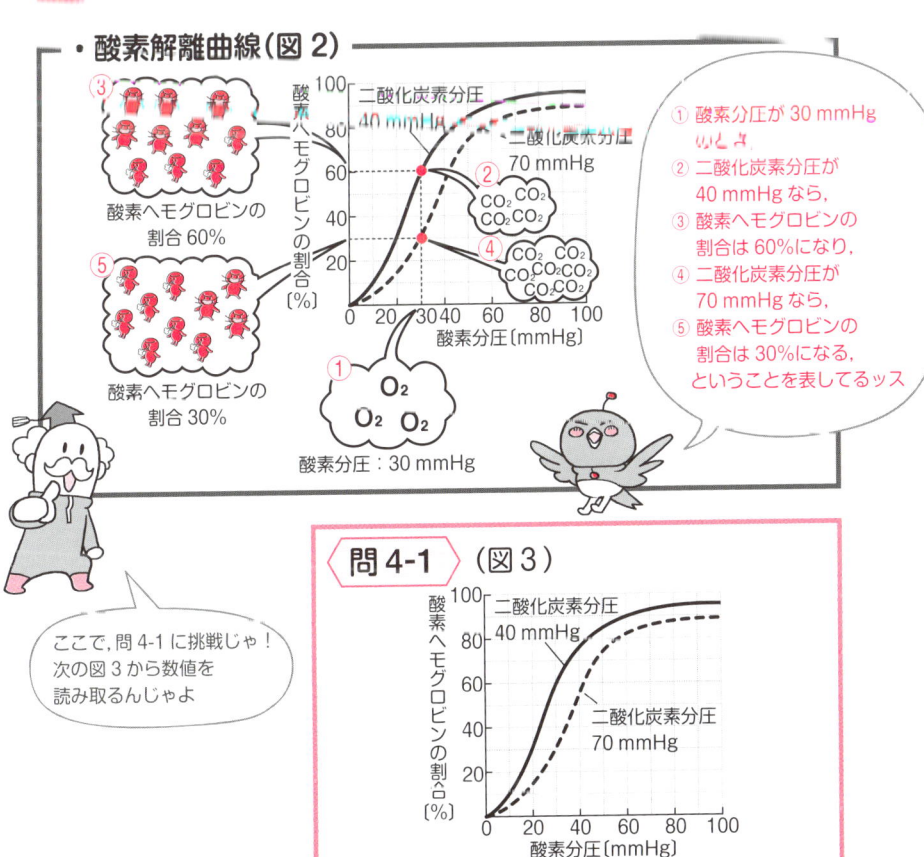

二酸化炭素分圧が低い
酸素分圧：30 mmHg
二酸化炭素分圧：40 mmHg
酸素ヘモグロビンの割合は**高い**

二酸化炭素分圧が高い
酸素分圧：30 mmHg
二酸化炭素分圧：70 mmHg
酸素ヘモグロビンの割合は**低い**

・酸素解離曲線（図2）

③ 酸素ヘモグロビンの割合 60%
⑤ 酸素ヘモグロビンの割合 30%

① 酸素分圧が 30 mmHg のとき、
② 二酸化炭素分圧が 40 mmHg なら、
③ 酸素ヘモグロビンの割合は 60%になり、
④ 二酸化炭素分圧が 70 mmHg なら、
⑤ 酸素ヘモグロビンの割合は 30%になる、
ということを表してるッス

① O_2 O_2 O_2
酸素分圧：30 mmHg

ここで、問4-1に挑戦じゃ！次の図3から数値を読み取るんじゃよ

問4-1 （図3）

では，解きかたを見ていきましょう。

> **解きかた** 二酸化炭素分圧をもとに，どの酸素解離曲線を見るか選ぶ，ということがポイントです。
> 以下の3つのステップで解きましょう。
>
> **ステップ①　まずは，肺の組織（肺胞）について考える。**
>
> 肺の組織（肺胞）は，二酸化炭素分圧が40 mmHgですので，二酸化炭素分圧が40 mmHgの酸素解離曲線に注目します。二酸化炭素分圧が70 mmHgの曲線は関係ありませんので，無視してください。
>
> 二酸化炭素分圧が40 mmHgの酸素解離曲線において，酸素分圧が100 mmHgのところを見てみると，酸素ヘモグロビンの割合は95％になっています。よって，肺胞では95％のヘモグロビンが，酸素ヘモグロビンになっています。
>
> **ステップ②　続いて，体内の組織について考える。**
>
> 体内の組織は，二酸化炭素分圧が70 mmHgなので，二酸化炭素分圧が70 mmHgの酸素解離曲線に注目します。二酸化炭素分圧が40 mmgの曲線は関係ありませんので，無視してください。
>
> 二酸化炭素分圧が70 mmHgの酸素解離曲線において，酸素分圧が30 mmHgのところを見てみると，酸素ヘモグロビンの割合は30％です。よって，体内の組織では30％のヘモグロビンが，酸素ヘモグロビンになっています。
>
> **ステップ③　あとは，計算するだけ。**
>
> 95％－30％＝65％の酸素ヘモグロビンが，酸素を放出（解離）し，放出された酸素を組織が受け取るわけです。もともと酸素ヘモグロビンだった95％のうち，どれくらいの割合かというと……？
>
> $$\frac{65\%}{95\%} \times 100 = 68.42\cdots\% \fallingdotseq \textbf{68.4\%} \cdots \text{答}$$
>
> となります（100を掛けているのは，答えを％で表すためですよ）。

少し難しかったですよね？　別冊の問題を自力で解いてみて，練習してください。

4-5 血液② ～赤血球～　197

> 二酸化炭素分圧をもとにどの酸素解離曲線を見るか選ぶんじゃ！

ステップ① 肺胞について考える。

肺胞の二酸化炭素分圧は 40 mmHg なので，<u>二酸化炭素分圧が 70 mmHg の曲線は無視！</u>

> 酸素分圧が 100 mmHg のとき，酸素ヘモグロビンの割合は 95%じゃな

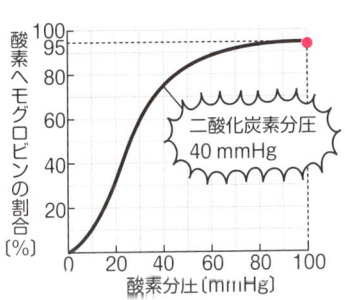

（グラフ：二酸化炭素分圧 40 mmHg）

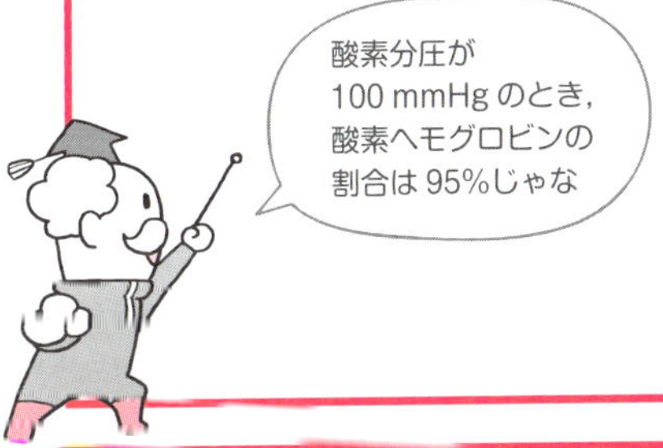

ステップ② 組織について考える。

組織の二酸化炭素分圧は 70 mmHg なので，<u>二酸化炭素分圧が 40 mmHg の曲線は無視！</u>

> 酸素分圧が 30 mmHg のとき，酸素ヘモグロビンの割合は 30%ッスね

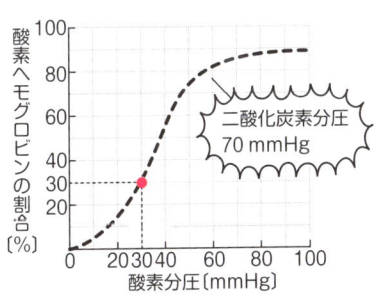

（グラフ：二酸化炭素分圧 70 mmHg）

ステップ③ 計算する。

肺胞では酸素ヘモグロビンの割合が 95%だったが，組織では 30%まで減った。

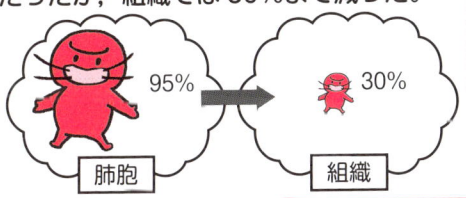

肺胞 95% → 組織 30%

つまり 95－30＝65%の酸素ヘモグロビンが酸素を放出し，組織が受け取ったので

$$\frac{65\%}{95\%} \times 100 ≒ \mathbf{68.4\%} \cdots 答$$

ここまでやったら 別冊 p.27 へ

4-6 血液③ 〜白血球・血小板〜

> **ココをおさえよう！**
>
> 白血球は体内に侵入した病原体などの異物を食作用によって排除する。
> 血小板は，血液凝固に重要なはたらきをする。

白血球・血小板について，くわしく見てみましょう。

・白血球

白血球は，核をもっていますが，ヘモグロビンをもっていません。
（赤血球は，核をもっておらず，ヘモグロビンをもっています）

白血球には，**マクロファージ**（p.314）・**リンパ球**（p.216，318）などの種類があります。
マクロファージには，体内に侵入した病原体などの異物を捕食する**食作用**（p.314）があり，取り込んだ異物を分解して排除します。警察のように，悪者をやっつけるはたらきをするのですね。
リンパ球の中には，抗体を作るものがあります。抗体についてはp.320でくわしく学びます。

・血小板

血小板は，**血液凝固**に重要なはたらきをします。
転んで血が出てもしばらくすると血が止まるのは，血小板が真っ先に傷口に集まり，止血にかかわる物質を放出するからです。

次ページで，血液凝固のしくみについて，くわしくお話ししましょう。

4-6 血液③ 〜白血球・血小板〜

- 白血球について

白血球の特徴	白血球の種類
白血球（核あり・ヘモグロビンなし） ←比較→ 赤血球（核なし・ヘモグロビンあり）	マクロファージ（食作用をもつ）／リンパ球 など

  頼もしいヤツじゃ

- 血小板について

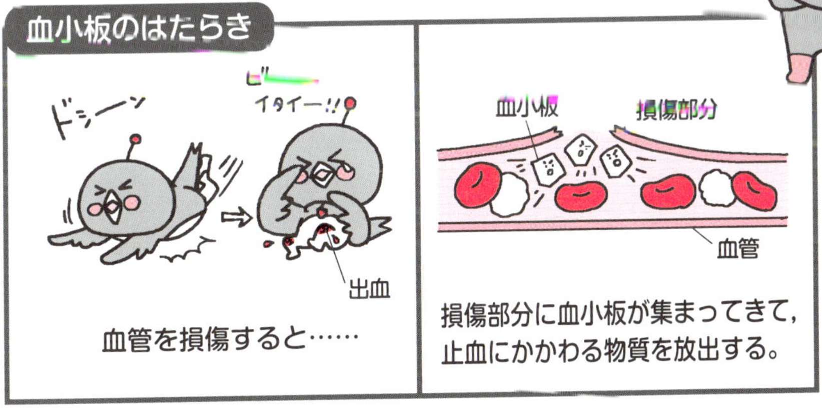

  血小板のはたらき

  ドシーン → イタイー!! 出血
  血管を損傷すると……

  損傷部分に血小板が集まってきて，止血にかかわる物質を放出する。

  次ページで血液凝固のしくみを解説するぞい！

  もうちょっとそのままでいてくれ

  ビーーイタイッスー!!

4-7 血液凝固のしくみ

> **ココをおさえよう！**
>
> ・血管の損傷部分に血小板が集まり，フィブリンというタンパク質を形成。フィブリンに血小板や赤血球が絡まって血ぺいとなり，出血は止まる。
> ・採血した血液を放置しても血ぺい（沈殿）ができる。上澄みを血清という。

血小板が大きな役割を果たす血液凝固について，勉強しましょう。

・止血のしくみ

血管が損傷すると，損傷部分に血小板が集まってきます（右ページ①）。
そして，血小板から凝固因子が放出されます（右ページ②）。

> **補足** 凝固因子は血しょう中にも含まれています。

すると，**フィブリン**と呼ばれる繊維状のタンパク質が形成されます（右ページ③）。

そして，網状になったフィブリンに血小板や赤血球が絡み，**血ぺい**というカタマリになります。
こうしてできた血ぺいが傷口を防ぎ，出血は止まるのです（右ページ④）。

・血液を放置するだけでも，血液凝固は起こる

採血した血液を放置した場合にも，血液凝固は見られます。

採血した血液を静かに置いておくと，沈殿物と上澄みに分かれるのですが，この沈殿物は，血球がフィブリンに絡めとられてできた血ぺいです。

一方，上澄みは，**血清**と呼ばれます。

> **補足** 血清は，免疫のセクションで活躍します。くわしくはp.330へ。

4-7 血液凝固のしくみ

- 止血のしくみ

① 血管が損傷すると，損傷部分に血小板が集まる。	② 血小板から凝固因子が放出される。
損傷部分／血管／血小板	凝固因子

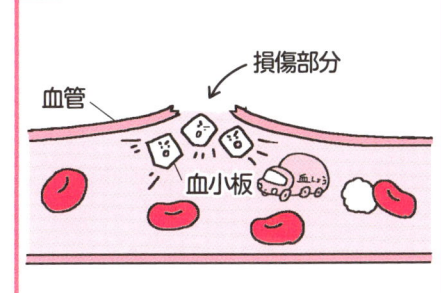

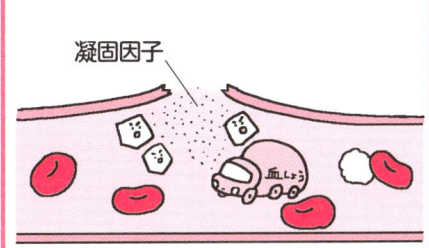

③ フィブリンと呼ばれる繊維状のタンパク質が形成される。	④ フィブリンに血小板や赤血球が絡み，血ぺいになる。
血小板／フィブリン	血ぺい／止血完了！

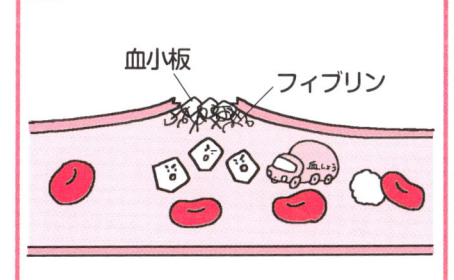

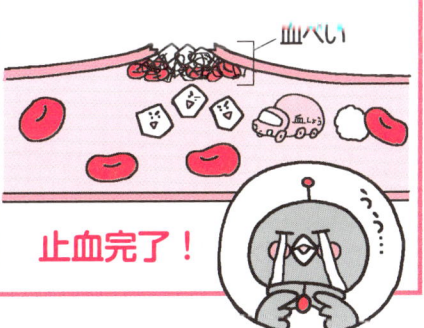

- 血液を放置するだけでも，血液凝固は起こる。

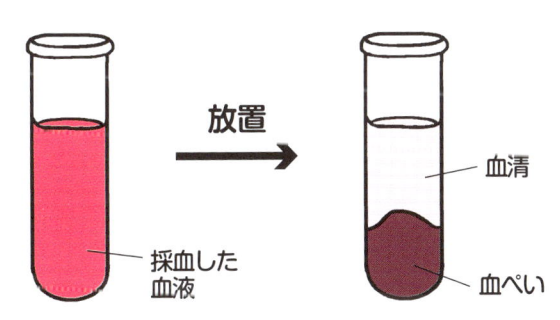

採血した血液 →放置→ 血清／血ぺい

4-8 発展 血液凝固のくわしいしくみ

ココをおさえよう！

①凝固因子やカルシウムイオンなどがプロトロンビンにはたらきかける。
→②プロトロンビンがトロンビンになる。
→③トロンビンはフィブリノーゲンをフィブリンに変える。
→④フィブリンは血球を絡めとり，血ぺいを作って止血する。

さらっと解説した血液凝固のしくみを，もう少しくわしく見てみましょう。

ステップ①　さまざまな物質がプロトロンビンにはたらきかける
血小板から放出された**凝固因子**，血しょう中に含まれる**凝固因子**と**カルシウムイオン**などが協力し，血しょう中のタンパク質である**プロトロンビン**にはたらきかけます。

ステップ②　プロトロンビンがトロンビンという酵素になる
凝固因子やカルシウムイオンのはたらきかけにより，プロトロンビンは**トロンビン**という酵素になります。

ステップ③　フィブリノーゲンがフィブリンに変わる
トロンビンは**フィブリノーゲン**にはたらきかけます。すると，フィブリノーゲンは**フィブリン**に変わります。

ステップ④　血ぺいができ，血が止まる
フィブリンは血球を絡めとり，血ぺいというかたまりになります。血ぺいは傷口をふさぎ，出血は止まります。

4-8 〈発展〉 血液凝固のくわしいしくみ

- 血液凝固のしくみを、もっとくわしく。
  （4ステップ）

ステップ①　さまざまな物質がプロトロンビンにはたらきかける。

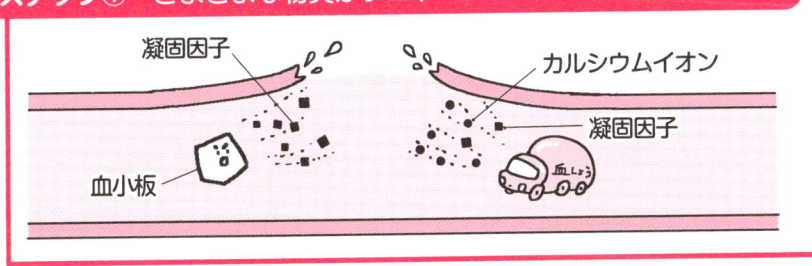

凝固因子
カルシウムイオン
凝固因子
血小板
血しょう

ステップ②　プロトロンビンがトロンビンという酵素になる。

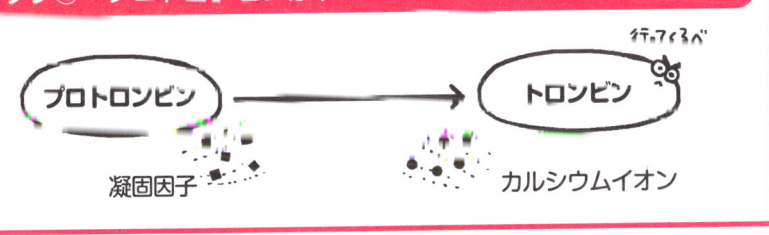

プロトロンビン → トロンビン
凝固因子　　　カルシウムイオン

ステップ③　フィブリノーゲンがフィブリンに変わる。

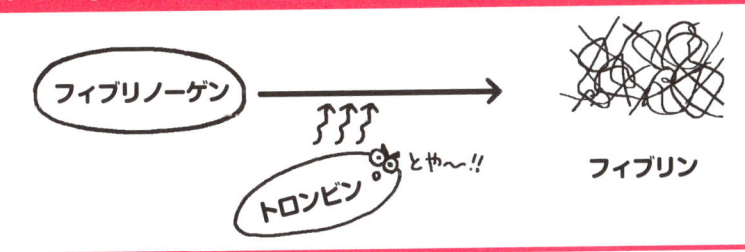

フィブリノーゲン → フィブリン
トロンビン　とや〜!!

ステップ④　血ぺいができ、血が止まる。

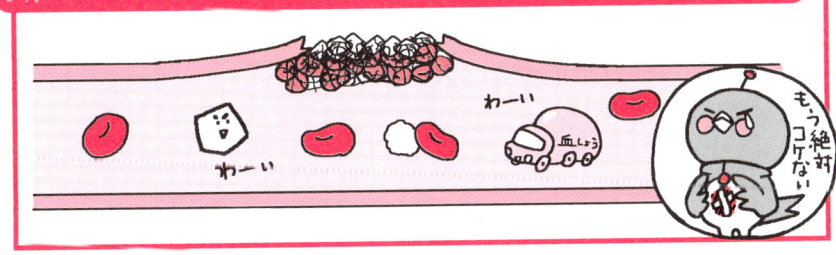

わ〜い
わ〜い
もう絶対コケない

4-9 組織液・リンパ液

> **ココをおさえよう！**
>
> 組織液は，血しょうの一部が毛細血管からしみ出したもの。
> リンパ液は，組織液の一部がリンパ管に入り込んだもの。

体液は，血液・組織液・リンパ液をまとめて呼んだものでしたね。
血液についてはすでに勉強したので，残りの組織液とリンパ液について見てみましょう。

・組織液

血しょうの一部が毛細血管からしみ出し，組織液になるのでした（p.188）。

組織液は細胞間を満たして細胞に養分や酸素を供給し，二酸化炭素や老廃物を受け取ります。

・リンパ液

組織液のうちの一部がリンパ管（p.216）に入り込んだものが，リンパ液です。

リンパ液には**リンパ球**（白血球の一種）が存在しています。
リンパ球は，病原体の侵入に対して重要なはたらきを担っています。

4-9 組織液・リンパ液

ほとんど復習になるがもう一度確認しておくれ

体液
├ 血液
├ 組織液
└ リンパ液

・組織液

血しょうの一部が毛細血管からしみ出したもの。

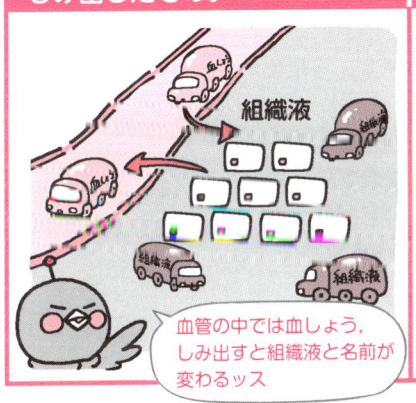

細胞に養分や酸素を供給し、二酸化炭素や老廃物を受け取る。

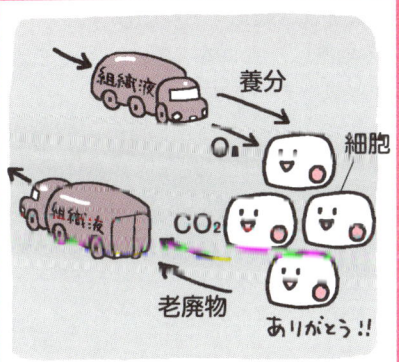

血管の中では血しょう、しみ出すと組織液と名前が変わるッス

養分 / CO_2 / 老廃物 / 細胞 / ありがとう!!

・リンパ液

組織液の一部がリンパ管に入り込んだもの。

リンパ液にはリンパ球が存在している。

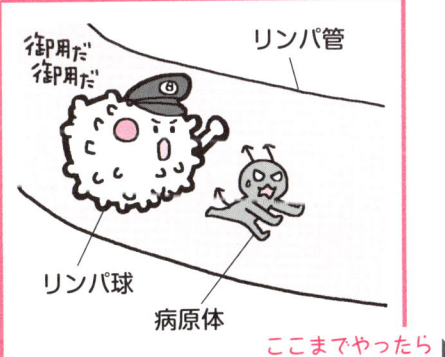

いってらっしゃい / リンパ管 / 組織液

御用だ御用だ / リンパ管 / リンパ球 / 病原体

ここまでやったら 別冊 P.29 へ

4-10 体液の循環

> **ココをおさえよう！**
>
> 体液の循環にかかわる器官をまとめて循環系と呼ぶ（心臓・血管・リンパ管）。

体液についてひと通り勉強し終わったところで，次は体液のはたらきをサポートする器官（心臓・血管・リンパ管）について見てみましょう。

・体液は循環させなくてはいけない

体中の細胞は，常に養分を欲しがっていますし，二酸化炭素や老廃物を回収してほしいと思っています。

体液は，そんな細胞に対して，常に養分や酸素を送り届けたり，排出された老廃物や二酸化炭素を回収したりしています。
子ツバメたちの世話をせっせと焼く，親ツバメのようですね。

細胞に養分や酸素を供給し続けるため，体液は，常に循環させる必要があるのです。

・体液の循環にかかわる器官をまとめて循環系と呼ぶ（心臓・血管・リンパ管）

多くの動物は，血液を送り出す心臓，血液の通る血管，リンパ液の通るリンパ管などの，体液を循環させることにかかわる器官をもっています。

このような，体液の循環にかかわる器官を，まとめて**循環系**と呼びます。

ここからは，器官系である循環系（心臓・血管・リンパ管）について勉強していきます。

> **補足** いくつかの器官が全体としてまとまったはたらきをする場合，それらの器官をまとめて，**器官系**といいます。循環系というのは，心臓や血管・リンパ管などの，体液を循環させることにかかわっている器官の総称ですが，その他にも，消化の機能をもつ胃や腸などの器官をまとめて消化系と呼んだりします。

4-10 体液の循環

体液のはたらきをサポートする器官たち（循環器編）

・体液は循環させなくてはならない。

細胞に養分や酸素を供給し続けなくてはならない。

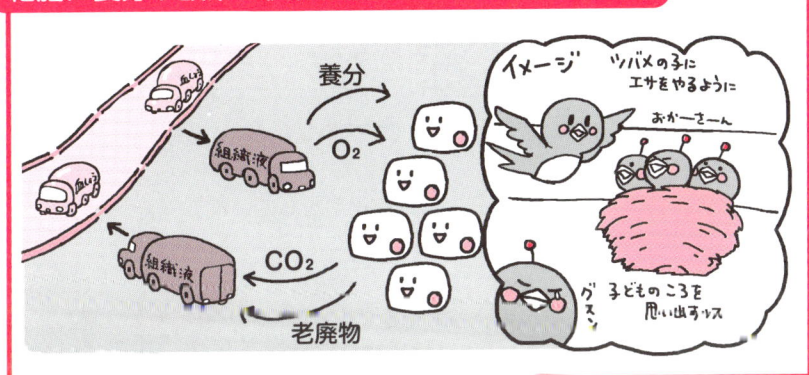

・体液の循環にかかわる器官をまとめて循環系と呼ぶ。
（心臓・血管・リンパ管）

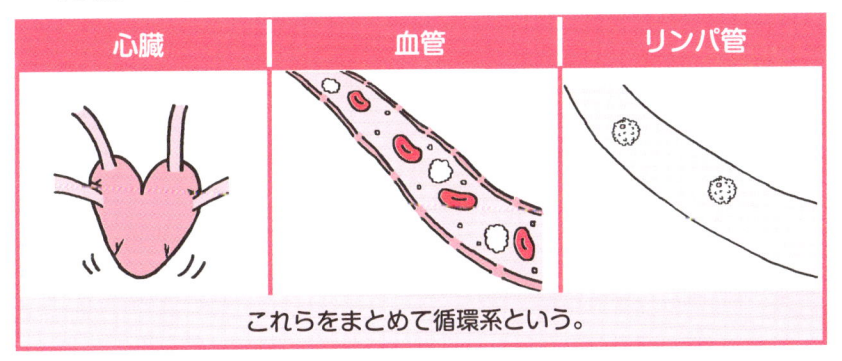

| 心臓 | 血管 | リンパ管 |

これらをまとめて循環系という。

補足　器官系…全体としてまとまったはたらきをする器官の総称。
・循環系…心臓・血管・リンパ管など
・消化系…胃・小腸など

4-11 循環系① ～心臓～

ココをおさえよう！

・心臓は体内に血液を循環させる中心的な器官で，他からの刺激がなくても自発的に拍動する性質をもつ。
・ヒトの心臓は，2心房2心室である。

循環系（心臓・血管・リンパ管）のうち，まずは**心臓**から。

心臓は，体内に血液を循環させる，中心的な役割をしています。

・心臓の構造

ヒトの心臓は2つの心房と2つの心室からなります。これを**2心房2心室**といいます。心房は一時的に血液をためておくところで，心室は血液を送り出すところです。心房と心室の壁は，心筋という筋肉でできています。

> **補足** 鳥類・ほ乳類は2心房2心室，魚類は1心房1心室，両生類・は虫類は2心房1心室の心臓をもっています。

・心臓の自動性

器官は普通，神経などから受ける刺激がなければ動きません。
一方，心臓は，他からの刺激がなくても自発的に拍動する性質をもっています。この性質を**自動性**といいます。心臓が自動性をもつのは，心臓の大静脈と右心房の境界に，**洞房結節**という，規則的に電気刺激を出す細胞のかたまりがあるからです。洞房結節は**ペースメーカー**とも呼ばれます。

> **補足** 洞房結節は自律神経による支配も受けており，状況に応じて拍動のスピードが調節されています。くわしくはp.274, 278でお話しします。

4-11 循環系① ～心臓～

心臓について

・**心臓の構造**

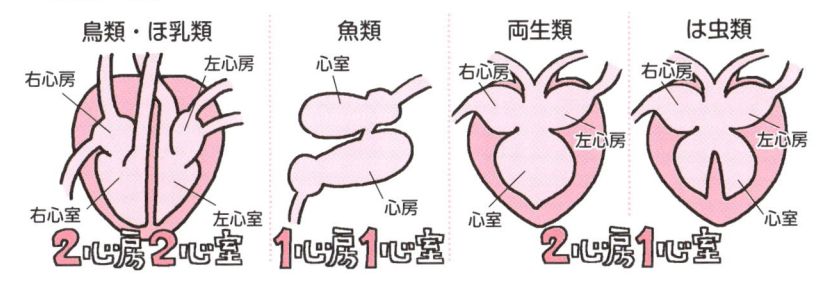

鳥類・ほ乳類	魚類	両生類	は虫類
右心房／左心房／右心室／左心室	心室／心房	右心房／左心房／心室	右心房／左心房／心室
2心房2心室	1心房1心室	2心房1心室	

・**心臓の自動性** 他から刺激がない状態でも，自発的に拍動する性質。

普通，器官は神経などから受ける刺激がなければ動かない。

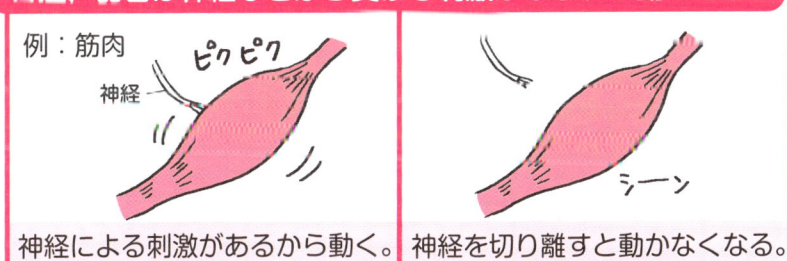

例：筋肉　ピクピク　神経
神経による刺激があるから動く。

シーン
神経を切り離すと動かなくなる。

心臓は，他からの刺激がなくても自発的に拍動する。

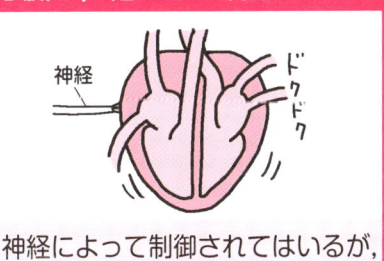

神経　ドクドク
神経によって制御されてはいるが，

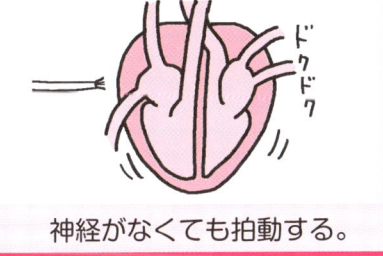

ドクドク
神経がなくても拍動する。

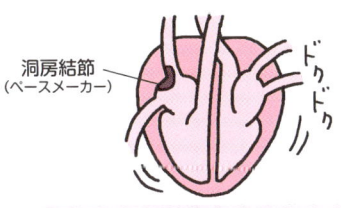

洞房結節（ペースメーカー）　ドクドク

これは，洞房結節という規則的に電気刺激を出す細胞のかたまりがあるから。

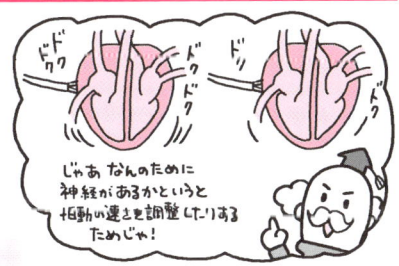

じゃあ なんのために神経があるかというと拍動の速さを調整したりするためじゃ！

4-12 循環系② 〜血管〜

> **ココをおさえよう！**
>
> ・血管は，動脈・静脈・毛細血管に分けられる。
> ・動脈は高い血圧に耐える構造をしている。
> ・静脈には逆流を防ぐための弁がある。
> ・毛細血管は壁に隙間があるために血しょうがしみ出る構造になっている。

続いて，循環系（心臓・血管・リンパ管）のうち，血管について。

・血管の種類
血管は3つに大別できます。
　☆**動脈**…心臓から出る血液が流れる血管
　☆**静脈**…心臓に戻る血液が流れる血管
　☆**毛細血管**…動脈と静脈をつなぐ，細い血管

・血管の構造
動脈と静脈は基本的に同じ構造をしています。
内側から**内皮・弾性膜・筋肉・結合組織**からなります。

動脈は，筋肉の層が発達しています。
これは，心臓から押し出された多量の血液の勢い（圧）に耐える必要があるからです。

一方，静脈は，動脈ほど筋肉の層は発達しておらず，逆流を防ぐための**静脈弁**があります。

毛細血管は，内皮のみでできているため壁に隙間があります。このような構造であるため，血しょうがしみ出して組織液となることができるのです（p.188）。
また，各器官に入る血液が流れる血管を"●●動脈"，各器官から出た血液が流れる血管を"●●静脈"などということがあります。
肺ならば肺動脈・肺静脈，腎臓ならば腎動脈，腎静脈といいます。覚えておきましょう。

血管について

・血管の種類（3種類）

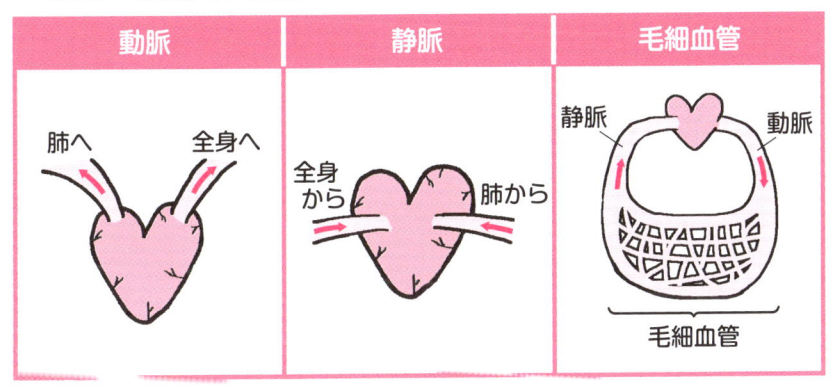

動脈	静脈	毛細血管
肺へ／全身へ	全身から／肺から	静脈／動脈／毛細血管

・血管の構造

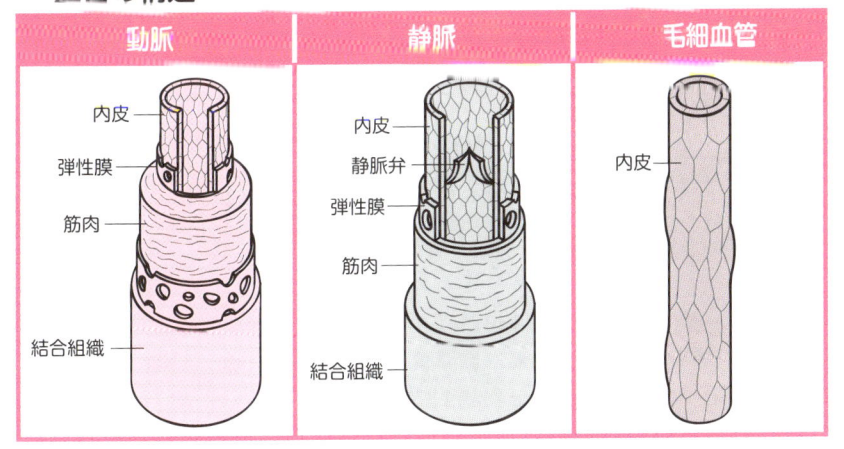

動脈
- 内皮
- 弾性膜
- 筋肉
- 結合組織

静脈
- 内皮
- 静脈弁
- 弾性膜
- 筋肉
- 結合組織

毛細血管
- 内皮

> 動脈と静脈は基本的に同じ構造じゃが，動脈は筋肉の層が発達しており，静脈には弁があるぞい

> 毛細血管は壁に隙間があるから血しょうがしみ出すんッスね

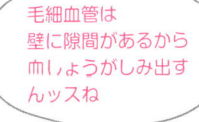

4-13 循環系③ ～血管系～

> **ココをおさえよう！**
>
> 昆虫などの血管系は開放血管系といい，毛細血管がない。
> ほ乳類などの血管系を閉鎖血管系といい，動脈と静脈が毛細血管でつながっている。

心臓と血管のお話をしたので，ここで血管系について触れましょう。
血管系とは，血液を循環させる器官の総称です。
ようするに，心臓と血管を合わせたものですね。

・開放血管系

節足動物（昆虫やエビなど）や貝殻をもつ動物の血管系を**開放血管系**といいます。
開放血管系には毛細血管がなく，心臓から送り出された血液は，動脈の末端から出て細胞間を流れて静脈に入り，心臓に戻ります。

・閉鎖血管系

脊椎動物（魚類・両生類・は虫類・鳥類・ほ乳類）の血管系を，**閉鎖血管系**といいます。閉鎖血管系は，動脈と静脈が毛細血管でつながっており，血液は血管内のみを流れます。
鳥類やほ乳類の血液の流れは，**肺循環**と**体循環**に分けられます。

肺循環とは，心臓を出た血液が肺を通り，再び心臓に戻ってくる循環のことで，簡単にいうと「**右心室→肺動脈→肺→肺静脈→左心房**」という血液循環のことです。
肺を通ることで，血液に酸素O_2を含ませるのです。

一方，体循環とは，心臓を出た血液が全身の組織をまわり，再び心臓に戻ってくる循環のことで，簡単にいうと「**左心室→大動脈→全身→大静脈→右心房**」という血液循環です。
肺循環で得たO_2を含む血液を全身へめぐらせるのです。

4-13 循環系③ ～血管系～

・開放血管系

開放血管系…節足動物，貝殻をもつ動物の血管系

昆虫　エビ　貝殻をもつ動物

毛細血管がなく，動脈の末端から出た血液が細胞間を流れて静脈に入り，心臓に戻る。

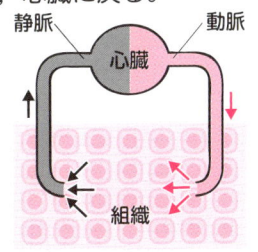

静脈　心臓　動脈
組織

・閉鎖血管系

閉鎖血管系…脊椎動物の血管系

ほ乳類　鳥類　は虫類　両生類　魚類

動脈と静脈が毛細血管でつながっており，血液は血管内のみを流れる。

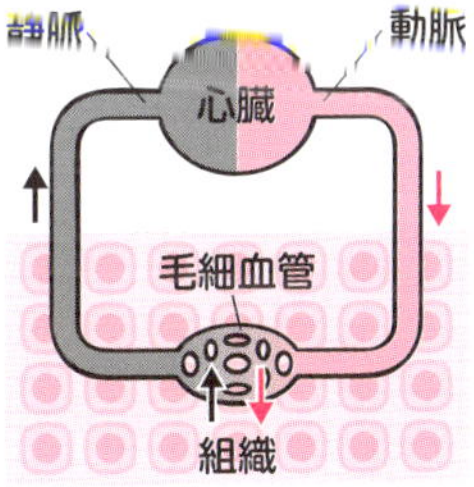

静脈　心臓　動脈
毛細血管
組織

・ヒトの心臓の構造

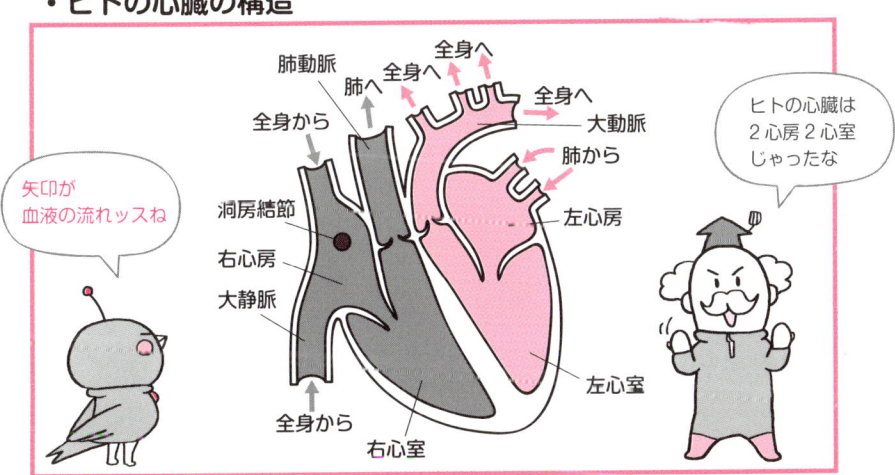

肺動脈　肺へ　全身へ　全身へ
全身から　　　　　全身へ
　　　　　　　　　大動脈
　　　　　　　　　肺から
洞房結節
　　　　　　　　　左心房
右心房
大静脈
　　　　　　　　　左心室
全身から
　　　右心室

矢印が血液の流れッスね

ヒトの心臓は2心房2心室じゃったな

4-14 肺循環・体循環

> **ココをおさえよう！**
> 体循環によって全身の組織をまわって心臓に戻った血液は，
> 今度は肺循環に進み，肺でガス交換をしたのち再び心臓に戻る。

肺循環と体循環について，少しくわしく見てみましょう。

・肺循環

肺循環は，「右心室→肺動脈→肺→肺静脈→左心房」という流れで循環するのでしたね。
右心室に入ってくる血液は，全身をめぐってきた血液で，大静脈から右心房を通って右心室に入ってきます。その血液には，CO_2 が多く含まれています。
右心室に入ってきた血液は，今度は肺動脈を通って肺に送られ，そこで CO_2 と O_2 の交換が行われます。
O_2 を多く含むようになった血液は，肺静脈を通って左心房に戻ってきます。

・体循環

体循環は，「左心室→大動脈→全身→大静脈→右心房」という流れでした。
肺循環によって左心房に入ってきた血液は，左心室に流れ込みます。この血液には O_2 がたくさん含まれています。
O_2 を含んだ血液は，大動脈から全身に送り出されます。そして，全身をめぐる過程で CO_2 の多い血液となり，右心房に入ってきて肺循環へと進むのです。

> **補足** O_2 を多く含む血液を**動脈血**，CO_2 を多く含む血液を**静脈血**といいます。
> 肺に関しては，肺から出ていく肺静脈が動脈血，肺に流れ込む肺動脈が静脈血であることに注意しましょう。

このように，肺循環と体循環は連続する血液の流れです。
こうして私たちの体を血液は循環しているのですね。

4-14 肺循環・体循環

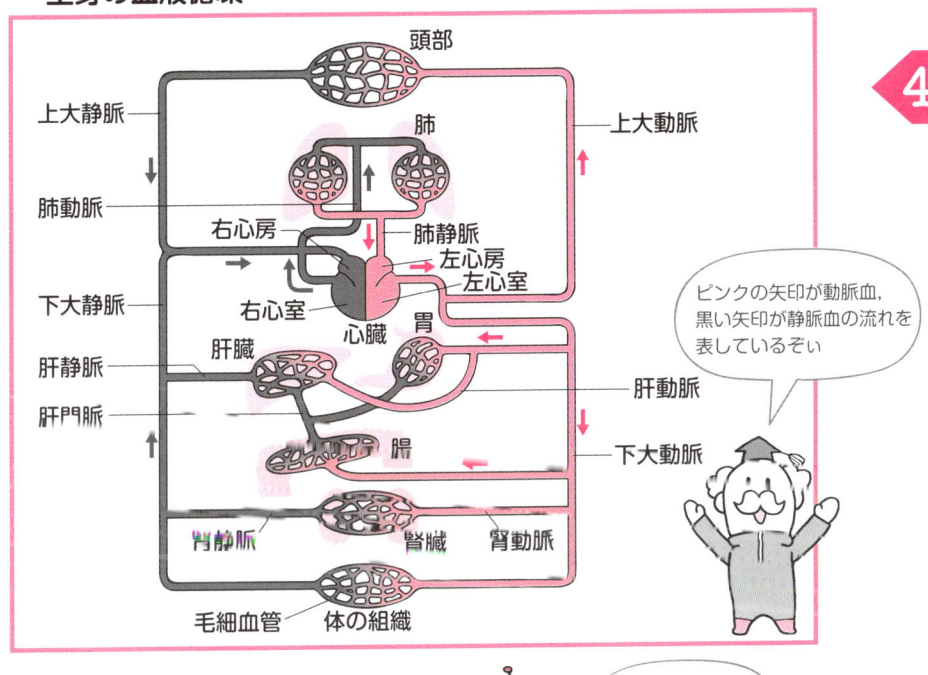

- 全身の血液循環

（図：全身の血液循環）
- 頭部
- 上大静脈
- 上大動脈
- 肺
- 肺動脈
- 肺静脈
- 右心房
- 左心房
- 右心室
- 左心室
- 下大静脈
- 心臓
- 胃
- 肝静脈
- 肝臓
- 肝動脈
- 肝門脈
- 腸
- 下大動脈
- 腎静脈
- 腎臓
- 腎動脈
- 毛細血管
- 体の組織

> ピンクの矢印が動脈血, 黒い矢印が静脈血の流れを表しているぞい

- 肺循環と体循環

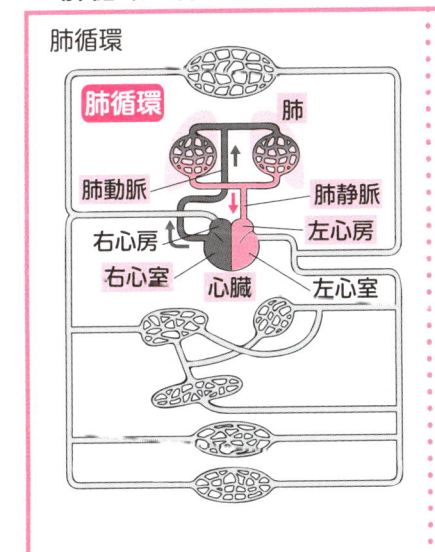

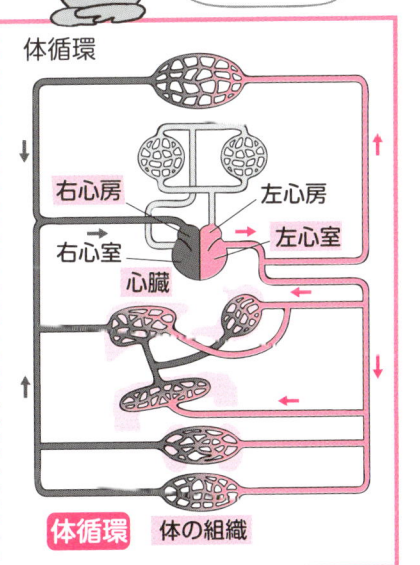

> 別々に表すとこういうことッス

肺循環
- 肺
- 肺動脈
- 肺静脈
- 右心房
- 左心房
- 右心室
- 左心室
- 心臓

体循環
- 右心房
- 左心房
- 右心室
- 左心室
- 心臓
- 体の組織

4-15 循環系④ ～リンパ管～

> **ココをおさえよう！**
>
> リンパ管にはリンパ液が流れている。
> リンパ管にはリンパ節という部位があり，病原体や異物を排除する場所としてはたらく。

最後に，循環系（心臓・血管・リンパ管）のうち，**リンパ管**（p.188, 204）について見てみましょう。

・リンパ管とリンパ球のはたらき

リンパ管とは，**リンパ液**が流れる器官のことです。
リンパ液には**リンパ球**が存在します。リンパ球は体内に侵入した**病原体や異物を排除**するなど，免疫において大切なはたらきをします（p.318）。

・リンパ管の構造

リンパ管は全身に張り巡らされており，**鎖骨下静脈**で静脈に合流します。

さて，リンパ管をよく観察してみると，リンパ管にはところどころ球状にふくらんだ部位があることがわかります。これを**リンパ節**といいます。

・リンパ節のはたらき

リンパ節には次の2つのはたらきがあります。
①　リンパ節にある弁で，リンパ液の逆流を防ぐ。
②　リンパ球などが集まる場所であり，ここで病原体や異物を排除する。

> **補足**　リンパ管にも逆流を防ぐ弁があります。

4-15 循環系④ ～リンパ管～

- **リンパ管とリンパ球のはたらき**

  | リンパ管はリンパ液を流す。 | リンパ球は免疫に関与。 |

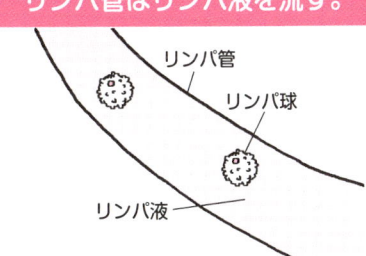

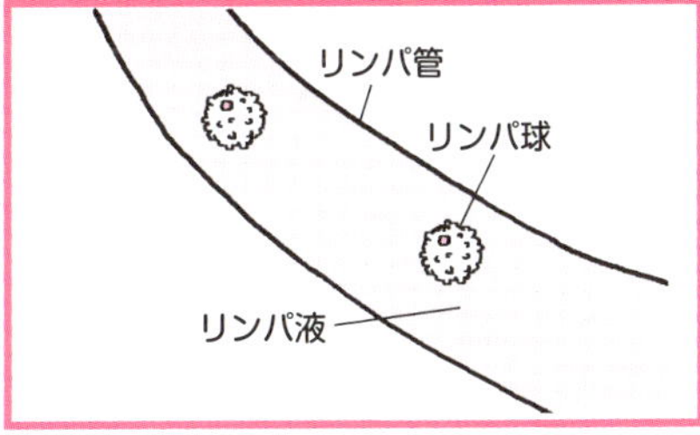

  （図：リンパ管／リンパ球／リンパ液）

- **リンパ管の構造**

  | 全身に張り巡らされたリンパ管が集まって、しだいに太くなり、鎖骨下静脈で静脈に合流する。 | ところどころ球状にふくらんだリンパ節がある。 |

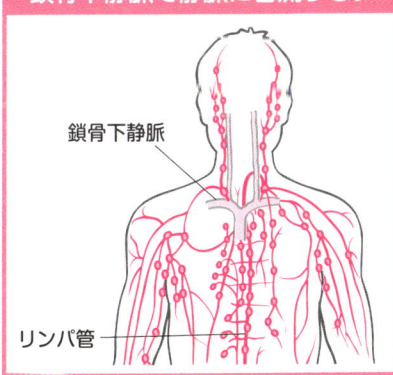

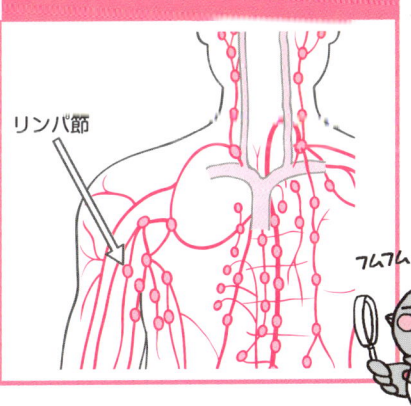

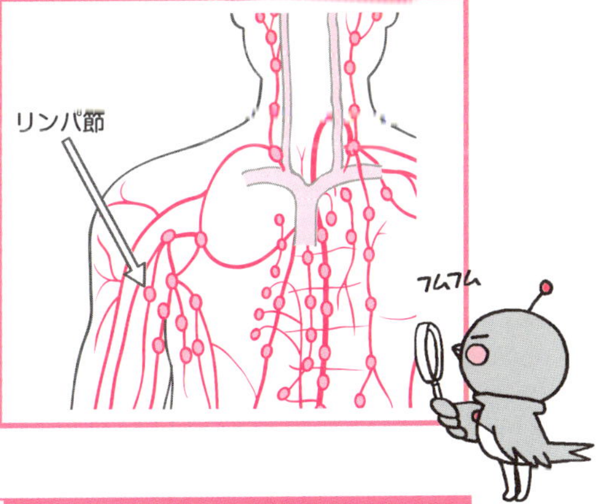

  （図：鎖骨下静脈／リンパ管／リンパ節）

- **リンパ節のはたらき（2つ）**

  ① 弁によってリンパ液の逆流を防ぐ。（弁／リンパ液の流れ）
  ② 病原体や異物を排除する場所。

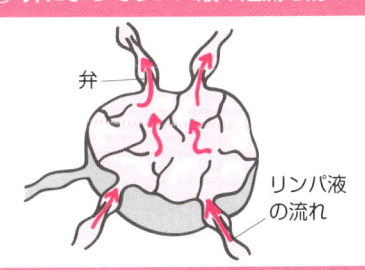

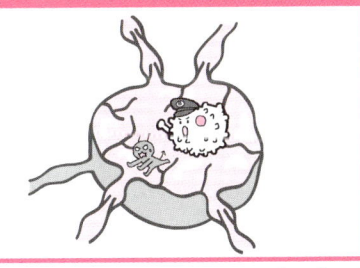

ここまでやったら 別冊 p.29 へ

4-16 腎臓

> **ココをおさえよう！**
>
> 腎臓は，体液の状態を一定に保つはたらきのある器官。
> 特に，血液中からくみ出した塩類や老廃物を尿として体外に排出するはたらきがある。

ここまで，体液について，そして体液を循環させる循環系について勉強してきましたが，次は，体液の状態を一定に保つ器官について勉強しましょう。

高校の「生物基礎」では，**腎臓**と**肝臓**という2つの臓器について勉強します。
まずは腎臓について見てみましょう。

・腎臓についての概要

腎臓には，血液中からくみ出した塩類や老廃物を尿として体外に排出するはたらきがあります。

特に注意しなければならないのは，塩類濃度を調節するはたらきです。
体液中の塩類濃度が高いときと低いときで，反応が異なります。

☆**体液中の塩類濃度が高いとき**：
汗をかいて体内の水分が減ったり，塩辛いものを食べたりすると，体内の塩類濃度が高くなります。このとき，腎臓はより多くの塩類を血液からくみ出します。

☆**体液中の塩類濃度が低いとき**：
一方，水をたくさん飲んだときなどは，体内の塩類濃度が低くなります。すると，腎臓は，血液からくみ出す塩類の量を減らします。

こうしてくみ出した塩類は，**尿**として体外に排出されます。

・腎臓についての概要

腎臓には，体液の状態を一定に保つはたらきがある。

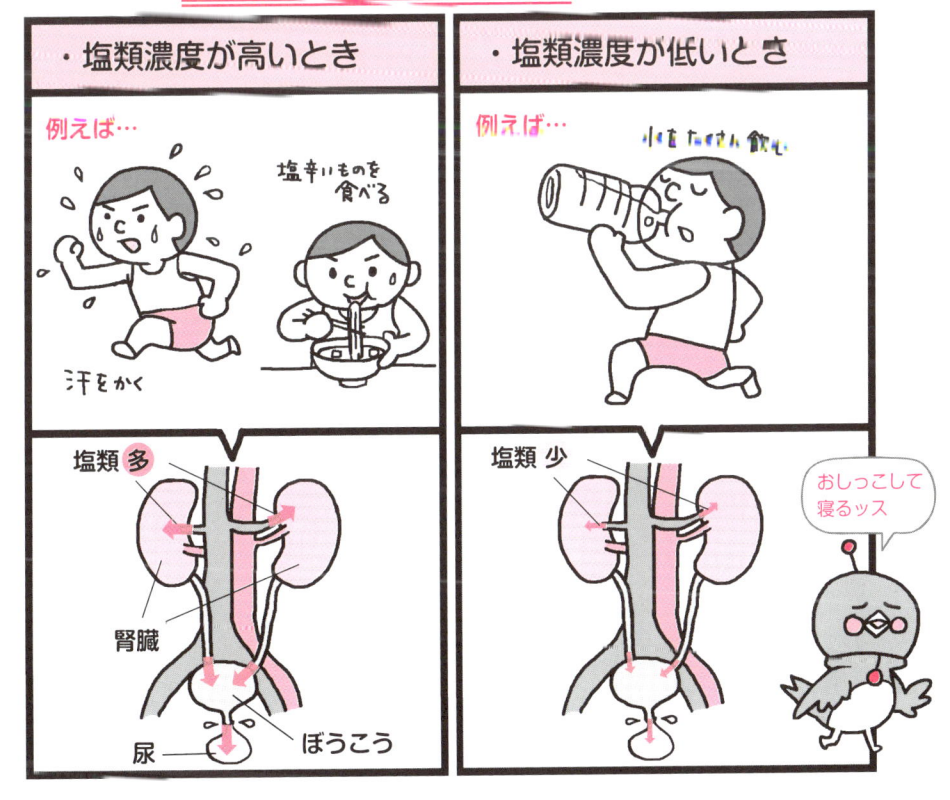

・塩類濃度が高いとき

例えば…
- 汗をかく
- 塩辛いものを食べる

塩類 多
腎臓
尿
ぼうこう

・塩類濃度が低いとき

例えば…
水をたくさん飲む

塩類 少

4-17 腎臓の構造

> **ココをおさえよう！**
>
> ・腎単位（ネフロン）…腎小体＆細尿管（腎細管）
> ・腎小体…糸球体＆ボーマンのう

まず，ここでは腎臓の構造を見てみましょう。
ヒトを例に説明しますね。

腎臓は腰のあたりに左右一対ある臓器で，ソラマメのような形が特徴です。

腎臓は，**腎単位（ネフロン）** という構造が集まって形づくられています。
腎単位は**腎小体**と**細尿管**（腎細管）からなり，ヒトでは1個の腎臓に約100万個の腎単位があります。

腎小体は**糸球体**と**ボーマンのう**からなります。
糸球体は，毛細血管が丸まってできていて，ボーマンのうはそれを包んでいます。
ボーマンのうからは細尿管が伸びていて，それぞれの腎単位の細尿管は**集合管**に集まります。

腎臓の基本的な構造を押さえたところで，次ははたらきについて説明していきましょう。

4-17 腎臓の構造

腎臓の構造

- ヒトの腎臓のつくり

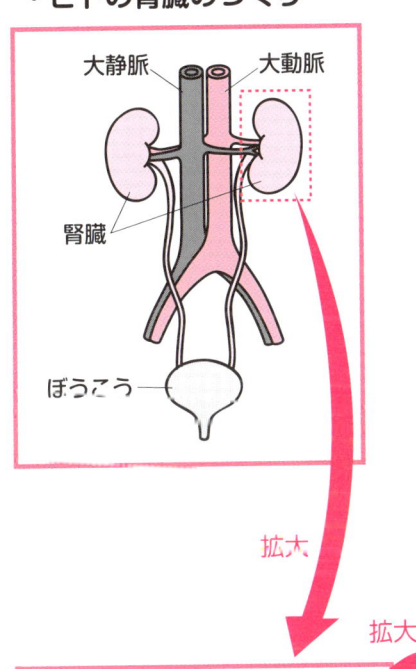

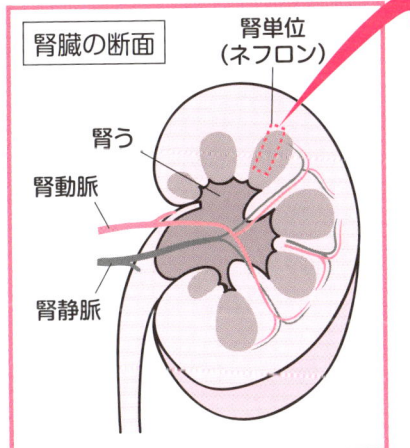

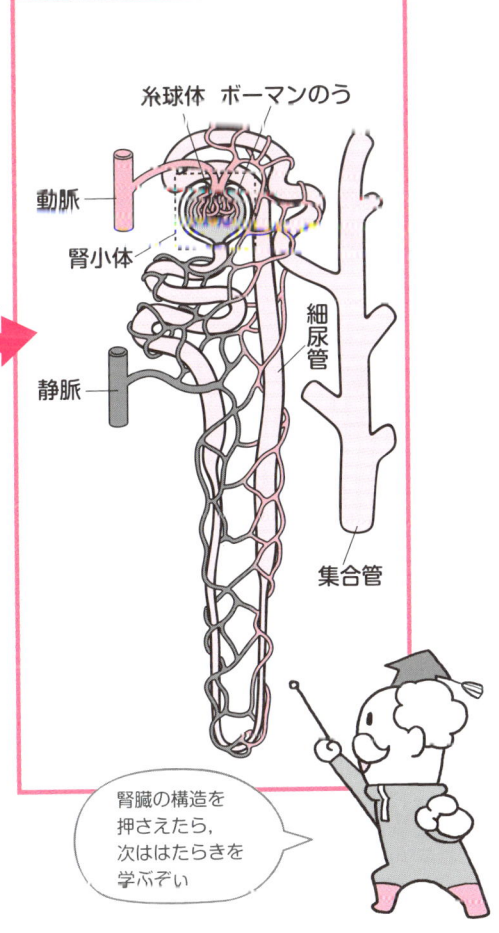

大静脈 / 大動脈 / 腎臓 / ぼうこう

ソラマメみたいッス！

拡大

腎臓の断面 / 腎単位（ネフロン） / 腎う / 腎動脈 / 腎静脈

拡大

動脈 / 糸球体 / ボーマンのう / 腎小体 / 静脈 / 細尿管 / 集合管

腎臓の構造を押さえたら，次ははたらきを学ぶぞい

4-18 腎臓のはたらき

> **ココをおさえよう！**
>
> 腎臓は，ろ過と再吸収という2つの過程により，塩類濃度の調節や老廃物の除去を行っている。
>
> ・ろ過…腎動脈から流れ込んだ血液が，糸球体からボーマンのうに押し出されること。血球やタンパク質などの大きな分子はろ過されない。
> ・再吸収…細尿管や集合管を流れる原尿から，水分・無機塩類・グルコースなどが毛細血管に吸収されること。

腎臓には，塩類濃度を調節したり，老廃物を除去したりするはたらきがあります。このようなはたらきは，**ろ過**と**再吸収**という2つの過程によって支えられています。

・ろ過
腎動脈から腎臓に流れ込んだ血液は，糸球体からボーマンのうへと押し出されます。この過程をろ過といいます。
水分・無機塩類・グルコース・アミノ酸・老廃物（尿素など）はボーマンのうに押し出されます。
ボーマンのうに押し出された液を**原尿**といいます。

一方，血球やタンパク質などの大きな分子は，押し出されることはありません。

ボーマンのうに押し出され，原尿となる成分を「ろ過される成分」といいます。糸球体に残る成分は「ろ過されない成分」です。間違えないようにしましょう。

腎臓のはたらきと構造

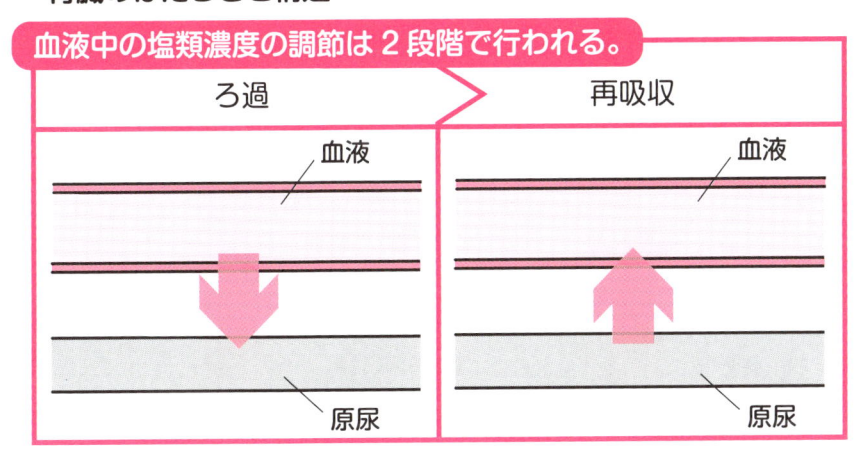

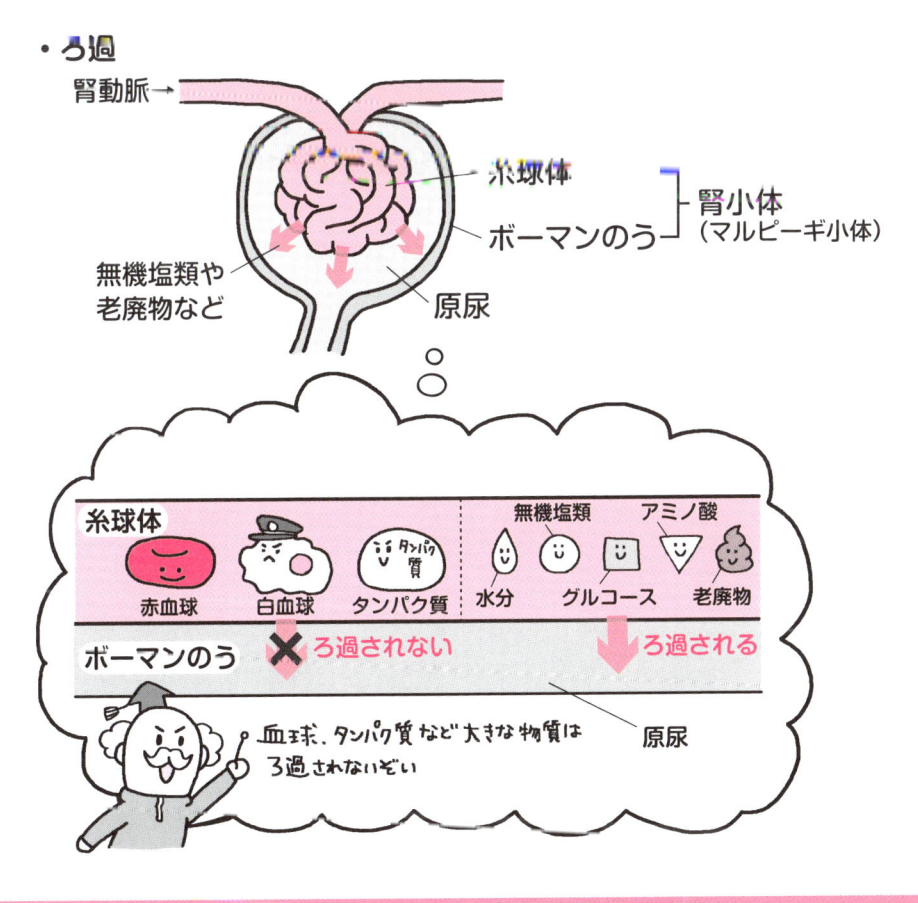

血液中の塩類濃度の調節は2段階で行われる。

ろ過	再吸収
血液 → 原尿	原尿 → 血液

- ろ過

腎動脈 →
糸球体
ボーマンのう
腎小体（マルピーギ小体）
無機塩類や老廃物など
原尿

糸球体
- 赤血球
- 白血球
- タンパク質

無機塩類／水分／グルコース／アミノ酸／老廃物

ボーマンのう
✗ ろ過されない　　↓ ろ過される
原尿

血球、タンパク質など大きな物質はろ過されないぞい

・再吸収

原尿は細尿管に流れ込みます。
細尿管を流れる間に，水分・無機塩類・グルコース・アミノ酸などは，毛細血管へと再吸収されます。

ただし，**尿素などの老廃物はほとんど再吸収されません**。注意しましょう。

再吸収を受けたあとの原尿は，細尿管から集合管へと流れていきます。
そして，集合管では，水分がさらに毛細血管へ再吸収されます。

このように，原尿中の特定の物質を血液中に再び吸収する過程を，再吸収といいます。

集合管での再吸収を経た原尿が尿となります。
尿はぼうこうに送られ，体外に排出されます。

原尿は1日に約170L作られるのですが，体外に排出される尿は，約1.5Lしかありません。つまり，原尿中のほとんどの水分は再吸収されているということになります。

4-18 腎臓のはたらき

• 再吸収

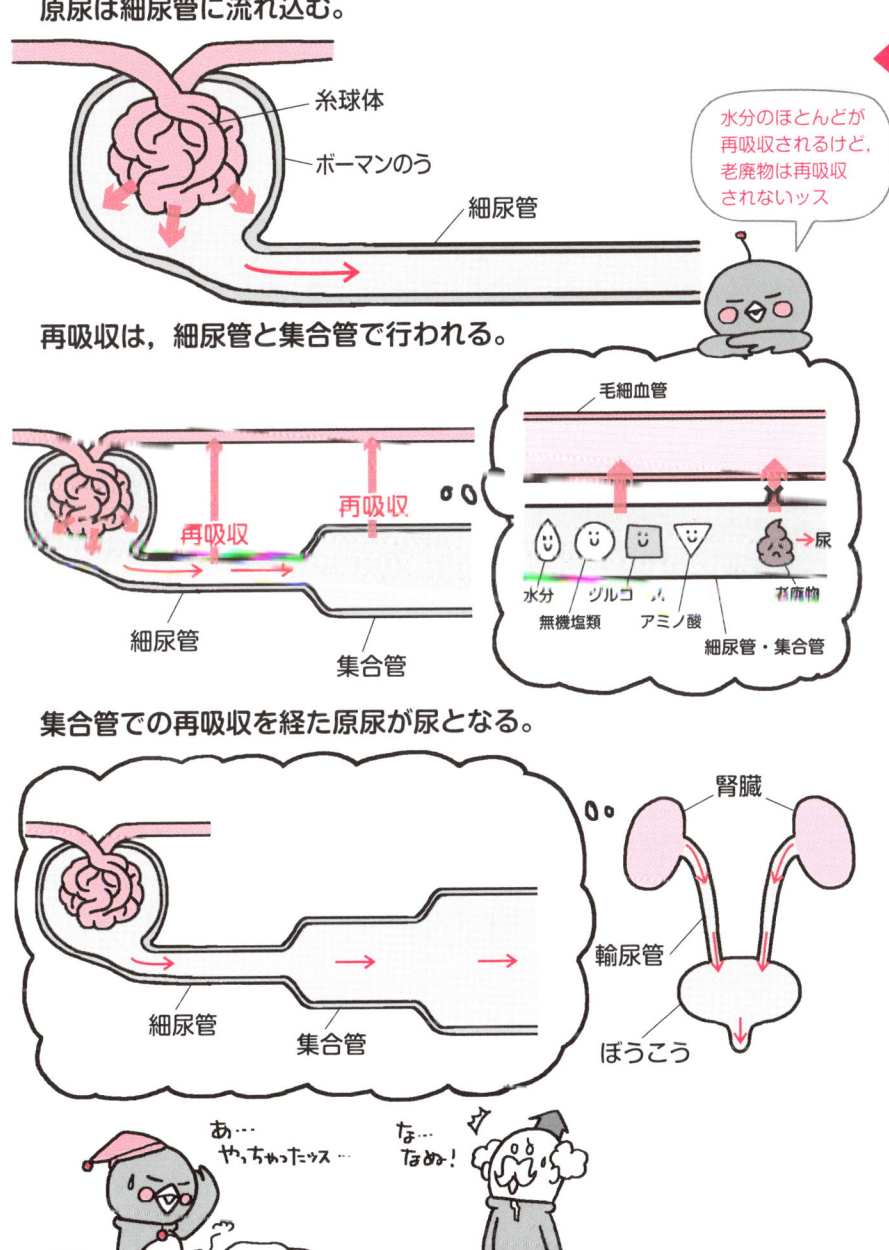

原尿は細尿管に流れ込む。

- 糸球体
- ボーマンのう
- 細尿管

水分のほとんどが再吸収されるけど、老廃物は再吸収されないッス

再吸収は、細尿管と集合管で行われる。

再吸収　再吸収
細尿管　集合管

毛細血管
水分　グルコース　無機塩類　アミノ酸　老廃物　→尿
細尿管・集合管

集合管での再吸収を経た原尿が尿となる。

細尿管　集合管

腎臓
輸尿管
ぼうこう

あ…やっちゃったッス…
な…なぬ！

4-19 発展 腎臓に関する計算問題

ココをおさえよう！

腎臓に関する計算問題で重要なポイントは2つ。
① 各成分の性質を暗記する。
② 質量パーセント濃度，濃縮率の意味を理解する。

腎臓に関する計算問題は，よく出題される問題の1つです。
多くの人がつまずくポイントですので，きちんと理解しましょう。

・どんな問題が出題されるの？

具体的には，以下のような問題です。

> **出題例** イヌリンを静脈注射したヒトの血しょう・原尿・尿の成分は右ページの表1のようであった。このとき，以下の問いに答えよ。
>
> ・ クレアチニンの濃縮率（同じ量の血しょうと尿を比較した際の濃度変化）は何％か？ **（尿に関する問題）**
> ・ 尿が1分間あたり1 mL生成されるとした場合，原尿は1分間あたり何mL生成するか？ **（ろ過に関する問題）**
> ・ 原尿中のカルシウムイオンは，何％再吸収されたか？ ただし，血しょう・原尿・尿の密度は1 g/mLとする。 **（再吸収に関する問題）**
>
> ※ イヌリンは植物に含まれる糖の一種です。人体には含まれない成分ですが，腎臓のはたらきを調べるときに診断薬として用いられます。それは，血管に注射されたイヌリンは，ボーマンのうにすべてろ過されたあと，細尿管・集合管では一切再吸収されず，尿として排出されるという性質をもつためです。

つまり，腎臓の主なはたらき（ろ過・再吸収・尿の排出）について問う問題ですね。

補足 表1は何を表しているのか？

表を縦に見た場合：例えば1列目を見てください。これは，「血しょう100 g中に，タンパク質が7.2 g，グルコースが0.1 g，ナトリウムイオンが0.3 g，カルシウムイオンが0.008 g，尿素が0.03 g，尿酸が0.004 g，クレアチニンが0.001 g，イヌリンが0.01 g，含まれている」ということを示しています。

表を横に見た場合：例えば，2行目を見てください。これは，「グルコースが，血しょう100 g中には0.1 g，原尿100 g中には0.1 g含まれていて，尿100 g中には含まれていない」ということを示しています。

腎臓に関する計算問題

出題例 イヌリンを静脈注射したヒトの血しょう・原尿・尿の成分は表1のようであった。
このとき、以下の問いに答えよ。

- クレアチニンの濃縮率（同じ量の血しょうと尿を比較した際の濃度変化）は何％か？（**尿に関する問題**）
- 尿が1分間あたり1mL生成されるとした場合、原尿は1分間あたり何mL生成するか？（**ろ過に関する問題**）
- 原尿中のカルシウムイオンは、何％再吸収されたか？ただし、血しょう・原尿・尿の密度は1g/mLとする。（**再吸収に関する問題**）

表1

成分	血しょう[%]	原尿[%]	尿[%]
タンパク質	7.2	0	0
グルコース	0.1	0.1	0
ナトリウムイオン	0.3	0.3	0.34
カルシウムイオン	0.008	0.008	0.014
尿素	0.03	0.03	2
尿酸	0.004	0.004	0.054
クレアチニン	0.001	0.001	0.075
イヌリン	0.01	0.01	1.2

- 表1が表していること

成分	血しょう[%]	原尿[%]	尿[%]
タンパク質	7.2	0	0
グルコース	0.1	0.1	0
ナトリウムイオン	0.3	0.3	0.34
カルシウムイオン	0.008	0.008	0.014
尿素	0.03	0.03	2
尿酸	0.004	0.004	0.054
クレアチニン	0.001	0.001	0.075
イヌリン	0.01	0.01	1.2

グルコースが、血しょう100g中には0.1g、原尿100g中には0.1g含まれていて、尿100g中には含まれていないということを示している。

血しょう100g中に、タンパク質が7.2g、グルコースが0.1g、ナトリウムイオンが0.3g、カルシウムイオンが0.008g、尿素が0.03g、尿酸が0.004g、クレアチニンが0.001g、イヌリンが0.01g、含まれているということを示している。

この表が表していることを理解することが、問題を解く第一歩じゃ

腎臓に関する計算問題を解く上で大事なポイント：
① 各成分の性質を暗記する。
表1の各成分について，以下のことを暗記しておく必要があります。
- **ろ過（される / されない）**
- **再吸収（される / されない）**

右ページに，この情報を書き加えたものを載せておきました。
この手の問題が出たら，真っ先にこの情報を表に書き込みましょう。

さて，ではどうしてこのようになるのか，簡単にその理由を見ていきましょう。

☆ろ過されない → タンパク質
タンパク質は，分子がとても大きいので，そもそもろ過されません。
（なので，原尿と尿の欄が「0」になっています）

☆すべてろ過され，すべて再吸収される → グルコース
グルコースは，一度すべてろ過されて原尿に含まれますが，
体にとって重要な成分ですので，すべて再吸収されます。
（なので，血しょうと原尿の欄が同じ値で，尿の欄が「0」になっています）

☆すべてろ過され，一部再吸収される → ナトリウムイオン・カルシウムイオン
ナトリウムイオンとカルシウムイオンはすべてろ過されて原尿に含まれたあと，
一部が再吸収されます。

☆すべてろ過され，ほとんど再吸収されない → 尿素・尿酸・クレアチニン
この3つの成分は，すべてろ過されたあと，ほとんどが再吸収されずに尿として排出されます。すべてが尿として排出されるわけではありませんが，ナトリウムイオン・カルシウムイオンに比べたら，ほとんどが尿として排出されます。

☆すべてろ過され，すべて再吸収されない → イヌリン
イヌリンは体内では利用されない物質です。イヌリンを注射すると，すべてろ過されますが，再吸収されずにすべて尿で排出されます。このイヌリンの濃縮率は，原尿の量を求める際に重要になってきます（くわしくは後ほど）。

4-19 〈発展〉 腎臓に関する計算問題　229

腎臓に関する計算問題を解く上で大事なポイント

① **各成分の性質を暗記する。**
 ・ろ過（される／されない）
 ・再吸収（される／されない）

これは p.227 の表1にろ過・再吸収の情報を書き加えたものじゃ！これで頭が整理されるぞぃ

いいこと聞いたッス！

ろ過	再吸収	成分	血しょう[%]	原尿[%]	尿[%]
されない	────	タンパク質	7.2	0	0
される	すべて再吸収される	グルコース	0.1	0.1	0
	一部再吸収される	ナトリウムイオン	0.3	0.3	0.34
		カルシウムイオン	0.008	0.008	0.014
	ほとんど再吸収されない	尿素	0.03	0.03	2
		尿酸	0.004	0.004	0.054
		クレアチニン	0.001	0.001	0.075
	すべて再吸収されない	イヌリン	0.01	0.01	1.2

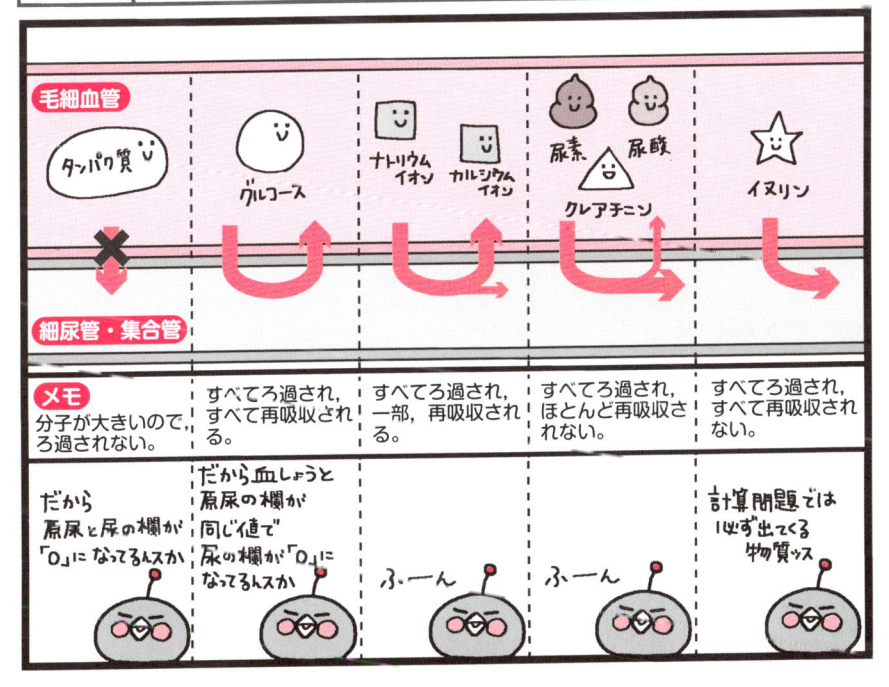

毛細血管

タンパク質　グルコース　ナトリウムイオン　カルシウムイオン　尿素　尿酸　クレアチニン　イヌリン

細尿管・集合管

メモ					
分子が大きいので、ろ過されない。	すべてろ過され、すべて再吸収される。	すべてろ過され、一部、再吸収される。	すべてろ過され、ほとんど再吸収されない。	すべてろ過され、すべて再吸収されない。
だから原尿と尿の欄が「0」になってるんスか	だから血しょうと原尿の欄が同じ値で尿の欄が「0」になってるんスか	ふーん	ふーん	計算問題では必ず出てくる物質ッス

② **質量パーセント濃度，濃縮率の意味を理解する。**
質量パーセント濃度，濃縮率の意味が理解できなければ，計算もできません。ここでしっかり理解しましょう。

☆質量パーセント濃度
質量パーセント濃度とは
「**溶液全体に対し，溶質の質量が占める割合を％で表したもの**」です。式にすると

$$\text{質量パーセント濃度 (\%)} = \frac{\text{溶質の質量 (g)}}{\text{溶液の質量 (g)}} \times 100 \quad \cdots\cdots (*)$$

となります。
わかりやすくイメージするために，質量パーセント濃度を
「リンゴ全体の質量のうち，タネの質量が占める割合」に例えてみましょう。

> 例：リンゴ全体の質量が 100 g，タネが 10 g だとしたら
> $$\frac{10 \text{ g}}{100 \text{ g}} \times 100 = \underline{\mathbf{10\%}}$$
> つまり，リンゴ全体の質量に対して，10％はタネの質量ということです。

これを念頭におくと，質量パーセント濃度がよく理解できるはずです。

> 例：塩水 100 g に塩が 10 g 含まれているとき，塩の質量パーセント濃度は
> $$\frac{\text{溶質（塩）の質量 (g)}}{\text{溶液（塩水）の質量 (g)}} \times 100 = \frac{10 \text{ g}}{100 \text{ g}} \times 100 = \underline{\mathbf{10\%}}$$
> つまり，塩水全体の質量に対して，塩は10％の質量を占めるということですね。

溶液の質量と質量パーセント濃度がわかっていれば，式 (*) を用いて溶質の質量を求めることもできます。

> 例：質量パーセント濃度が10％の塩水が200 g あったとき，含まれる塩の質量を x (g) とすると
> $$\frac{x \text{ (g)}}{200 \text{ g}} \times 100 = 10\% \qquad x = \underline{\mathbf{20 \text{ (g)}}}$$

質量パーセント濃度について知っておく必要があるのは，p.227の表1のように，表中の単位で使われているからです。
例えば，表1ではタンパク質の血しょう中の質量パーセント濃度は7.2％となっていますが，これが表しているのは，「100 g の血しょうがあったとしたら，そのうち7.2 g はタンパク質です」ということです。

4-19 〈発展〉 腎臓に関する計算問題

② **質量パーセント濃度，濃縮率の意味を理解する。**
☆質量パーセント濃度

イメージ リンゴ全体の質量のうち，タネの質量が占める割合。

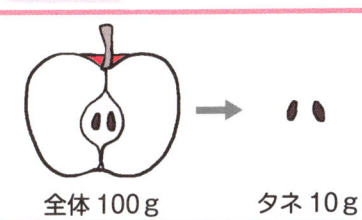

全体 100 g　　タネ 10 g

タネの質量パーセント濃度：

$$\frac{10\,\text{g}}{100\,\text{g}} \times 100 = \underline{\underline{\mathbf{10 \,(\%)}}}$$

実際は…… 溶液全体に対し，溶質の質量が占める割合。

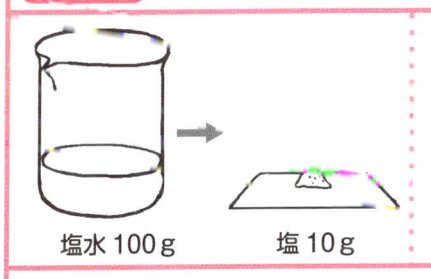

塩水 100 g　　塩 10 g

塩の質量パーセント濃度：

$$\frac{10\,\text{g}}{100\,\text{g}} \times 100 = \underline{\underline{\mathbf{10 \,(\%)}}}$$

…とすると 溶液の質量と質量パーセント濃度がわかれば，溶質の質量がわかる。

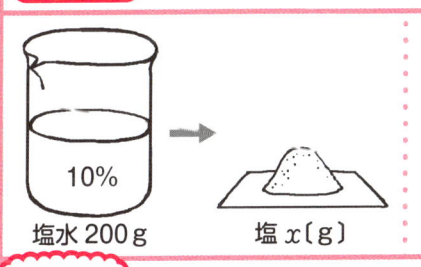

10%　塩水 200 g　　塩 x (g)

塩の質量パーセント濃度：

$$\frac{x\,(\text{g})}{200\,\text{g}} \times 100 = 10\,(\%)$$

計算すると
$x = \underline{\underline{\mathbf{20 \,(g)}}}$

例えば タンパク質の血しょう中の質量パーセント濃度が7.2%ということは…

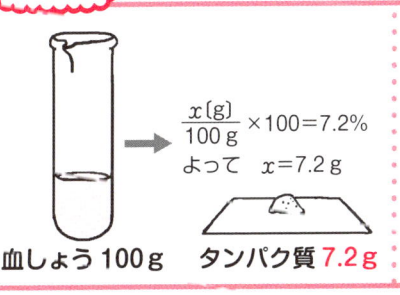

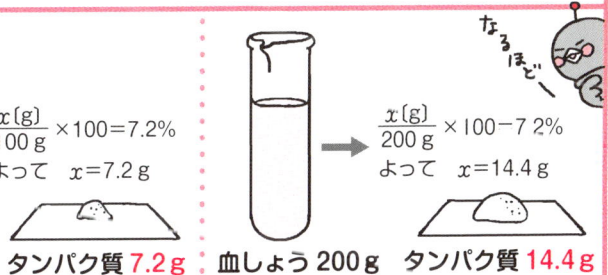

血しょう 100 g　→　$\frac{x\,(\text{g})}{100\,\text{g}} \times 100 = 7.2\%$
よって　$x = 7.2\,\text{g}$
タンパク質 **7.2 g**

血しょう 200 g　→　$\frac{x\,(\text{g})}{200\,\text{g}} \times 100 = 7.2\%$
よって　$x = 14.4\,\text{g}$
タンパク質 **14.4 g**

☆濃縮率

濃縮率とは,「質量パーセント濃度がどれだけ変化したのか」を表した値です。

つまり,濃縮される前の質量パーセント濃度と,濃縮されたあとの質量パーセント濃度を比べ,何倍になったかを求めればいいのです。

> 例:質量パーセント濃度10%の塩水が,30%の塩水になったとき,濃縮率は
> $$\frac{30\%}{10\%} = \mathbf{3 \ [倍]}$$
> となります。つまり,3倍に濃縮されたということです。

実際の問題において濃縮率は,「血しょう中に含まれる物質が,尿になったときにどれくらい濃縮したか」を求めるときに使われます。
では,問題に挑戦してみましょう。

問4-2 表1から,ナトリウムイオンの濃縮率(尿中の濃度/血しょう中の濃度)を求め小数第2位まで答えよ。

表1

成分	血しょう〔%〕	原尿〔%〕	尿〔%〕
タンパク質	7.2	0	0
グルコース	0.1	0.1	0
ナトリウムイオン	0.3	0.3	0.34
カルシウムイオン	0.008	0.008	0.014
尿素	0.03	0.03	2
尿酸	0.004	0.004	0.054
クレアチニン	0.001	0.001	0.075
イヌリン	0.01	0.01	1.2

解きかた 表1より,ナトリウムイオンの血しょう中の濃度は0.3%,尿中の濃度は0.34%なので

$$濃縮率 = \frac{0.34\%}{0.3\%} = \mathbf{1.13 \ [倍]} \quad \cdots 答$$

濃縮率の高い物質というのは,それだけ尿として排出しようとしているということなので,体にとって不要な老廃物であると考えられます。

4-19〈発展〉腎臓に関する計算問題　233

☆ 濃縮率…質量パーセント濃度がどれだけ変化したかを表す値。

例 質量パーセント濃度10%の塩水が、30%の塩水になった。

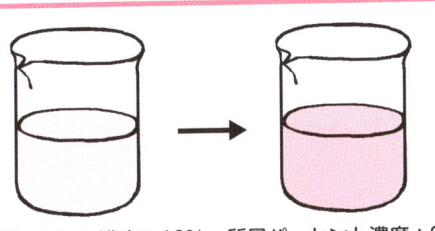

質量パーセント濃度：10% → 質量パーセント濃度：30%

濃縮率：$\dfrac{30\%}{10\%} =$ **3〔倍〕**

実際は…… 血しょう中に含まれる物質が、尿になったときにどれくらい濃縮したか？

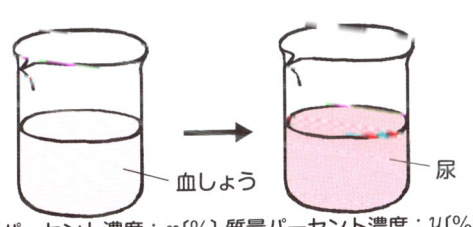

血しょう → 尿
質量パーセント濃度：x〔%〕　質量パーセント濃度：y〔%〕

濃縮率：$\dfrac{y〔\%〕}{x〔\%〕} =$ **?〔倍〕**

問 4-2 ナトリウムイオンの濃縮率（尿中の濃度 / 血しょう中の濃度）を求めよ。

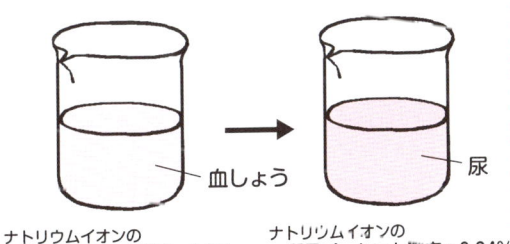

血しょう → 尿
ナトリウムイオンの質量パーセント濃度：0.3%　ナトリウムイオンの質量パーセント濃度：0.34%

濃縮率：$\dfrac{0.34\%}{0.3\%} =$ **1.13〔倍〕**
…答

濃縮率の高い物質ほど体にとっては不要な老廃物と考えられるぞ

濃縮率を使う問題として，原尿の量を求めさせるものは頻出です。計算の途中に濃縮率を使いますよ。

> **問4-3**（原尿の量に関する問題）：
> 表1から，1分間あたり，何mLの原尿が生成されたかを求めよ。ただし，尿は1分間あたり1mL生成されるものとする。

表1

成分	血しょう〔%〕	原尿〔%〕	尿〔%〕
タンパク質	7.2	0	0
グルコース	0.1	0.1	0
ナトリウムイオン	0.3	0.3	0.34
カルシウムイオン	0.008	0.008	0.014
尿素	0.03	0.03	2
尿酸	0.004	0.004	0.054
クレアチニン	0.001	0.001	0.075
イヌリン	0.01	0.01	1.2

> **解きかた** 原尿の量を問う問題では，イヌリンに注目するところがポイントです。
> 「原尿中に含まれるイヌリンは，すべて尿として排出される」という性質を利用するのです。
> 原尿のうち，水分の大半は再吸収されるので，
> イヌリンの尿中の濃度は，原尿中の濃度に比べて高くなるはずです。
> どれくらい高くなるのでしょうか？
> 表1より，イヌリンの原尿中の濃度と尿中の濃度は，それぞれ0.01%，1.2%です。
> ということは
> $$\frac{1.2\%}{0.01\%} = 120 〔倍〕$$
> の濃縮率ということになります。
> イヌリンの量は原尿中も尿中も不変なのに，原尿と尿ではイヌリンの濃縮率が120倍になるということは，尿の量が原尿に比べて $\frac{1}{120}$ しかないということです。つまり，原尿の量は尿の量の120倍ということですね。
> さて，問題文より，尿は1分間に1mL生成するということだったので，原尿は1分間あたり
> $$1\,mL \times 120 = \underline{\mathbf{120\,mL}} \cdots \text{答}$$
> 生成されるということになります。

問 4-3 表1から，1分間あたり，何 mL の原尿が生成されたかを求めよ。ただし，尿は1分間あたり1 mL 生成されるものとする。

イヌリンに注目する。「原尿中に含まれるイヌリンは，すべて尿として排出される」という性質を利用。

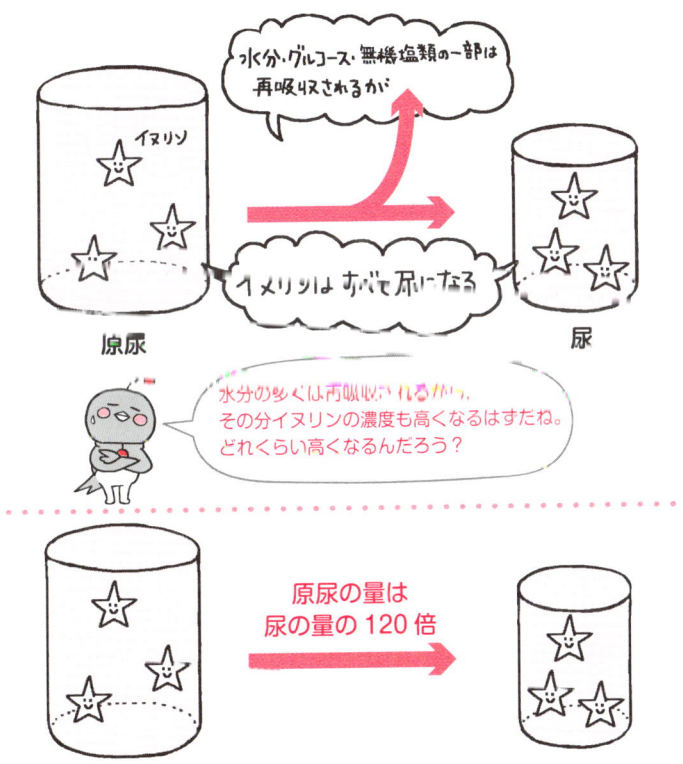

水分・グルコース・無機塩類の一部は再吸収されるが

イヌリンはすべて尿になる

原尿　　　　　　　尿

水分の多くは再吸収されるから，その分イヌリンの濃度も高くなるはずだね。どれくらい高くなるんだろう？

原尿の量は尿の量の120倍

原尿中のイヌリンの濃度　0.01%　　　尿中のイヌリンの濃度 1.2%

$\dfrac{1.2\%}{0.01\%}=120$〔倍〕なので，原尿は尿の120倍である。

尿は1分間に1 mL 作られるので，生成される原尿は

$1\,\text{mL} \times 120 =$ **120 mL** …答

「再吸収に関する問題」は別冊でやるぞ！

ここまでやったら

別冊 p.**31** へ

4-20 拡散と浸透①

> **ココをおさえよう！**
>
> 海水に生息する海水魚は，体内の水分が体外に常にしみ出し，淡水に生息する淡水魚は，体外の水分が体内に常に入り込んでくる。

腎臓の単元では，ヒトの塩類濃度調節について勉強しましたが，
次は，他の生物の塩類濃度調節について見てみましょう。
特に，水環境に生息する，次の3種類の生物について勉強しますよ。
　☆**単細胞生物**（ゾウリムシなど）
　☆**無脊椎動物**（カニなど）
　☆**魚類**（海水魚・淡水魚）
まずは，全体像がつかめるよう，ざっくりと概要をお話ししますね。

・もし，あなたがナメクジになったら……
今，自分はナメクジになったと，強くイメージしてみてください。ナメクジであるあなたの体表に塩がつくと，水分がどんどん体外に抜けていき体が小さくなっていきます。

なぜこのようなことが起きるかというと，**水には塩類濃度の低いところから高いところへ移動**しようとする性質があるからです。
内側と外側の塩類濃度を同じにしようとするわけですね。

・海水に生息する海水魚と淡水に生息する淡水魚
海水に生息する海水魚は，周りが海水なのですから，塩をかけられたナメクジと同様の環境で生息しているといえます。つまり，体内に比べて体外のほうが塩類濃度が高いため，体内の水分がどんどん体外に出ていってしまうのです。
でも，海にいる魚が干物のようにどんどん小さくなっていくことはありませんよね。

一方，淡水に生息する淡水魚は，体内のほうが塩類濃度が高いため，そのままだと体内に水分がどんどん入ってきてしまいます。
しかし，川にいる魚がどんどん膨張するようなところも見たことはありませんよね。

海水に生息する海水魚も，淡水に生息する淡水魚も，それぞれ，**塩類濃度を調節**しているからです（くわしくは後ほど→p.250）。

ヒト以外の生物の塩類濃度調節

・もし，あなたがナメクジになったら…

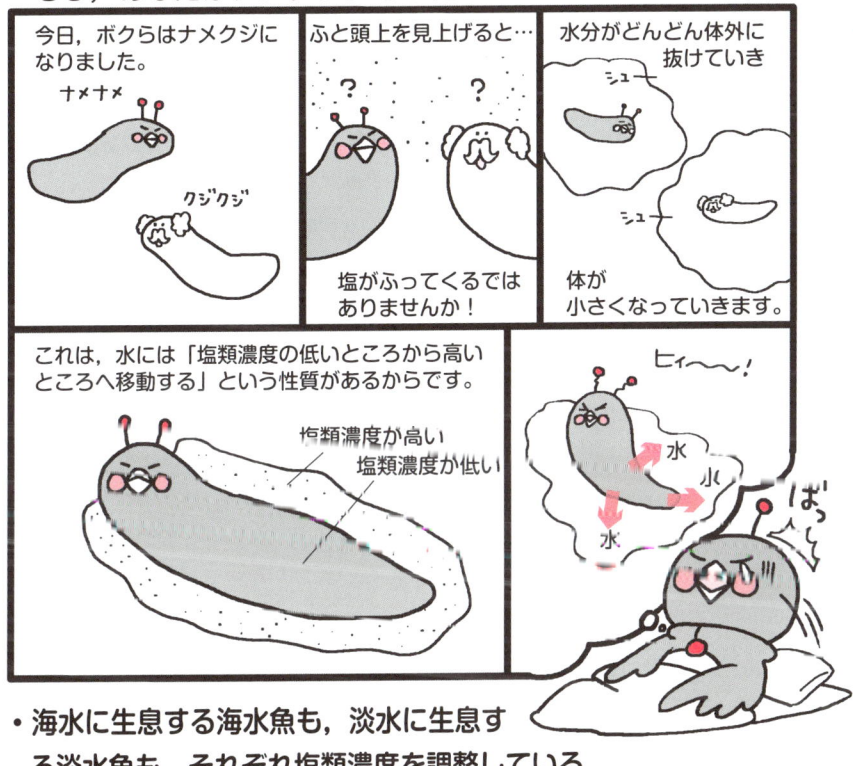

今日，ボクらはナメクジになりました。	ふと頭上を見上げると…	水分がどんどん体外に抜けていき
ナメナメ / クジクジ	? ? / 塩がふってくるではありませんか！	シュー / シュー / 体が小さくなっていきます。

これは，水には「塩類濃度の低いところから高いところへ移動する」という性質があるからです。

塩類濃度が高い / 塩類濃度が低い

ヒィ〜！/ 水 小 水 / ばっ

・海水に生息する海水魚も，淡水に生息する淡水魚も，それぞれ塩類濃度を調整している。

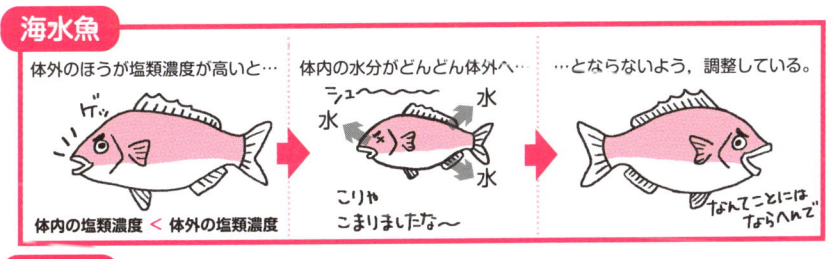

海水魚

体外のほうが塩類濃度が高いと…	体内の水分がどんどん体外へ…	…とならないよう，調整している。
ゲッ / 体内の塩類濃度 < 体外の塩類濃度	シュー 水 水 水 / こりゃこまりましたな〜	なんてことにはならへんで

淡水魚

体内のほうが塩類濃度が高いと…	体外の水分がどんどん体内へ…	…とならないよう，調整している。
ん？ / 体内の塩類濃度 > 体外の塩類濃度	水 水 水 / う… / こりゃたまりまへんな〜	なんてことにはなりまへん

4-21 発展 拡散と浸透②

ココをおさえよう！

拡散…物質が，濃度の高い側から低い側に移動し，均一に分布するようになる現象のこと。
半透膜…水などの溶媒は透過させるが，スクロースなどの溶質は透過させない膜のこと。細胞膜も半透膜である。
溶血…赤血球内への吸水が止まらず，膨張し，破裂してしまう現象のこと。

海水に生息する海水魚の体からは水分が体外に流出しようとし，
淡水に生息する淡水魚には水分が流入しようとするのでした。
その理由としくみを，もう少しくわしく解説しましょう。

・拡散

物質は一般的に，濃度の高い側から低い側へ移動します。
その結果，均一に分布するようになります。この現象を**拡散**といいます。

例えばスクロース水溶液（砂糖水）と水を隣接して放置すると，拡散によって，
　☆溶媒である水分子は，スクロース水溶液側に移動し，
　☆溶質であるスクロース分子は，水側に移動します。

その結果，全体として均一な濃度になるのです。

・全透膜

では，砂糖水と水の間に，すべて通す膜（つまり，水分子もスクロース分子も通す膜）を設置するとどうでしょうか。当然ですが，あたかも膜などないかのように，均一に拡散します。このような膜を，**全透膜**といいます。

・不透膜

一方，砂糖水と水の間に，何も通さない膜（つまり，水分子もスクロース分子も通さない膜）を設置するとどうでしょうか。当然，何の変化も起こりません。このような膜を，**不透膜**といいます。

4-21 〈発展〉拡散と浸透②

- 拡散

物質は一般的に，濃度の高い側から低い側へ移動する。

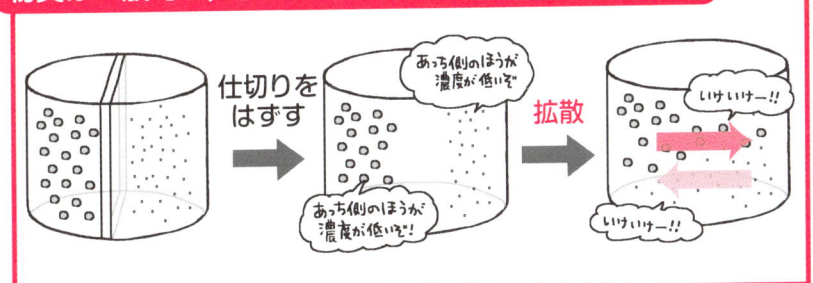

仕切りをはずす → あっち側のほうが濃度が低いぞ → 拡散 → いけいけー！！

砂糖水と水を隣接させて放置すると，砂糖が均一に広がるのも同じ原理。

砂糖（溶質）／水（溶媒）　仕切りをはずす → 水 → 拡散

- 全透膜（水分子もスクロース分子も通す）

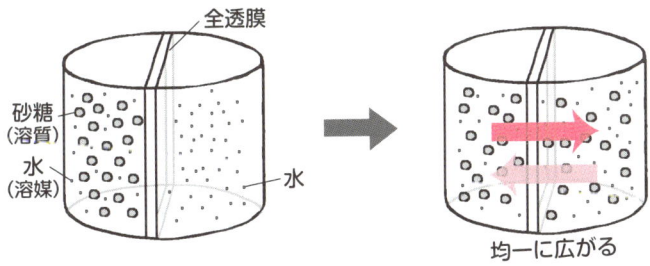

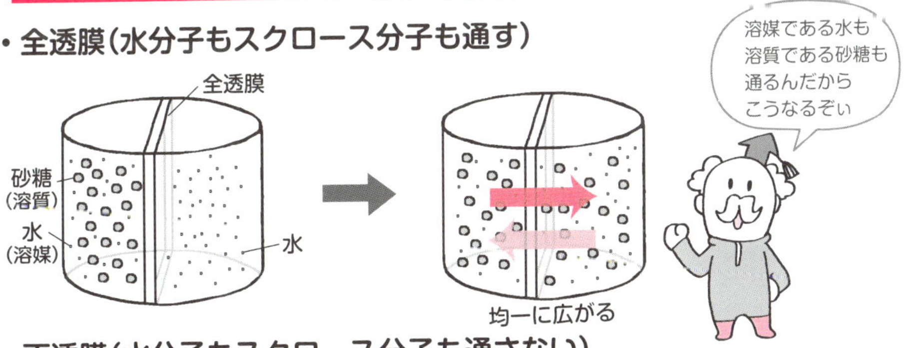

全透膜／砂糖（溶質）／水（溶媒）／水 → 均一に広がる

溶媒である水も溶質である砂糖も通るんだからこうなるぞい

- 不透膜（水分子もスクロース分子も通さない）

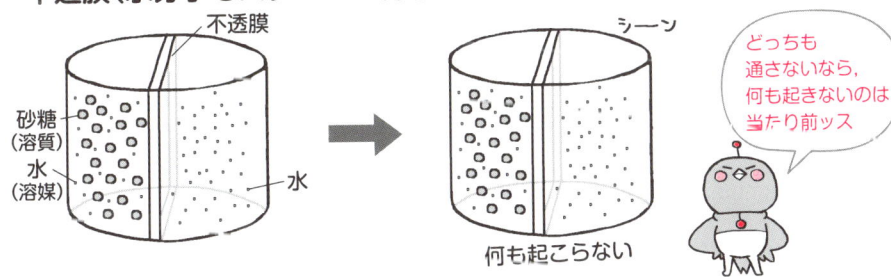

不透膜／砂糖（溶質）／水（溶媒）／水 → シーン　何も起こらない

どっちも通さないなら，何も起きないのは当たり前ッス

・半透膜

全透膜は，水分子もスクロース分子も通し，
不透膜は，水分子もスクロース分子も通さない，という性質をもった膜でした。

では，その間をとって，「水分子は通し，スクロース分子は通さない」という膜を設置したら，どうなるでしょうか？ 溶媒である水は通して，溶質である砂糖は通さないくらいの，絶妙な大きさの穴が開いた膜ですね。このような膜を**半透膜**といいます。

水と砂糖水の間に半透膜を設置すると，それぞれ拡散しようとします。つまり，

　☆溶質であるスクロース分子は，水側に移動しようとし，
　☆溶媒である水分子は，スクロース水溶液側に移動しようとします。

しかし，砂糖は半透膜を移動できないため，水が砂糖水のほうに移動するということしか起こりません。

よって，最終的に，右ページのような砂糖水側の水位が上がった状態になります。

4-21 〈発展〉 拡散と浸透②

- 半透膜

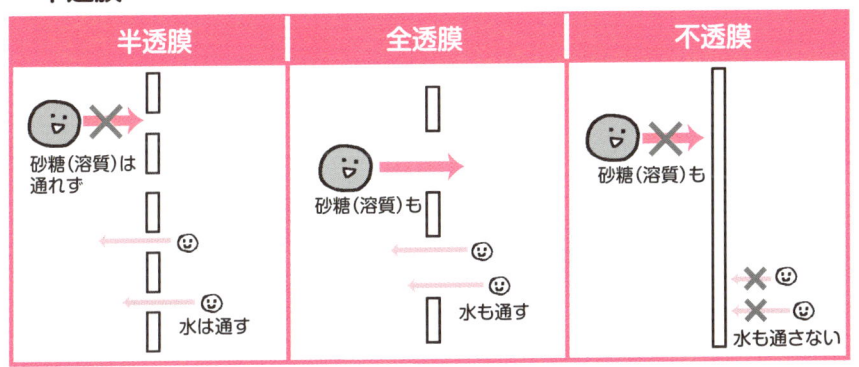

半透膜	全透膜	不透膜
砂糖(溶質)は通れず / 水は通す	砂糖(溶質)も / 水も通す	砂糖(溶質)も / 水も通さない

- 半透膜を，水と砂糖水の間に設置する。

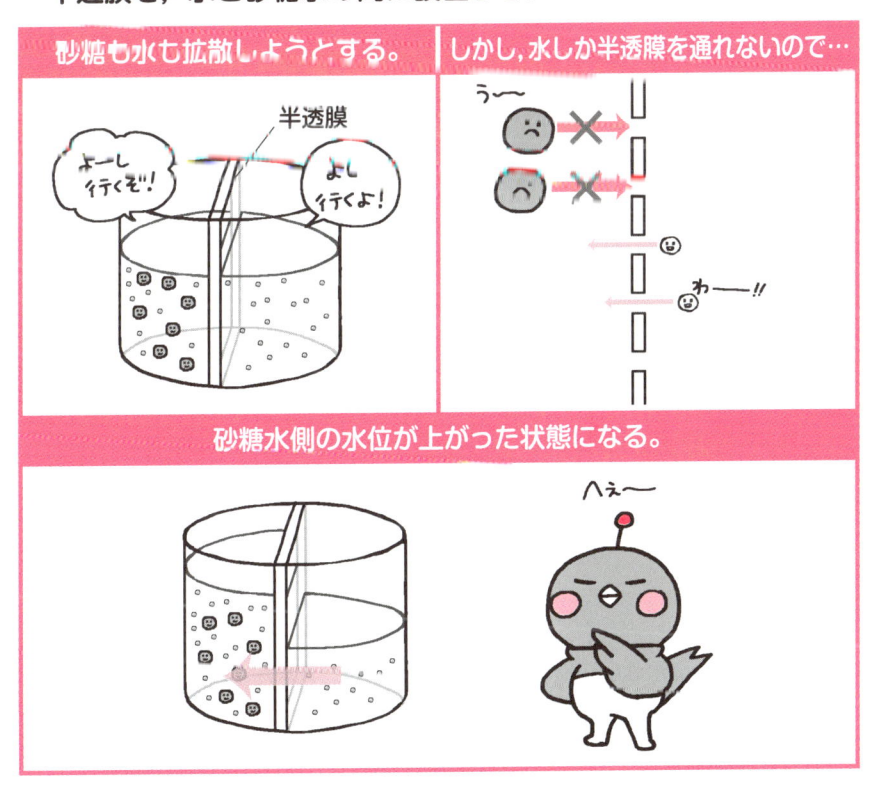

砂糖も水も拡散しようとする。
よーし行くぞ！ / よし行くよ！ / 半透膜

しかし，水しか半透膜を通れないので…
う〜 / わー‼

砂糖水側の水位が上がった状態になる。
へぇ〜

・細胞膜は半透膜の性質（半透性）をもつ

生物の細胞を囲っている**細胞膜**は，基本的に半透膜の性質（半透性）をもっています。

よって，塩類濃度の高い溶液に浸すと水分は細胞外に出ていきますし，
逆に，塩類濃度の低い溶液に浸すと水分が侵入してきます。

これが，ナメクジに塩をかけると縮み，水をかけると膨張するメカニズムです。

・赤血球について

浸透の単元でよく出てくるのが，**赤血球**です。
赤血球も細胞膜に囲まれていますので，周りの塩類濃度によって体積が変わります。囲まれる液体によって，体積はどのように変化するのでしょうか。

☆等張液

等張液とは，細胞内と同じ塩類濃度の溶液のことです。等張液に細胞を浸しても，細胞の体積の変化はありません（見かけ上の変化はありませんが，実際は水の移動は行われています）。血液などの体液と等張な食塩水を**生理食塩水**といいます。

> **補足** 生理食塩水は，ヒトなどほ乳類では約0.9％，カエルなど両生類では約0.65％の食塩水です。

☆高張液

高張液とは，細胞内に比べて塩類濃度の高い溶液のことです。高張液に細胞を浸すと，水分が細胞外に出て行くため，**細胞は収縮**します。

☆低張液

低張液とは，細胞内に比べて塩類濃度の低い溶液のことです。低張液に細胞を浸すと，水分が細胞内に侵入してくるため，**細胞は膨張**します。

ある濃度よりも塩類濃度が低い低張液だった場合，吸水が止まらず，細胞が破裂してしまいます。この現象を**溶血**といいます。

- 細胞膜は半透性をもつ。

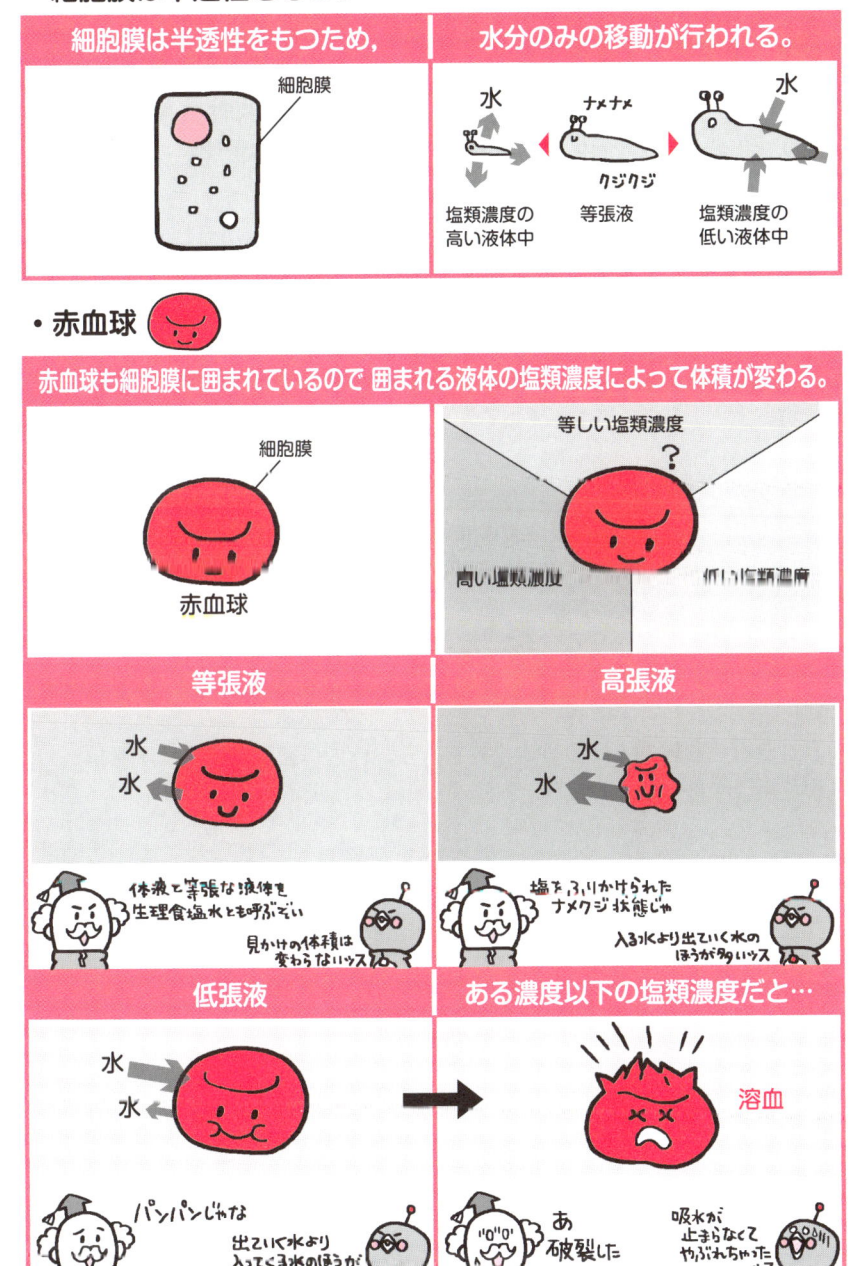

細胞膜は半透性をもつため,	水分のみの移動が行われる。
細胞膜	水／ナメナメ／クジクジ／水　塩類濃度の高い液体中／等張液／塩類濃度の低い液体中

- 赤血球

赤血球も細胞膜に囲まれているので 囲まれる液体の塩類濃度によって体積が変わる。

細胞膜　赤血球

等しい塩類濃度？　高い塩類濃度　低い塩類濃度

等張液	高張液
水　水	水　水
体液と等張な液体を生理食塩水とも呼ぶぞい／見かけの体積は変わらないッス	塩をふりかけられたナメクジ状態じゃ／入る水より出ていく水のほうが多いッス

低張液	ある濃度以下の塩類濃度だと…
水　水	→ 溶血
パンパンじゃな／出ていく水より入ってくる水のほうが多いッス	あ 破裂した／吸水が止まらなくてやぶれちゃったッス

4-22 単細胞生物の塩類濃度調節

> **ココをおさえよう！**
>
> ゾウリムシ（単細胞生物）は収縮胞という細胞小器官で，体内に侵入してきた水を排出して体内の塩類濃度を一定に保っている。

細胞膜は半透膜なので，そのままでは周りの環境によって，水が流出または侵入し，生体に甚大な影響を与えてしまいます。

生物は水環境に適応して生きていくため，さまざまな方法で塩類調節を行っています。p.236でお話ししたように，**単細胞生物・無脊椎動物・魚類**について見ていきます。

・単細胞生物の塩類調節
単細胞生物の代表として**ゾウリムシ**に登場してもらいます。

・収縮胞で塩類濃度を調節する
ゾウリムシは淡水に生息しているため，体内の塩類濃度は，体外の塩類濃度より高くなっています。つまり，細胞膜を通して絶えず水が細胞内に侵入してきます。

ゾウリムシは，**収縮胞**という細胞小器官から，体内へ侵入してきた水を排出し，体内の塩類濃度を一定に保っています。

4-22 単細胞生物の塩類濃度調節

- 単細胞生物の塩類調節

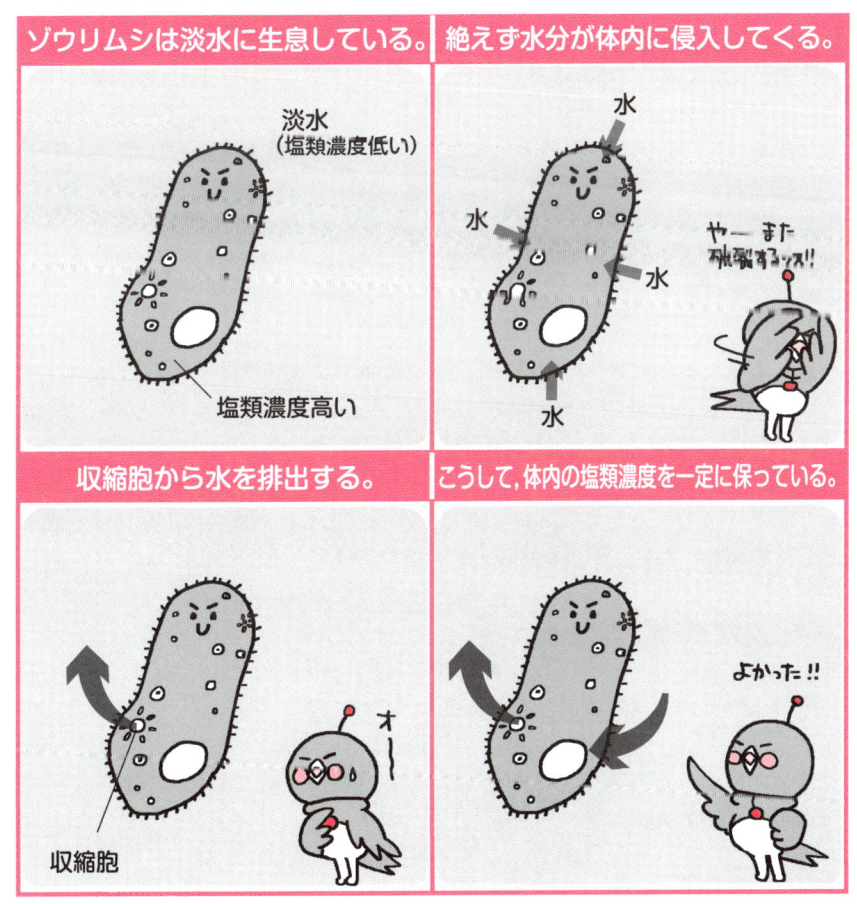

ゾウリムシは淡水に生息している。
淡水（塩類濃度低い）
塩類濃度高い

絶えず水分が体内に侵入してくる。
水

収縮胞から水を排出する。
収縮胞

こうして、体内の塩類濃度を一定に保っている。

ここまでやったら 別冊 p.33 へ

4-23 無脊椎動物の塩類濃度調節

> **ココをおさえよう！**
>
> 海と川を行き来するモクズガニは，塩類濃度の高い環境にも低い環境にも適応して生きている。

続いて，無脊椎動物の塩類濃度調節を見てみましょう。
無脊椎動物の代表として，3種類のカニに登場してもらいます。

①ケアシガニ

外洋（陸から遠く離れた海）に生息しているケアシガニは，体内の塩類濃度を調節するしくみをもっていません。しかし，外洋の塩類濃度は安定していて，ほとんど変化がありませんので，問題なく生きていくことができます。

さてここで，外界の塩類濃度とケアシガニの体液の塩類濃度の関係を表したグラフを読み解いてみましょう。**グラフのないところは，ケアシガニが生息できないことを示していますよ。**

それ以上濃くなるとケアシガニが死んでしまう外界の塩類濃度を1.0とします。ケアシガニには体内の塩類濃度を調節するしくみがありませんので，グラフでは，外界の塩類濃度が1.0のとき，ケアシガニの体液の塩類濃度も1.0になっていますね。そして，ケアシガニは，外界の塩類濃度が0.5〜1.0の間であれば，生きることはできるようです。ただし，繰り返しにはなりますが，体内の塩類濃度を調節するしくみがないので，ずっと外界と同じ塩類濃度となっていますね。

②チチュウカイミドリガニ

チチュウカイミドリガニのグラフを見てみると，外界の塩類濃度が0〜0.6の間では外界より体内の塩類濃度が高くなるよう調節しています。これは，チチュウカイミドリガニは，河口付近（つまり外界の塩類濃度が低い場所）に生息しているため，体内に侵入してきた水を排出して体液の濃度を一定の範囲に調節していることを示しています。

一方，外界の塩類濃度が0.6〜0.8の間のときは，ケアシガニと同じく，塩類濃度の調整はせず，外液と同じ濃度のまま生息していることが読み取れます。

無脊椎動物の塩類濃度調節（3種類のカニ）

① ケアシガニ

外洋に生息している。

塩類濃度が安定しているので、調節機能がない。

外界の塩類濃度が 0.5〜1.0 の間は生きていけるが、それ以外では死んでしまう。

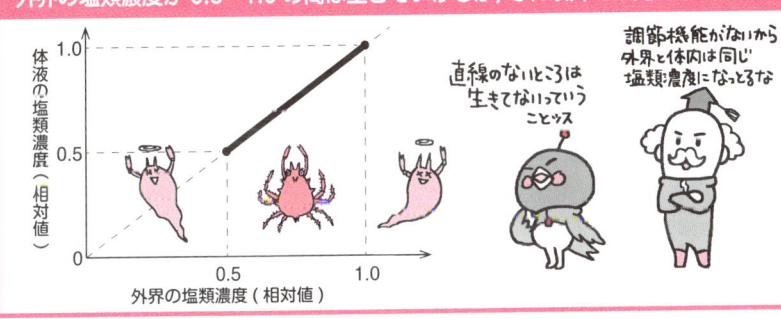

（グラフ：横軸 外界の塩類濃度（相対値）、縦軸 体液の塩類濃度（相対値）。0.5〜1.0 の範囲で $y=x$ の直線）

直線のないところは生きてないっていうことッス

調節機能がないから外界と体内は同じ塩類濃度になってるな

② チチュウカイミドリガニ

河口付近に生息している。

淡水と海水の混じり合っている場所。

塩類濃度が高いときはケアシガニさんと同じ感じでエエけど

塩類濃度が低いときは調節せなアカンな

外界の塩類濃度が 0〜0.6 の間では調節し、0.6〜0.8 の間では調節しない。それ以外は死んでしまう。

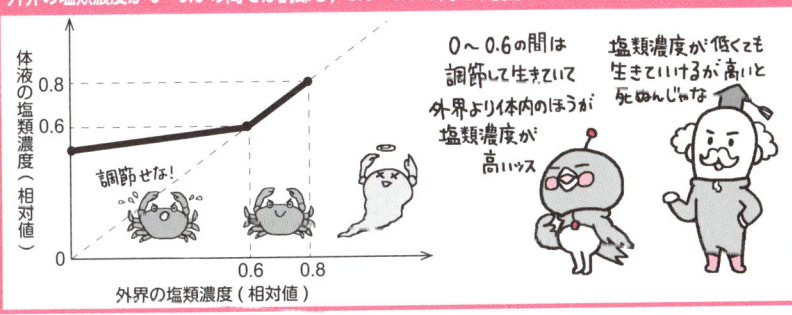

（グラフ：横軸 外界の塩類濃度（相対値）、縦軸 体液の塩類濃度（相対値）。0〜0.6 では体液 0.5〜0.6 で一定気味、0.6〜0.8 では $y=x$ 的に上昇）

調節せな！

0〜0.6 の間は調節して生きていて外界より体内のほうが塩類濃度が高いッス

塩類濃度が低くても生きていけるが高いと死ぬんじゃな

③モクズガニ

モクズガニのグラフを見てみると，

☆外界の塩類濃度が低いとき（0〜0.7）…チチュウカイミドリガニと同じように，体内の塩類濃度が外界よりも高くなるように調整しながら生き，
☆外界の塩類濃度が0.7〜0.9のとき…ケアシガニ・チチュウカイミドリガニと同じように，塩類濃度の調整はせず，外界と同じ塩類濃度で生きている。

ということがわかります。ただ，ケアシガニ・チチュウカイミドリガニと違うのは，外界の塩類濃度が比較的高いとき（0.9〜1.2），体内の塩類濃度が外界よりも低くなるように調整して生きている，ということです。

なぜこのようなグラフになっているかというと，モクズガニは海と川を行き来しているため，外界の塩類濃度が高いところでも，低いところでも生きていく必要があるからです。

以上，3種類のカニをまとめると，以下のようになります。

番号	名前	生息環境	生息環境の塩類濃度	生息可能な外界の塩類濃度範囲	調節能力
①	ケアシガニ	外洋	・高い ・ほぼ一定	0.5〜1.0	なし
②	チチュウカイミドリガニ	河口付近	・低い〜やや高い ・変動	0〜0.8	ちょっとある
③	モクズガニ	海と川	・低い〜高い ・変動	0〜1.2	とてもある

わかりましたでしょうか？　目指すは，自力でグラフが読み取れる状態です！

4-23 無脊椎動物の塩類濃度調節　249

③ モクズガニ

海と川を行き来する。

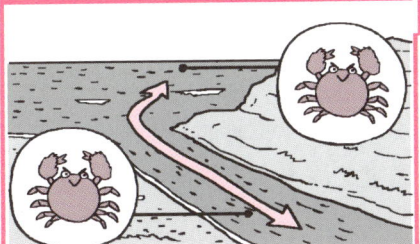

塩類濃度の高いところ，低いところの両方で生きていく必要がある。

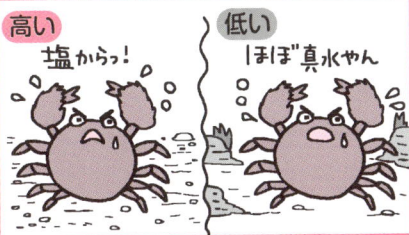

高い：塩からっ！
低い：ほぼ真水やん

外界の塩類濃度が 0〜0.7, 0.9〜1.2 では調節し，0.7〜0.9 では調節せずに生きていくことができる。

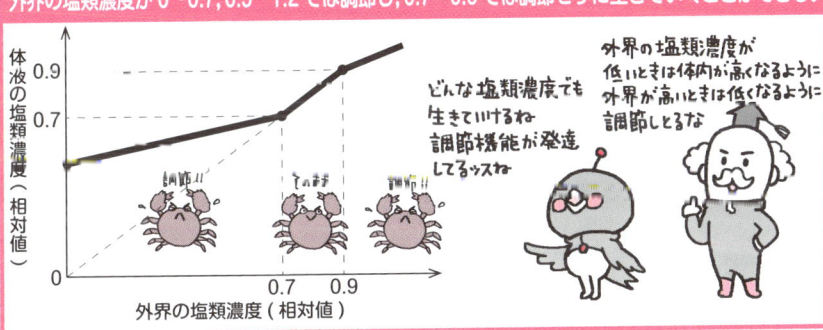

（グラフ：縦軸 体液の塩類濃度（相対値），横軸 外界の塩類濃度（相対値））

どんな塩類濃度でも生きていけるね　調節機能が発達してるッスね

外界の塩類濃度が低いときは体内が高くなるように　外界が高いときは低くなるように調節しとるな

カニも種類によって調節機能の発達具合が違うんッスね

にしてもカニ食べたいッス

グラフの示していることをきちんと理解することが重要じゃぞい

たしかにな…

さ…食べられる前に帰るで

4-24 魚類の塩類濃度調節

ココをおさえよう！

- 海水性硬骨魚類は，海水を大量に飲み，体液と等濃度の尿を少量排出する。また，余分な塩類をえらから排出する。
- 淡水性硬骨魚類は，腎臓で塩類を積極的に再吸収したり，えらから塩類を吸収し，体液より低濃度の尿を多量排出する。

単細胞生物・無脊椎動物の次は，魚類の塩類濃度の調節について見てみましょう。魚類のうち，**硬骨魚類**についてお話ししますね。

> **補足** 硬骨魚類ではない魚類には，**軟骨魚類**などがあります。軟骨魚類には，サメやエイなどがいます。

硬骨魚類は，**海水性硬骨魚類**と**淡水性硬骨魚類**に分かれます。
それぞれ，どのようにして塩類濃度の調節を行っているのでしょうか？

・海水性硬骨魚類

海水生硬骨魚類は，外界の海水の塩類濃度が体液よりも高いため，常に体外へと水が流出していきます。こうして流出してしまった水分を補給するため，海水を大量に飲みます。

しかし，海水を飲むだけでは塩類も一緒に摂取してしまって体内の塩類濃度は上がってしまいますので，えらから余分な塩類を排出しています。

そして尿は，**体液と等濃度のものを少量排出**します。

> **補足** 海水性の硬骨魚にとって最も濃い尿が，体液と等張な尿です。

4-24 魚類の塩類濃度調節

- 魚類の種類

硬骨魚類	軟骨魚類
タイ	サメ
イワナ	エイ

硬骨魚類は海水性硬骨魚類と淡水性硬骨魚類に分かれる。

- タイ（海水性硬骨魚類）
- イワナ（淡水性硬骨魚類）

それぞれについて見てくぞぃ

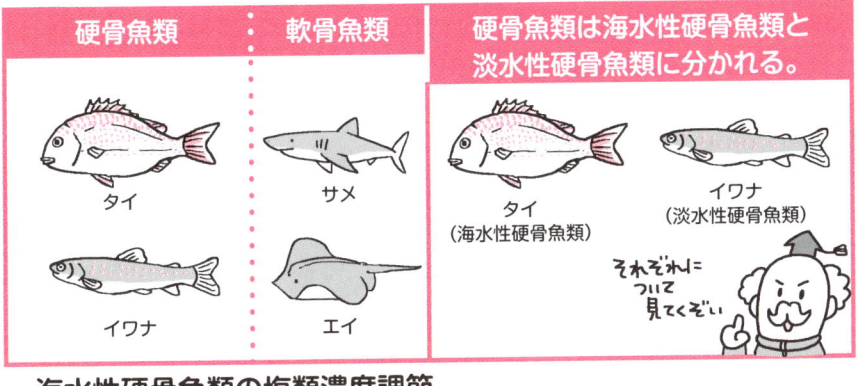

- 海水性硬骨魚類の塩類濃度調節

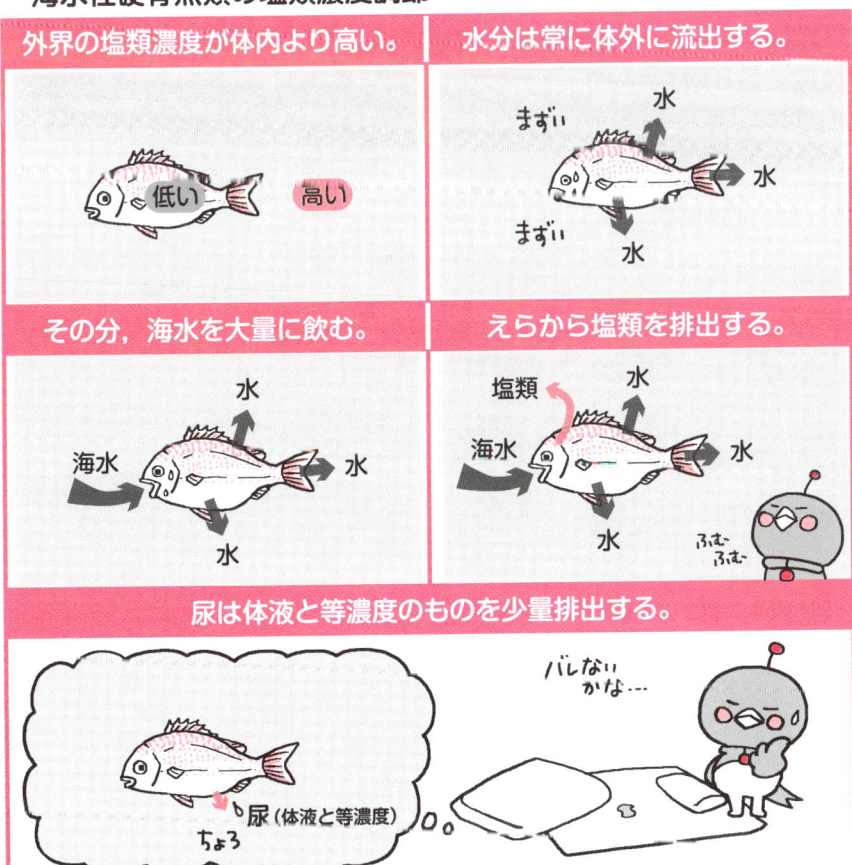

外界の塩類濃度が体内より高い。
低い / 高い

水分は常に体外に流出する。
まずい　水

その分，海水を大量に飲む。
海水　水

えらから塩類を排出する。
海水　塩類　水

ふむふむ

尿は体液と等濃度のものを少量排出する。
尿（体液と等濃度）ちょろ

バレないかな…

•淡水性硬骨魚類

淡水性硬骨魚類は，外界の淡水の塩類濃度が体液よりも低いため，常に体内に水が侵入してきます。

その結果，体内の塩類濃度が下がってしまうため，それを防ごうと，**腎臓**で**無機塩類を積極的に再吸収**しています。

また，えらからも無機塩類を積極的に吸収しています。

そして尿は，**体液よりも低濃度のものを大量に排出**します。

そうすることで，体内に侵入した水をどんどん体外に排出しているのです。

> **補足** 軟骨魚類についても軽く触れておきます。
> ここでは代表として，サメに登場してもらいましょう。
>
> サメは海に生息しているため，**海水性軟骨魚類**と呼ばれています。
> 海に生息するということは，体内に比べて外界の塩類濃度は高く，水が体外に出ていくはずです。
> 塩類濃度を調節するしくみは発達していませんが，海水性軟骨魚類は，**尿素**を体液中に保つことで，体液濃度を海水とほぼ同じにしています。

4-24 魚類の塩類濃度調節　253

- **淡水性硬骨魚類**

外界の塩類濃度が体内より低い。	水は常に体内に侵入してくる。
高い　低い	ヤバイ／水

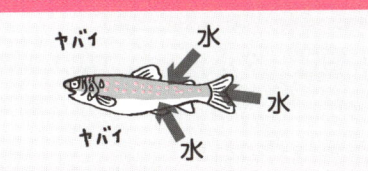

その分，腎臓から塩類を積極的に再吸収している。	えらからも塩類を吸収している。
ふー　水　塩類（腎臓で再吸収）	塩類　水

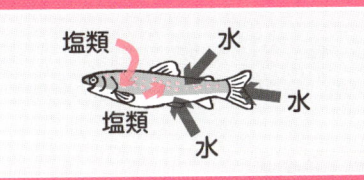

尿は体液より低濃度のものを大量に排出する。

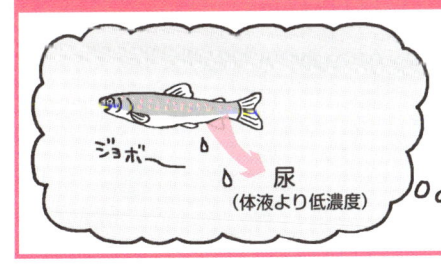

ジョボー　尿（体液より低濃度）　コリャ〜!!

補足　軟骨魚類（サメ）

サメには水を体外に排出しなくてもよいしくみがある。	尿素を体液中に保って体液濃度を海水と同じにしている。
 あんたも外洋かいな　そです　サメ　ケアシガニ	あんたオシャレやな　尿素

ここまでやったら 別冊 p.34 へ

4-25 肝臓 〜構造〜

> **ココをおさえよう！**
> 肝臓は，肝小葉という基本単位からなる。肝動脈と肝門脈から血液が流れ込み，肝静脈から血液が流れ出ている。また，胆のうも接続している。

4-16 〜 4-24 では，腎臓や体内の塩類濃度の調整についてお話ししてきました。
続いては **肝臓** についてです。
肝臓も，腎臓と同じく，体液の状態を一定に保つはたらきをもつ器官です。

・肝臓の構造

ヒトの肝臓は，横隔膜の下にあり，体内で最も大きな器官です。
（成人で平均1.2 〜 2.0 kgほどあるようです）
そんな肝臓は，**肝小葉** と呼ばれる約50万個もの基本単位からなります。

> **補足** 肝小葉は，約50万個の肝細胞からできています。

・肝臓に接続している血管や器官

肝臓に接続している血管や器官は，以下のようになっています。

```
入る：肝動脈（血液），肝門脈（血液）
出る：肝静脈（血液），胆のう（胆汁）
```

血液は，肝動脈と肝門脈を通って流れ込み，肝静脈から出ていきます。

肝動脈は，心臓から出て肝臓に入る血液が通る血管，
肝静脈は，肝臓から出て心臓に戻る血液が通る血管です。

肝門脈は，消化管から出て肝臓に入る，肝臓に特有の血管です。
（消化管からの血液のほとんどは，肝門脈を通って肝臓に入りますよ）

一方，肝臓には胆のうと呼ばれる器官も接続しており，肝臓で作られた胆汁が溜まっています。

4-25 肝臓 ～構造～

肝臓について

（肝臓）やぁ！
（？）やぁ！
（博士）ありがとう～
（腎臓）またね～ 肝臓くんもボクらと同じく体液の状態を一定に保っているよ

肝臓 　　　　　　　　　　　　　　　　　　　腎臓

・肝臓の構造

| 横隔膜の下にあって… | 肝小葉という基本単位からなる。 |

いちばん大きな器官らしいッス

肝小葉

・肝臓に接続している血管や器官

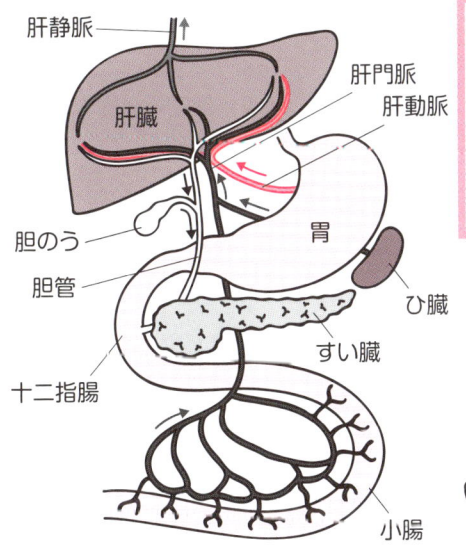

肝静脈
肝臓
肝門脈
肝動脈
胆のう
胆管
十二指腸
胃
ひ臓
すい臓
小腸

肝臓に入る： 肝動脈, <u>肝門脈</u>

肝臓から出る： 肝静脈, <u>胆のう</u>

肝門脈は消化管（小腸や大腸）から血液が流れ込む血管じゃ

肝臓で作られた胆汁が胆のうに溜まるんスね

4-26 肝臓のはたらき

> **ココをおさえよう！**
>
> 肝臓の主なはたらき（7つ）
> 1) 血糖濃度の調節　　2) タンパク質の合成と分解
> 3) 尿素の合成　　　　4) 解毒作用
> 5) 赤血球の破壊　　　6) 胆汁の生成
> 7) 体温の維持

肝臓には，主に7つのはたらきがあります。
「多いよ！」と思った人もいるかもしれませんが，そうです，多いのです……。
そこで，まずはゴロで覚えてみましょう。

「**げっ**，**血痰**！　**赤い尿**，**体温が単調減少**」
（解毒作用，血糖濃度の調節，タンパク質の合成と分解，赤血球の破壊，尿素の合成，
　げっ　　　　　血　　痰　　　　　　　　　　　　　　　　　赤い　　　　尿
体温の維持，胆汁の生成）
体温が　　　単調減少

1) 血糖濃度の調節
血液中に含まれる**グルコース**を**血糖**といい，その濃度は約0.1％前後で維持されています。

グルコースは**ATP**（p.82）を生成する際に各細胞で使われる，重要な物質です。
なので，血糖濃度が下がると細胞が正常にはたらかなくなり，生命活動を維持できません。

かといって，血糖濃度は高ければ高いほどよいというわけではありません。
血糖濃度が高いと，血管の内側が傷つき，動脈硬化の原因になることもあります。

このように，血糖濃度を一定の値に維持していくことは大変重要であり，
そんな重要なはたらきを，肝臓は担っているのです。

肝臓のはたらき（7つ）

1) 血糖濃度の調節

血液中のグルコースを血糖という。

グルコース＝血糖

ようはブドウ糖っスね

0.1%前後で維持されておるぞ

グルコースはATPを生成する際に使われる重要な物質。

細胞

ATPはミトコンドリアで生成するんじゃったな

フムフム

血糖濃度が低いと生命活動が維持できない。

足りないよー
やばいよー

じゃあ高ければ高いほどいいんじゃない？

血糖濃度が高すぎると、動脈硬化につながる。

動脈硬化

なるほど… ほどよい状態に保っている肝臓さん すごいッス

・どうやって血糖濃度を調節しているの？

グルコースのもととなる炭水化物を摂取するところから，流れで説明しましょう。

① 炭水化物を摂取すると，炭水化物に含まれるデンプンがグルコースに分解される。
② グルコースは小腸から吸収され，肝門脈を経て肝臓に送られる。
③ 血糖濃度が高いときには，グルコースはグリコーゲンとして肝細胞内に蓄えられる。
④ 血糖濃度が低いときには，グリコーゲンが分解されてグルコースが作られ，血液中に放出される。

「お金があるときは貯金し，お金がないときは貯金を切り崩す」というイメージですね。

血糖濃度の調節は，生命活動においてとても大事です。
後ほどp.294〜297で，ホルモンのはたらきと一緒に，さらにくわしくご説明しますね。

どうやって血糖濃度を調節しているの？

① 炭水化物を摂取すると，デンプンがグルコースに分解される。

炭水化物　→　グルコース

② グルコースは小腸から吸収され，肝門脈を経て肝臓に送られる。

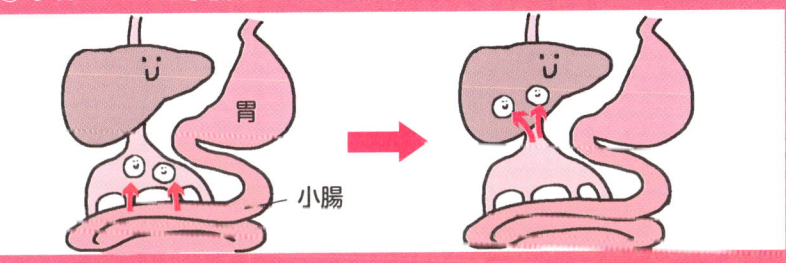

胃　小腸

③ 血糖濃度が高いとき，グリコーゲンとして蓄えられる。

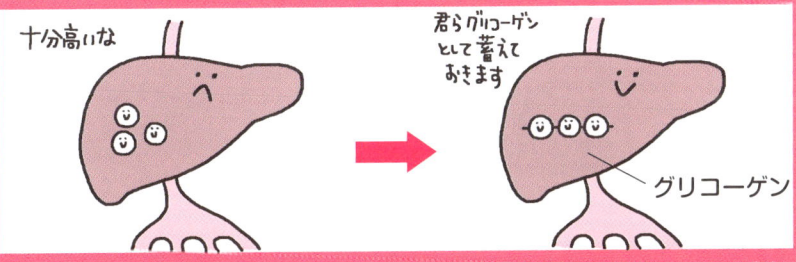

十分高いな　→　君らグリコーゲンとして蓄えておきます

グリコーゲン

④ 血糖濃度が低いとき，グリコーゲンが分解されてグルコースが作られ，血液中に放出される。

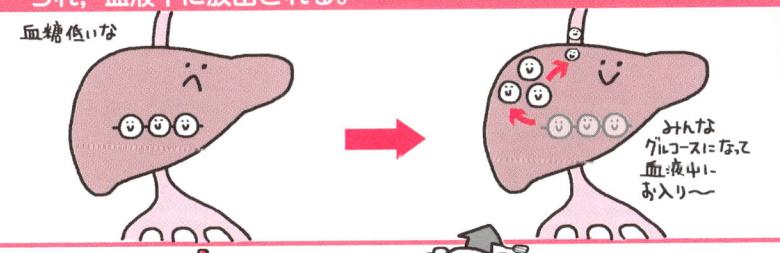

血糖低いな　→　みんなグルコースになって血液中にお入り〜

貯金したり切り崩したりするイメージッスね

肝臓以外にも，血糖濃度の調節にかかわる器官があるぞい

2) タンパク質の合成と分解

血しょう中に含まれる，**アルブミン**や**フィブリノーゲン**などのタンパク質は，肝臓で合成されます。また，不要になったタンパク質やアミノ酸の分解も行っています。

3) 尿素の合成

体内でタンパク質やアミノ酸を分解すると，**アンモニア**が生じます。
アンモニアは体にとって毒なので，**尿素**という毒性の低い物質に変えます。尿素は腎臓のはたらきによって体外に排出されます。

アンモニアを尿素に変え，体外に排出する過程は，次のようになっています。

① タンパク質やアミノ酸を分解すると，アンモニアが生じる。
② アンモニアは，毒素の低い尿素に変えられる。
③ 尿素は水に溶けやすいので，血中に溶けて腎臓に運ばれる。
④ 腎臓でろ過され，ほとんど再吸収されずに，尿として体外に排出される。

2) タンパク質の合成と分解

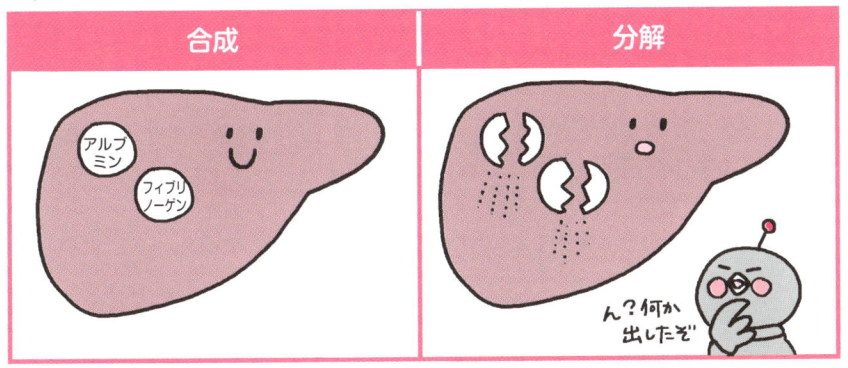

合成	分解

（アルブミン、フィブリノーゲン）

ん？何か出したぞ

アンモニアは有害じゃから、毒性の低い尿素にしておるんじゃ

3) 尿素の合成

① タンパク質やアミノ酸を分解するとアンモニアが生じる。

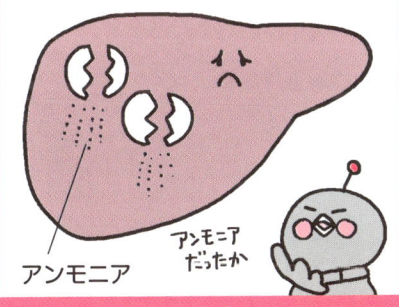

アンモニア／アンモニアだったか

② 毒性の低い尿素に変える。

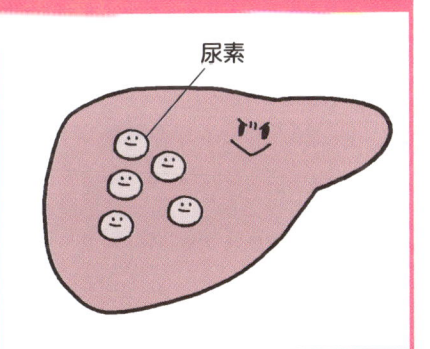

尿素

③ 血中に溶けて腎臓へ。

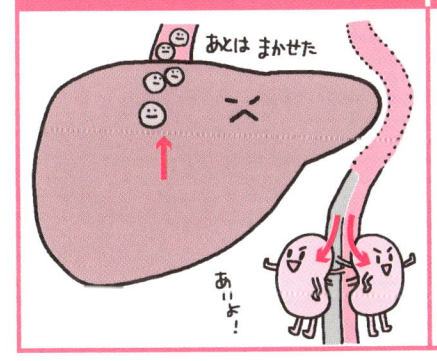

あとはまかせた／あいよ！

④ 腎臓で尿として排出される。

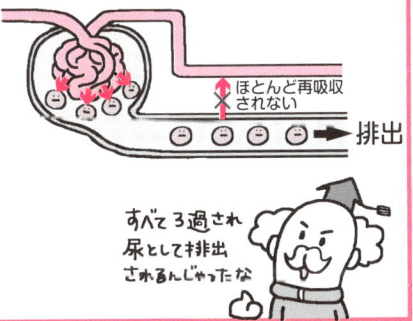

ほとんど再吸収されない／排出

すべてろ過され尿として排出されるんじゃったな

4) 解毒作用

肝臓はアルコールや薬物を無害な物質に変えます。これを**解毒作用**といいます。では，アルコールを例にとって，くわしく見てみましょう。

① 飲酒などによって摂取したアルコールは，胃や小腸で吸収され，肝門脈を通って肝臓に入る。
② アルコールは酵素によって，**アセトアルデヒド**に変わる。
③ アセトアルデヒドは酵素によって，酢酸に変わる。
④ 酢酸は血中に溶けて肝臓から出て，最終的に二酸化炭素と水に分解され，体外に排出される。

5) 赤血球の破壊

古くなった**赤血球**は，肝臓で破壊されます。

> 補足　赤血球に含まれるヘモグロビンはビリルビンという物質に変化します。

6) 胆汁の生成

胆汁には，脂肪を分解する酵素のはたらきを助ける物質が含まれています。

① 肝臓の肝細胞で，胆汁が生成される。
② 胆汁は胆のうに蓄えられる。
③ 胆のうから，十二指腸に分泌される。

> 補足　ビリルビンも胆汁に含まれます。

7) 体温の維持

肝臓ではさまざまな物質が分解されます。分解ということは異化ですから，熱がエネルギーとして発生します（p.66）。発生した熱は，体温の維持に役立ちます。

> 補足　最も発熱量が多いのは骨格筋で，肝臓は2番目に発熱量が多いです。

以上で，肝臓のお話はおしまいです。

4) 解毒作用

① アルコールは胃や小腸で吸収され，肝門脈から肝臓へ。

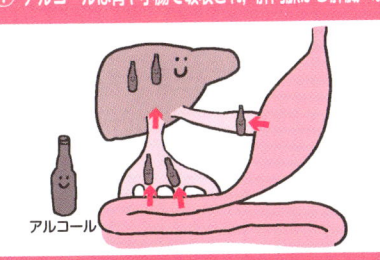

② アルコールはアセトアルデヒドに変わる。

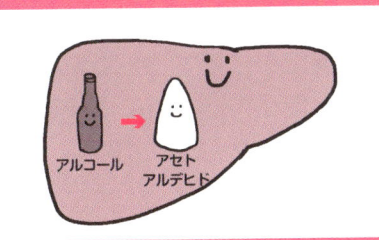

③ アセトアルデヒドは酢酸に変わる。

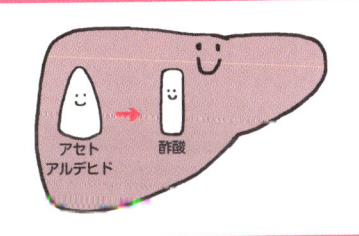

④ 肝臓から出た酢酸は二酸化炭素と水に変わる。

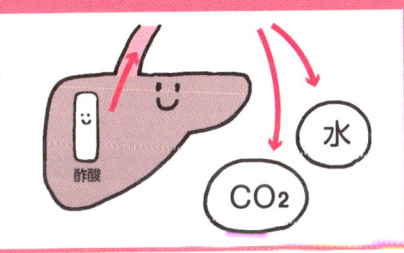

5) 赤血球の破壊

古くなった赤血球を破壊する。

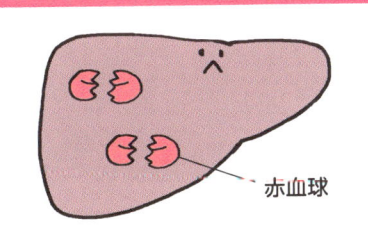

6) 胆汁の生成

胆汁は脂肪の分解にかかわる。

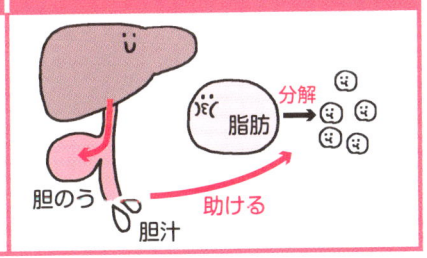

7) 体温の維持

肝臓ではさまざまな物質が分解される。

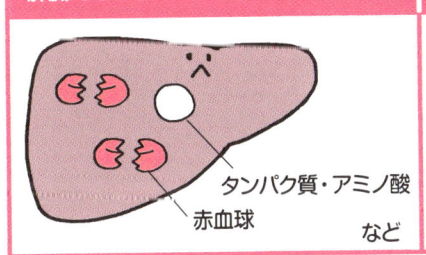

その際に発生する熱は体温の維持に役立つ。

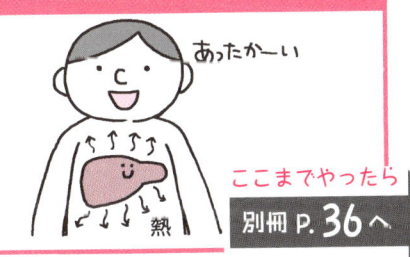

ここまでやったら 別冊 P.36 へ

4-27 体内環境の維持のしくみ　～基本的なしくみ～

> **ココをおさえよう！**
>
> 体内環境を維持するための中枢は脳。脳に情報を伝え，脳からの指示を伝達するために，神経系やホルモンを介した情報伝達が行われている。

さて，これまで勉強してきた内容と，これから勉強する内容の関係性を明確にするために，ここまでの流れを簡単になぞってみましょう。

・ここまでの流れ
生物（多細胞動物）は変化の激しい環境に置かれたとしても，体を構成している細胞は安定的に生命活動を行っています。これは，体内が体液で満たされていて，細胞が直接，体外の環境変化を受けなくてすむからです。

つまり，生物にとって体液の状態を一定に保つことはとても重要なのです。

こうした背景から，体液に関して以下のようなことを学んできました。
　☆体液（血液・組織液・リンパ液）のはたらき
　☆体液を循環させる器官（心臓・血管・リンパ管）のはたらき
　☆体液の状態を一定に保つ，心臓や腎臓・肝臓のはたらき

・これから学ぶこと
次に勉強することは，体液の状態を一定に保つことも含め，全般的な体内環境の調整がどのように行われているのかについてです。

例えば，次のような調整はどのようにして行われているのでしょうか？

　☆ひとみを拡大/縮小させる
　☆体温を上昇/下降させる
　☆血糖濃度を上昇/下降させる

4-27 体内環境の維持のしくみ ～基本的なしくみ～

・ここまでの流れ

① 生物は変化の激しい環境に置かれても……

② 細胞は安定的に生命活動を営んでいる。

③ なぜなら体内が体液で満たされているから。

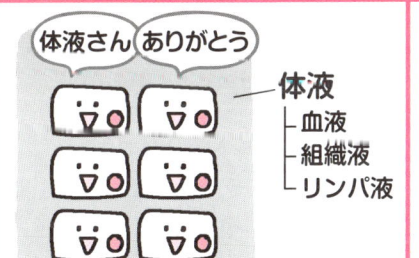

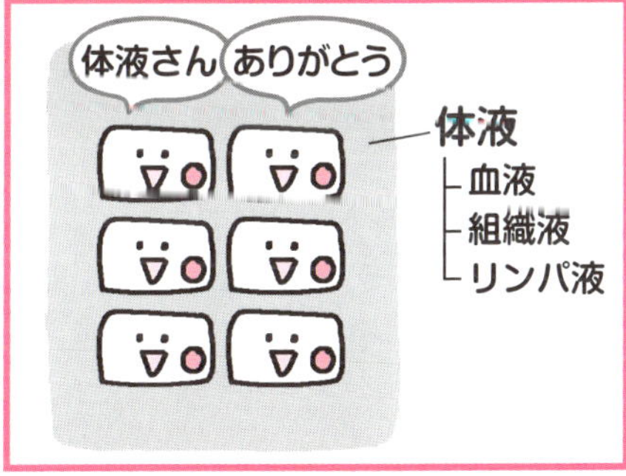

体液
├ 血液
├ 組織液
└ リンパ液

④ よって，体液について学んできた。

☆体液のはたらき

☆体液を循環させる器官（心臓・血管・リンパ管）のはたらき

☆体液の状態を一定に保つ，心臓や腎臓・肝臓のはたらき

・これから学ぶこと

体液の状態を一定に保つことも含め，全般的な体内環境の調整がどのように行われているのか？

ひとみを拡大／縮小させたり，体温を上昇／下降させたり…

さ，寒かった…

・「敏腕社長のいるヘンテコな大企業」をイメージしよう

体内環境の調整についてイメージしやすくするため，まずは「敏腕社長のいるヘンテコな大企業」についてのお話をします。

まず，大企業なのでオフィスはとても広く，社員はみんな離れた席に座っています。さらには，川を流す余裕すらあります。

この会社は，敏腕社長の一存ですべてが決まり，社長からの仕事の指示は次の2通りの方法で行われます。

1つは社長が電話で部下に指示を伝えるやり方です。
社長から電話で指示を受けた部下は，①そのまま自分で仕事をすることもありますし，②さらに他の社員に指示を出すこともあります。他の社員に指示を出す場合は，ビン詰めの手紙で行います。

もう1つは社長がビン詰めの手紙を川に流して指示を伝えるやり方です。
社長からビン詰めの手紙で指示を受けた部下は，③そのまま自分で仕事をすることもありますし，④さらに他の社員に指示を出すこともあります。他の社員に指示を出す場合は，やはりビン詰めの手紙で行います。

電話は社長のみが使える伝達手段なのです。

このようにして，社長が判断し，その指示が社内で伝達され，仕事が行われています。ヘンテコな会社ですが，仕事はうまくいっているようです。

4-27 体内環境の維持のしくみ 〜基本的なしくみ〜

『敏腕社長のいるヘンテコな大企業』をイメージ

① 敏腕社長 → 部下A：企画書を書く！

② 敏腕社長 → 部下B（やっといて〜）→ 部下C：イラストを描く！

③ 敏腕社長 → 部下D：そうじをする！

④ 敏腕社長 → 部下E（お願いね〜）→ 部下F：経理処理をする！

・間脳の視床下部からの指令が，神経系orホルモンを介して伝達される

体内でも「ヘンテコな大企業」と似たようなしくみで，体内環境の調整が行われています。

体内環境の調整について，その判断をしているのは主に**間脳**の**視床下部**です。これが，先ほどの敏腕社長にあたります。

間脳の視床下部からの指令は，**神経系**または**ホルモン**を介して行われます。
（右ページにある交感神経と副交感神経は，神経系の一種です）

神経系を介する方法は，先ほどの「ヘンテコな大企業」の例における電話にあたるもので，信号が直接器官に伝えられるため，すばやく反応が起きるという特徴があります。①間脳の視床下部から，神経を介して指示を受けた器官がはたらくことで，調整が終了することもあれば，②他の器官に指示を出す場合もあります。これらの器官が他の器官に指示を出す場合は，ホルモンを介して行われます。

一方，ホルモンを介する方法は，血中にホルモンを分泌することによって情報伝達します。ホルモンは，「ヘンテコな大企業」の例におけるビン詰めの手紙にあたります。ホルモンによる調整は，ゆっくりではありますが，反応を持続的に起こすことができるという特徴があります。

③間脳の視床下部からの指示を受けた器官がはたらくことで調整が終了することもあれば，④他の器官に指示を出す場合もあります。他の器官に指示を出す場合は，ホルモンを介して行われます。

> **補足** ④の場合の「他の器官に指示を出す」器官は，脳下垂体前葉だけです。
> （脳下垂体前葉についてはp.288で説明します）

このように，間脳の視床下部から出された指令は，神経系とホルモンという2つの手段を用いて伝達され，体内環境の状態が調整されているのです。

というわけで，ここからは神経系とホルモンについて，それぞれが一体何なのかについて解説したあと，それらを用いてどのように体内環境の調整が行われているのかについて触れていきます。

4-27 体内環境の維持のしくみ　〜基本的なしくみ〜

- 間脳の視床下部からの指令が，神経系 or ホルモンを介して伝達される。

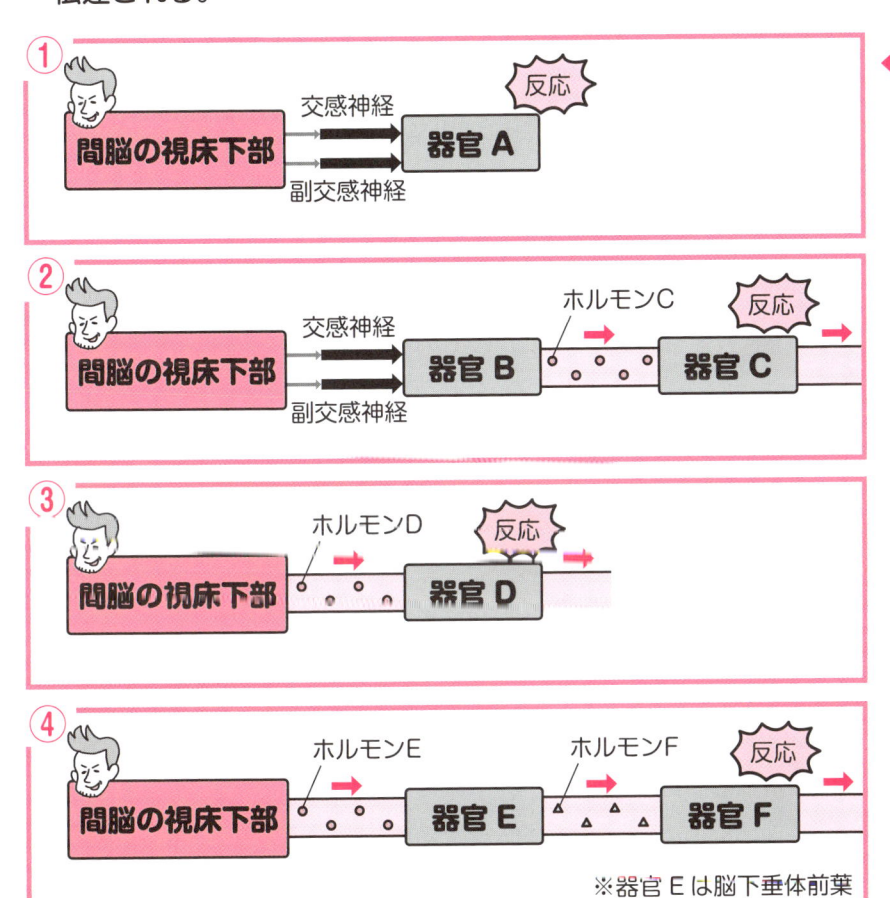

① 間脳の視床下部 →交感神経／副交感神経→ 器官A （反応）

② 間脳の視床下部 →交感神経／副交感神経→ 器官B …ホルモンC→ 器官C →（反応）

③ 間脳の視床下部 …ホルモンD→ 器官D →（反応）

④ 間脳の視床下部 …ホルモンE→ 器官E …ホルモンF→ 器官F →（反応）

※器官Eは脳下垂体前葉

次ページから神経系とホルモンについて，それぞれ解説していくぞい

ハイッ!!

4-28 神経系を使って調節する　～神経系の分類～

> **ココをおさえよう！**
>
> ヒトの神経系は，中枢神経系と末梢(まっしょう)神経系に分けられる。
> 中枢神経系は脳と脊髄，末梢神経系は体性神経系と自律神経系に分けられ，自律神経系は交感神経と副交感神経に分けられる。

人間の体には神経があちこちに張り巡らされています。
神経の役割の1つは，痛みや温度や明暗などといった刺激を，脳や脊髄に伝えることです。神経があるからこそ，ヒトは痛みを感じたり光を認識したりできます。

そして神経のもう1つの役割は「どのように振る舞うか」という脳や脊髄からの指令を各器官に伝えることです。
「手を握る」とか「目をつむる」とか「緊張して心臓がドキドキする」などというのは，すべて脳や脊髄からの指令が神経を通って伝わってきているためなのです。

・ヒトの神経系の分類

このように情報の伝達と処理を行う，体内の情報網（ネットワーク）を神経系といい，ヒトの神経系は以下のように分類されます。
以下の分類において「生物基礎」で中心に勉強していくのは**自律神経系**ですので，それを頭に入れておきましょう。

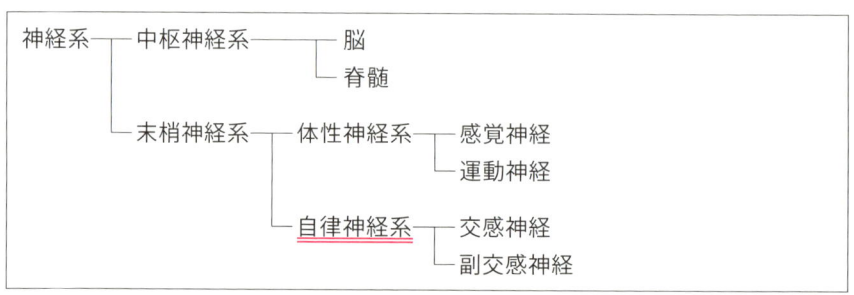

```
神経系┬中枢神経系┬脳
      │          └脊髄
      └末梢神経系┬体性神経系┬感覚神経
                 │          └運動神経
                 └自律神経系┬交感神経
                            └副交感神経
```

まず，神経系は大きく**中枢神経系**と**末梢神経系**に分かれます。
中枢神経系は脳や脊髄のことで，これらは指令を出す役割を担います（間脳も脳の一部なので，中枢神経系です）。
末梢神経系とは，中枢神経からの指令を各器官に伝えたり，各器官の受け取った刺激を中枢神経へ伝えたりする役割を担います。
末梢神経系は体性神経系と**自律神経系**に分かれます。

ヒトの神経系

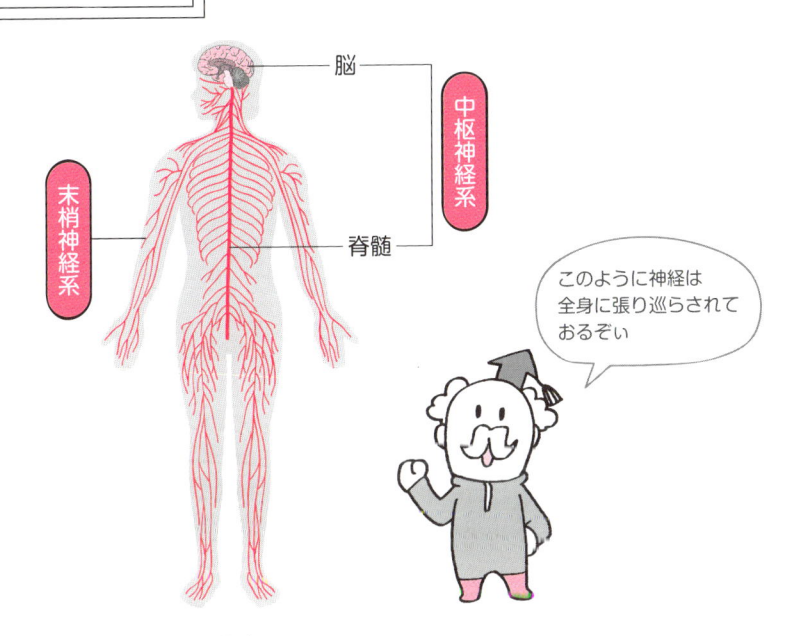

脳
中枢神経系
末梢神経系
脊髄

このように神経は全身に張り巡らされておるぞぃ

・ヒトの神経系の分類

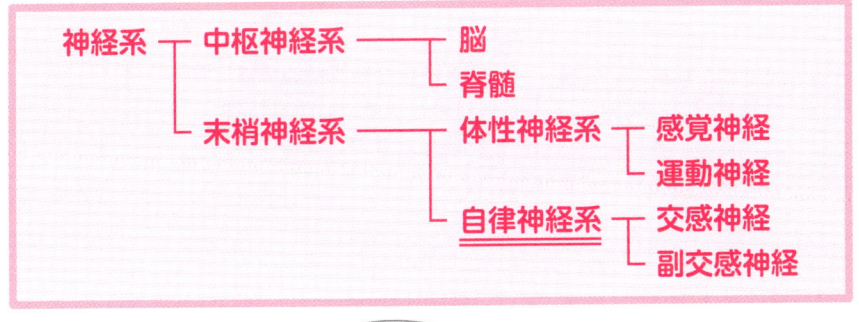

```
神経系 ┬ 中枢神経系 ─┬ 脳
       │             └ 脊髄
       └ 末梢神経系 ─┬ 体性神経系 ─┬ 感覚神経
                     │              └ 運動神経
                     └ 自律神経系 ─┬ 交感神経
                                    └ 副交感神経
```

「生物基礎」で主に勉強するのは自律神経系ッス

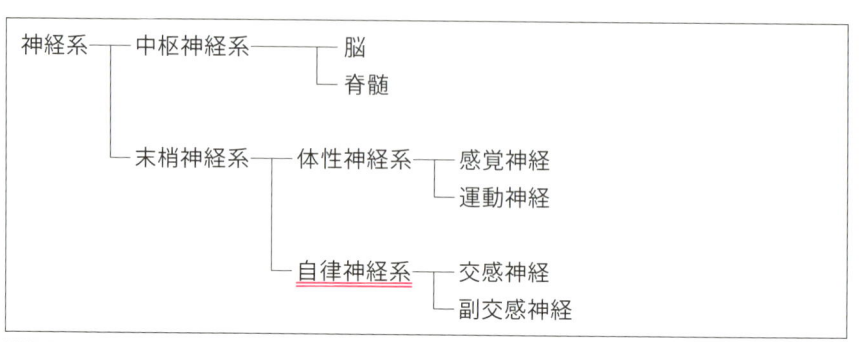

```
神経系 ─┬─ 中枢神経系 ─┬─ 脳
        │              └─ 脊髄
        │
        └─ 末梢神経系 ─┬─ 体性神経系 ─┬─ 感覚神経
                      │              └─ 運動神経
                      │
                      └─ 自律神経系 ─┬─ 交感神経
                                    └─ 副交感神経
```

・末梢神経の分類

末梢神経系は体性神経系と自律神経系に分かれますが，その違いは**自分の意思で制御できるかどうか**です。

体性神経系は感覚器官（目・鼻・舌など）と運動器官を支配する神経系のことです。（感覚器官で受け取った刺激を中枢神経系に伝える神経のことを感覚神経，中枢神経系から出された指令を運動器官へ伝える神経のことを運動神経といいます）

「手を開く・握る」，「目をつむる」などというのは自分の意思で行えますね。

※ただし，自分の意思で制御できない反射などの例外もあります。ひざの下をたたくと，足が跳ね上がる膝蓋腱反射が有名ですね。

自律神経系は，内臓や分泌腺（p.282）を支配する神経系です。
「心臓の拍動を速くする」，「汗をかく」などは自分の意思で行えるものではありませんね。
私たちの意思に関係なく，自律的にはたらくので，自律神経という名前なのです。

・自律神経の分類

自律神経系は**交感神経**と**副交感神経**に分かれ，両神経が常にはたらいています。
交感神経とは，一般的に運動時や緊張時，興奮時に優位にはたらく神経のことです。
副交感神経とは，一般的に休息時やリラックスをしているときに優位にはたらく神経のことです。

ヒトの神経系の中で，「生物基礎」において主に勉強するのが自律神経系でした。
神経系の中の自律神経系の位置づけを理解しておきましょう。

- 末梢神経…体性神経系と自律神経系に分かれる。

〈体性神経系〉

目・鼻・舌などの感覚器官を支配する感覚神経と，運動器官を支配する運動神経のこと。

例えば…

手を開いたり握ったり　　　目をつむったり

〈自律神経系〉

内臓や分泌腺を支配する神経系。

例えば…

汗をかく

自律神経は交感神経と副交感神経に分かれる。

交感神経 … 一般的に運動時や緊張時，興奮時に優位にはたらく。

副交感神経 … 一般的に休息時やリラックスしているときに優位にはたらく。

4-29 自律神経系　〜間脳の視床下部〜

> **ココをおさえよう！**
>
> 自律神経系の中枢は間脳の視床下部。
> 交感神経と副交感神経は，互いに拮抗的（きっこうてき）に作用する。

では，自律神経系についてくわしく見ていきましょう。

・自律神経系の中枢は，主に間脳の視床下部

脳は，**大脳・間脳・中脳・小脳・延髄**に分けられますが，このうち，主に間脳の**視床下部**という部分が自律神経系の中枢となっています。つまり，**自律神経系を通る指示は，間脳の視床下部から出されている**ということです。

> **補足** 間脳は視床と視床下部からなります。

・自律神経系は，内臓や分泌腺のはたらきを自律的に調整する

自律神経系は，心臓の拍動や発汗などを調節する，自律的な，つまり意識せずともはたらく神経系でしたね。

他にも，以下のような器官のはたらきを調節しています。

器官	心臓の拍動	消化管の運動	皮膚の血管	汗腺からの発汗	呼吸運動	瞳孔	立毛筋	気管支	ぼうこう
調節	促進/抑制	抑制/促進	収縮	促進	浅く・速く/深く・遅く	拡大/縮小	収縮	拡張/収縮	排尿抑制/排尿促進

ここで注目していただきたいのは，自律神経系は基本的に，「促進/抑制」や「拡張/収縮」など，互いに反対のはたらきをするということです。このような，互いに反対の作用を，**拮抗的な作用**と表現します。

なぜ自律神経系は拮抗的に作用するかというと，交感神経と副交感神経が拮抗的に，つまりお互いに張り合ってはたらくからです。

1つの器官に対し，**基本的に交感神経と副交感神経という2種類の神経が接続して**いるんですよ。

4-29 自律神経系 〜間脳の視床下部〜 275

- 自律神経系の中枢は，主に間脳の視床下部。

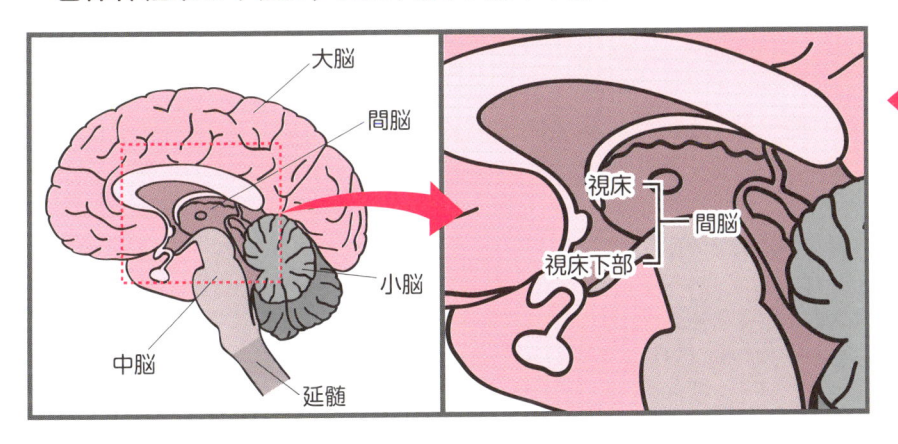

（図：大脳，間脳，小脳，中脳，延髄／視床，視床下部，間脳）

- 自律神経系は，内臓や分泌腺のはたらきを自律的に調整する。

器官	心臓の拍動	消化管の運動	皮膚の血管	汗腺からの発汗	呼吸運動	瞳孔	立毛筋	気管支	ぼうこう
調節	促進／抑制	抑制／促進	収縮	促進	浅く・速く／深く・遅く	拡大／縮小	収縮	拡張／収縮	排尿抑制／排尿促進

> **注目ポイント**
>
> 自律神経系は基本的に，互いに反対のはたらきをする。
> 　　　　　　　　　　　拮抗的な
>
> ・促進／抑制
> ・拡張／収縮
>
> ホントだ！

4-30 交感神経と副交感神経

> **ココをおさえよう！**
>
> 交感神経は運動時・緊張時・興奮時にはたらき，副交感神経は休息時・リラックス時にはたらく。

・**自律神経系の分布**

自律神経系は右ページのように分布しています。たしかに，1つの器官に対し，基本的には交感神経と副交感神経の2つが接続していますね。
また，交感神経は脊髄から出ており，副交感神経は，中脳・延髄・脊髄の下部から出ていることがわかります。

・**交感神経と副交感神経のはたらきの分類**

それでは，自律神経系による調整を，**交感神経**と**副交感神経**によるものに分類して整理してみましょう。すると，次のようになります。

器官	心臓の拍動	消化管の運動	皮膚の血管	汗腺からの発汗	呼吸運動	瞳孔	立毛筋	気管支	ぼうこう
交感神経	促進	抑制	収縮	促進	浅く・速く	拡大	収縮	拡張	排尿抑制
副交感神経	抑制	促進	—	—	深く・遅く	縮小	—	収縮	排尿促進

交感神経とは，一般的に運動時や緊張時，興奮時に優位にはたらく神経のことでした。運動したり，試験の前に緊張したときのことを思い出してみてください。

一方，副交感神経とは，一般的に休息時やリラックスをしているときに優位にはたらく神経のことでした。こちらは逆に，テストが終わった週の休日，部屋でゆっくりしているときのことを，思い出してみてください。

すると，自律神経系のはたらきが，上記のように分類されることがよくわかるのではないでしょうか？　よく出題されるので，しっかり覚えてくださいね。

※皮膚の血管・汗腺・立毛筋には交感神経しか接続していないことに注意しましょう。

4-30 交感神経と副交感神経

- 自律神経系の分布

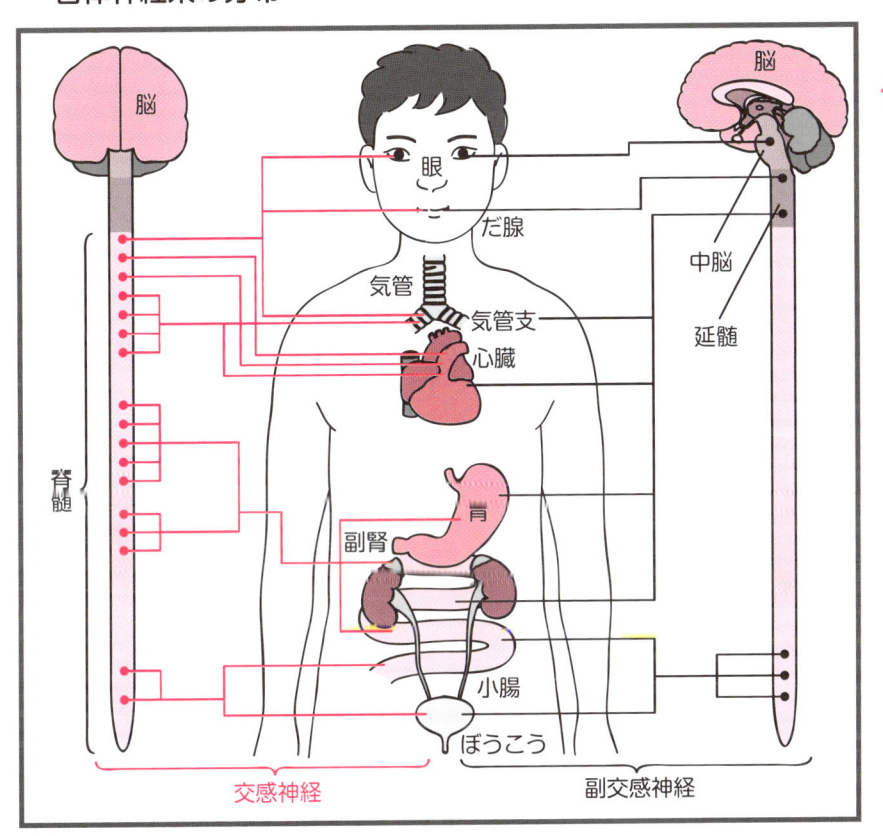

- 交感神経と副交感神経のはたらきの分類

器官	心臓の拍動	消化管の運動	皮膚の血管	汗腺からの発汗	呼吸運動	瞳孔	立毛筋	気管支	ぼうこう
交感神経	促進	抑制	収縮	促進	浅く・速く	拡大	収縮	拡張	排尿抑制
副交感神経	抑制	促進	−	−	深く・遅く	縮小	−	収縮	排尿促進

※皮膚の血管・汗腺・立毛筋には交感神経しか接続していないことに注意。

立毛筋とは鳥肌を立たせる器官のことじゃ

ボクはいつも鳥肌ッス

4-31 自律神経系を介した情報伝達の例 ～心臓の拍動～

> **ココをおさえよう！**
>
> 運動時・緊張時は，交感神経を介して心臓の拍動を増やすよう指令が伝わる。

自律神経系によって調節されている例として，**心臓の拍動**を取り上げてみましょう。

1）中枢が変化を感知し，指令を出す

運動したり緊張したりすると，血中の酸素が消費され，二酸化炭素濃度が高まります。これを延髄が感知します。

（自律神経系の中枢は基本的に間脳の視床下部なのですが，心臓の拍動に関しては延髄が中枢です。）

2）自律神経系が指令を伝える

血中の二酸化炭素濃度の高まりを延髄が感知すると，交感神経が心臓にはたらきかけます。
その結果，心臓は拍動数を増やし，酸素を含んだ血液を体全体に届けます。

逆に，運動量が減ったり，緊張がほぐれたりして，血中の二酸化炭素濃度が下がってきたことを感知したら，今度は副交感神経がはたらき，心臓の拍動数を減らして適切な二酸化炭素濃度に調節します。

自律神経系によって調節されている例…心臓の拍動

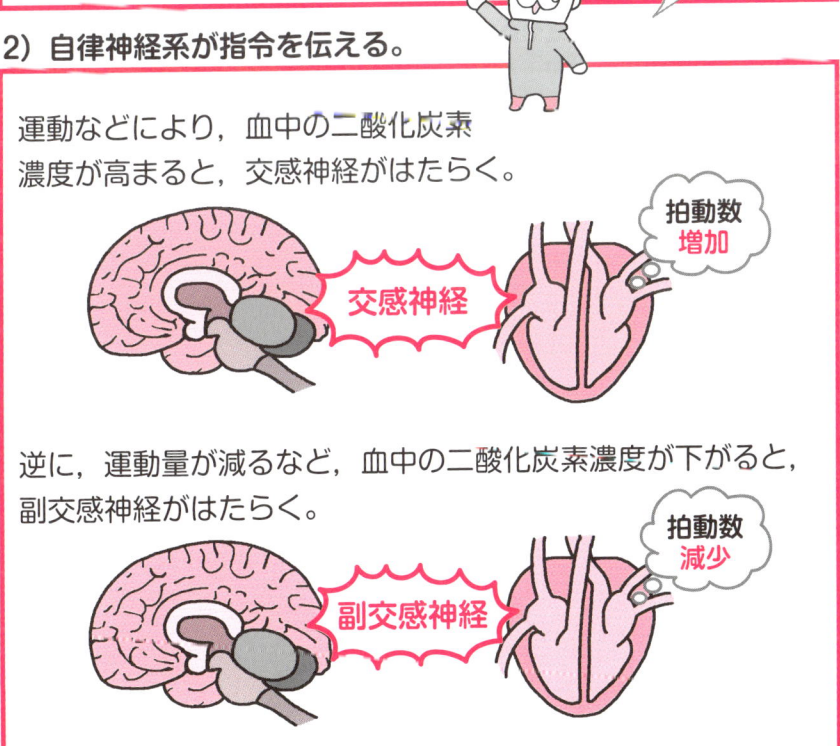

1) 中枢が変化を感知し,指令を出す。

血中の二酸化炭素濃度が高まったな

延髄

自律神経系の中枢は基本的に間脳の視床下部じゃが,今回は延髄じゃよ

2) 自律神経系が指令を伝える。

運動などにより,血中の二酸化炭素濃度が高まると,交感神経がはたらく。

交感神経

拍動数 増加

逆に,運動量が減るなど,血中の二酸化炭素濃度が下がると,副交感神経がはたらく。

副交感神経

拍動数 減少

ここまでやったら
別冊 P.37 へ

4-32 ホルモンを介した情報伝達の概要

> **ココをおさえよう！**
>
> 神経系による調節とホルモンによる調節の違いに注目しながら，ホルモンによる調節について理解しよう。

ここまで神経系を用いた情報伝達について勉強してきましたが，続いて，**ホルモンを介した情報伝達**について，見てみましょう。

4-27で出てきた「ヘンテコな大企業」のビン詰めの手紙の例にあたるものですよ。

・ホルモンとは？

ホルモンとは，ギリシア語で「刺激する，興奮させる」という意味がある言葉です。**血中に放出されて特定の器官で受容され，ごく微量で作用する物質**の総称です。
ホルモンにはさまざまな種類があり，それぞれが特定の器官に受容されることで，体のはたらきが調節されます。

・概要

内分泌腺からホルモンと呼ばれる物質が血液中に分泌されます。
ホルモンは，特定の器官（**標的器官**）で受け取られ，それが刺激となって標的器官が反応を起こします。
このようにして，ホルモンは体内環境の調整に役立っているのです。

右ページに，ホルモンを介した情報伝達と自律神経を介した情報伝達の図を，比較のために記載しましたので，違いを理解してください。

4-32 ホルモンを介した情報伝達の概要

ホルモンを介した情報伝達

・ホルモンとは？

- ギリシア語で「刺激する，興奮させる」の意。
- 血中に放出されて，特定の器官で受容され，ごく微量で作用する物質の総称。

・概要

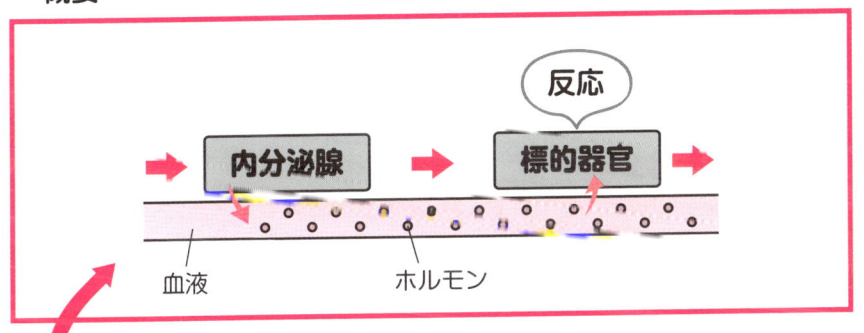

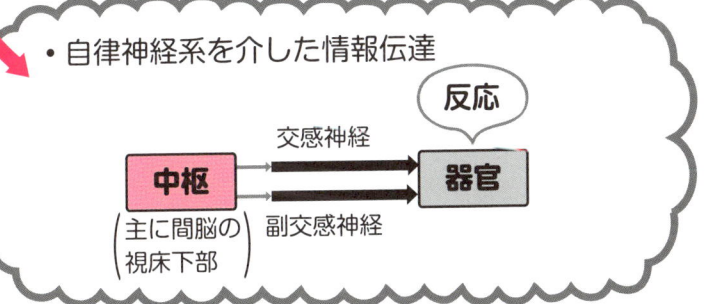

内分泌腺 → 標的器官 → 反応
血液／ホルモン

比較

・自律神経系を介した情報伝達

中枢（主に間脳の視床下部） →交感神経／副交感神経→ 器官 反応

図示して比較するとよくわかるッスね

4-33 ホルモンの分泌（内分泌腺）

> **ココをおさえよう！**
>
> 体外に分泌物を分泌する組織を外分泌線という（汗腺・だ腺など）。一方，血液中に分泌物を分泌する組織を内分泌腺といい，間脳の視床下部・脳下垂体・甲状腺・副甲状腺・副腎・すい臓などがある。

生物の体内で，特定の物質を分泌する組織を**腺**と呼びます。
体外に分泌物を分泌する腺を**外分泌腺**といい，**汗腺**（汗を分泌），**だ腺**（だ液を分泌）などがあります。

一方，血液などの体液中に直接，分泌物を分泌する腺を**内分泌腺**といいます。
ホルモンの多くは，内分泌腺から分泌され，血液中に放出されます。

・さまざまな内分泌腺

内分泌腺は，間脳の**視床下部・脳下垂体・甲状腺・副甲状腺・副腎・すい臓**など，さまざまです。それぞれの内分泌腺で分泌されるホルモンと，そのはたらきは決まっています。
下にまとめましたが，単純暗記するのは難しいので，このページ以降で出てくる事例をもとに覚えていくとよいでしょう。

器官			ホルモン	はたらき
間脳	視床下部		各種の放出ホルモン 各種の抑制ホルモン	脳下垂体の ホルモン分泌の調節
脳下垂体	前葉		甲状腺刺激ホルモン	甲状腺ホルモンの分泌促進
			副腎皮質刺激ホルモン	副腎皮質ホルモンの 分泌促進
			成長ホルモン	タンパク質の合成を促進 血糖濃度を上げる
	後葉		バソプレシン	腎臓の集合管での 水の再吸収促進
甲状腺			チロキシン	代謝を促進
副甲状腺			パラトルモン	血液中のカルシウム イオン濃度を上昇させる
副腎	皮質		糖質コルチコイド	タンパク質から糖の 生成を促進
			鉱質コルチコイド	体液中のナトリウムイオン， カリウムイオン濃度調節
	髄質		アドレナリン	血糖濃度の増加
すい臓		ランゲルハンス島 A細胞	グルカゴン	血糖濃度の増加
		ランゲルハンス島 B細胞	インスリン	血糖濃度の減少

4-33 ホルモンの分泌（内分泌腺）

- 腺…生物の体内で，特定の物質を分泌する組織

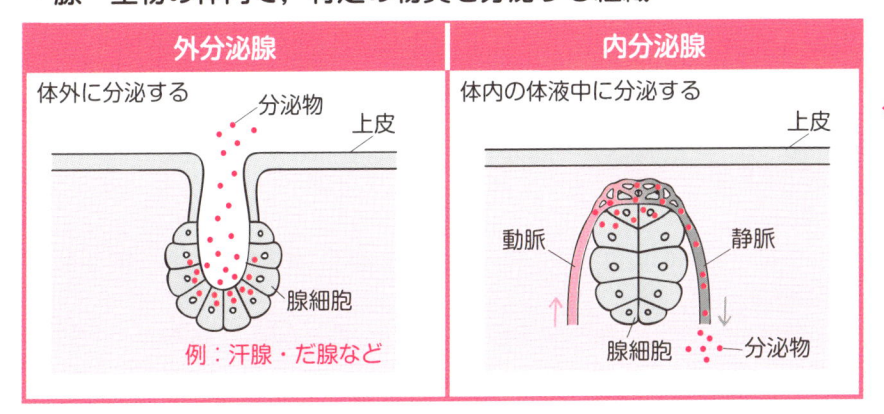

外分泌腺	内分泌腺
体外に分泌する	体内の体液中に分泌する
分泌物／上皮／腺細胞	上皮／動脈／静脈／腺細胞／分泌物
例：汗腺・だ腺など	

- さまざまな内分泌腺

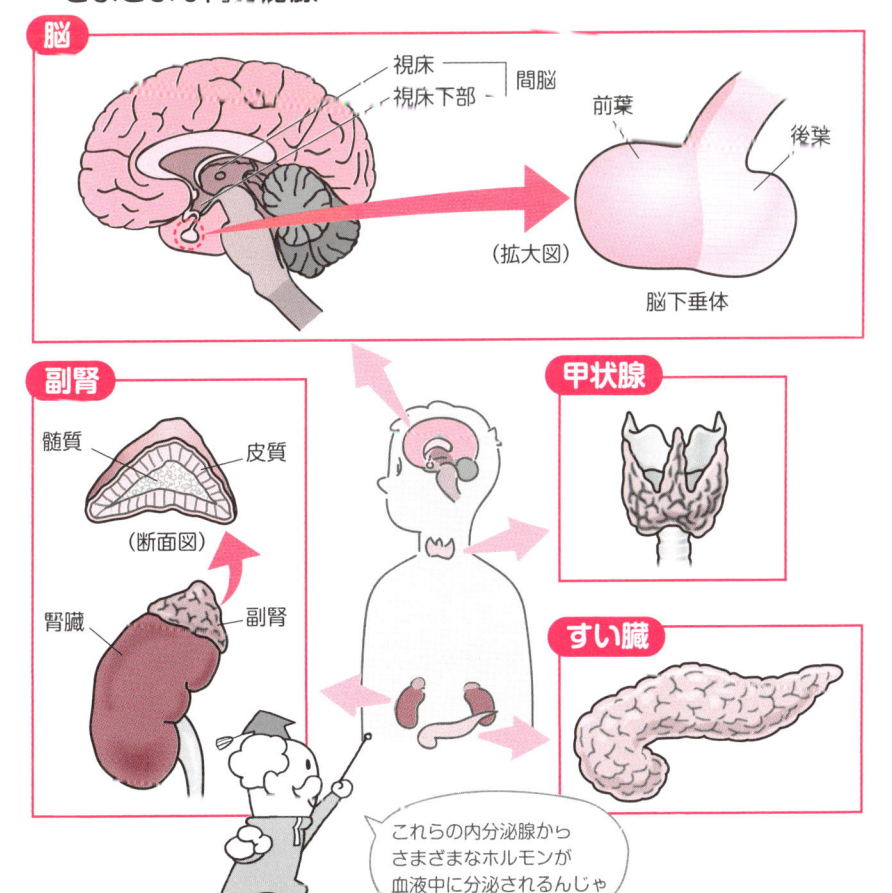

脳
視床／視床下部＝間脳
前葉／後葉
（拡大図）
脳下垂体

副腎
髄質／皮質
（断面図）
腎臓／副腎

甲状腺

すい臓

これらの内分泌腺からさまざまなホルモンが血液中に分泌されるんじゃ

4-34 ホルモンの受け取り（標的器官）

> **ココをおさえよう！**
>
> ホルモンの作用を受ける器官は決まっており，標的器官という。
> 標的器官の標的細胞にある受容体（レセプター）がホルモンを受け取る。

・標的器官

内分泌腺がホルモンを分泌して指示を伝えるということは，そのホルモンを受け取る器官がなくてはいけません。
このような器官を，**標的器官**といいます。

・標的細胞と受容体（レセプター）

標的器官には**標的細胞**があり，ホルモンは標的細胞の**受容体**（**レセプター**）で受け取られます。

目的とする器官以外がホルモンを受け取り，反応を起こしてしまったら困りますので，特定の器官のみが受け取るようになっていることはとても大切なことなのです。

・内分泌腺は標的器官となる場合もある

ホルモンを分泌して指示を出すのが内分泌腺，ホルモンによる指示を受け取るのが標的器官という説明をしてきましたが，内分泌腺と標的器官が別モノというわけではありません。

p.266でお話しした「ヘンテコな大企業」のパターン④を思い出してください。
ビン詰めの手紙を受け取った部下Eは，それを読んだあとに部下Fへビン詰めの手紙を送り，指示を伝えています。
「ビン詰めの手紙」＝「ホルモン」でしたね。
つまり，器官Eはホルモンを受け取る標的器官でもあり，ホルモンを分泌する内分泌腺でもあるということです。

体内ではこのように，ホルモンの受容・分泌によって指示が伝わっていくのです。

4-34 ホルモンの受け取り（標的器官）

- 標的器官…分泌されたホルモンを受け取る特定の器官。

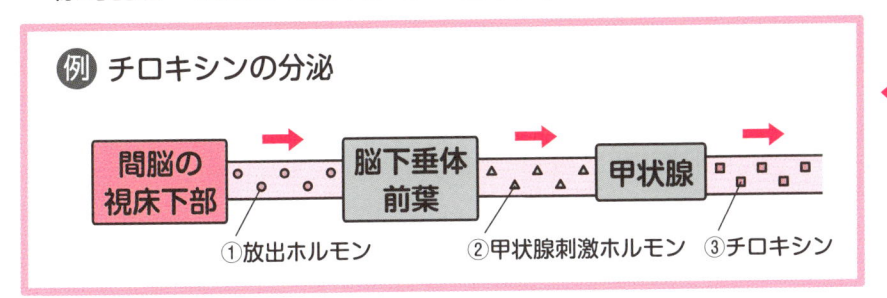

例　チロキシンの分泌

間脳の視床下部 → ①放出ホルモン → 脳下垂体前葉 → ②甲状腺刺激ホルモン → 甲状腺 → ③チロキシン

- 標的細胞と受容体（レセプター）

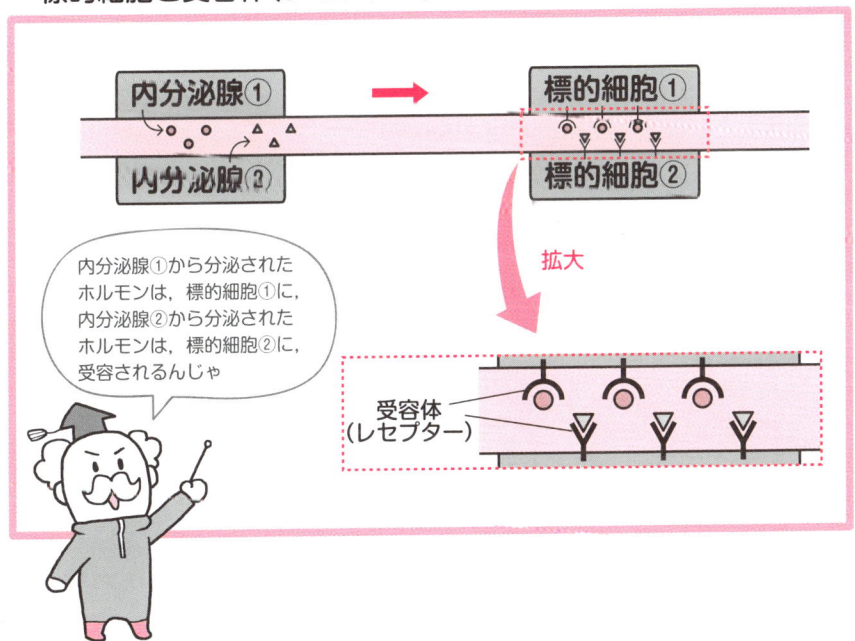

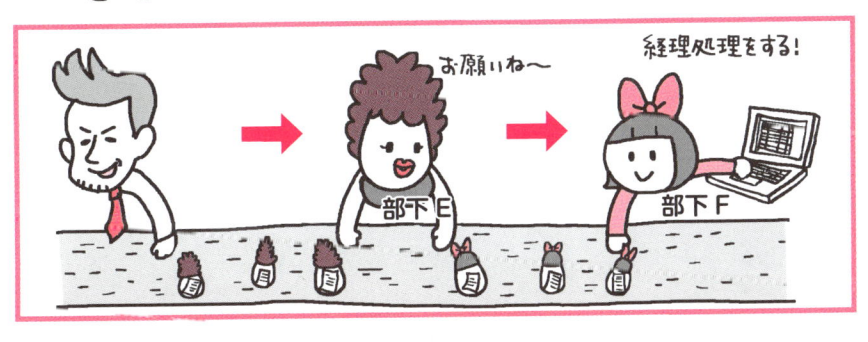

内分泌腺①から分泌されたホルモンは，標的細胞①に，内分泌腺②から分泌されたホルモンは，標的細胞②に，受容されるんじゃ

内分泌腺①／内分泌腺② → 標的細胞①／標的細胞②

拡大 → 受容体（レセプター）

部下E　お願いね〜
部下F　経理処理をする！

4-35 発展 水溶性ホルモンと脂溶性ホルモン

> **ココをおさえよう！**
> 水溶性ホルモンは細胞膜上に存在する受容体に結合し，脂溶性ホルモンは細胞膜内にある受容体に結合する。

・ホルモンの種類

ホルモンには，水に溶けやすい**水溶性ホルモン**と，脂質に溶けやすい**脂溶性ホルモン**があります。水溶性ホルモンと脂溶性ホルモンでは，標的細胞の受容体の位置が異なります。

というのも，細胞膜は脂質とタンパク質からなるため，**水溶性ホルモンは細胞膜を透過できませんが，脂溶性ホルモンは細胞膜を透過できるからです**。

つまり，ホルモンが，細胞膜の表面の受容体に結合するのか，細胞膜の内側にある受容体に結合するのか，という違いがあります。

・水溶性ホルモン

水溶性ホルモンは，細胞膜を透過することができませんので，**細胞膜上に存在する受容体に結合**します。この結合が起点となり，細胞内の化学反応が促進されます。

・脂溶性ホルモン

一方，脂溶性ホルモンは，細胞膜を透過することができるので，**細胞内に直接入り込み，細胞質や核の中にある受容体に結合**します。この結合が起点となり，特定の遺伝子が発現するのです。

4-35 〈発展〉 水溶性ホルモンと脂溶性ホルモン

- ホルモンの種類

水溶性ホルモン	脂溶性ホルモン
・水に溶けやすい。 ・細胞膜を透過できない。	・脂質に溶けやすい。 ・細胞膜を透過する。

細胞膜

細胞膜は脂質とタンパク質からできておるぞ

- 水溶性ホルモン

細胞膜上に存在する受容体に結合する。

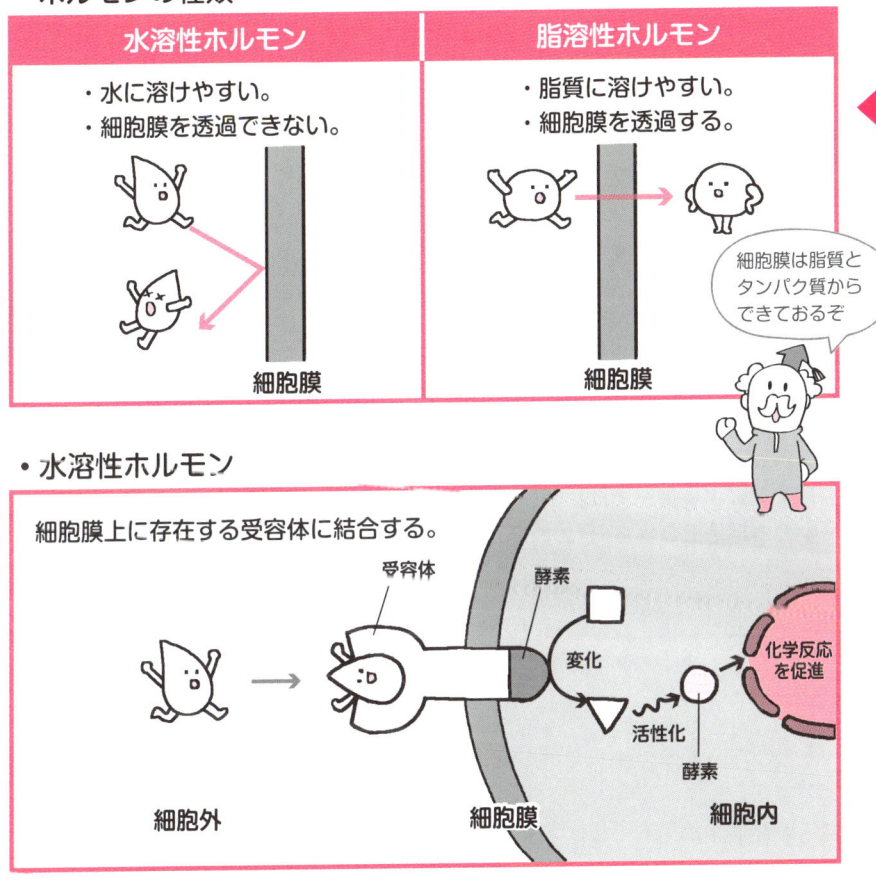

受容体　酵素　変化　活性化　酵素　化学反応を促進

細胞外　細胞膜　細胞内

- 脂溶性ホルモン

細胞内に直接入り込み、細胞質や核の中にある受容体に結合する。

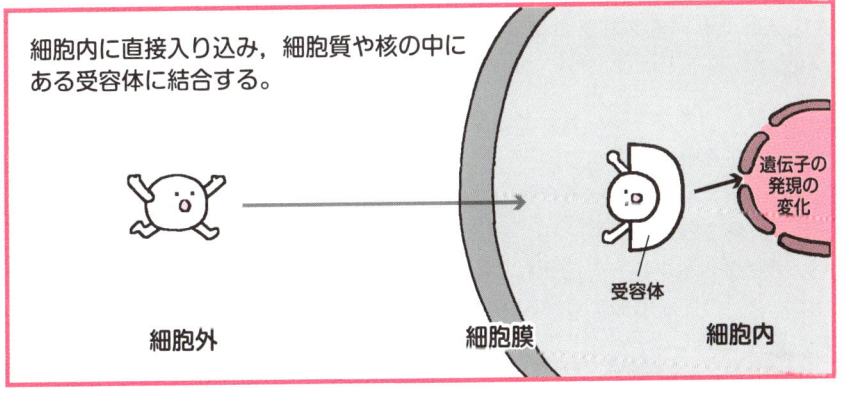

受容体　遺伝子の発現の変化

細胞外　細胞膜　細胞内

4-36 ホルモンを介した調節のしくみ

> **ココをおさえよう！**
> ホルモンによる調節は，少しずつ情報が伝達されていくイメージ。
> 自律神経系による調節との違いに注目しよう。

・ホルモンによる調節でもリーダーは間脳の視床下部

自律神経系では，主に間脳の視床下部が指令を出し，各器官を調節していました。ホルモンによる調節でも，リーダーとして指令を出すのは間脳の視床下部がメインです。

自律神経系では，交感神経と副交感神経を介して，間脳（中枢神経）が各器官へ指令を出していました。
ホルモンによる調節では，間脳の視床下部は血液中にホルモンを分泌することで途中の中継地点の器官（標的器官）へ指令を届けます。

間脳の視床下部が分泌するホルモンは，各種の**放出ホルモン**と**抑制ホルモン**です。名前のとおり放出ホルモンは「このホルモンを出しなさい」とホルモンの分泌を促進するもので，抑制ホルモンは「このホルモンの分泌をおさえなさい」と抑制するものです。

間脳の視床下部が分泌したホルモンを受け取る標的器官の代表格は，**脳下垂体前葉**です。
脳下垂体前葉が間脳の視床下部からホルモンを受け取ると，別のホルモンを分泌し，各器官へ指令が伝わります。

・チロキシンの分泌の例

甲状腺ホルモンであるチロキシンがどのような流れで分泌されるかを見てみましょう。

① 血液中のチロキシン量が不足すると，視床下部はそれを感知して，放出ホルモンを血液中に分泌する。
② この放出ホルモンを受け取った脳下垂体前葉が，甲状腺刺激ホルモンを血液中へ分泌する。
③ 甲状腺刺激ホルモンを受け取った甲状腺がチロキシンを血液中に分泌し，チロキシンの量が増加する。

> **補足** 脳下垂体前葉も，チロキシン量の不足を感知します。

4-36 ホルモンを介した調節のしくみ

- ホルモンによる調節でもリーダーは間脳の視床下部

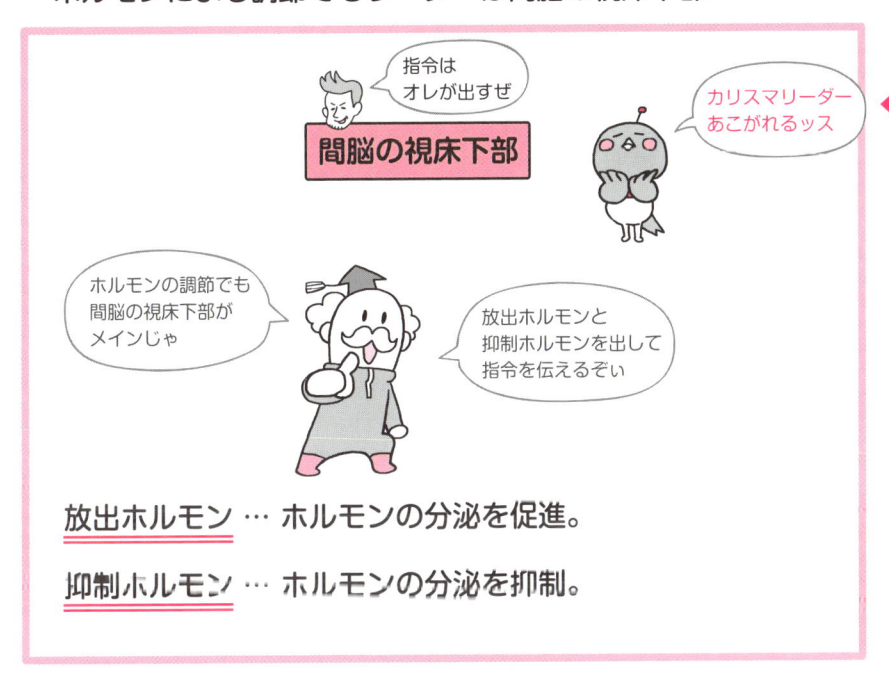

間脳の視床下部
「指令はオレが出すぜ」

「カリスマリーダーあこがれるッス」

「ホルモンの調節でも間脳の視床下部がメインじゃ」

「放出ホルモンと抑制ホルモンを出して指令を伝えるぞぃ」

<u>放出ホルモン</u> … ホルモンの分泌を促進。

<u>抑制ホルモン</u> … ホルモンの分泌を抑制。

例 チロキシンの分泌

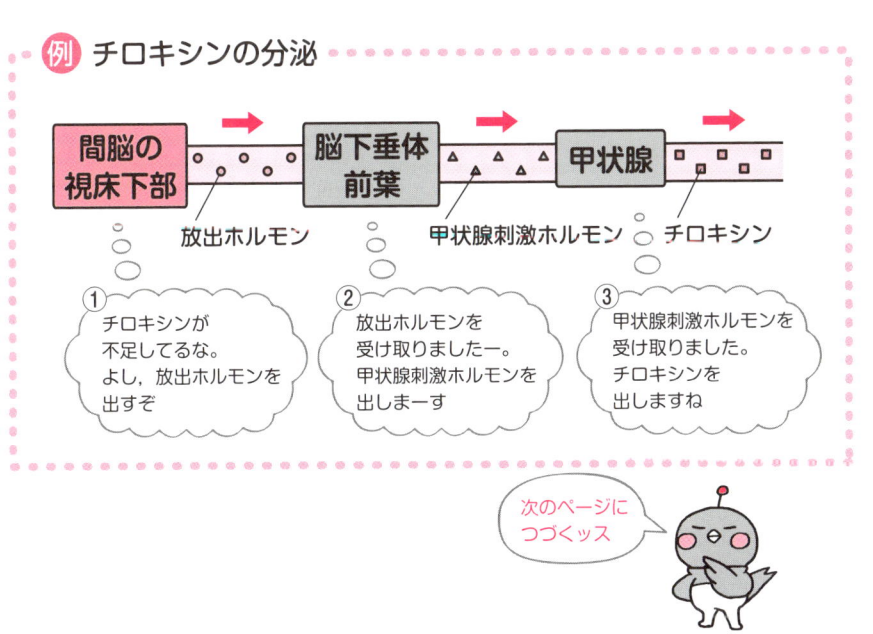

間脳の視床下部 → 脳下垂体前葉 → 甲状腺

放出ホルモン　甲状腺刺激ホルモン　チロキシン

① チロキシンが不足してるな。よし，放出ホルモンを出すぞ

② 放出ホルモンを受け取りましたー。甲状腺刺激ホルモンを出しまーす

③ 甲状腺刺激ホルモンを受け取りました。チロキシンを出しますね

「次のページにつづくッス」

・チロキシンの分泌の例の続き（フィードバック）

さて，前ページのように①～③の3段階で，血液中にチロキシンの量が増加したわけですが，あまり増え続けると体が正常にはたらきません。

そんなことがないように，チロキシンには視床下部や脳下垂体前葉に作用し，放出ホルモンや甲状腺刺激ホルモンの分泌を抑制するはたらきがあります。
それらのホルモンの分泌が抑制されることで，チロキシンの分泌も抑制され，血液中のチロキシンの量は適正に保たれます。

このような，最終生成物（結果）が前の段階の器官（原因）に戻ってはたらきかけるしくみを**フィードバック調節**といい，その中でも，最終生成物が原因を抑制するようにはたらく場合を**負のフィードバック**といいます。
チロキシンに限らず，ふつう，ホルモンは負のフィードバック調節によって，血液中の濃度が適正になるように保たれています。

・自律神経系による調節とホルモンによる調節の比較

自律神経系による調節とホルモンによる調節の共通点と違いをまとめておきます。

共通点
☆自分の意思とは無関係である。
☆間脳が調節のリーダー的な役割を担っている。

違い
☆自律神経系による調節では，交感神経・副交感神経を介して，間脳が器官にはたらきかける。
　ホルモンによる調節では，間脳は放出ホルモン・抑制ホルモンを分泌し，脳下垂体前葉を介して標的器官に作用する。

☆自律神経系では，交感神経・副交感神経を介して信号として指令が伝わるため，すばやく調節されるが，効果は短期間しか継続しない。
　ホルモンによる調節では，ホルモンが血液に運ばれることで指令が伝わるため，ゆっくり調節されるが効果は持続的。

☆自律神経系による調節では，交感神経・副交感神経が拮抗的にはたらくことで，各器官が調節される。
　ホルモンによる調節では，フィードバック調節が起こることで，血液中のホルモン濃度が調節される。

例 チロキシンの分泌のつづき（フィードバック）

チロキシンの量が増えると，間脳の視床下部と脳下垂体前葉に作用し，ホルモンの分泌を抑制する。

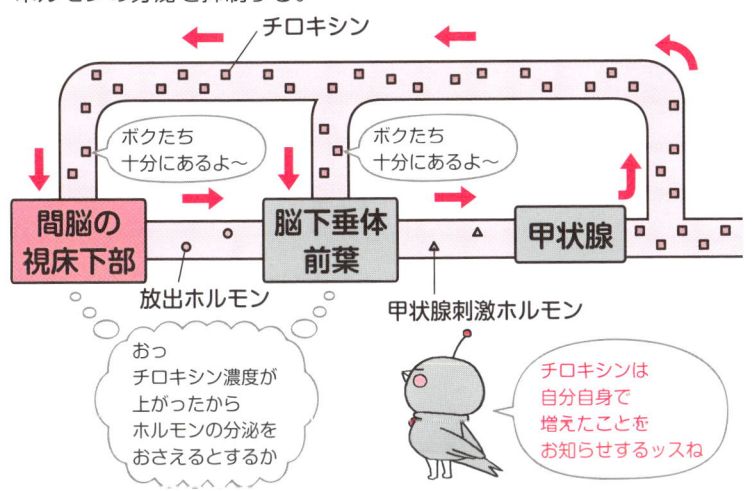

```
　　　　　　　　　　← チロキシン ←
　　↓　　　　　　　　↓　　　　　　　　↑
┌─────────┐  ┌─────────┐  ┌─────────┐
│ 間脳の　　│  │脳下垂体 │  │ 甲状腺　│
│ 視床下部　│  │ 前葉　　│  │　　　　│
└─────────┘  └─────────┘  └─────────┘
     放出ホルモン　　　甲状腺刺激ホルモン
```

（間脳の視床下部）ボクたち十分にあるよ〜
（脳下垂体前葉）ボクたち十分にあるよ〜

おっ チロキシン濃度が上がったからホルモンの分泌をおさえるとするか

チロキシンは自分自身で増えたことをお知らせするッスね

・自律神経系による調節とホルモンによる調節の比較

	自律神経系による調節	ホルモンによる調節
共通点	自分の意思とは無関係。	
	間脳が調節のリーダー的役割。	
違い	交感神経・副交感神経を介して，間脳が器官にはたらきかける。	間脳は放出ホルモン・抑制ホルモンを分泌し，脳下垂体前葉を介して標的器官に作用。
	すばやく調節されて，効果は短期間。	ゆっくり調節されて，効果は持続的。
	交感神経と副交感神経が拮抗的にはたらくことで調節される。	フィードバック調節で血液中のホルモン濃度が調節される。

表にまとめたから確認しておくんじゃぞ

ここまでやったら 別冊 P.39 へ

4-37 ホルモンを介した情報伝達の例 〜水分量の調節〜

> **ココをおさえよう！**
>
> 脳下垂体後葉から分泌されるバソプレシンというホルモンは，
> 腎臓で水分の再吸収を促進する（排出される尿の量を減らす）。

ホルモンを介した情報伝達の事例をもう1つご紹介します。
今回は，体液中の水分量の調節について見てみましょう。

・体液中の水分量の調節は，バソプレシンというホルモンを介して行われる

体液中の水分量を適切な範囲に保つことは，とても重要なことです。
腎臓がその役割を担っているということは，p.222でお話ししましたが，実はホルモンを介して調節されていたのです。

a．体液中の水分量が少ないとき

①汗をかいたり，水分補給が十分ではないなどにより，体液中の水分量が減り，体内の塩類濃度が高まると，それを間脳の視床下部が感知します。そして，間脳の視床下部の神経分泌細胞でバソプレシンが作られます。バソプレシンを合成する神経分泌細胞の突起は脳下垂体後葉までのびているため，バソプレシンは脳下垂体後葉から分泌されます。
「汗がダラダラ出るときは，バソプレシンもたくさん分泌される」と覚えるとよいでしょう。

②バソプレシンの標的器官である腎臓は，バソプレシンを受け取ると，**原尿**から**再吸収**する水分量を増やし，体液中の水分量を保とうとします。

b．体液中の水分量が多いとき

①一方，大量の水を飲んだりして体液中の水分量が増え，体内の塩類濃度が低くなると，それを間脳の視床下部が感知し，抑制ホルモンを分泌します。その結果脳下垂体後葉からのバソプレシン分泌が抑制されます。「汗が出ていないときは，バソプレシンもあまり分泌されない」と覚えるとよいでしょう。

②バソプレシンの分泌量が抑えられた結果，原尿から再吸収する水分量が減り，水分は尿として排出されます。

4-37 ホルモンを介した情報伝達の例 ～水分量の調節～

• 体液中の水分量の調節

> 体液中の水分量の調節は，
> バソプレシンというホルモンを介して行われる。

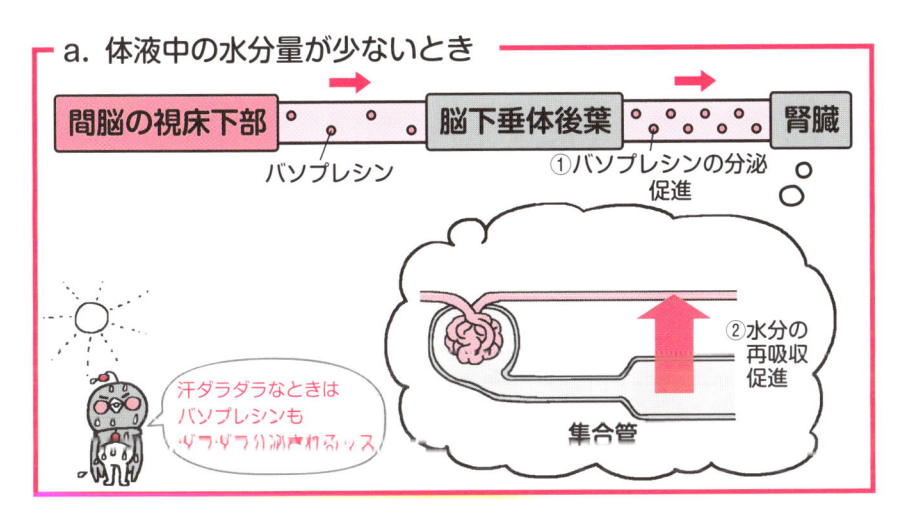

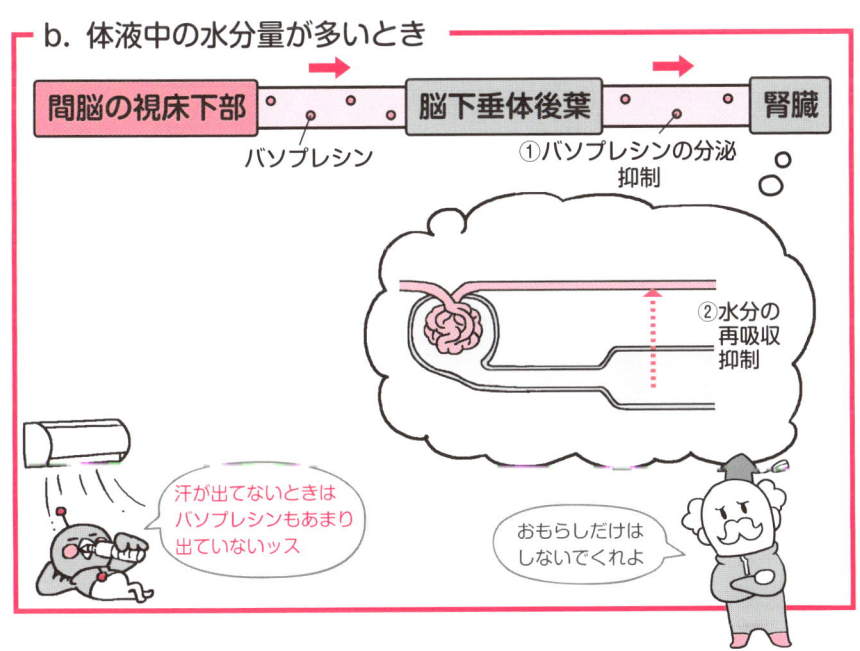

a. 体液中の水分量が少ないとき

間脳の視床下部 → バソプレシン → 脳下垂体後葉 → ①バソプレシンの分泌促進 → 腎臓

②水分の再吸収促進

集合管

汗ダラダラなときはバソプレシンもダラダラ分泌されるッス

b. 体液中の水分量が多いとき

間脳の視床下部 → バソプレシン → 脳下垂体後葉 → ①バソプレシンの分泌抑制 → 腎臓

②水分の再吸収抑制

汗が出てないときはバソプレシンもあまり出ていないッス

おもらしだけはしないでくれよ

4-38 血糖濃度の調節（高血糖の場合）

> **ココをおさえよう！**
>
> 〈高血糖の場合〉
>
> 間脳の視床下部 —副交感神経→ すい臓のランゲルハンス島B細胞 —インスリン→ 細胞，肝臓

これまでは，自律神経系とホルモンによる情報伝達を，分けて説明してきましたが，自律神経系とホルモンの両方を用いて情報伝達する事例もあります。
p.266の「ヘンテコな大企業」でいうところの，社長が部下に電話をかけて，その部下がビン詰めの手紙を流すパターンです。

4-38～41では，血糖濃度の調節と体温の調節について，自律神経系やホルモンのかかわり方で分けて説明します。
用語も多く大変なところではありますが，大事なところなので，頑張って覚えてくださいね。
まずは，**血糖濃度**の調節についてです。

・高血糖の場合

食後などに一時的に血液中にグルコースが増え，血糖量が増加すると，体内では以下のような反応が起こります。

☆自律神経系とホルモンがかかわる情報伝達

間脳の視床下部をグルコースが多く含まれる高血糖の血液が通過すると，①副交感神経を通じ，すい臓の**ランゲルハンス島B細胞**に信号が伝わります。
すると②ランゲルハンス島B細胞から，**インスリン**というホルモンが分泌されます。

インスリンは，③細胞内への**グルコース**の取り込みや，細胞内でのグルコースの消費などを促進します。
また，④肝臓・筋肉において，グルコースから**グリコーゲン**を生成する反応を促進します。

結果，⑤血糖濃度が低下するのです。

> **補足** ただし，すい臓のランゲルハンス島B細胞は，間脳の視床下部からの指令がなくとも，すい臓を通過した血液の血糖濃度が高いと，直接感知してインスリンの分泌を促進します。

- 血糖濃度の調節（高血糖の場合）

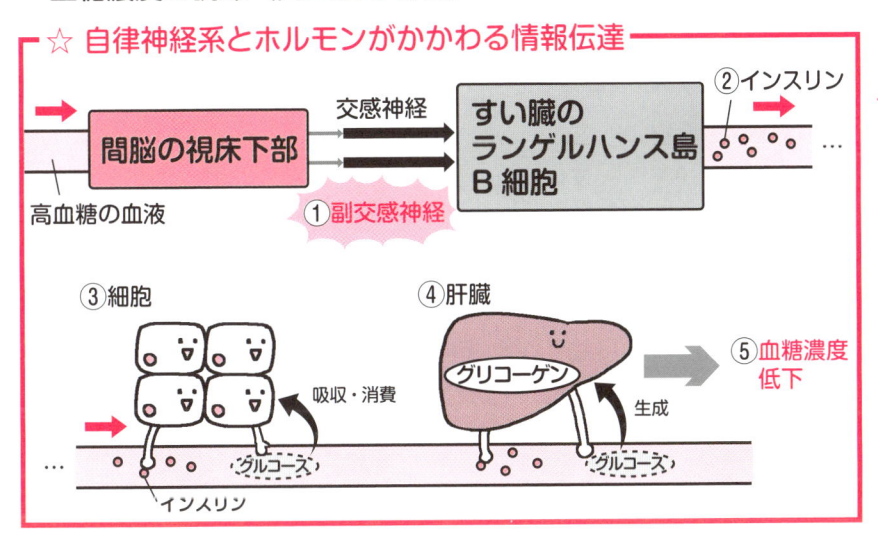

☆ 自律神経系とホルモンがかかわる情報伝達

間脳の視床下部 —交感神経→ すい臓のランゲルハンス島B細胞 → ②インスリン
高血糖の血液
①副交感神経

③細胞 吸収・消費 ← グルコース ← インスリン
④肝臓 グリコーゲン 生成 ← グルコース
⑤血糖濃度低下

補足

すい臓のランゲルハンス島B細胞は間脳の視床下部からの指令がなくても、すい臓を通過した血液の血糖濃度が高いと、直接感知してインスリンの分泌を促進する。

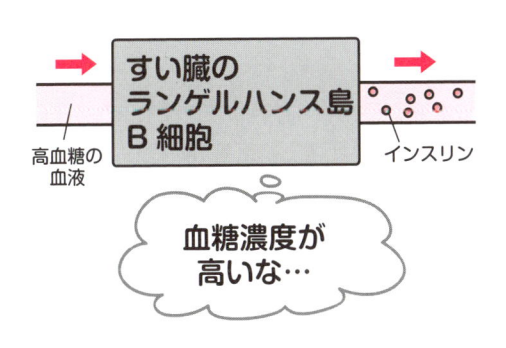

高血糖の血液 → すい臓のランゲルハンス島B細胞 → インスリン

「血糖濃度が高いな…」

4-39 血糖濃度の調節（低血糖の場合）

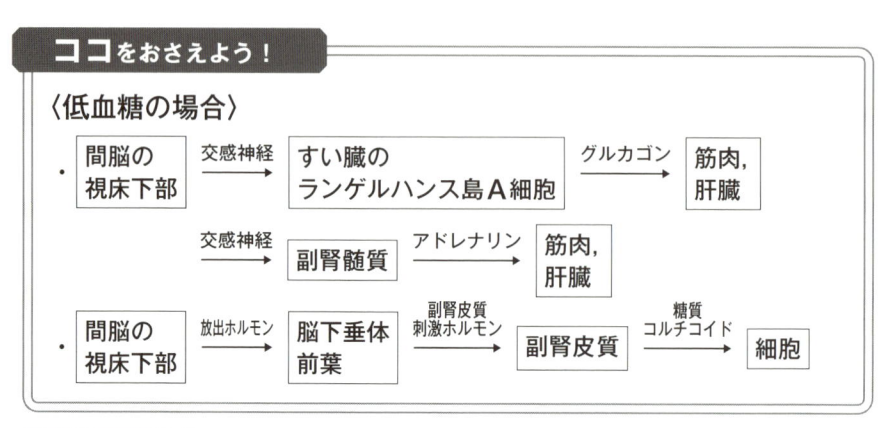

ココをおさえよう！

〈低血糖の場合〉

- 間脳の視床下部 →（交感神経）→ すい臓のランゲルハンス島A細胞 →（グルカゴン）→ 筋肉，肝臓
- →（交感神経）→ 副腎髄質 →（アドレナリン）→ 筋肉，肝臓
- 間脳の視床下部 →（放出ホルモン）→ 脳下垂体前葉 →（副腎皮質刺激ホルモン）→ 副腎皮質 →（糖質コルチコイド）→ 細胞

・低血糖の場合
激しい運動などで血糖濃度が低下すると，体内では以下のように反応します。

☆自律神経系とホルモンがかかわる情報伝達
間脳の視床下部を低血糖の血液が通過すると，①交感神経を通じて，すい臓の**ランゲルハンス島A細胞**と**副腎髄質**に信号が伝わります。

すい臓のランゲルハンス島A細胞に信号が伝わると，②ランゲルハンス島A細胞から**グルカゴン**というホルモンが分泌されます。
また，副腎髄質に信号が伝わると，③副腎髄質から**アドレナリン**というホルモンが分泌されます。

④アドレナリンとグルカゴンはともに，肝臓や筋肉に作用し，グリコーゲンを分解してグルコースを生成する反応が促進されます。結果，⑤血糖濃度が上昇します。

> **補足** すい臓を血糖濃度が低い血液が流れると，直接感知して，ランゲルハンス島A細胞からグルカゴンが分泌される経路もあります。

☆ホルモンのみがかかわる情報伝達
①間脳の視床下部が放出ホルモンを放出します。②それを受け取った脳下垂体前葉は，**副腎皮質刺激ホルモン**を放出し，③またそれを受け取った副腎皮質は，**糖質コルチコイド**というホルモンを分泌します。糖質コルチコイドは，④細胞中のタンパク質からグルコースを生成する反応を促進します。

4-39 血糖濃度の調節（低血糖の場合）

・血糖濃度の調節（低血糖の場合）

☆ 自律神経系とホルモンがかかわる情報伝達

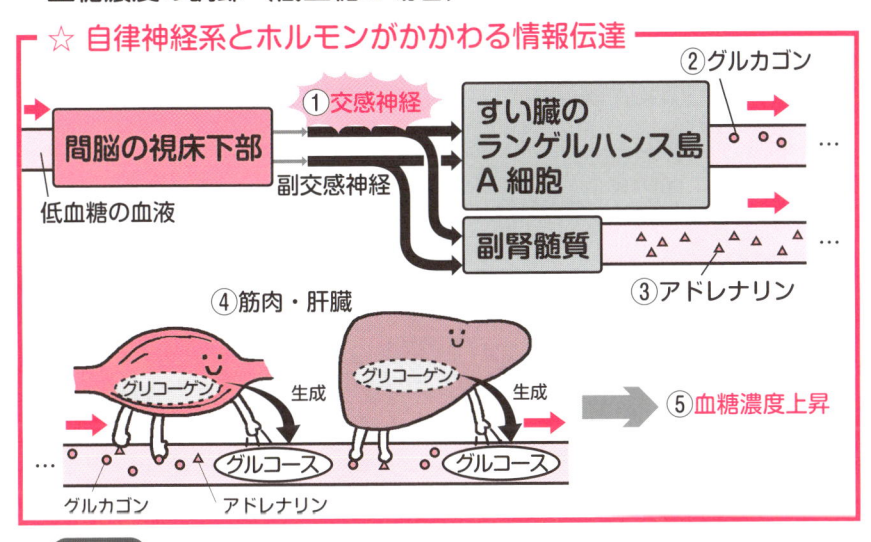

間脳の視床下部 → ①交感神経 → すい臓のランゲルハンス島A細胞 → ②グルカゴン
低血糖の血液　副交感神経 → 副腎髄質 → ③アドレナリン

④筋肉・肝臓
グリコーゲン → グルコース 生成
グルカゴン　アドレナリン

⇒ ⑤血糖濃度上昇

補足

すい臓を血糖濃度が低い血液が流れると，直接感知して，ランゲルハンス島A細胞からグルカゴンが分泌される経路もある。

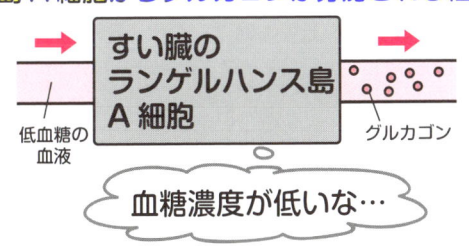

低血糖の血液 → すい臓のランゲルハンス島A細胞 → グルカゴン

「血糖濃度が低いな…」

☆ ホルモンのみがかかわる情報伝達

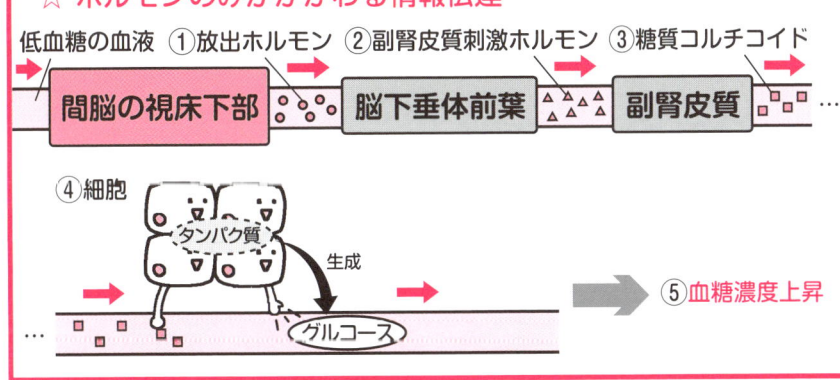

低血糖の血液 → 間脳の視床下部 → ①放出ホルモン → 脳下垂体前葉 → ②副腎皮質刺激ホルモン → 副腎皮質 → ③糖質コルチコイド

④細胞
タンパク質 → グルコース 生成

⇒ ⑤血糖濃度上昇

4-40 体温の調節（体温が低い場合）

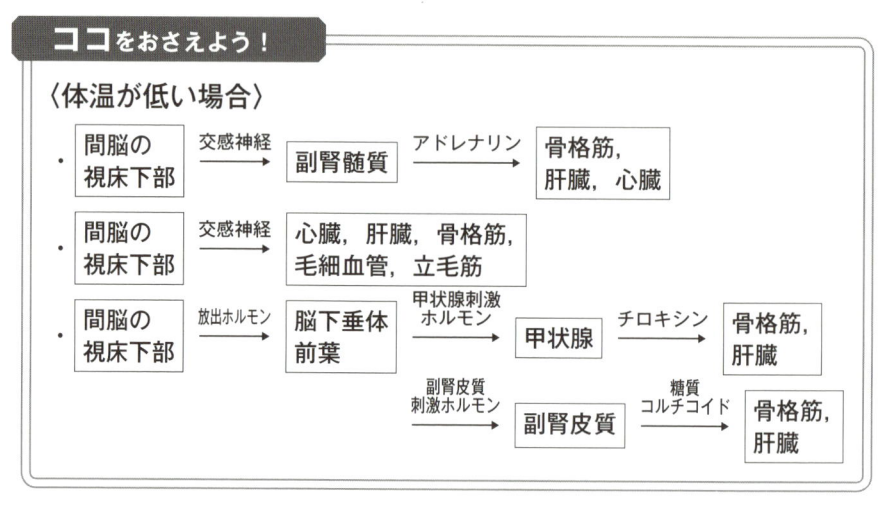

ココをおさえよう！

〈体温が低い場合〉

- 間脳の視床下部 →(交感神経)→ 副腎髄質 →(アドレナリン)→ 骨格筋, 肝臓, 心臓
- 間脳の視床下部 →(交感神経)→ 心臓, 肝臓, 骨格筋, 毛細血管, 立毛筋
- 間脳の視床下部 →(放出ホルモン)→ 脳下垂体前葉 →(甲状腺刺激ホルモン)→ 甲状腺 →(チロキシン)→ 骨格筋, 肝臓
  →(副腎皮質刺激ホルモン)→ 副腎皮質 →(糖質コルチコイド)→ 骨格筋, 肝臓

体温の調節も，自律神経系とホルモンによって調節されています。

・体温が低い場合

外界の温度が下がるなどして，体温が低下すると，体内では以下のような反応が起こります。

☆自律神経系とホルモンがかかわる情報伝達

間脳の視床下部が皮膚や体液の温度変化を感知すると，①交感神経を通じて副腎髄質が刺激されます。すると②副腎髄質からアドレナリンが分泌されます。

アドレナリンは，③骨格筋と肝臓に作用して物質の分解を促進したり，④心臓の拍動を促進し，血流の量を増やします。

> **補足** アドレナリンは，血糖濃度を上昇させる際にも分泌されるホルモンでしたね（p.282, 296）。

☆自律神経系のみがかかわる情報伝達

体温の低下を間脳の視床下部が感知し，①交感神経を通じて指令を伝えると，
②心臓の拍動数が増え，血流量が増加する。
③肝臓での物質の分解が促進され，発生する熱を増やす（p.262）。
④骨格筋をふるえさせ，発生する熱を増やす。
⑤毛細血管が収縮し，血液からの放熱量を減らす。
⑥立毛筋が収縮し，体外への放熱を抑制する（p.276）。

- 体温の調節（体温が低い場合）

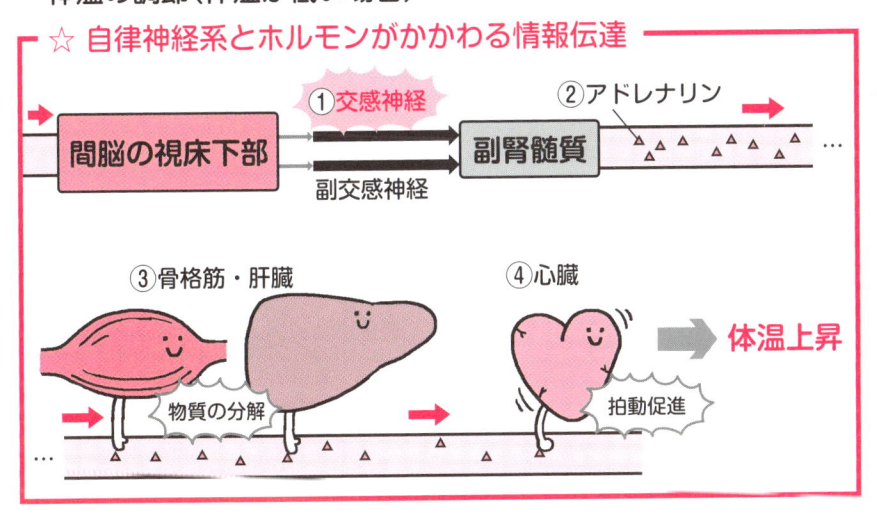

☆ 自律神経系とホルモンがかかわる情報伝達

① 交感神経
② アドレナリン
間脳の視床下部 → 副腎髄質
副交感神経
③ 骨格筋・肝臓
④ 心臓
物質の分解
拍動促進
→ 体温上昇

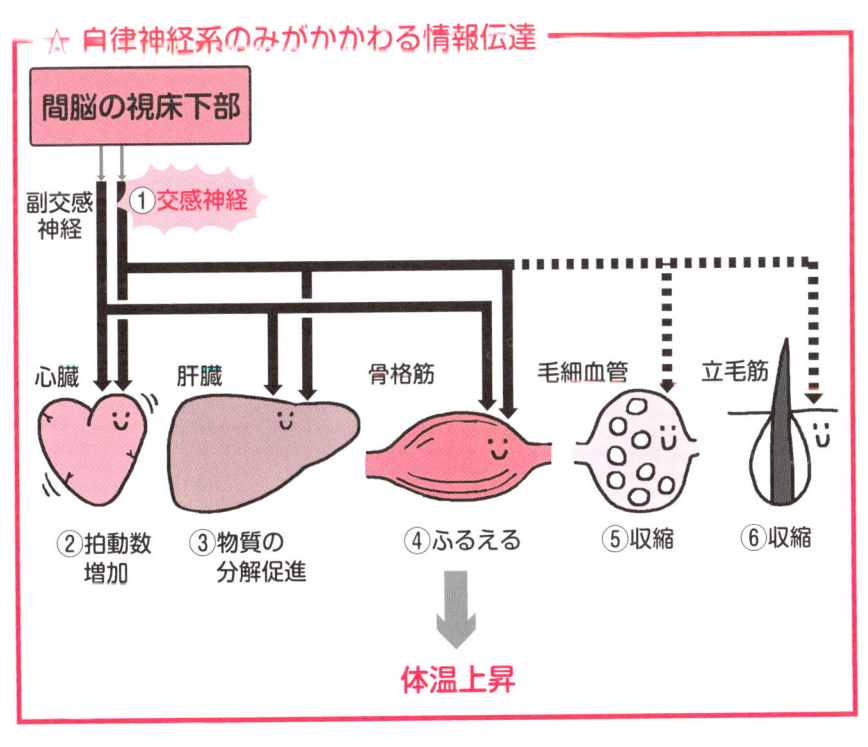

☆ 自律神経系のみがかかわる情報伝達

間脳の視床下部
副交感神経
① 交感神経

心臓　肝臓　骨格筋　毛細血管　立毛筋
② 拍動数増加
③ 物質の分解促進
④ ふるえる
⑤ 収縮
⑥ 収縮

→ 体温上昇

☆ホルモンのみがかかわる情報伝達

①間脳の視床下部が温度変化を感知すると，**放出ホルモン**を放出し，**脳下垂体前葉**を刺激します。すると，脳下垂体前葉から**甲状腺刺激ホルモン**と**副腎皮質刺激ホルモン**が放出されます。

②甲状腺刺激ホルモンが放出されると，甲状腺を刺激し，③**甲状腺からチロキシンというホルモンが放出**されます。
④チロキシンは，骨格筋と肝臓に作用し，物質の分解を促進します。

また，⑤副腎皮質刺激ホルモンが放出されると，副腎皮質を刺激し，⑥**副腎皮質**から**糖質コルチコイド**というホルモンが放出されます。
⑦糖質コルチコイドは，骨格筋と肝臓に作用し，物質の分解を促進します。

きちんと整理できたでしょうか？

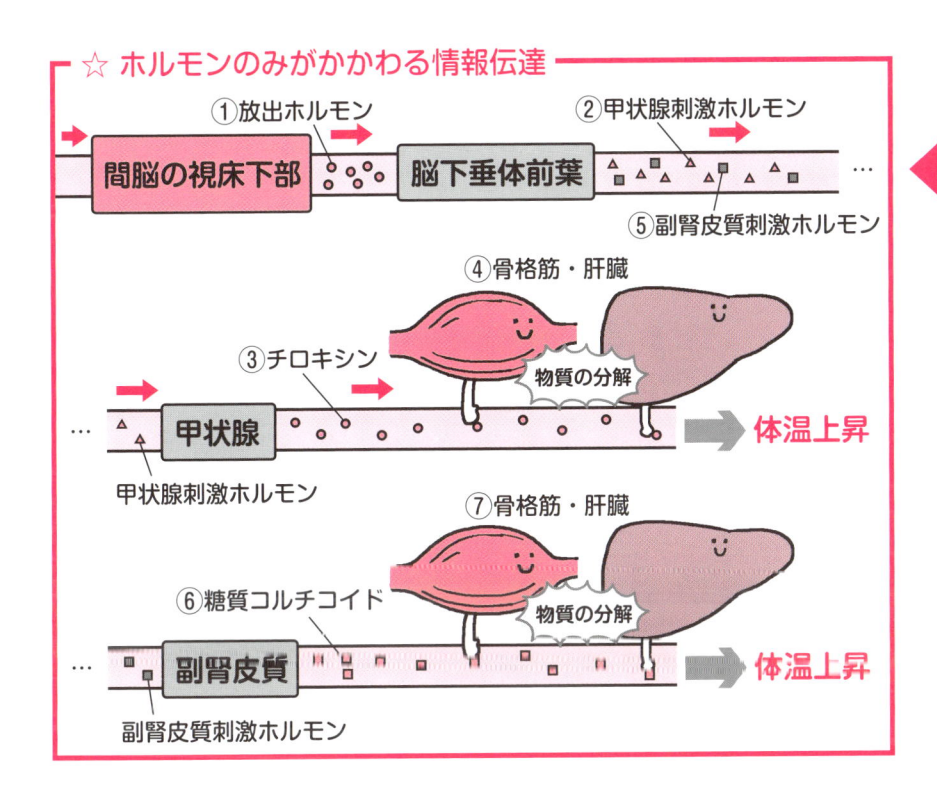

4-40 体温の調節（体温が低い場合）

☆ ホルモンのみがかかわる情報伝達

①放出ホルモン　②甲状腺刺激ホルモン

間脳の視床下部 → 脳下垂体前葉 …

⑤副腎皮質刺激ホルモン

④骨格筋・肝臓
③チロキシン
物質の分解 → 体温上昇
… 甲状腺
甲状腺刺激ホルモン

⑦骨格筋・肝臓
⑥糖質コルチコイド
物質の分解 → 体温上昇
… 副腎皮質
副腎皮質刺激ホルモン

4-41 体温の調節（体温が高い場合）

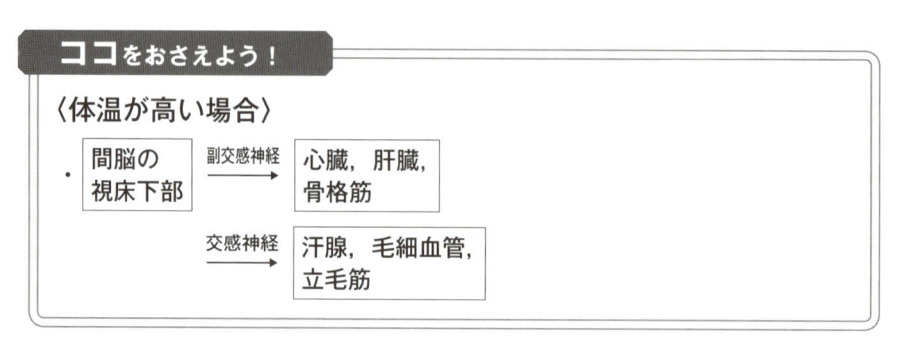

> **ココをおさえよう！**
>
> 〈体温が高い場合〉
>
> - 間脳の視床下部 —副交感神経→ 心臓，肝臓，骨格筋
>
>   —交感神経→ 汗腺，毛細血管，立毛筋

・体温が高い場合

外界の温度が高いことなどによって，体温が向上すると，体内では以下のような反応が起こります。

☆自律神経系のみがかかわる情報伝達
①皮膚からの刺激や，体液の温度変化を間脳の視床下部が感知し，指令が伝えられます。

主に，副交感神経を通じて指令が伝えられます。すると，
②心臓の拍動が減り，血流量が減少します。
③肝臓での物質の分解が抑制され，発生する熱を減らします。
④骨格筋での物質の分解が抑制され，発生する熱を減らします。

体温が高い場合の体温調節では，注意すべきことが1つあります。それは，**汗腺のみ，交感神経を通じて指令が伝えられる**ということです。
指令が伝えられると，⑤汗腺が拡張し，発汗が促進され，気化熱で体温を下げます。

※交感神経がはたらかないことにより，⑥毛細血管が拡張し，血液からの放熱量を増やします。また，⑦立毛筋が弛緩し，体外に熱を放熱します。

・体温の調節（体温が高い場合）

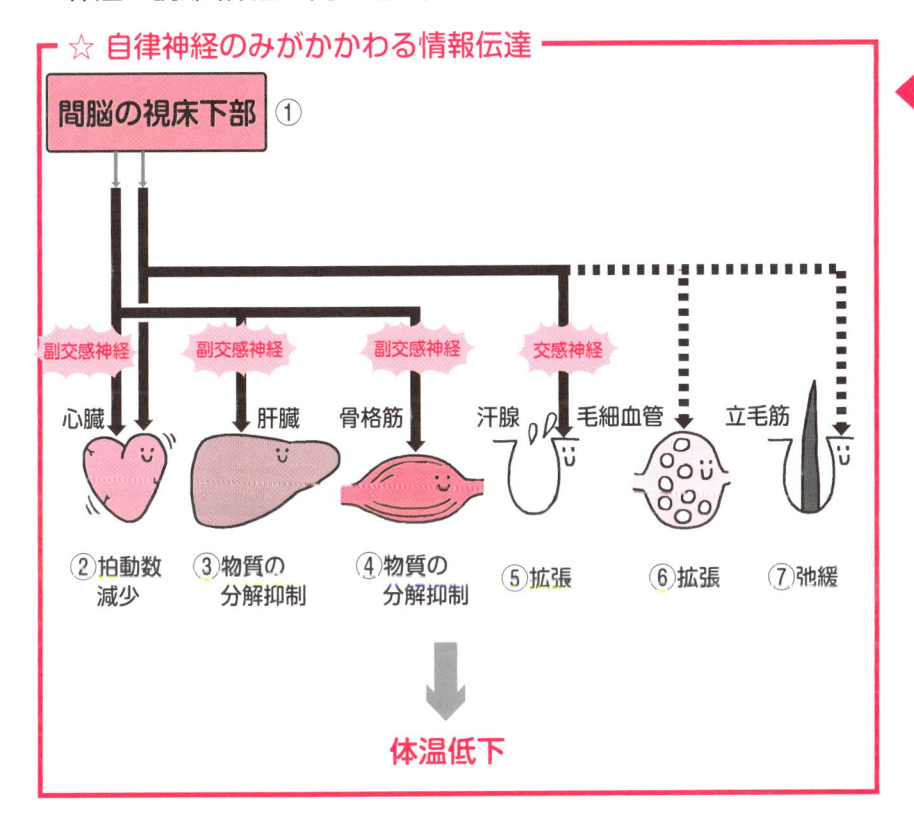

☆ 自律神経のみがかかわる情報伝達

間脳の視床下部 ①

副交感神経	副交感神経	副交感神経	交感神経		
心臓	肝臓	骨格筋	汗腺	毛細血管	立毛筋
②拍動数減少	③物質の分解抑制	④物質の分解抑制	⑤拡張	⑥拡張	⑦弛緩

⇒ **体温低下**

さすがに疲れたッス

うむ たまには 休けいしても よいぞい

4-42 糖尿病

> **ココをおさえよう！**
> 糖尿病は，血糖濃度が高くなったまま正常値に戻らない病気。

これまでは，体内環境の調節がうまくいっている場合について勉強してきました。
逆に，調節がうまくはたらかない場合，どうなるのでしょうか？

糖尿病を例にとって見てみましょう。
糖尿病は，**血糖濃度が高いまま，正常値に戻らない病気**です。

正常な人と糖尿病の人は，いったい何が違うのでしょうか？
正常な人と糖尿病の人がグルコース溶液を飲んだあとの変化を，グラフで見てみましょう。

・血糖濃度の変化
右ページ図1のように，正常な人の血糖濃度は，グルコース溶液を飲んで2時間後には正常値に戻るのですが，糖尿病の人の血糖濃度はすぐには正常値に戻らず，高いまま推移します。

・インスリン濃度の変化
続いて，右ページ図2をご覧下さい。
正常な人は，グルコース溶液を飲むとインスリン濃度が急激に上がります（①）。
インスリンの分泌が促進され，グルコース濃度を減少させているのです。

一方，糖尿病の人のインスリン濃度はあまり上がりません（②）。
そのため，時間が経ってもグルコース濃度が高いままなのです。

糖尿病が起こる原因は，
　☆ランゲルハンス島B細胞が，インスリンを生成できていない
　☆インスリンの標的細胞が，インスリンを正常に受け取れていない
などが考えられます。

- 糖尿病…血糖濃度が高いまま，正常値に戻らない病気

〈血糖濃度の変化〉（図 1）

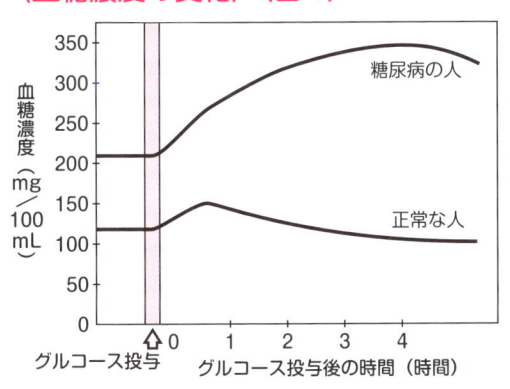

（吹き出し）正常な人は，2時間後には正常値に戻っているが，糖尿病の人は戻っとらんぞ！インスリン濃度はどうなっておるかの？

〈インスリン濃度の変化〉（図 2）

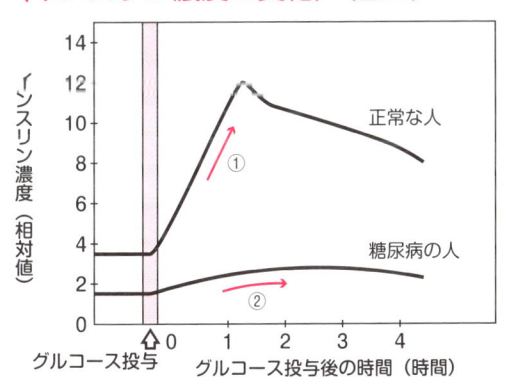

（吹き出し）えーっと…正常な人はグルコース投与後，インスリン濃度が急激に上昇しているけど，糖尿病の人はほとんど増えてないッス

糖尿病が起こる原因

・すい臓のランゲルハンス島 B 細胞が，インスリンを生成できていない。

・インスリンの標的細胞が，インスリンを正常に受け取れていない。

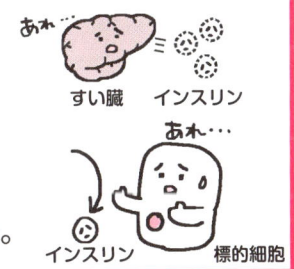

ここまでやったら 別冊 p. 40 へ

4-43 生体防御① 〜概要 その1〜

> **ココをおさえよう！**
>
> 異物から生体を守ろうとするしくみを生体防御という。
> 生体防御は「物理的・化学的防御」と「免疫」に分けられ，
> 免疫は「自然免疫」と「獲得免疫」に分けられる。
> さらに獲得免疫は「体液性免疫」と「細胞性免疫」に分けられる。

私たちの身の回りには，病原体をはじめとしてさまざまな異物が存在しています。正常な生命活動を維持するためには，異物の体内への侵入を防いだり，侵入した病原体が増殖したりするのを防ぐ必要があります。そうでなければ，私たちはすぐに病気になってしまうでしょう。

ヒトは，異物が体内に侵入することを皮膚や粘膜によって物理的・化学的に防いでいます。また，もし体内に侵入してきたとしても，異物を認識し，白血球などによって排除するしくみが備わっています。

このような，病原体から生体を守ろうとするしくみをまとめて，**生体防御**といいます。ここからは，この生体防御についてくわしく見ていきます。

・生体防御の概要

ヒトの体内には，大きく分けて2つの防衛線が張られています。
それが，「**物理的・化学的防御**」と「**免疫**」です。
「免疫」は，さらに「**自然免疫**」と「**獲得免疫**」に分けられ，
「獲得免疫」は，さらに「**体液性免疫**」と「**細胞性免疫**」に分けられます。

まとめると，以下のようになります。

```
防衛線①：物理的・化学的防御
防衛線②：免疫 ─┬─ 自然免疫
              └─ 獲得免疫 ─┬─ 体液性免疫
                          └─ 細胞性免疫
```

4-43 生体防御① 〜概要 その1〜

- 生体防御…異物から生体を守ろうとするしくみ

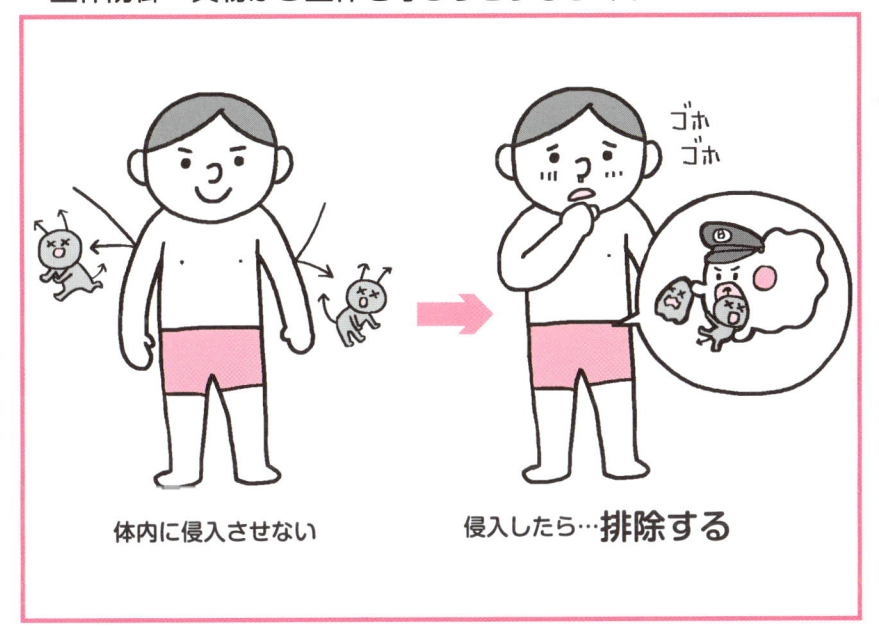

体内に侵入させない　　侵入したら…**排除する**

- 生体防御の概要

防衛線①：物理的・化学的防御
防衛線②：免疫 ─ 自然免疫
　　　　　　　└ 獲得免疫 ─ 体液性免疫
　　　　　　　　　　　　　└ 細胞性免疫

生体防御は「物理的・化学的防御」と「免疫」とに分けられるぞぃ

免疫にもいろいろあるッスね

4-44 生体防御② 〜概要 その2〜

> **ココをおさえよう！**
> 地球外生命体から地球を守るストーリーを読んで，生体防御の全体像をつかもう。

生体防御の概要を，まずはストーリーでご紹介しましょう。

『時は20XX年。地球は，地球外生命体からの攻撃を受けていた。

それに対抗するため，地球には2つの防衛線が張られていた。
1つは，地球外生命体が地球に侵入してくるのを防ぐシールド（防衛線①）。
もう1つは，シールドが破られた際に攻撃する部隊（防衛線②）であった。

地球のシールドが突破されたとしても，地球外生命体の大半は，防衛線②－1によって駆逐することができた（ただし，防衛線②－1では，生きて帰らない部隊も多い。まさに死闘が繰り広げられているようだ）。

防衛線②－1も破られることはあるものの，防衛線②－2によって地球外生命体の侵略を防ぐことができた。

防衛線②－2というのは，防衛線②－1で戦っていた樹状細胞部隊やマクロファージ部隊と呼ばれる部隊から，地球外生命体に関する情報が運び込まれ，それを解析班「ヘルパーT」が受け取るところから始まる。
（情報とはいっても，地球外生命体の死骸の一部だったりして，とても気持ちのよいものではないのだが……）

　　（つづく）

4-44 生体防御② ～概要 その2～

時は20XX年。地球は，地球外生命体からの攻撃を受けていた。

それに対抗するため，地球には2つの防衛線が張られていた。

1つは，地球外生命体が地球に侵入してくるのを防ぐシールド（防衛線①）。

シールド（防衛線①）

もう1つは，シールドが破られた際に攻撃する部隊（防衛線②）であった。

防衛線②

防衛線①が突破されても大半は，防衛線②-1で駆逐できた。

ただし，防衛線②-1では，生きて帰らない部隊も多い。

防衛線②-1も破られることはあるものの，

防衛線②-2によって地球外生命体の侵略を防ぐことができた。

防衛線②-2は，樹状細胞部隊やマクロファージ部隊から運び込まれた地球外生命体に関する情報を，

樹状細胞部隊　マクロファージ部隊　解析班「ヘルパーT」

解析班「ヘルパーT」が受け取るところから始まる。

いつみてもキモいな…

つづく

解析班「ヘルパーT」は受け取った地球外生命体の情報を解析。
そして，それぞれの地球外生命体に最適化した 2 つの部隊 B，部隊 T を大量に作り，攻撃を開始するのである。

(少しだけ細かい話をするなら，部隊 B も運び込まれてきた地球外生命体の情報をもとに，独自に部隊を大量構成するようだ。)

実は，部隊 B，部隊 T は，部隊を構成するのには結構時間がかかるため，1 度目の侵入だと応戦に手こずってしまうことも。

しかし，同じ地球外生命体が再度侵入してきた際には，1 度目の侵入のことを記憶している一部の解析班「ヘルパーT」，部隊 B，部隊 T が残っているため，すばやく大量に部隊を構成することが可能である。

これにより，2 度目以降の侵入に対しては，効率的に対処ができるようになっているのだ。

こうして，地球は地球外生命体からの侵略を防いでいるのである。』

以上のストーリーを念頭に置きながら，くわしい内容について見ていきましょう。

4-44 生体防御② 〜概要 その2〜

解析班「ヘルパーT」は受け取った地球外生命体の情報を解析。

それぞれの地球外生命体に最適化した2つの部隊B, 部隊Tを大量に作り, 攻撃を開始する。

部隊B

部隊T

部隊Bも運び込まれてきた地球外生命体の情報をもとに, 独自に部隊を大量構成するようだ。

部隊の構成には時間がかかるため, 1度目の侵入だと手こずることも。

しかし, 再度侵入されたときには, 1度目の侵入を記憶しているため,

すばやく大量に部隊を構成することが可能である。

これにより, 2度目以降の侵入に対しては, 効率的に対処ができるようになっているのだ。

こうして, 地球は地球外生命体からの侵入を防いでいるのである。

完

このストーリーを念頭に置いて, 次ページに進むんじゃ

どうせ生体防衛の例え話なんでしょ

4-45 物理的・化学的防御

> **ココをおさえよう！**
>
> 物理的防御…病原体などの異物を物理的に体内に侵入させないこと。
> 化学的防御…体表からの分泌物によって，細胞などの侵入を防ぐこと。

ヒトの体では，そもそも病原体などの異物を侵入させない「**物理的・化学的防御**」を行っています。地球防衛軍の防衛線①にあたるものです。

・体表で侵入を防ぐ〈物理的防御〉

皮膚は，表面に近い表皮と，その内側の真皮，さらに内側には皮下組織が存在しています。

表皮の表面には，ケラチンというタンパク質からなる角質層があります。
角質層は，死細胞が隙間なく重なってできているのですが，この死細胞というのがポイントです。なぜなら，ウイルスは生きた細胞にしか感染できないため，体内に侵入するのが困難になるからです。
（私たちの肌の表面が死んだ細胞の集まりだなんて驚きですね）

また，気管内の表面にある繊毛は，粘液によってとらえた異物を外に押し出します。

・体表で侵入を防ぐ〈化学的防御〉

皮膚には皮脂腺や汗腺があります。ここから分泌される分泌物が皮膚の表面を弱酸性に保つことで，病原菌の繁殖を防いでいます。汗にはリゾチームと呼ばれる酵素も含まれており，細菌を破壊します。

外界と接しているのは，皮膚だけではありません。
眼や口・鼻・気管・消化管などの内壁も，外界と接しています。
例えば，涙やだ液などに含まれる酵素は異物を破壊し，異物の侵入を防いでいますし，食物に含まれる病原菌は強酸性の胃酸によって殺菌されます。

4-45 物理的・化学的防御

- 物理的・化学的防御…皮膚や粘膜などによって体内に病原体などの異物が侵入するのを防ぐこと。

- 体表で侵入を防ぐ〈物理的防御〉

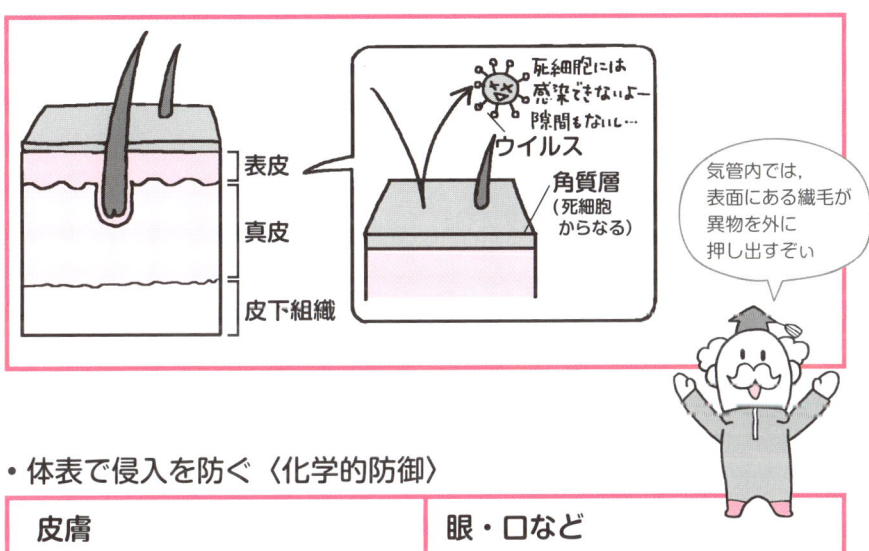

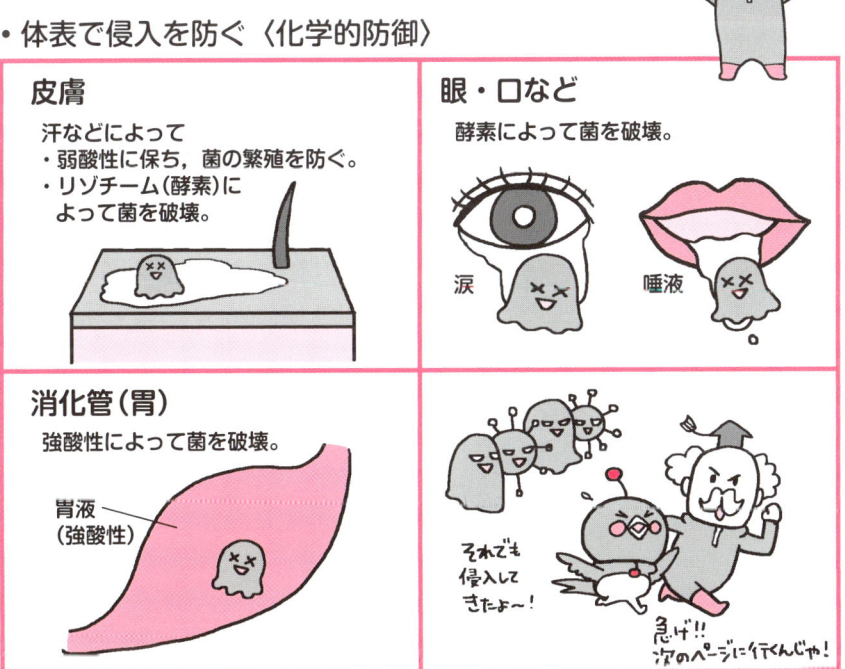

表皮／真皮／皮下組織

ウイルス：死細胞には感染できないよー 隙間もないし…

角質層（死細胞からなる）

気管内では，表面にある繊毛が異物を外に押し出すぞい

- 体表で侵入を防ぐ〈化学的防御〉

皮膚
汗などによって
・弱酸性に保ち，菌の繁殖を防ぐ。
・リゾチーム（酵素）によって菌を破壊。

眼・口など
酵素によって菌を破壊。
涙　唾液

消化管（胃）
強酸性によって菌を破壊。
胃液（強酸性）

それでも侵入してきたよ～！
急げ!! 次のページに行くんじゃ！

4-46 免疫① 〜自然免疫〜

> **ココをおさえよう！**
>
> 免疫とは，体内に侵入した異物（＝非自己）を認識し，排除するしくみのこと。
> 自然免疫の主なはたらきは，異物を食作用によって排除すること。

続いて，地球防衛軍の防衛線②にあたる**免疫**について。

・免疫の定義
免疫とは，体内に侵入した異物を非自己であると認識し，排除するしくみです。

物理的・化学的防御では，その名の通り，物理的・化学的に異物を排除していましたが，免疫では，しっかりと「非自己であることを認識」し，排除するというところが特徴です。

・『防衛線①，突破されました！！』
皮膚や粘膜による物理的・化学的防御が，虚しくも異物によって突破されてしまいました。ここで，防衛線②である「免疫」の出番です。
そのうち，まずは防衛線②-1「自然免疫」が対応します。

・自然免疫
自然免疫の主なはたらきは，**白血球**の一種である**好中球**や，**マクロファージ**，**樹状細胞**による**食作用**です。食作用とは，その名の通り，異物を食べ（包み込み），消化・分解し，直ちに排除するはたらきを指します。

・食作用の特徴
食作用は，異物であると認識したらすばやくはたらきます。異物が侵入してきたのですから，グズグズしていないで，とにかく排除しましょう，ということです。
体内に侵入してきた異物の多くは，この自然免疫によって排除されます。

- 免疫…体内に侵入した異物を非自己であると認識し，排除するしくみ。

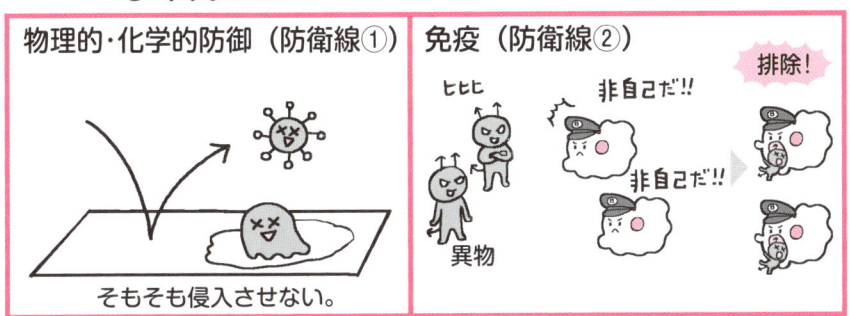

物理的・化学的防御（防衛線①）	免疫（防衛線②）
そもそも侵入させない。	非自己だ!! 排除!

- 自然免疫…主なはたらきは，好中球（白血球の一種）・マクロファージ・樹状細胞による食作用。

食作用 → 消化・分解・排除する。
（好中球／マクロファージ／樹状細胞）

- 食作用の特徴
  ・相手が異物であると認識したら，すばやくはたらく。
  ・体内に侵入してきた異物の多くを排除。

へへっ まかせといて

さすがッス

・好中球と，マクロファージ＆樹状細胞の異なる点

白血球の一種である好中球は，どんな異物であろうとおかまいなしに食作用を行い，ほとんどは異物とともに死んでしまいます。決死の攻撃をする好中球は，まるで特攻隊のようです。

一方，マクロファージや樹状細胞も，好中球と同じく，どんな異物であろうが関係なく食作用を行います。

好中球と異なるところは，その場で死んでしまうのではなく，防衛線②－2である「獲得免疫」のために，異物の情報をもち帰ることです。

マクロファージや樹状細胞がもち帰った異物の情報は，防衛線②－2で活用されます。

4-46 免疫① 〜自然免疫〜

- 好中球と，マクロファージ＆樹状細胞の異なる点

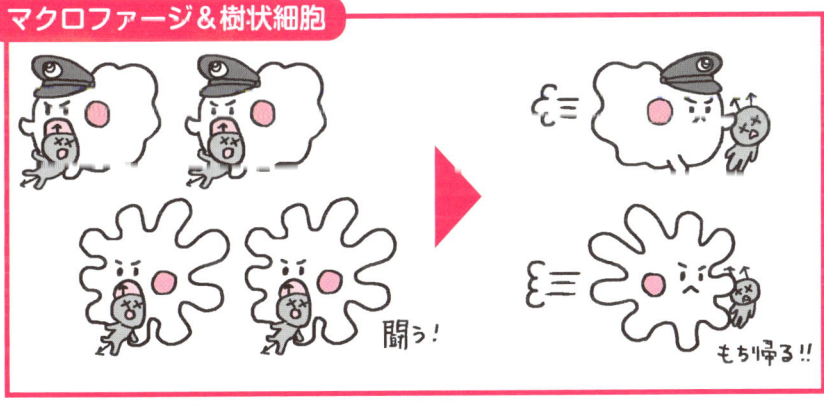

4-47 免疫② 〜獲得免疫〜

> **ココをおさえよう！**
>
> 獲得免疫とは，抗原情報をもとに，抗原を排除するしくみのこと。

・『防衛線②−1，突破されました！！』
防衛線②−1「自然免疫」でも排除しきれなかった異物は，防衛線②−2「獲得免疫」によって排除しなければなりません。

・獲得免疫の概要
獲得免疫とは，非自己として認識した異物を，個別に区別して排除するしくみのことを指します。
このような，獲得免疫を引き起こす異物を**抗原**といいます。

誰かれかまわず食作用で異物を排除していく自然免疫とは異なり，異物がもつ抗原の情報をもとに，個別の対応（オーダーメイド）をするため，とても効率的に排除することができます。

・獲得免疫は，樹状細胞などが提示する抗原情報を，ヘルパーT細胞が受け取るところから始まる
防衛線②−1「自然免疫」にかかわっていた樹状細胞やマクロファージの一部は，異物の情報をリンパ節にもち帰ってきます。それを，**リンパ球の一種であるヘルパーT細胞**に提示します。これを**抗原提示**といいます。

この抗原提示が，獲得免疫開始の合図です。
抗原提示されたヘルパーT細胞は，**リンパ球の一種であるB細胞**，または**キラーT細胞**の活性化・増殖を促進します。

> **補足** B細胞も独自に抗原の情報をもとに，活性化・増殖を促進します。

B細胞がかかわる免疫を**体液性免疫**，キラーT細胞がかかわる免疫を**細胞性免疫**といいます。

> **補足** T細胞もB細胞も骨髄で作られますが，T細胞は胸腺に移動し，そこで成熟します。

4-47 免疫② 〜獲得免疫〜

- 獲得免疫…抗原情報をもとに，抗原を排除するしくみ。

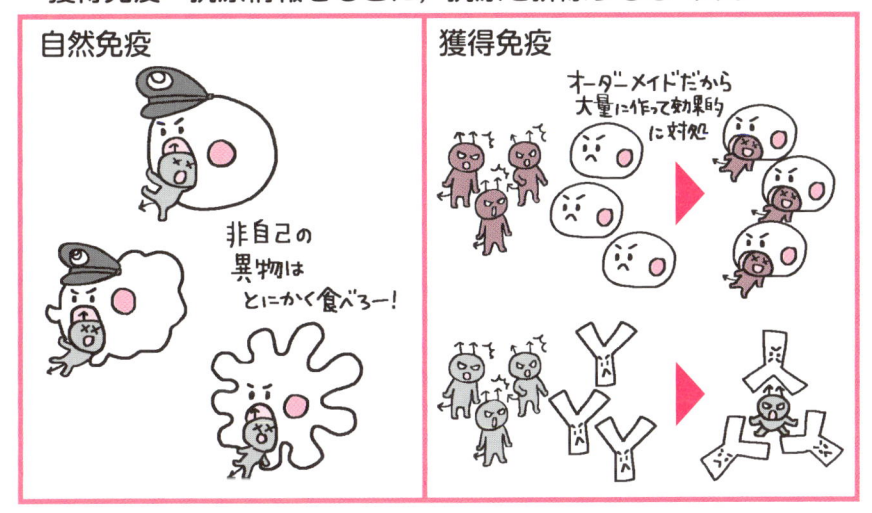

自然免疫	獲得免疫
非自己の異物はとにかく食べろー！	オーダーメイドだから大量に作って効果的に対処

- 獲得免疫は，樹状細胞などが提示した抗原情報を，ヘルパーT細胞が受け取るところから始まる。

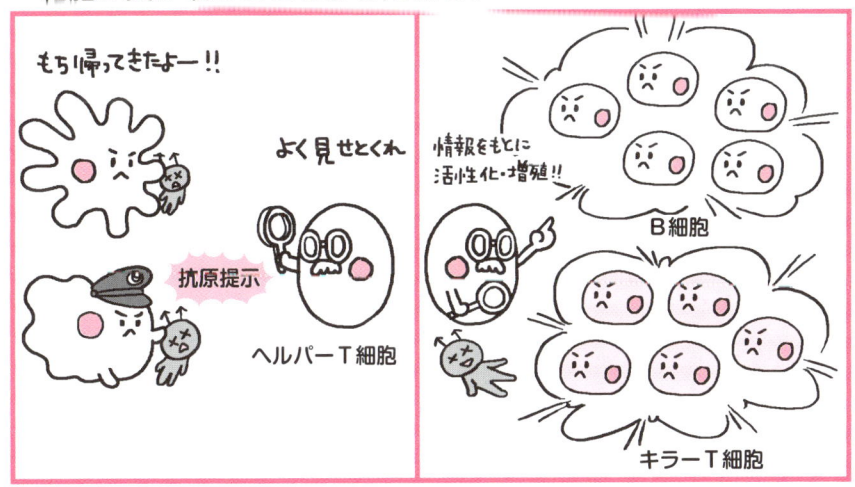

もち帰ってきたよー!!
よく見せとくれ
抗原提示
ヘルパーT細胞
情報をもとに活性化・増殖!!
B細胞
キラーT細胞

- B細胞によって行われる免疫…体液性免疫
- キラーT細胞によって行われる免疫…細胞性免疫

4-48 獲得免疫① 〜体液性免疫〜

ココをおさえよう！

体液性免疫とは，B細胞が増殖を繰り返したあと抗体産生細胞に分化し，抗体を産生して抗原を無毒化する反応のこと。
B細胞から作られた抗体と抗原が結合する反応を，抗原抗体反応という。

ヘルパーT細胞が，B細胞の増殖を促進した場合について，見てみましょう。

・B細胞は抗体産生細胞に分化する

リンパ球の一種であるB細胞は増殖を繰り返したあと，**抗体産生細胞**に分化します。抗体産生細胞とは，その名の通り，特定の抗原にのみ結合する**抗体**を産生し，体液中に放出する細胞です。

・抗原抗体反応によって，抗原は無毒化される

放出された抗体は，抗原と結合する**抗原抗体反応**により，抗原を無毒化します。無毒化するだけでなく，抗体が結合した抗原はマクロファージなどの食作用も受けやすくなるため，体内から排除されやすくなるのです。

・抗体の正体

抗体は，**免疫グロブリン**と呼ばれる，Y字形をしたタンパク質からなります。

Y字形の二股の先は**可変部**と呼ばれ，抗体ごとに異なる構造をしています。
この部分で抗原と特異的に（ある特定の抗原にのみ）結合します。

一方，可変部以外は**定常部**といい，基本的にすべての抗体で同じ構造をしています。

> 補足 抗体は，体液（血しょう）中に分泌されるので，体液性免疫と呼ばれるのです。

体液性免疫

- B細胞は抗体産生細胞に分化する。

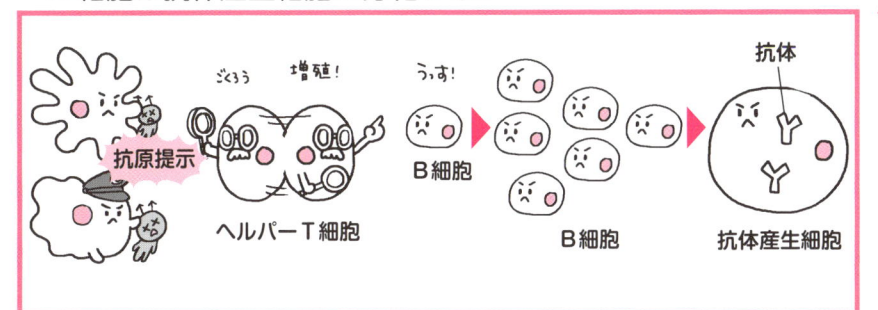

抗原提示 → ヘルパーT細胞 → B細胞 → 抗体産生細胞（抗体）

- 抗原抗体反応によって，抗原は無毒化される。

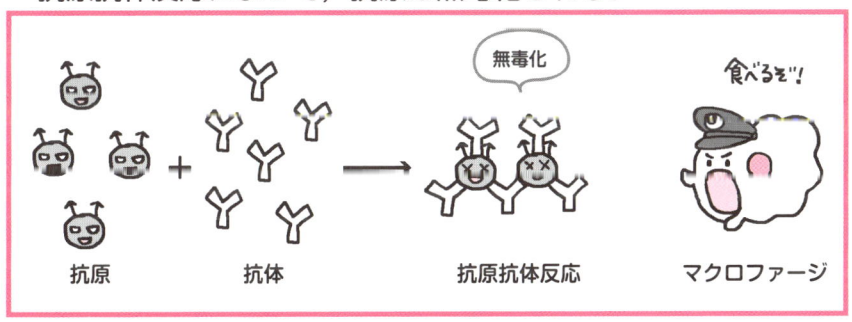

抗原 + 抗体 → 抗原抗体反応（無毒化） → マクロファージ（食べるぞ！）

- 抗体の正体

免疫グロブリンと呼ばれる，Y字型をしたタンパク質からなる。

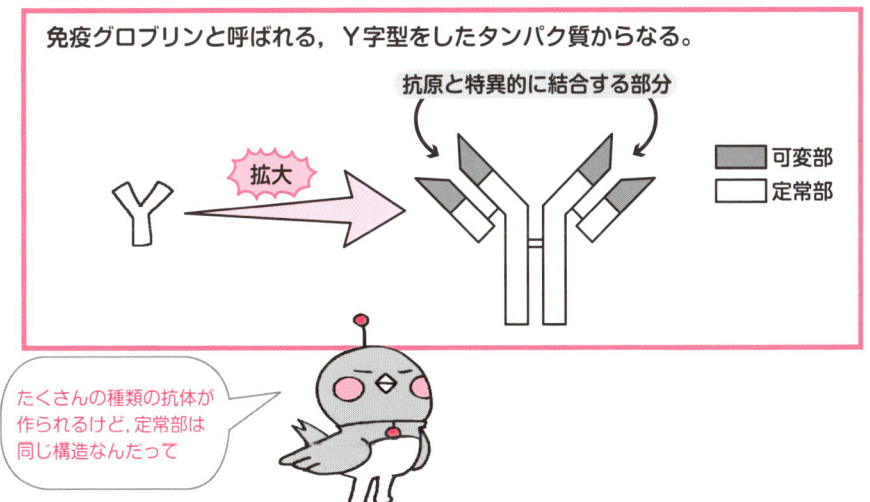

拡大 → 抗原と特異的に結合する部分

■ 可変部
□ 定常部

たくさんの種類の抗体が作られるけど，定常部は同じ構造なんだって

4-49 獲得免疫②　〜細胞性免疫〜

ココをおさえよう！

細胞性免疫とは，キラーT細胞がウイルスなどに感染した細胞やガン細胞を直接攻撃・破壊する免疫のこと。
拒絶反応とは，細胞性免疫により非自己と判断された移植片がキラーT細胞に攻撃され，脱落してしまうこと。

・細胞性免疫

ヘルパーT細胞は，**キラーT細胞**の増殖を促進します。
キラーT細胞は，ウイルスに感染した細胞やガン細胞を直接攻撃して破壊します。

このような，キラーT細胞による免疫を，**細胞性免疫**といいます。

・拒絶反応

キラーT細胞は，非自己と認識したら攻撃してしまいます。そのため，キラーT細胞のはたらきは，他人の皮膚や臓器を移植した際に，定着せずに脱落してしまう原因にもなってしまいます。

これを**拒絶反応**といいます。

そのため，他人から臓器が移植できないことがあります。
キラーT細胞の特性がアダとなってしまうこともあるということですね。

> 補足　この解決策になると考えられているのが **iPS細胞** なのです (p.160)。

細胞性免疫

- キラーT細胞は、ウイルスに感染した細胞やガン細胞を直接攻撃して破壊する。

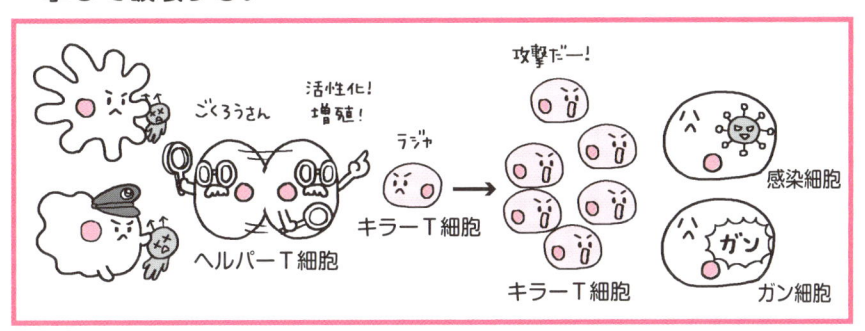

- 拒絶反応

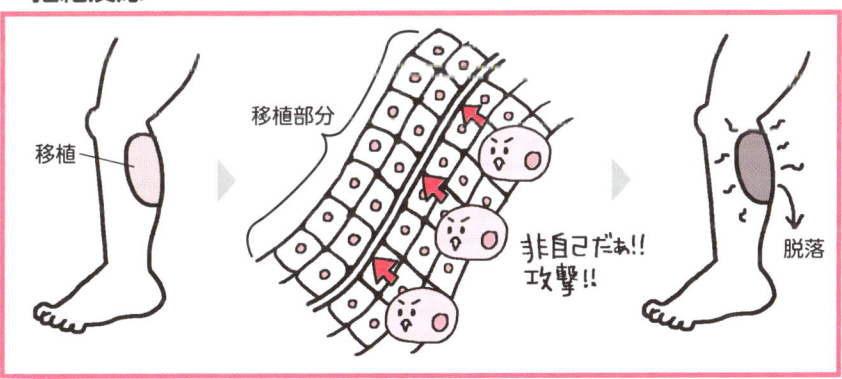

じゃから、自分の細胞由来の臓器が作れるiPS細胞に期待が寄せられているんじゃ

4-50 発展 非自己の認識

ココをおさえよう！

ヘルパーT細胞はTCR（T細胞レセプター）によって，MHC（主要組織適合抗原）と呼ばれるタンパク質が自己か非自己かを認識する。

「免疫とは，体内に侵入した異物を認識し，排除するしくみです」
と，お伝えしましたが，侵入した異物を非自己であるとどうやって知るのでしょうか？

特に，獲得免疫が開始する際について，見ていきましょう。

・樹状細胞部隊やマクロファージ部隊は，地球外生命体の情報を，MHCという証明書と一緒に，解析班「ヘルパーT」に提示

防衛線②-2は，防衛線②-1で戦っていた樹状細胞部隊やマクロファージ部隊が，地球外生命体に関する情報を，解析班に受け渡すところから始まります。

樹状細胞部隊やマクロファージ部隊が解析班「ヘルパーT」に地球外生命体の情報を渡すときは，MHCと呼ばれる証明書と一緒に提示します。

・解析班「ヘルパーT」はTCRと呼ばれる装置でMHCを読み取り，スパイかどうか確認

なぜMHCと呼ばれる証明書が必要かというと，解析班「ヘルパーT」は疑り深いからです。MHCと呼ばれる証明書を，TCRという装置を用いて読み取り，樹状細胞部隊が本当に地球防衛軍の一員なのかどうかをチェックしているのです。もしスパイだったら大変ですからね。

樹状細胞部隊が味方だと証明された上で，地球外生命体の情報を解析し，部隊Bと部隊Tの大量生産に着手するのです。

4-50 〈発展〉 非自己の認識

- 異物を認識するしくみ（獲得免疫）
「獲得免疫とは，体内に侵入した異物を認識し，排除するしくみ」

どうやって認識するんだろう？

獲得免疫の際に行っている，認識のしくみについて，見てみるぞい

- 樹状細胞部隊やマクロファージ部隊は，地球外生命体の情報を，MHCという証明書と一緒に，解析班「ヘルパーT」に提示。

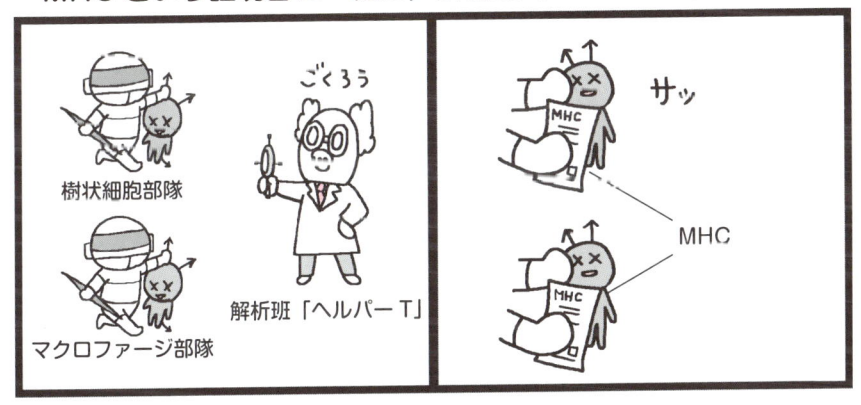

樹状細胞部隊
マクロファージ部隊
ごくろう
解析班「ヘルパーT」
サッ
MHC

- 解析班「ヘルパーT」はTCRと呼ばれる装置でMHCを読み取り，スパイかどうか確認。

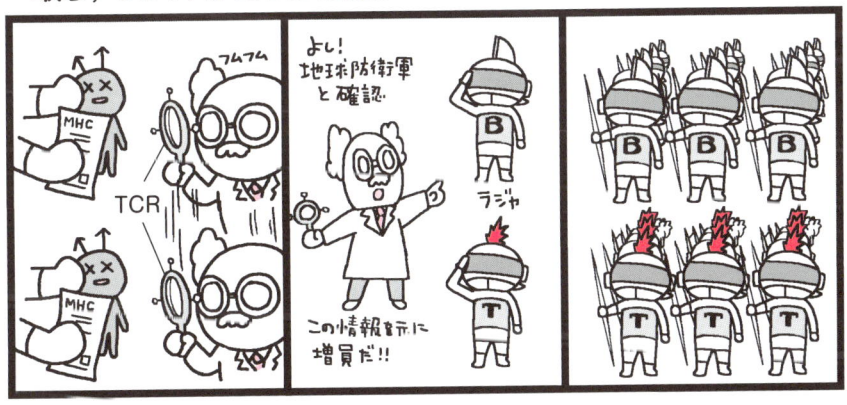

フムフム
TCR
よし！地球防衛軍と確認。
ラジャ
この情報をもとに増員だ!!

- **解析班「ヘルパーT」は，抜き打ちでスパイかどうかの確認もしている**

解析班「ヘルパーT」は，地球外生命体をもち運んできた樹状細胞部隊やマクロファージ部隊でなくとも，MHCの提示を要求します。抜き打ちテストですね。もしTCRが反応し，味方でないと判明したら，防衛線②－2を発令し，スパイ容疑で排除するのです。

以上が，例え話です。では，実際どうなっているのでしょうか？

- **樹状細胞やマクロファージは，MHCに抗原の一部を結合させた状態で，ヘルパーT細胞に提示する**

樹状細胞やマクロファージは，抗原を食作用によって取り込むと，体内にあるMHC（**主要組織適合抗原**）と呼ばれるタンパク質に，抗原の一部を結合させ，細胞表面で抗原を提示します。

ヘルパーT細胞は，MHCと抗原が結合したものを，TCR（T細胞レセプター）と呼ばれるタンパク質で認識します。
そして，自己と異なると判断すると，獲得免疫が開始されます。

- **ヘルパーT細胞は，MHCが自己と違うだけでも獲得免疫を開始する。これが拒絶反応が起こる原因**

抗原提示していない樹状細胞やマクロファージをはじめとして，とにかくどんな細胞にも，基本的には表面にMHCが存在していますので，ヘルパーT細胞はTCRと結合するかどうかをチェックします。

他人のMHCは自己のMHCとは異なるため，ヘルパーT細胞は獲得免疫の開始を発令してしまいます。他人の皮膚などを移植したりすると，これによって，拒絶反応が起きてしまうのです。

> **補足** ヒトのMHCはHLAと呼ばれます。HLAの型が他人と一致することはほとんどありません。親とも一致する確率は低く，兄弟でも一致する確率は25％なのです。

4-50 〈発展〉 非自己の認識

- 解析班「ヘルパーT」は、抜き打ちでスパイかどうかの確認もしている。

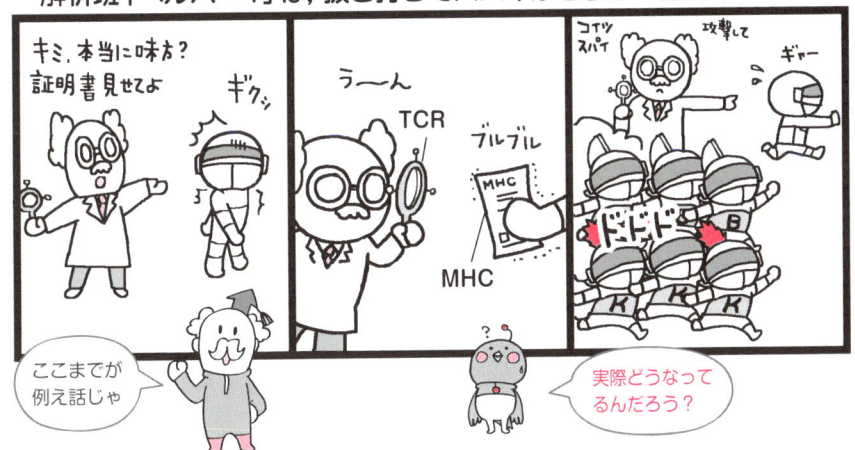

- 樹状細胞やマクロファージは、MHC に抗原の一部を結合させた状態で、ヘルパーT細胞に提示する。

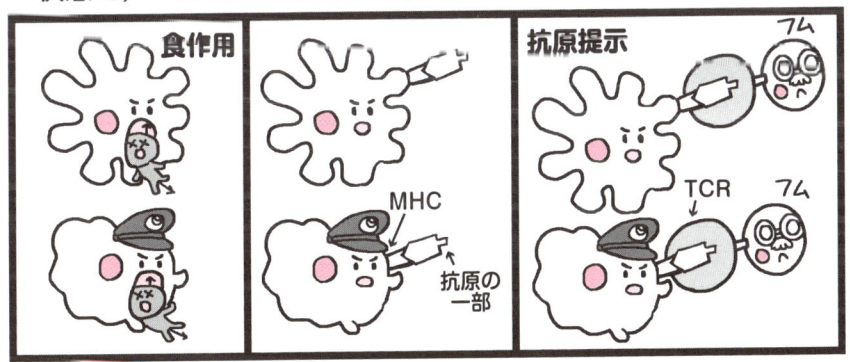

- ヘルパーT細胞は、MHC が自己と違うだけでも獲得免疫を開始する。これが拒絶反応が起こる原因。

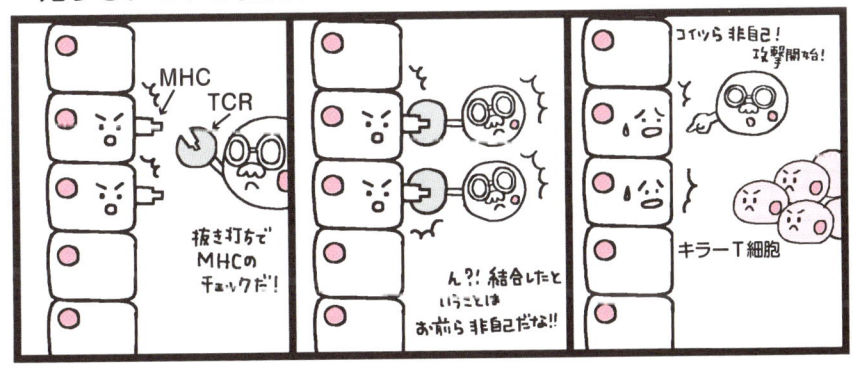

4-51 免疫記憶

> **ココをおさえよう！**
>
> 1回目の免疫反応の際，B細胞やキラーT細胞，ヘルパーT細胞の一部が記憶細胞として残る。
> そのため，2回目の免疫反応は迅速に起こる。
> このような現象を，免疫記憶という。

・免疫記憶

獲得免疫では，樹状細胞やマクロファージによって抗原提示がされたあと，ヘルパーT細胞によってB細胞やキラーT細胞が活性化され，増殖が促進されるのでした。

その際，B細胞やキラーT細胞，ヘルパーT細胞の一部は，**記憶細胞**となって残ります。

記憶細胞が残ることによるメリットは，次もまた同じ抗原が体内に侵入してきた場合，すでに抗原に関する情報をもっているため，迅速に対応できるという点です。

このような現象を，**免疫記憶**といいます。

1回目の免疫反応を**一次応答**というのに対し，このような反応は**二次応答**と呼ばれます。

二次応答では，一次応答と比べ，抗体の産生が

　☆短期間で
　☆大量に

行われます。
キラーT細胞の活性化・増殖も急速に行われ，細胞性免疫もすばやく起こります。

4-51 免疫記憶

- 免疫記憶

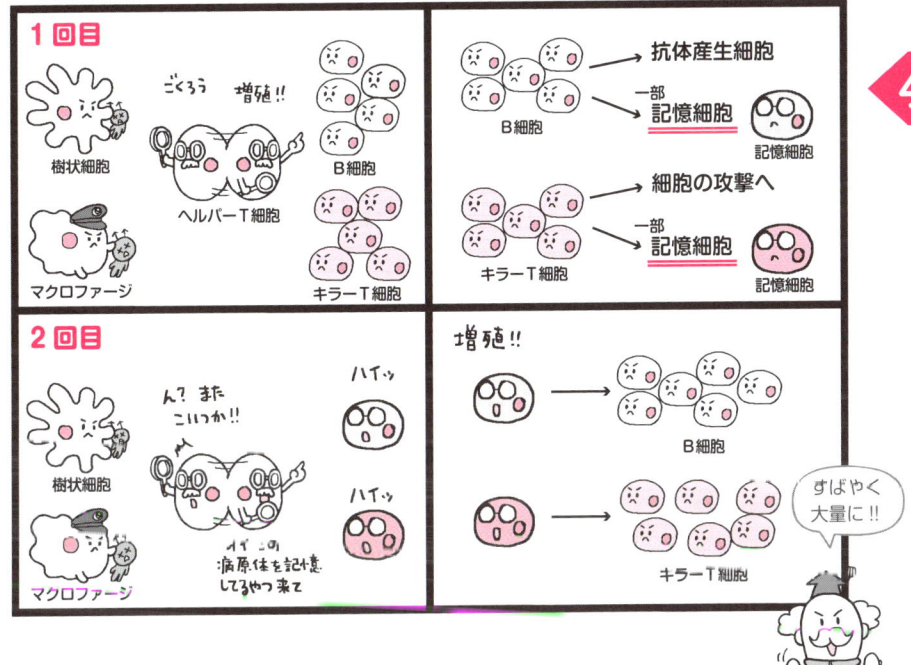

1回目

樹状細胞 / マクロファージ / ごくろう / 増殖!! / ヘルパーT細胞 / B細胞 / キラーT細胞

B細胞 → 抗体産生細胞 / 一部 <u>記憶細胞</u> → 記憶細胞

キラーT細胞 → 細胞の攻撃へ / 一部 <u>記憶細胞</u> → 記憶細胞

2回目

樹状細胞 / マクロファージ / ん？またこいつか!! / イゾこの病原体を記憶してるやつ来て / ハイッ / ハイッ

増殖!! → B細胞 / キラーT細胞

すばやく大量に!!

- 一次応答と二次応答

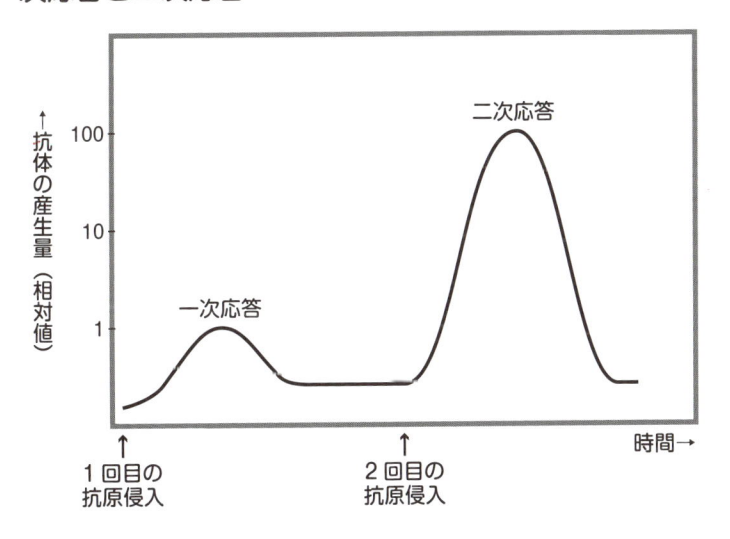

↑抗体の産生量（相対値）

100
10
1

一次応答　　　二次応答

↑1回目の抗原侵入　　↑2回目の抗原侵入　　時間→

4-52 免疫と医療

> **ココをおさえよう!**
> ・ワクチン療法…無毒化・弱毒化された抗原を接種し,あらかじめ抗体や免疫記憶細胞を作っておく療法。
> ・血清療法…ウマやウサギであらかじめ作っておいた抗体を患者に注射する療法。

免疫のしくみは,病気の予防や治療に利用されています。

代表的なものが,**ワクチン療法**と**血清療法**です。

・ワクチン療法
あらかじめ無毒化または弱毒化しておいた毒素や病原体を抗原として体内に接種し,人為的に抗体や免疫記憶細胞を作らせておくのが**予防接種**です。こうすることで,本当に毒素や病原体が侵入してきた際に二次応答を起こさせることができるため,抗体の産生が速く・効率的に行えるのです。
抗原として体内に接種する,無毒化または弱毒化された毒素や病原体を**ワクチン**といいます。

ワクチン療法は,インフルエンザワクチンや百日咳などの感染症対策に用いられます。皆さんが冬になると打つインフルエンザワクチン。あれは,実は体内で予行演習するために,わざと抗原を打っているのです。

・血清療法
毒ヘビにかまれた場合,すぐに毒素を排除しなくてはいけません。
つまり,自分の体内で抗体が作成されるのを待つのでは遅いのです。

そのために,あらかじめ無毒化・弱毒化した毒素をウマやウサギなどの動物に接種し,抗体を作らせておくのです。そうして,抗体を含む血清を患者に注射します。このような療法を,血清療法といいます。

> **補足** 血清とは,採血した血液を静置したあとにできる上澄みでしたね (p.200)。

免疫は病気の予防や治療に応用されている。
- ワクチン療法
- 血清療法

4-53 免疫に関する疾患

ココをおさえよう！

- 外来の異物に対し，免疫反応が過剰に起こることで，生体に不利益をもたらすことをアレルギーという。
- 免疫にかかわる細胞に異常が生じるなどした結果，免疫機能が低下して感染症にかかりやすくなるといった症状が現れることがある。これを免疫不全という。
- 自己の細胞や成分などを非自己だと認識し，攻撃してしまう疾患を自己免疫疾患という。

ここでは**免疫**に関する疾患について見てみましょう。

1） 免疫反応が過剰に生じることによって起こるもの（アレルギー）

花粉によって鼻水が出たり，サバや卵を食べると，じんましんやぜんそくなどの症状が現れることがあります。これは，これらの物質を抗原と認識し，抗原抗体反応が起きるからです。通常は問題のないものに対し，免疫反応が過敏に起きることで，生体に不利益をもたらすことを，**アレルギー**といいます。

・花粉症

花粉に対してB細胞が抗体を産生するのですが，この抗体がマスト細胞という細胞に付着します。マスト細胞上で抗原抗体反応（p.320）が起きると，マスト細胞からヒスタミンと呼ばれる物質が放出されてしまいます。これが，粘膜や神経を刺激することでアレルギー症状を引き起こすのです。

・アナフィラキシーショック

また，**アナフィラキシー**と呼ばれるアレルギーもあります。これは，体内の抗原抗体反応が過敏に起きた結果，現れる症状です。ハチに刺されたときや，食べ物が原因でも起こります。アナフィラキシーのうち，生死にかかわる重篤な症状を伴うものを**アナフィラキシーショック**といいます。

> **補足** アナフィラキシーは，その抗原が重ねて侵入してきた際に起こります。

4-53 免疫に関する疾患

- 免疫に関する代表的な疾患

1) アレルギー…免疫反応が過剰に生じることによって起こるもの。

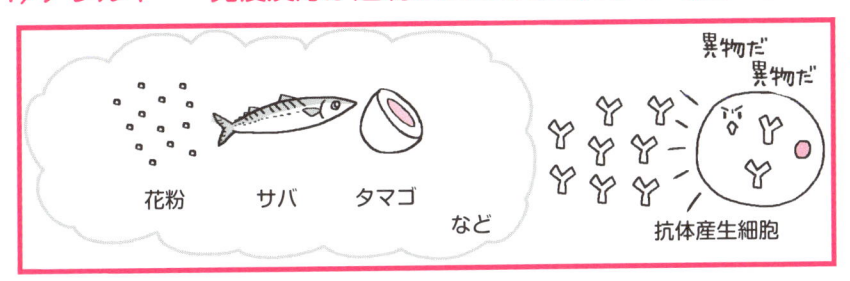

花粉　サバ　タマゴ　など　　異物だ異物だ　抗体産生細胞

- 花粉症

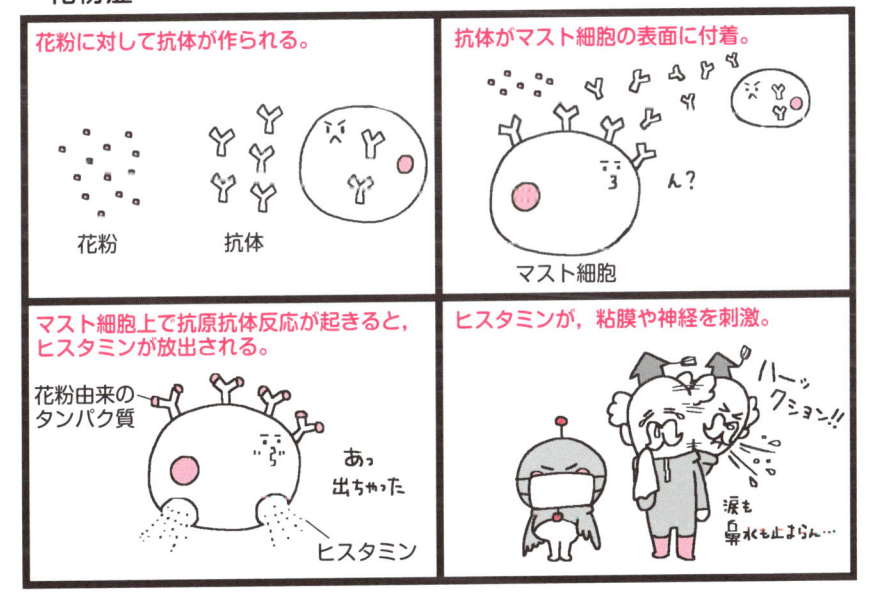

花粉に対して抗体が作られる。
花粉　抗体

抗体がマスト細胞の表面に付着。
マスト細胞　ん?

マスト細胞上で抗原抗体反応が起きると、ヒスタミンが放出される。
花粉由来のタンパク質　あっ出ちゃった　ヒスタミン

ヒスタミンが、粘膜や神経を刺激。
ハーックション!!　涙も鼻水も止まらん…

- アナフィラキシーショック

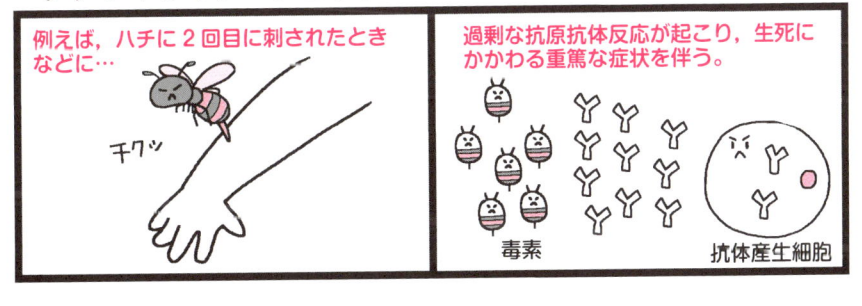

例えば、ハチに2回目に刺されたときなどに…
チクッ

過剰な抗原抗体反応が起こり、生死にかかわる重篤な症状を伴う。
毒素　抗体産生細胞

2) 免疫機能が低下したり，正常にはたらかなくなることで発症するもの（エイズ・自己免疫疾患）

・免疫不全〈エイズ〉

アレルギーは，免疫反応が過敏になることで現れる症状でしたが，逆に，免疫機能が低下して感染症にかかりやすくなるなどの症状が現れる状態を，**免疫不全**といいます。

免疫不全には，先天的なものと，後天的なものがあり，後天的なものの代表としては**エイズ**（**後天性免疫不全症候群**）が挙げられます。

エイズが発症する過程は，以下のようになっています。

HIVと呼ばれるウイルスが，ヘルパーT細胞に感染し，ヘルパーT細胞を破壊します。これにより，B細胞やキラーT細胞の活性化と増殖が促進されなくなり，体液性免疫と細胞性免疫の両方のはたらきが機能しなくなります。その結果，免疫機能が著しく下がり，健康なヒトなら普通はかからないような，さまざまな感染症にかかってしまいます。これを**日和見感染**といいます。

・自己免疫疾患

自己の細胞や成分などを非自己だと認識し，攻撃してしまう疾患を，**自己免疫疾患**といいます。例としては，自分の関節組織が攻撃の対象となる関節リウマチなどが挙げられます。
また，インスリンの分泌細胞である，すい臓のランゲルハンス島B細胞が破壊されるI型糖尿病も，自己免疫疾患の1つだと考えられています。

2) エイズ・自己免疫疾患…免疫機能が低下したり，正常にはたらかなくなることで発症するもの。

- エイズ（後天性免疫不全症候群）
  免疫不全…免疫機能が低下し，感染症にかかりやすくなったりする状態。
  - 先天的
  - 後天的…エイズ

HIVと呼ばれるウイルスがヘルパーT細胞に感染し，破壊する。	B細胞やキラーT細胞の活性化と増殖が促進されなくなり……
免疫機能が著しく下がる。	健康的なヒトなら普通はかからないような感染症にかかるようになる。　日和見感染

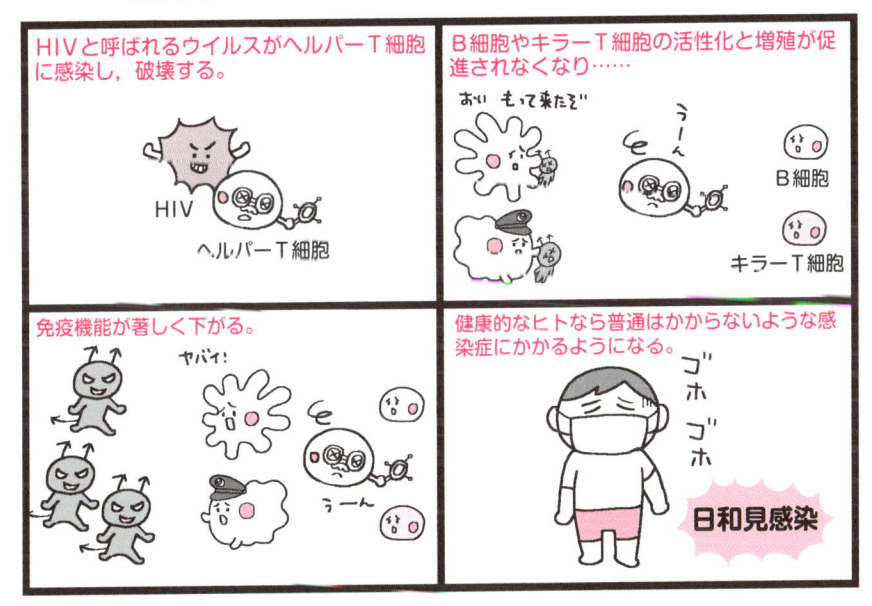

- 自己免疫疾患…自己の細胞や成分などを非自己と認識し，攻撃してしまう疾患。
  - 関節リウマチ
  - Ⅰ型糖尿病

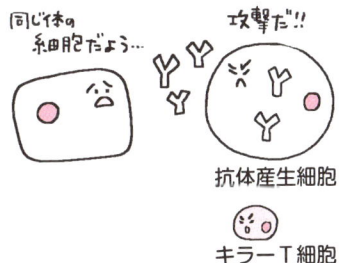

ここまでやったら 別冊 p.43 へ

ハカセの宇宙一キビしいチェック!!

理解できたものに，☑チェックをつけよう。

- ☐ 体液は血液・組織液・リンパ液の総称である。
- ☐ 体内環境を一定に保つはたらきを恒常性（ホメオスタシス）という。
- ☐ ヘモグロビンは，同じ酸素分圧のもとでは，二酸化炭素分圧が高いほど酸素を放出しやすい。
- ☐ 血液凝固の際に形成される繊維状のタンパク質をフィブリンという。
- ☐ フィブリンに血小板や赤血球が絡んでできたものを血ぺいという。
- ☐ 動脈は筋肉の層が発達しており，静脈には静脈弁がある。
- ☐ リンパ管は全身に張り巡らされており鎖骨下静脈で静脈に合流する。
- ☐ リンパ管にある球状にふくらんだ部位をリンパ節という。
- ☐ 腎臓は腎単位（ネフロン）が集まってできている。腎単位は腎小体と細尿管からなり，腎小体は糸球体とボーマンのうからなる。
- ☐ 血球（赤血球・白血球）やタンパク質などの大きな分子は，ボーマンのうへろ過されないので，原尿中には含まれない。
- ☐ 濃縮率は「質量パーセント濃度がどれだけ変化したか」を表す値。
- ☐ 物質が濃度の高い側から低い側に移動した結果，均一に分布する現象を拡散という。
- ☐ 細胞膜などの半透膜は，溶媒を通し，溶質は通さない。
- ☐ 体液と等張な食塩水を生理食塩水という。
- ☐ 赤血球への吸水が止まらず，細胞が破裂する現象を溶血という。
- ☐ ゾウリムシは，体内に侵入してきた水を収縮胞から排出する。
- ☐ 肝臓は，肝小葉と呼ばれる基本単位からなる。

- ☐ 肝臓の主なはたらきは，血糖濃度の調節・タンパク質の合成と分解・尿素の合成・解毒作用・赤血球の破壊・胆汁の生成・体温の維持である。
- ☐ ヒトの神経系は中枢神経系と末梢神経系からなり，末梢神経系は体性神経系と自律神経系からなる。
- ☐ 自律神経系は交感神経と副交感神経からなり，両神経が拮抗的にはたらく。
- ☐ 最終生成物が前の段階の器官に戻ってはたらきかけるしくみをフィードバック調節という。その中でも，最終生成物が原因を抑制するようにはたらく場合を負のフィードバックという。
- ☐ 体液中の水分量が多いとき/少ないときのホルモン調整を説明できる。
- ☐ 血糖濃度が高いとき/低いときのホルモン調整を説明できる。
- ☐ 体温が高いとき/低いときのホルモン調整を説明できる。
- ☐ チロキシンが放出されるまでの流れを説明できる。
- ☐ バソプレシンが放出されるまでの流れを説明できる。
- ☐ インスリンが放出されるまでの流れを説明できる。
- ☐ グルカゴンが放出されるまでの流れを説明できる。
- ☐ アドレナリンが放出されるまでの流れを説明できる。
- ☐ 糖質コルチコイドが放出されるまでの流れを説明できる。
- ☐ 糖尿病とは，血糖濃度が高いまま，正常値に戻らない病気のことである。
- ☐ 免疫とは，体内に侵入した異物を非自己であると認識し，排除するしくみのことである。
- ☐ 免疫には自然免疫と獲得免疫があり，獲得免疫は体液性免疫と細胞性免疫に分けられる。

- [ ] 自然免疫の主なはたらきは，好中球・マクロファージ・樹状細胞による食作用である。
- [ ] 獲得免疫のうち，B細胞がかかわる免疫を体液性免疫という。B細胞は抗体産生細胞に分化して抗体を産生し，抗原抗体反応を起こす。
- [ ] 抗体は，免疫グロブリンと呼ばれるY字形をしたタンパク質からなる。
- [ ] 獲得免疫のうち，キラーT細胞がかかわる免疫を細胞性免疫という。
- [ ] 抗原に関する情報をもっている記憶細胞が，異物の侵入に迅速に対応する現象を免疫記憶という。
- [ ] 二次応答では一次応答と比べ，抗体の産生が短期間で大量に行われる。キラーT細胞の活性化・増殖も急速に行われ，細胞性免疫もすばやく起こる。
- [ ] ワクチン療法や血清療法は，免疫のしくみを医療に応用したものである。
- [ ] 免疫に関する疾患には，アレルギー（花粉症やアナフィラキシー），免疫不全，自己免疫疾患などがある。

Chapter 5

生物の多様性と生態系

Chapter 5 生物の多様性と生態系

はじめに

これまで (Chapter 1 ～ 4) は,生物そのものに焦点を当て,「生物の4つの共通点」について勉強してきました。

しかし,どんな生物も,単独で生きてはいけません。

生物について深く理解するためには,生物を取り巻く環境についても,きちんと理解しなくてはいけないのです。

というわけで,このChapterでは,生物を取り巻く環境や,生物どうしの関係などについて勉強していきます。

「生物基礎」では,生物の住む環境のうち,陸地の環境について,メインに勉強していきますよ。

この章で勉強すること
・植生
・バイオーム
・生態系

宇宙一わかりやすいハカセのIntroduction

Chapter1〜4では,「生物の4つの共通点」について勉強してきた。

- 細胞からなる Chapter1
- エネルギーを利用する Chapter2
- 遺伝情報をもつ Chapter3
- 環境の変化に対応する Chapter4

生物

でも どんな生物でも 単独じゃ生きて いけないよ

このChapterでは,生物を取り巻く環境や,生物どうしの関係などについて勉強していく。

環境 ⇔ 生物 ⇔ 生物

生物を取り巻く環境　生物どうしの関係

陸地の環境を メインに 扱うぞ

Let's study!!

5-1 植生の分類

> **ココをおさえよう！**
>
> ある地域に生育している植物全体のことを植生という。
> 植生の外観上の様子を相観といい，森林・草原・荒原などに分類される。

ある地域に生育している植物全体のことを植生といいます。
植生は，「その地域に，どんな植物が，生育しているのか」をひと言で表した，便利な言葉です。例えば，「沖縄県の植生は……」などという使い方をします。

・**植生の分類**

植生の外観上の様子を，**相観**といいます。
植生は相観によって，森林・草原・荒原などに分類されます。
その空間を占有している面積が多い植物を**優占種**といいます。
相観は，優占種によって左右されます。
森林は**木本植物**（いわゆる「樹木」のこと）が優占種で，草原は**草本植物**（いわゆる「草」のこと）が優占種です。

植生は森林・草原・荒原の3つに大きく分類できるのですが，
森林はさらに，**熱帯多雨林**，**亜熱帯多雨林**，**照葉樹林**，**夏緑樹林**などに，
草原は**ステップ**や**サバンナ**に，荒原は**砂漠**や**ツンドラ**などに分けられます。

- 植生…ある地域に生育している植物全体のこと。
- 植生の分類…植生は外観上の様子(相観)で分類する。

森林　草原　荒原

外観上の見た目で分類するぞ

- 相観は、その空間を最も占有している植物(優占種)に左右される。

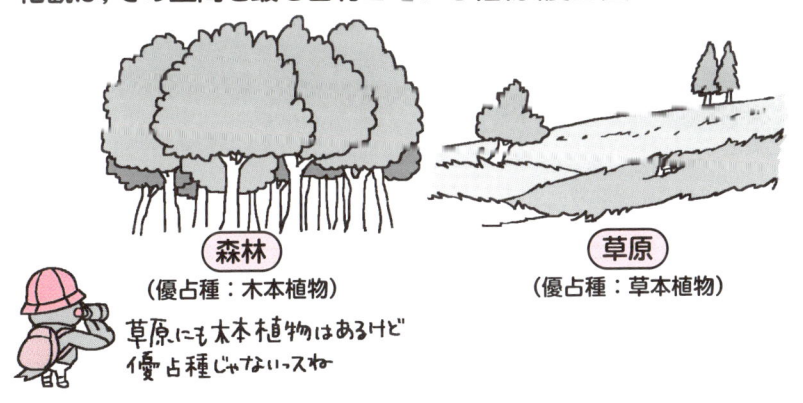

森林（優占種：木本植物）　草原（優占種：草本植物）

草原にも木本植物はあるけど優占種じゃないっスね

- 植生の詳細な分類

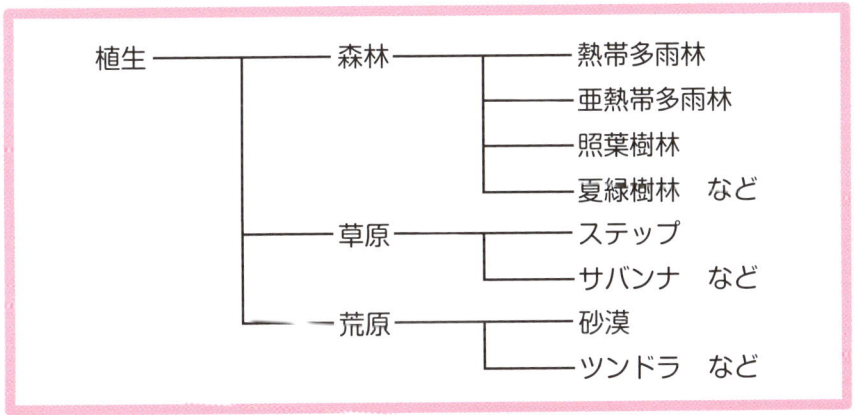

```
植生 ── 森林 ── 熱帯多雨林
              ── 亜熱帯多雨林
              ── 照葉樹林
              ── 夏緑樹林　など
       ── 草原 ── ステップ
              ── サバンナ　など
       ── 荒原 ── 砂漠
              ── ツンドラ　など
```

5-2 植生と気候の関係

ココをおさえよう！

植生は，主に気温と降水量によって決まる。
森林は，熱帯多雨林・亜熱帯多雨林・雨緑樹林・照葉樹林・硬葉樹林・夏緑樹林・針葉樹林に大別できる。
草原はサバンナとステップに大別でき，荒原は砂漠とツンドラに大別できる。

植生は，森林・草原・荒原の3つに大別できるのですが，
地域によって基本的には植生が決まっています。
例えば，アマゾンは森林，モンゴルは草原，サハラ砂漠は荒原，というように決まっています。なぜ，このように地域によって決まっているのでしょうか。

実は，植生は，**気温**や**降水量**などの気候的な要因に大きく影響を受けているのです。
植生と気候の関係は，以下のようにまとめることができますよ。

　☆森林……降水量が多い地域
　☆草原……降水量が少ない地域
　☆荒原……降水量が極端に少ない地域，気温が極端に低い地域

> **補足** 似た気候でも，平地や山地，水辺などといった場所の特徴にも植生は影響を受けます。場所によっては，人為的な影響を受けている植生が見られます。

・森林

森林は，降水量が多い地域で見られる植生です。
木本植物が密に生息している外観が特徴です。

森林は，**熱帯多雨林・亜熱帯多雨林・雨緑樹林・照葉樹林・硬葉樹林・夏緑樹林・針葉樹林**に大別できます。

熱帯多雨林は熱帯，亜熱帯多雨林は亜熱帯に分布しています。これは名前からわかりますね。
雨緑樹林は，熱帯・亜熱帯の，雨季と乾季がある地域に分布しています。
照葉樹林と硬葉樹林は暖温帯，夏緑樹林は冷温帯，針葉樹林は亜寒帯にそれぞれ分布しています。（くわしくはp.372〜377で説明しますね）

5-2 植生と気候の関係　345

Q 地域によって植生が決まっているのはなぜ？

アマゾン	モンゴル	サハラ砂漠
森林	草原	荒原

A 植生は，気温・降水量に大きく影響を受けるから。

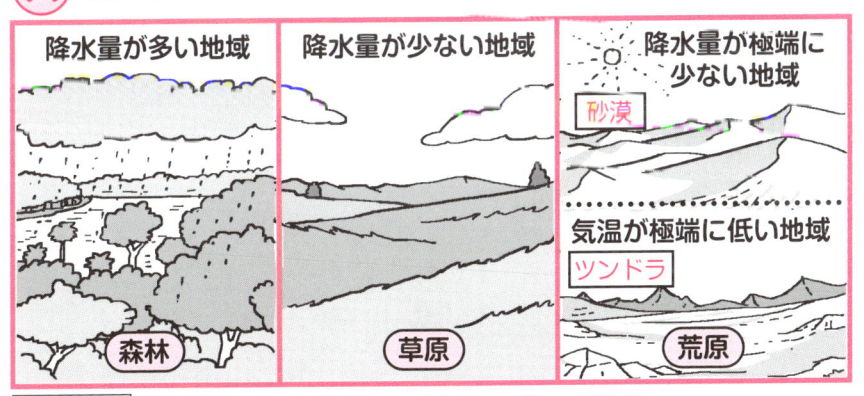

降水量が多い地域	降水量が少ない地域	降水量が極端に少ない地域　砂漠
森林	草原	気温が極端に低い地域　ツンドラ／荒原

森林
特徴①：降水量が多い地域で見られる植生。
特徴②：木本植物が密に生息している。

亜熱帯多雨林
亜熱帯に分布。

針葉樹林
亜寒帯に分布。

・草原

降水量が少ない地域に見られ、草本植物が優占種の植生です。

草原は、**サバンナ**と**ステップ**に大別できます。

サバンナは熱帯、ステップは温帯に分布しています。

・荒原

厳しい環境（寒冷地や乾燥地、高山、溶岩流の跡地など）で見られる植生で、それぞれの厳しい環境に適した草本植物がまばらに存在しているという特徴があります。

荒原は、**砂漠**と**ツンドラ**に大別できます。

砂漠は熱帯や温帯の降水量が少ない乾燥した地域に、ツンドラは寒帯の降水量が少ない地域にそれぞれ分布しています。

> 補足　ツンドラの地下には永久凍土が広がっています。

| 草原 | 特徴①：降水量が少ない地域に見られる植生。
特徴②：草本植物が優占種。 |

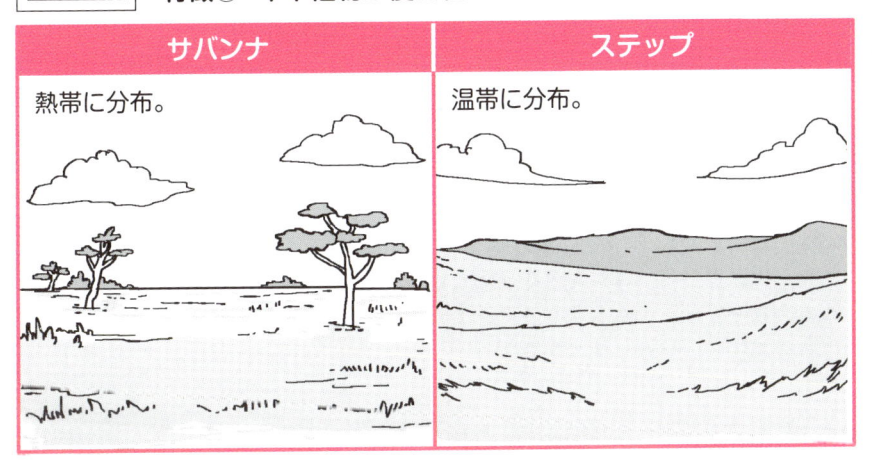

サバンナ	ステップ
熱帯に分布。	温帯に分布。

| 荒原 | 特徴①：寒冷地や乾燥地，高山，溶岩流の跡地などに見られる植生。
特徴②：草本植物がまばらに存在。 |

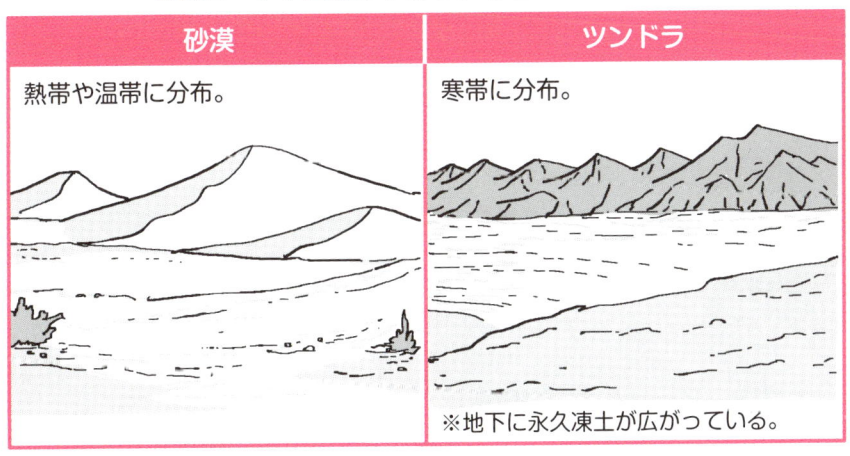

砂漠	ツンドラ
熱帯や温帯に分布。	寒帯に分布。 ※地下に永久凍土が広がっている。

5-3 生活形

> **ココをおさえよう！**
>
> 植物の，生育する環境に適した形態や生活様式のことを生活形という。
> ラウンケルは，休眠芽の位置という生活形によって植生を分類した。

植生は，外観上の様子（相観）で分類するのが一般的です。
しかし，相観以外で，植生を分類することもあります。
外観上の様子でなく，もう少しくわしく植物を観察してみたときの特徴によって，植生を分類する方法があるのです。

・生活形による分類

植物は，生育する環境に適した形態や生活様式をもっています。このような，**生育する環境に適した形態や生活様式のこと**を**生活形**といいます。同じような環境には，同じような生活形をした植物が生育しているため，植生を分類する際には，生活形による分類も有効なのです。

・ラウンケルによる生活形の分類　～休眠芽の位置～

植物で，いったん形成されたのちに，成長を止めている芽のことを**休眠芽**といいます。
デンマークの植物生態学者である**ラウンケル**は，生育に適していない時期につける休眠芽の位置に注目して，植物を分類しました。

植物は，生育に適さない時期（冬季や乾季）を，休眠芽の状態で耐えます。
特に，気温が低い地域や乾燥の激しい地域では，休眠芽の状態を種子として耐える一年生植物や，地中で耐える地中植物が多く，逆に熱帯では地中に埋まっている必要がないため，地上に存在する地上植物が多いのです。

・その他の生活形による植生の分類

ラウンケルは，休眠芽の位置という生活形に着目して，植生を分類していましたが，その他にも，冬季や乾季に葉を落とす落葉樹と，葉を落とさない常緑樹に分類したり，葉の形態から広葉樹や針葉樹に分類したりする方法などもあります。

- 植生の分類…生活形による分類も有効。
- 生活形…生育する環境に適した形態や生活様式のこと。

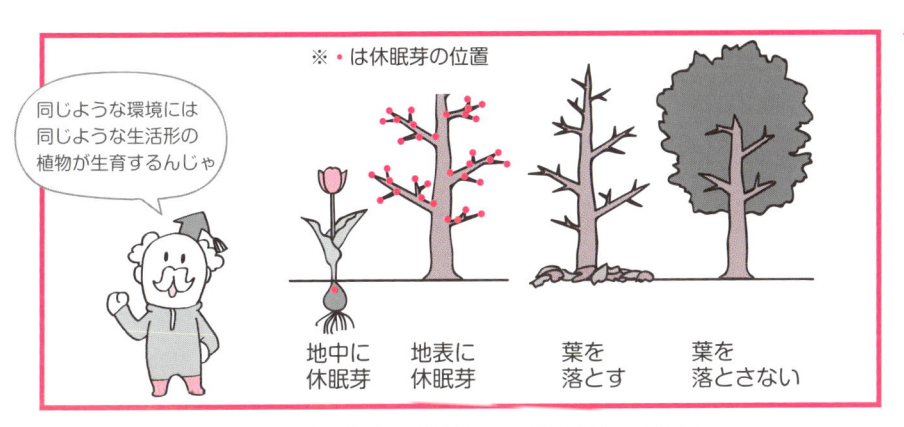

※ • は休眠芽の位置

同じような環境には同じような生活形の植物が生育するんじゃ

| 地中に休眠芽 | 地表に休眠芽 | 葉を落とす | 葉を落とさない |

- ラウンケルによる生活形の分類　〜休眠芽の位置〜

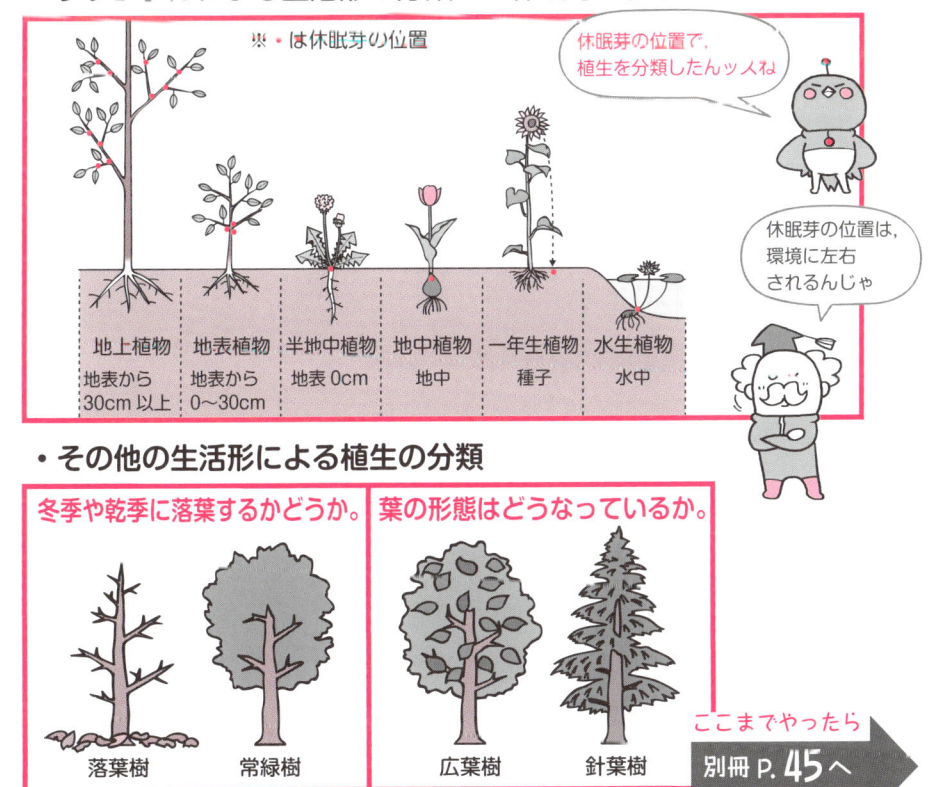

※ • は休眠芽の位置

休眠芽の位置で, 植生を分類したんッスね

休眠芽の位置は, 環境に左右されるんじゃ

| 地上植物 | 地表植物 | 半地中植物 | 地中植物 | 一年生植物 | 水生植物 |
| 地表から30cm以上 | 地表から0〜30cm | 地表0cm | 地中 | 種子 | 水中 |

- その他の生活形による植生の分類

冬季や乾季に落葉するかどうか。
落葉樹　常緑樹

葉の形態はどうなっているか。
広葉樹　針葉樹

ここまでやったら 別冊 P.45 へ

5-4 森林の構造

> **ココをおさえよう！**
>
> 森林の内部には，階層構造（高木層・亜高木層・低木層・草本層）が見られる。
> 森林の上部を林冠，下部を林床という。

森林の構造について，くわしく見ていきましょう。

・森林には階層構造がある

発達した森林の中には，さまざまな高さの木が存在しています。
森林を構成する植物の高さによって，**高木層・亜高木層・低木層・草本層**が形成されます。このような，森林の内部に見られる，植物の高さによって層状になっている構造を，**階層構造**といいます。

> **補足** 森林の階層構造は，多くの種類の樹木が生育する環境（熱帯・亜熱帯・温帯など）で発達します。しかし，このような環境でも，成長の途中の森林では階層構造は見られないこともあります。
> 一方，少ない種類の樹木しか生育できない環境（亜寒帯など）においては，階層構造があまり見られません。

また，森林の上部の，葉が密になっている部分を**林冠**といい，地表に近い部分を**林床**といいます。

・林冠から林床に至るまでに，降り注ぐ光は減る

森林に降り注ぐ光に注目してみましょう。
林冠には太陽光が直接照射されますが，森に光が吸収されるので，下の階層になるにつれ降り注ぐ光が減り，林床にはあまり光が届きません。
そのため，林床付近では，あまり光が届かないところでも生育できる植物（陰生植物）が，多く存在します。

> **補足** 森林によっては，高木層を光が通り抜けると光の強さが10％にまで減少することがあります。

5-4 森林の構造　351

- 森林には階層構造がある。

森林の階層構造の例

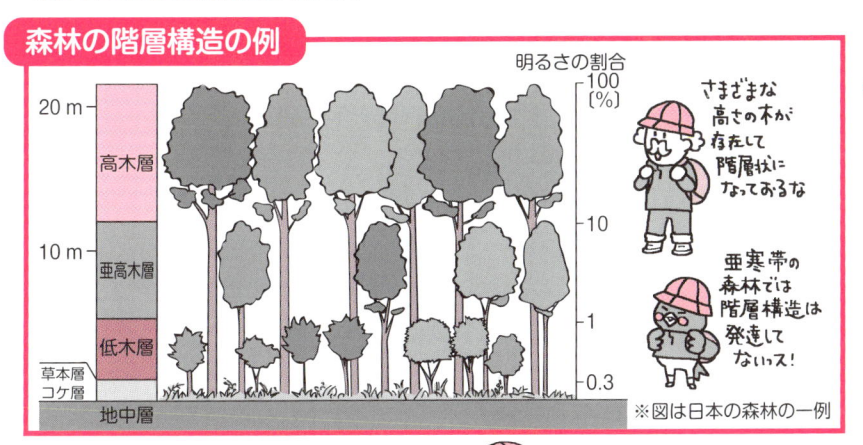

20 m　高木層
10 m　亜高木層
　　　低木層
　　　草本層
　　　コケ層
　　　地中層

明るさの割合 100〔%〕／10／1／0.3

さまざまな高さの木が存在して階層状になっているな

亜寒帯の森林では階層構造は発達してないっス！

※図は日本の森林の一例

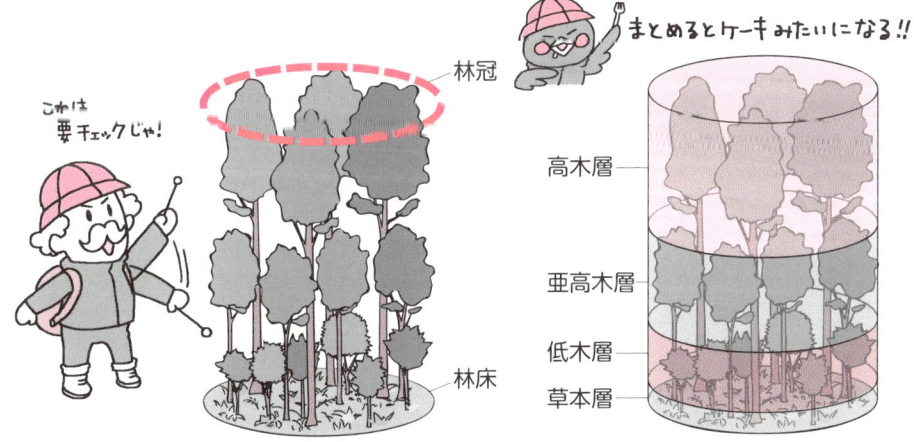

これは要チェックじゃ！

林冠

林床

まとめるとケーキみたいになる!!

高木層
亜高木層
低木層
草本層

- 林冠から林床に至るまでに，降り注ぐ光は減る。

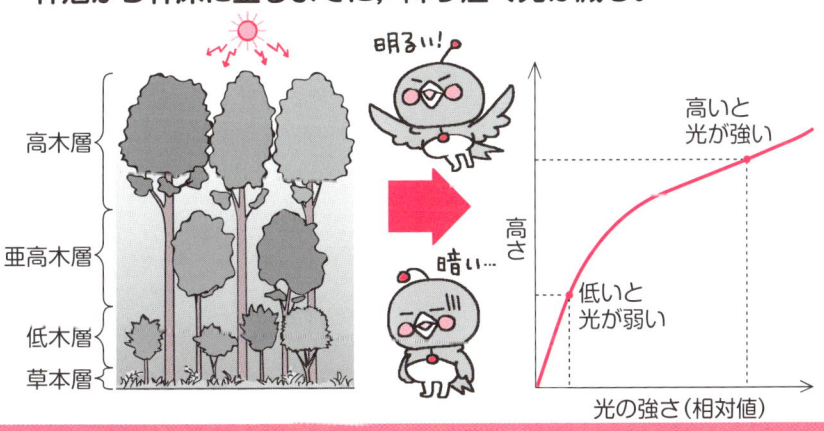

高木層
亜高木層
低木層
草本層

明るい！
暗い…

高さ／光の強さ（相対値）

高いと光が強い
低いと光が弱い

5-5 補足 光合成速度

ココをおさえよう！

- 見かけの光合成速度＋呼吸速度＝光合成速度
- 光合成速度は光の強さに依存する。
- 光飽和点…それ以上強くしても光合成速度が変わらないような光の強さ。
- 光補償点…見かけの光合成速度が0になる光の強さ。
　　　　　　呼吸速度＝光合成速度

・陽生植物と陰生植物

日当たりのよい環境で，速く成長する植物を**陽生植物**といいます。
（また，陽生植物の性質をもつ樹木を**陽樹**といいます）
日当たりのよくない環境でも，ゆっくりと成長できる植物を**陰生植物**といいます。
（陰生植物の性質をもつ樹木を**陰樹**といいます）

> **補足** 陰樹は，幼木のときは光の害を受けやすく，強い光のもとでは生育できませんが，成長すると，強い光のもとでも生育できるようになります。

陽生植物と陰生植物は，どうしてこのように成長の仕方が違うのでしょうか？
それを知るためには，**光合成速度**について勉強する必要があります。

・光合成速度とは？

光合成速度とは「**時間あたり，どれくらい光合成をするか**」を表したものです。
光合成には二酸化炭素が使われるため，二酸化炭素吸収速度（時間あたり，どれくらい二酸化炭素を吸収するか）を指標にします。

二酸化炭素吸収速度が速いということはたくさん光合成をしているということですし，二酸化炭素吸収速度が遅いということは，あまり光合成をしていないということですからね。

・陽生植物と陰生植物

> 陽生植物…日当たりのよい環境で，速く成長する植物。
> 　　　　陽生植物の性質をもつ樹木を陽樹という。
> 陰生植物…日当たりのよくない環境でも，ゆっくりと成長
> 　　　　できる植物。
> 　　　　陰生植物の性質をもつ樹木を陰樹という。

（なんで成長の仕方が違うの？）

（それを知るために光合成速度について学ぶぞい）

・光合成速度とは？

> 光合成速度＝「時間あたり，どれくらい光合成をするか」
> 　　　　　　　　　↓
> 二酸化炭素吸収速度＝「時間あたり，どれくらい二酸化炭素を
> 　　　　　　　　　吸収するか」

（光合成には二酸化炭素が使われるから，二酸化炭素を指標にするぞい）

（二酸化炭素吸収速度が速いということは，たくさん光合成をしているということッスね）

ある植物を透明なケースの中に入れて，照射する光の量を変化させたときの，二酸化炭素（CO_2）吸収速度の変化を調べると，右ページのようになりました。

これからの話は，このグラフをもとにしていくことにしましょう。
グラフを"点a → 点b → 点c"という順に右上へと目を移して見ていきますよ。

・呼吸速度と光の強さ

まずは点aです。ここでは光の強さが0なので光合成はしていません。
そして，CO_2吸収速度はマイナスになっています。
吸収速度がマイナスということは，吐き出しているということです。
二酸化炭素を吐き出すといえば，そう，呼吸ですね。
点aと原点0との差が，呼吸で吐き出されている二酸化炭素を表しているので，これを**呼吸速度**といいます。

植物は光が当たろうが当たるまいが，常に呼吸をしています。
常に同じだけの二酸化炭素が植物から吐き出されていると考え，**呼吸速度はあらゆる光の強さで同じと考えていきます**よ。

> **補足** 光の強さが増加するにつれて，呼吸速度は減少することが知られていますが，「生物基礎」では話を簡単にするため，一定とすることが多いです。

続いて，点aと点bの間に注目します。
この場合は弱いながらも光は当たっているので，植物は光合成をしており，二酸化炭素を吸収しています。
しかし，CO_2吸収速度はマイナスですね。
その理由は，呼吸によって吐き出す二酸化炭素の量のほうが，光合成のために吸収する二酸化炭素の量より多いからです。

5-5〈補足〉光合成速度

・呼吸速度と光の強さ

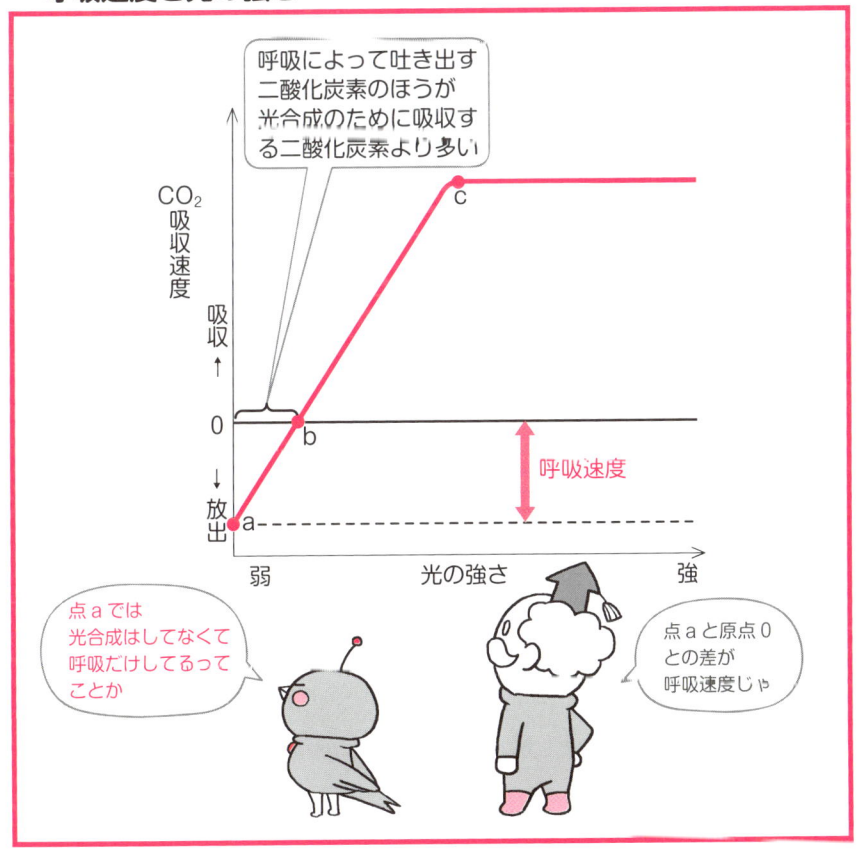

・光補償点

前ページに続いて、グラフに注目しましょう。次は点 b です。
この光の強さのとき、CO_2 吸収速度が「0」になっています。
「0」というのは何もしていないということではなく、呼吸により放出する二酸化炭素量と、光合成のために吸収する二酸化炭素量がつり合っているということです。
"呼吸速度＝光合成速度" ということですね。
このときの光の強さを **光補償点** といいます。**これより当たる光が弱い環境では、この植物は生育できません。**

・光飽和点

点 b より右側（光が強いとき）はグラフの CO_2 吸収速度がプラスになります。
呼吸による二酸化炭素の放出量より、光合成のための二酸化炭素吸収量が多くなった、ということです。

光をもっと強くしていくと、点 c のところで、CO_2 吸収速度が最大となり、これ以上大きくならなくなります。
このときの光の強さ **光飽和点** といいます。

・光合成速度と呼吸速度，見かけの光合成速度

ここまで、少しずつ光を強くしながら、グラフの CO_2 吸収速度の変化を説明してきました。
光合成による CO_2 吸収速度（＝光合成速度）が、呼吸による CO_2 放出速度（呼吸速度）を上回ったときにはじめて、その差にあたる分がグラフ上でプラスとして現れるのが、おわかりいただけたと思います。
この「グラフ上でプラスとして現れた CO_2 吸収速度の値」を **見かけの光合成速度** といいます。

簡単に式にまとめると、"**見かけの光合成速度＋呼吸速度＝光合成速度**" ということです。

グラフの見方がわかりましたでしょうか？　しっかり理解しておいてくださいね。

5-5 〈補足〉光合成速度

・光補償点と光飽和点

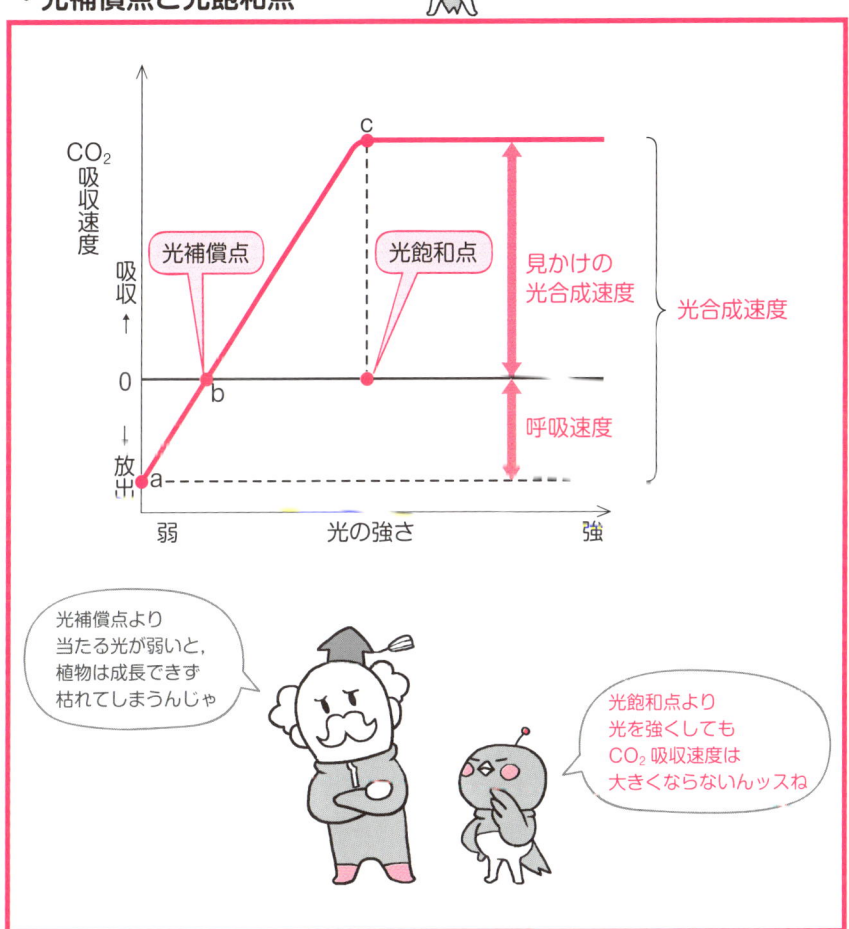

前ページからのつづきッス

（グラフ：縦軸 CO_2 吸収速度（吸収↑／↓放出），横軸 光の強さ（弱→強）。点a：放出側、点b：光補償点（吸収速度0）、点c：光飽和点。cより右は「見かけの光合成速度」、0より下は「呼吸速度」、両者合わせて「光合成速度」。）

光補償点より当たる光が弱いと，植物は成長できず枯れてしまうんじゃ

光飽和点より光を強くしても CO_2 吸収速度は大きくならないんッスね

見かけの光合成速度　＋　呼吸速度　＝　光合成速度

・陽生植物と陰生植物の違い

さて，**陽生植物**と**陰生植物**の違いの話に戻りましょう。

ここまでで光合成速度について勉強してきたわけですが，
結局，陽生植物と陰生植物の違いとは何なのでしょうか？

それは，光補償点と光飽和点の違いです。
光補償点よりも光が弱いと，植物は生育できないのでした。
それを念頭に読んでくださいね。

陽生植物は光補償点も光飽和点も高いです。
光補償点が高いということは，弱い光のもとでは生きていけないということです。
また光飽和点が高いということは，強い光のもとではたくさん光合成をして，グングン成長できるということを表します。

陰生植物は光補償点も光飽和点も低いです。
光補償点が低いということは，弱い光のもとでも生きていけるということです。
光飽和点が低いということは，強い光のもとでも光合成の速度があまり上がらず，成長速度が上がらないことを表します。

陽生植物と陰生植物のグラフを重ねてみると右ページのようになります。
光の強さが①の範囲では，陽生植物も陰生植物も生育できません。
②の範囲では陽生植物は生育できませんが，陰生植物は生育できます。
③の範囲では陽生植物も生育できるようになりますが，陰生植物のほうが早く育ち，
④の範囲では陽生植物のほうが早く育ちます。

5-5〈補足〉光合成速度

・陽生植物と陰生植物の違い

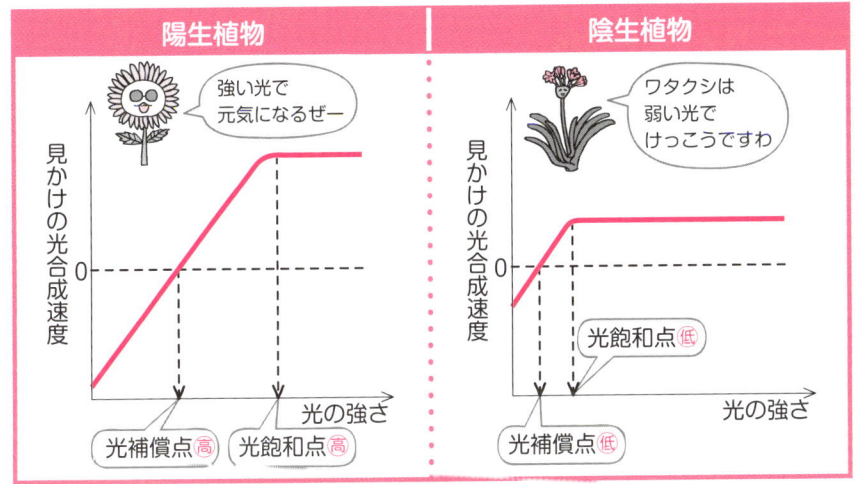

陽生植物

強い光で元気になるぜー

見かけの光合成速度 / 光の強さ
光補償点(高) 光飽和点(高)

陰生植物

ワタクシは弱い光でけっこうですわ

見かけの光合成速度 / 光の強さ
光補償点(低) 光飽和点(低)

↓ 2つのグラフを重ねると

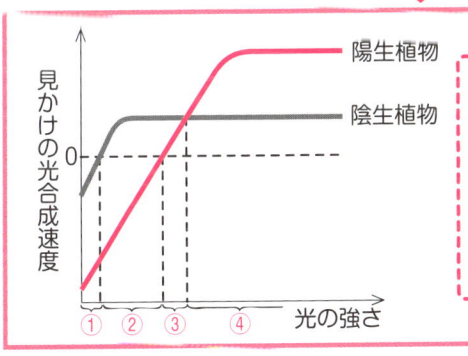

見かけの光合成速度 / 光の強さ
陽生植物 / 陰生植物
① ② ③ ④

① どちらも生育できない。
② 陽生植物は生育できないが陰生植物は生育できる。
③ 陽生植物も生育できるが陰生植物のほうが早く育つ。
④ 陽生植物のほうが早く育つ。

イメージ

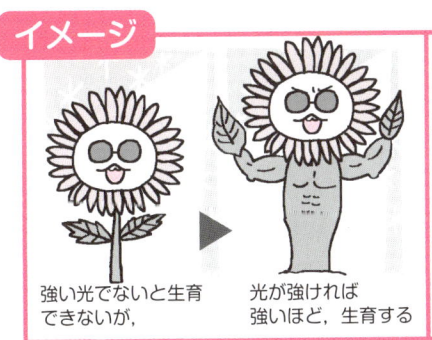

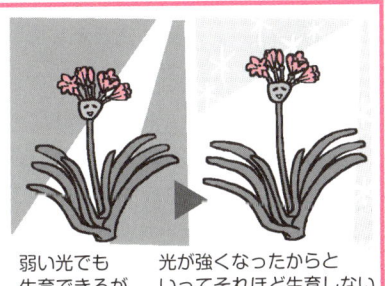

強い光でないと生育できないが、光が強ければ強いほど、生育する

弱い光でも生育できるが、光が強くなったからといってそれほど生育しない

ここまでやったら 別冊 P.46 へ

5-6 植生の遷移

> **ココをおさえよう！**
> 一次遷移は土壌がほとんどない状態から始まる遷移で，陸上から始まる乾性遷移と，湖沼から始まる湿性遷移がある。

植生は森林・草原・荒原の3つに大別できるとお話ししましたが（→p.344），実は植生は長い年月とともに変化します。

ある地域が今，荒原だったとしても，森林に発達する途中かもしれないのです。このように植生が移り変わることを植生の**遷移**といいます。

> **補足** 「遷移」という言葉には，一般的に「ある状態から他の状態へ移り変わる」という意味があります。

植生の遷移について，くわしく見てみましょう。

・遷移の概要

遷移には，大きく分けて2つあります。**一次遷移**と**二次遷移**です。

一次遷移は，火山の噴火によって溶岩におおわれるなど，土壌がほとんどない状態から始まる遷移です。陸上から始まる遷移を**乾性遷移**，湖沼から始まる遷移を**湿性遷移**といいます。

そして，荒原→草原→森林と遷移し，やがて**極相**という状態になります。極相とは，構成する樹木に大きな変化が見られない状態をいいます。
しかし，もし極相になったとしても，山火事や伐採などによって森林が消滅し，再び遷移が起こることもあります。このような遷移を二次遷移といいます。

二次遷移では，植物の生育に必要な土壌がすでにあり，そこに種子や根などが残っていたりするので，一次遷移よりも短時間で新たな植生が形成されます。山火事や森林伐採の跡，放棄された耕作地などで見られる遷移です。

5-6 植生の遷移

- **植生の遷移**

  「植生が変わることもあるンッスね」
  「遷移には『ある状態から他の状態へ移り変わる』という意味があるんじゃ」

  火山の溶岩が流れた跡だったとしても… → やがて草が生え… → 森林に遷移することもある

- **一次遷移**…乾性遷移と湿性遷移がある。

  乾性遷移：土壌がほとんどない陸上から始まる。

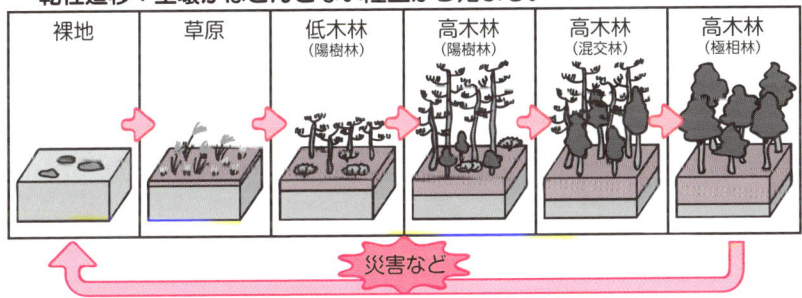

  裸地 → 草原 → 低木林（陽樹林）→ 高木林（陽樹林）→ 高木林（混交林）→ 高木林（極相林）

  ← 災害など

  湿性遷移：湖沼から始まる。

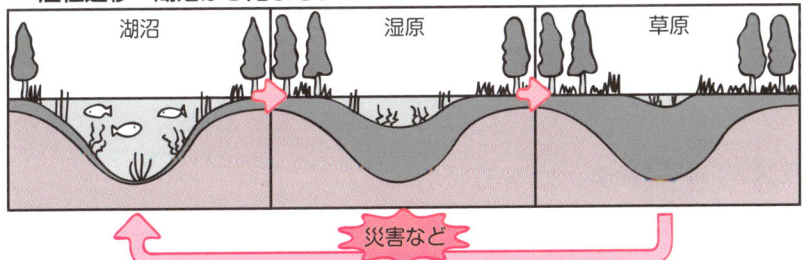

  湖沼 → 湿原 → 草原

  ← 災害など

- **二次遷移**…すでに土壌があり、土壌に種子や根などが残った状態から始まる。

  山火事／伐採／放棄された耕作地 ⇒（一次遷移よりも短時間で!!）森林

  植物が育つ条件がそろった状態からのスタート

5-7 一次遷移① 〜乾性遷移〜

ココをおさえよう！

乾性遷移は「先駆植物の侵入→草原の形成→低木林の形成→高木林の形成→極相林の形成」という順で遷移が進む。
ギャップとは，自然災害などによって極相林の一部の高木が倒れ，林床に光が届くようになった場所のこと。

一次遷移には，乾性遷移と湿性遷移の2種類があるのでしたね。
それぞれ，もう少しくわしく見ていきましょう。

・乾性遷移

乾性遷移は，陸上において，火山の溶岩が流れた跡などの，土壌がほとんどない裸地から始まる遷移です。
土壌が乏しいため保水力が弱く，水分や栄養塩類も少ない状態からスタートします。さらに地表は直射日光にさらされるため，乾燥しています。このような，植物がまったく生育できそうにない環境からのスタートですが，一体どのように遷移していくのでしょうか？

ステップ①：先駆植物の侵入

まずは，ススキやイタドリなどの厳しい環境に耐えることのできる**草本類**が侵入します。
このような，土地に最初に侵入する植物を**先駆植物**（パイオニア植物）といいます。
裸地の状況によっては，地衣類やコケ類が先駆種として侵入することもあります。

ステップ②：草原の形成

先駆植物が定着すると，それらの枯死体などにより，土壌が形成されます。土壌の保水性が高まり，栄養塩類も増えてくると，種子が風などで運ばれて，他の種の草本類も侵入し，年月とともに個体数を増やして草原を形成します。

ステップ③：低木林の形成

土壌の形成がさらに進むと，鳥や風などで種子が運ばれて，木本類が侵入します。このとき侵入する木本は，強い光のもとで速く成長する，ヤシャブシやヌルデなどの**陽樹**です。それらの陽樹により低木林が形成されます。

5-7 一次遷移① 〜乾性遷移〜

・乾性遷移…土壌が乏しい陸地から始まる遷移。

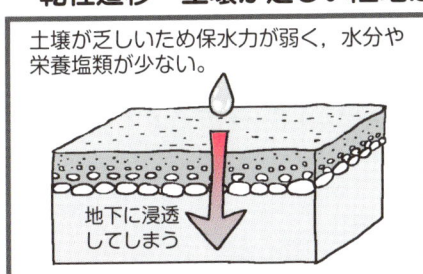

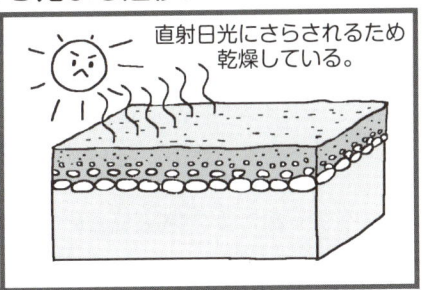

土壌が乏しいため保水力が弱く，水分や栄養塩類が少ない。
地下に浸透してしまう

直射日光にさらされるため乾燥している。

ステップ① 先駆植物の侵入

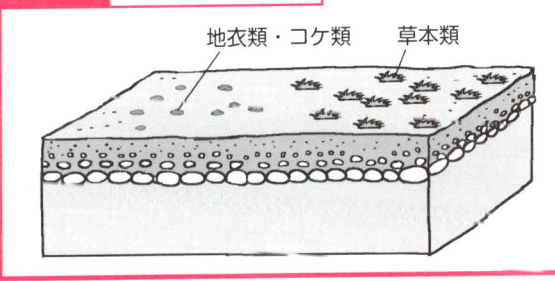

地衣類・コケ類　草本類

ススキやイタドリなどのような，土地に最初に侵入する植物を先駆植物という。地衣類やコケ類が侵入することもある。

ステップ② 草原の形成

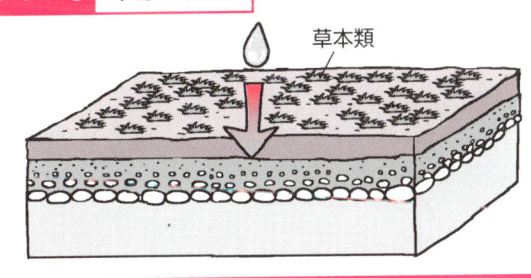

草本類

先駆植物の枯死体などにより土壌が形成される。土壌の保水性が高まり，栄養塩類も増えてくると，他の草本類も侵入するようになり，草原が形成される。

ステップ③ 低木林(陽樹林)の形成

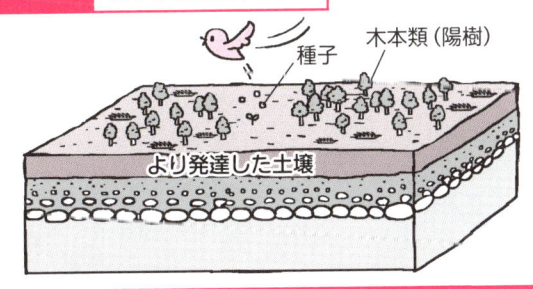

種子　木本類(陽樹)
より発達した土壌

土壌の形成がさらに進むと，鳥などによって種子が運ばれて木本類が侵入し，やがて低木林(陽樹林)が形成される。

ステップ④：高木林（陽樹林）の形成
土壌がさらに発達し，高木も生育できるようになります。アカマツやクロマツなどといった陽樹の高木林が形成されます。

ステップ⑤：高木林（陽樹＆陰樹の混交林）の形成
高木の陽樹がしげると，十分な光が林床に届かなくなります。
すると，陽樹の幼木は育ちにくくなり，少ない光でも成長できるスダジイやタブノキといった陰樹の幼木が育つようになります。
時間が経つと，陽樹と陰樹の高木が混ざった混交林になります。

ステップ⑥：高木林（陰樹林）の形成
林床で陽樹の幼木が育ちにくいため，陽樹と陰樹の混交林は，次第に陰樹にとって代わるようになり，最終的に陰樹林となります。こうして，構成する種や相観に，大きな変化が見られない状態となります。
この状態を，**極相**（**クライマックス**）といいます。
また，極相に達した森林を，**極相林**といいます。

極相林になったとしても，自然災害などによって森林が破壊されることもあります。つまり，極相とはいっても，一時的な状態であるといえます。

ステップ④ 高木林（陽樹林）の形成

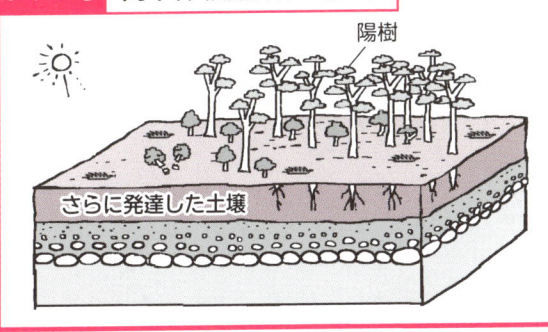

陽樹

さらに発達した土壌

土壌がさらに発達して，高木も生育できるようになり，陽樹の高木林（陽樹林）が形成される。

ステップ⑤ 高木林（陽樹＆陰樹の混交林）の形成

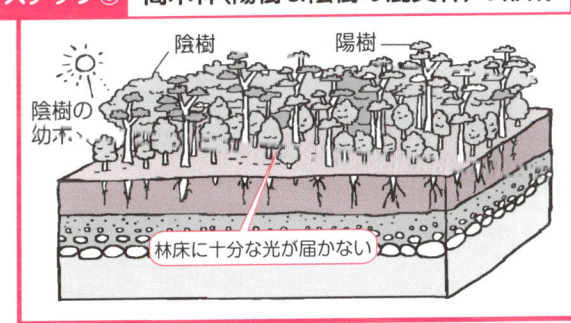

陰樹　陽樹
陰樹の幼木
林床に十分な光が届かない

高木の陽樹がしげると，十分な光が林床に届かなくなるため，陽樹の幼木は育たなくなり，陰樹の幼木が育つようになる。やがて，陽樹と陰樹の混ざった混交林が形成される。

ステップ⑥ 高木林（陰樹林）の形成

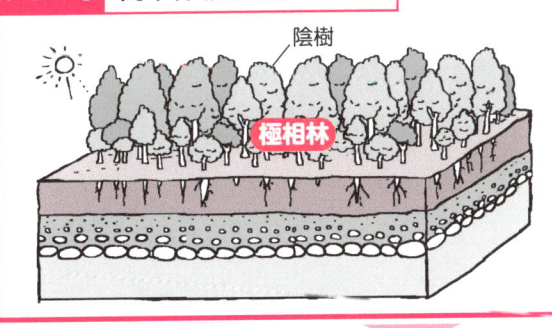

陰樹
極相林

林床で陽樹の幼木が育ちにくいため，陽樹は陰樹にとって代わるようになり，最終的に陰樹林となる。この状態を，極相といい，極相に達した森林を極相林という。

山火事　　土砂くずれ　　台風　　逃げろー!!

・ギャップの形成

自然災害などによって極相林の一部の高木が倒れ，林床まで光が届くようになることがあります。

こうしてできた場所を**ギャップ**といいます。

ギャップが小さい場合は，森林内に差し込む光が弱いために陽樹は生育できず，陰樹の幼木が成長してギャップを埋めるようになります。

ギャップが大きい場合は，森林内に差し込む光が十分強いため，陽樹の幼木がよく成長してギャップを埋めるようになります。

このようなことが起きるため，極相林のところどころに陽樹が混じっていることも多いのです。このような，ギャップにおける樹木の入れ替えを，**ギャップ更新**といいます。
つまり，極相林も，部分的な遷移を繰り返しているということですね。

> 補足 極相林でなくてもギャップ更新が起こることがあります。

・ギャップの更新

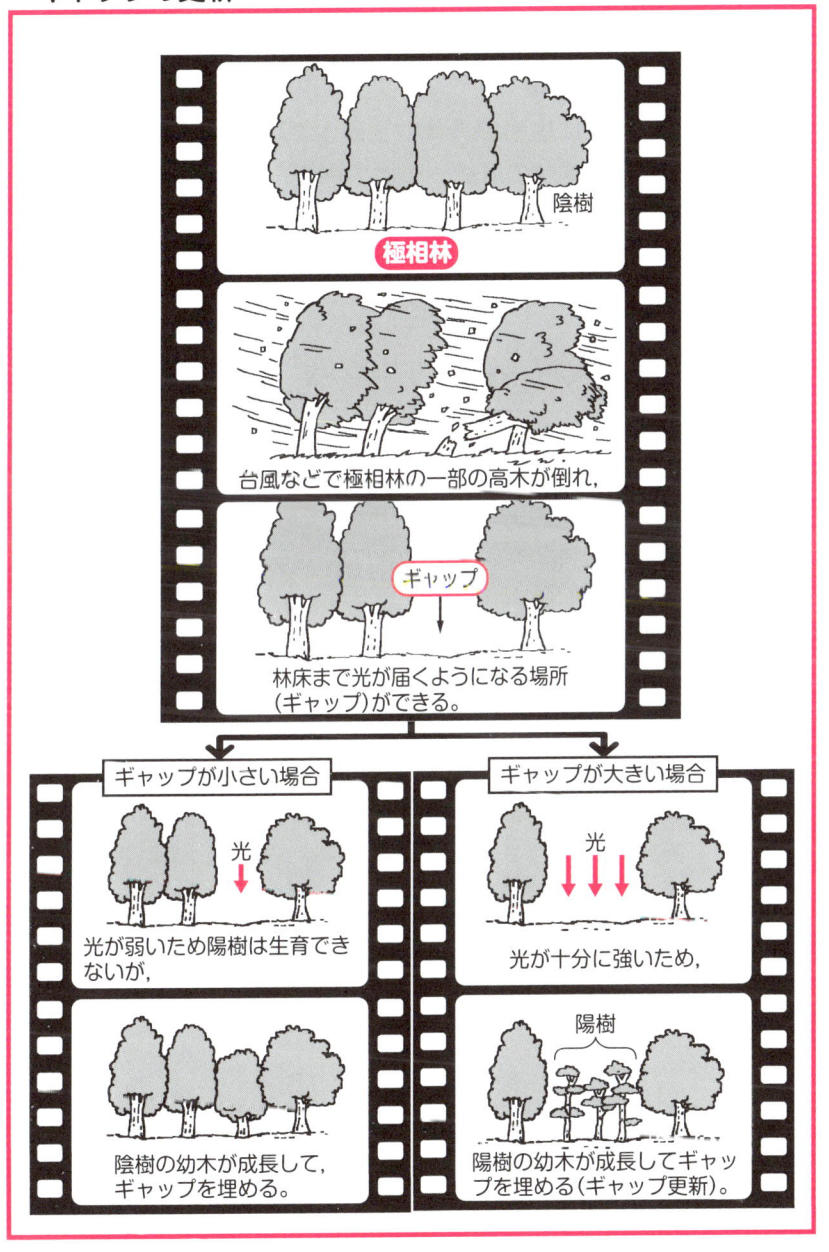

極相林

陰樹

台風などで極相林の一部の高木が倒れ,

ギャップ

林床まで光が届くようになる場所（ギャップ）ができる。

ギャップが小さい場合

光

光が弱いため陽樹は生育できないが,

陰樹の幼木が成長して、ギャップを埋める。

ギャップが大きい場合

光

光が十分に強いため,

陽樹

陽樹の幼木が成長してギャップを埋める（ギャップ更新）。

5-8 一次遷移②　～湿性遷移～

> **ココをおさえよう！**
>
> 湿性遷移は「湖沼に生物の遺体や土砂がたい積し，浅くなる→浮葉植物が生息→湿原の形成→草原の形成→乾性遷移と同じ過程」という順で起こる遷移。

さて，次は一次遷移のうちの，湿性遷移について勉強しましょう。

湿性遷移とは，湖沼から始まる遷移のことをいいます。湖沼から始まり，陸上の植生に変化していきます。

ステップ①：生物の遺体や土砂がたい積し，浅くなる
時間が経つにつれ，生物の遺体や土砂がたい積するので，浅くなっていきます。また，**沈水植物**（植物全体が水中にある植物）などが生えてきます。

ステップ②：浅くなった湖沼に，浮葉植物などが生えてくる
湖沼が浅くなると，**浮葉植物**（葉が水面に浮いている植物）が生えてきて，水面をおおうようになります。

ステップ③：湿原の形成
浮葉植物などの枯死体のたい積や，土砂の流入によって水深がさらに浅くなると，湖沼は水分を多く含むコケ類や草本類からなる湿原へと変わっていきます。

ステップ④：草原の形成
さらに植物の枯死体や土砂がたい積して陸地化が進み，徐々に草原へと変わっていきます。

そして，この後の遷移は乾性遷移と同じ過程をたどります。
つまり，低木林→陽樹林→混交林→極相林という流れです。

もちろん，遷移の途中で自然災害などが起こることで，ギャップが生じたり，裸地に戻ったりして，遷移が繰り返されるのも，乾性遷移と同じです。

5-8 一次遷移② ～湿性遷移～

・湿性遷移…湖沼から始まる遷移。

ステップ①　生物の遺体や土砂がたい積し，浅くなる

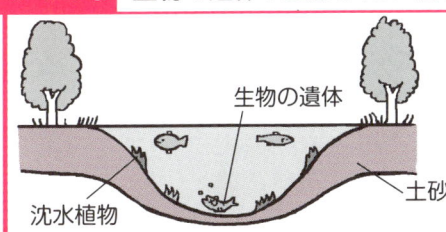

時間が経つにつれて，生物の遺体や土砂がたい積するので，湖沼は浅くなっていき，沈水植物などが生えてくる。

ステップ②　浅くなった湖沼に，浮葉植物が生えてくる

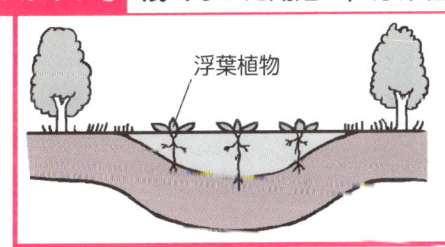

湖沼が浅くなると，浮葉植物が生えてきて，やがて水面をおおうようになる。

ステップ③　湿原の形成

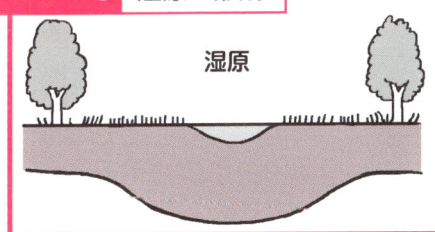

浮葉植物などの枯死体のたい積や，土砂の流入により，水深がさらに浅くなり，湿原へと変わっていく。

ステップ④　草原の形成

さらに植物の枯死体や土砂がたい積して陸地化が進み，徐々に草原へと変わっていく。

この後は乾性遷移と同じ経路をたどるでぃ

5-9 二次遷移

> **ココをおさえよう！**
>
> 二次遷移は，すでに植物の生育に必要な土壌があり，そこに種子や根などが残った状態から始まる遷移。

一次遷移は，土壌がそもそもない状態から始まる遷移でした。

一方，山火事の跡や森林の伐採跡地，耕作を放棄した場所には，すでに植物の生育に必要な土壌があり，水分や栄養塩類，種子や根が残っていたり，樹木の切り株から新芽が出ていたりします。
二次遷移は，このような状態から始まります。

すでに植物が育つ下地があるため，二次遷移は一次遷移に比べ，短期間で新たな植生が形成されます。

・二次遷移

例えば，一次遷移が終わって極相林となったあとなどに，

やっと森林になったぞ

自然災害や森林伐採などの跡地から始まる遷移。

台風　森林伐採　山火事

すでに土壌があり，水分や栄養塩類，種子や根が残っていたり，樹木の切り株から新芽が出ていたりする状態であるため，

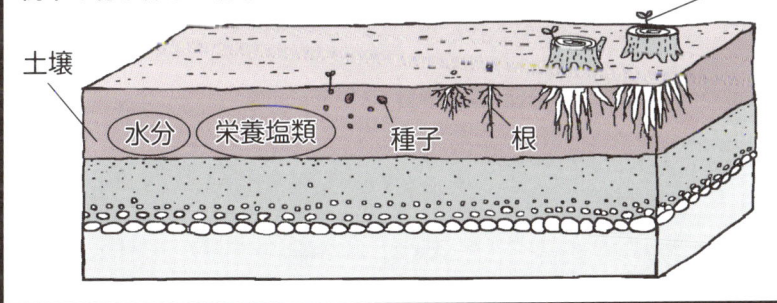

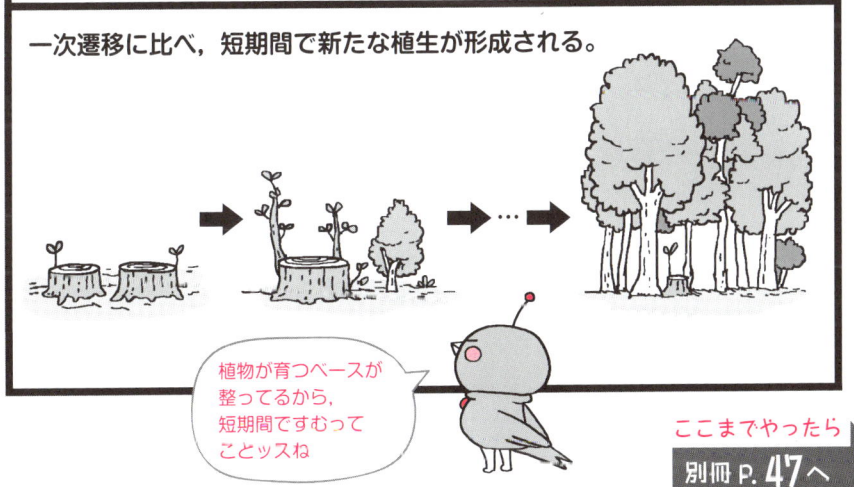

新芽／土壌／水分／栄養塩類／種子／根

一次遷移に比べ，短期間で新たな植生が形成される。

植物が育つベースが整ってるから，短期間ですむってことッスね

ここまでやったら 別冊 p.47 へ

5-10 世界のバイオーム

ココをおさえよう！
世界の陸地のバイオームは気候（気温と降水量）で分類される。

ある地域に生息する植物（植生）・動物・微生物などをまとめて**バイオーム**（**生物群系**）といいます。
世界の陸地のバイオームは，植生に応じて分類されます。
なぜなら，そこにどんな動物や微生物が生息できるかは，そこで生育している植物に大きな影響を受けているからです。

植生は森林・草原・荒原に大別され，例えば草原がステップとサバンナに分類されるように，「森林」「草原」「荒原」はそれぞれ何種類かに細かく分けられるのでした。
その細かく分けた植生の分類が，バイオームの分類ということです。

植生の分類（＝バイオームの分類）は，気候（気温と降水量）によって決まります。
バイオームの分布を世界地図に記したのが右ページの図1です。
そして，気候とバイオームの関係を記したのが右ページの図2です。

図1と図2を一緒に見ると，その地域の気温・降水量・植生がわかりますね。

次ページからは，植生ごとにこれらの図1，図2を示して説明をしていきますよ。

5-10 世界のバイオーム

世界のバイオーム

ある地域に生息する植物・動物・微生物などをまとめてバイオームというぞい

・陸地のバイオームは植生に応じて分類される。

例えば…　植物

食べ物　すみか

食べ物やすみかなど、植物に大きく依存しているッスね

・世界のバイオームと気候の関係

図1

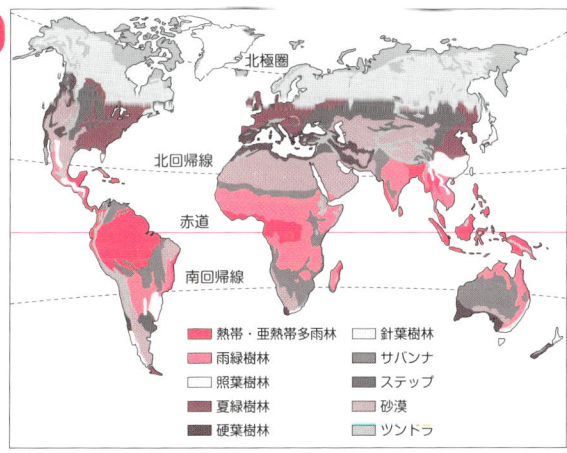

北極圏　北回帰線　赤道　南回帰線

- 熱帯・亜熱帯多雨林
- 雨緑樹林
- 照葉樹林
- 夏緑樹林
- 硬葉樹林
- 針葉樹林
- サバンナ
- ステップ
- 砂漠
- ツンドラ

似た気候（気温と降水量）の地域は似たバイオームになっておるぞ

図2

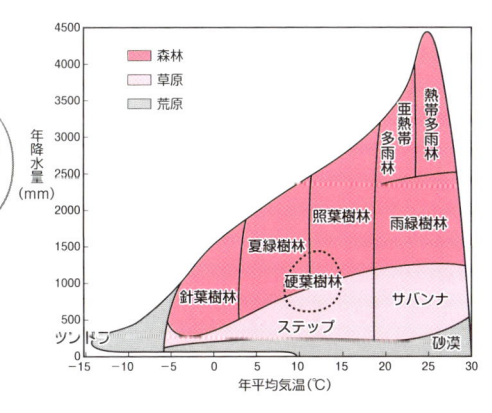

森林／草原／荒原

例えば平均気温が20〜25℃、年降水量が1500〜2000 mmの地域は「雨緑樹林」に分類されるということじゃ

年降水量(mm)　年平均気温(℃)

熱帯多雨林／亜熱帯多雨林／雨緑樹林／照葉樹林／夏緑樹林／針葉樹林／硬葉樹林／ステップ／サバンナ／ツンドラ／砂漠

・森林のバイオーム

年降水量が多く，年平均気温が－5℃以上の地域では森林が形成されます。

☆**熱帯・亜熱帯の森林**

熱帯の中で高温多雨のところには**熱帯多雨林**が形成されます。熱帯多雨林は**常緑広葉樹**（落葉する前に次の葉ができるため，常に葉がある樹木で，葉は広く平たい）が大部分を占めています。
亜熱帯は熱帯と比べて少し気温が低い時期がある地域のことで，亜熱帯の中でも降雨量の多いところは**亜熱帯多雨林**が形成されます。
亜熱帯多雨林も**常緑広葉樹**（**シイ**，**カシ**，**ガジュマル**など）が大部分を占めますが，熱帯多雨林よりも樹高が少し低いです。熱帯多雨林・亜熱帯多雨林とも植物・動物が多種多様で豊かです。
熱帯で雨季と乾季のあるところでは，乾季に葉を落とす**落葉広葉樹**が生育する，**雨緑樹林**が形成されます。この地域の代表的な植物としては**チーク**があります。

☆**温帯の森林**

温帯は熱帯・亜熱帯と違って，寒い冬が存在します。
温帯の中で，夏によく雨が降り冬はやや暖かい地域では，**照葉樹林**が形成されます。**タブノキ**，**スダジイ**などの**常緑広葉樹**が多くを占めています。

> **補足** 常緑広葉樹のうち，葉が厚くて光沢があるものを照葉樹といいます。

温帯地域ながら，冬の寒さが厳しい地域では，**夏緑樹林**が形成されます。
夏緑樹林は冬に葉を落とす，**ブナ**や**ミズナラ**などの**落葉広葉樹**が多くを占めます。
温帯で，冬に雨が多く夏に乾燥する，地中海沿岸などでは**硬葉樹林**が形成されます。葉の表面が硬い**常緑広葉樹**が大部分を占めます。
オリーブや**ゲッケイジュ**，**コルクガシ**などが代表的な植物です。

☆**亜寒帯の森林**

年平均気温が0℃前後と，寒さが厳しい亜寒帯の植物が生育できる環境の地域では，**針葉樹林**が形成されます。針葉樹とは，葉が針のように細長いマツなどの樹木のことです。
針葉樹林は，主に**モミ**などの**常緑針葉樹**からなりますが，**カラマツ**などの**落葉針葉樹**からなるものもあります。

5-10 世界のバイオーム

・森林のバイオーム

☆ 熱帯・亜熱帯の森林 ⇒ 熱帯多雨林・亜熱帯多雨林・雨緑樹林

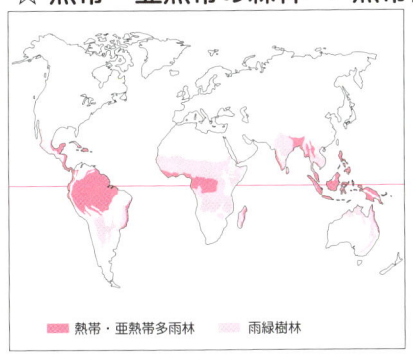

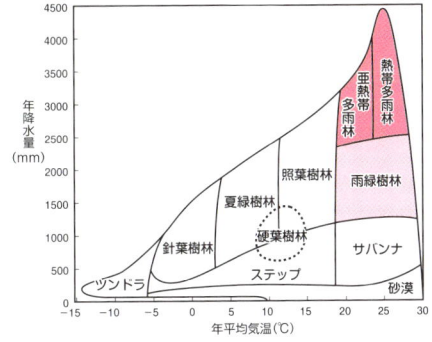

☆ 温帯の森林 ⇒ 照葉樹林・夏緑樹林・硬葉樹林

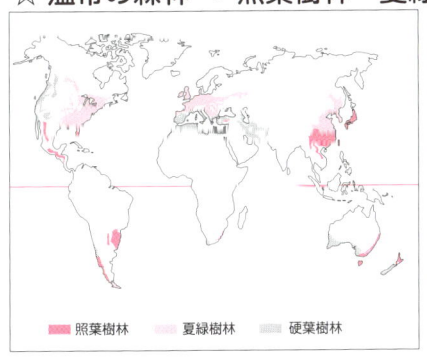

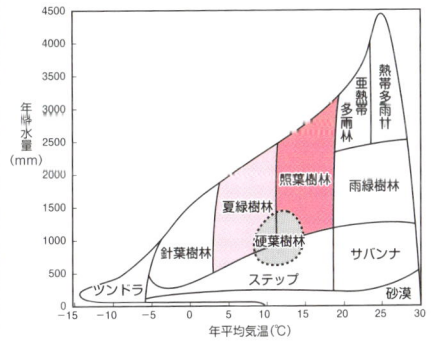

☆ 亜寒帯の森林 ⇒ 針葉樹林

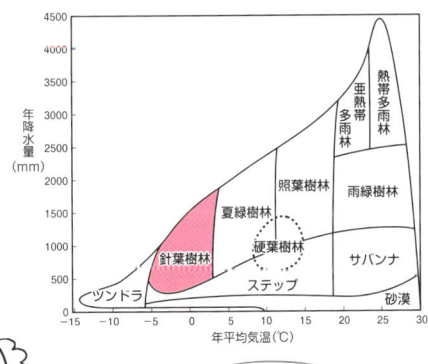

葉が常にある＝「常緑」
葉が落ちる ＝「落葉」
葉が広い ＝「広葉」
葉が細長い ＝「針葉」じゃ

森林の木にも
いろいろあるんスね

・草原のバイオーム
年平均気温が20℃を超え，年降水量が1000 mm以下の地域は，森林にならず草原が形成されます。

☆熱帯の草原
熱帯のうち乾季が長い地域の草原を**サバンナ**といいます。
サバンナでは主に**イネ**などの**草本植物**が生育しますが，**低木もまばら**に見られます。
アフリカのサバンナでは，シマウマやライオンといった大きな動物も見られます。

☆温帯の草原
温帯に見られる草原を**ステップ**といいます。ステップでも主に**イネ科**の植物が生育しますが，こちらでは樹木はほとんど見られません。
北アメリカのステップではバイソンやコヨーテ，モンゴルでは馬が多く見られます。

・荒原のバイオーム
降水量が極端に少なかったり，植物が生育できないほど気温が低かったりすると，その地域は荒原になります。

☆熱帯や温帯の荒原
熱帯や温帯で年降水量が200 mm以下の地域では，**砂漠**が形成されます。
砂漠では乾燥に耐えられる**サボテン**などの多肉植物など，わずかな植物しか生育できません。動物も，乾季に休眠するなど，乾燥と飢えに耐えるしくみをもつものしか生きられません。

☆（主に）寒帯の荒原
年平均気温が－5℃以下の地域では**ツンドラ**が形成されます。
地中には一年中凍ったままの永久凍土の層があり，低温のため微生物による落葉などの分解が進みません。土壌中の栄養が乏しく**地衣類**や**コケ類**以外の植物はほとんど生育しません。

世界のバイオームについて，1つずつ見てきました。
気温と降水量と地図の位置，そして代表的な植生について，選択形式の問題で出題されても，正しく選べるようにしましょうね。

5-10 世界のバイオーム

・草原のバイオーム

☆ 熱帯の草原 ⇒ サバンナ
☆ 温帯の草原 ⇒ ステップ

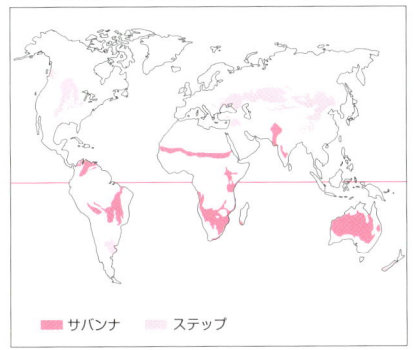

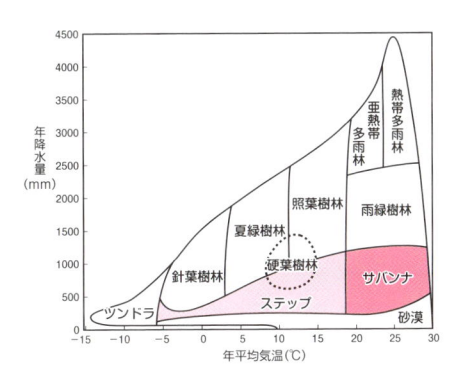

・荒原のバイオーム

☆ 熱帯や温帯の荒原 ⇒ 砂漠
☆ (主に)寒帯の荒原 ⇒ ツンドラ

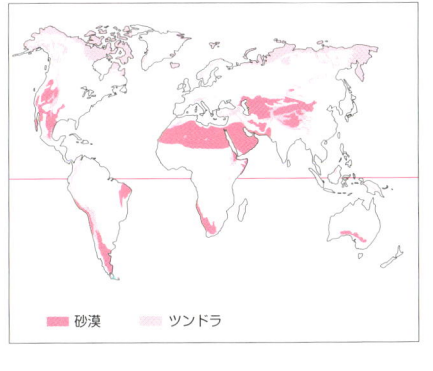

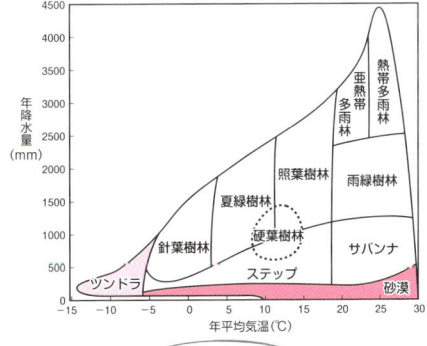

植生の分類の名称と気候，地域と代表的なバイオームを覚えるッス

選択問題に答えられるようにな！

5-11 日本のバイオーム①　〜水平分布〜

ココをおさえよう！

緯度に沿ったバイオームの分布を水平分布という。
日本の水平分布は，亜熱帯多雨林・照葉樹林・夏緑樹林・針葉樹林からなる。

日本も，各地域の気候によってバイオームは異なります。

・水平分布

緯度に沿ったバイオームの分布を水平分布といいます。
もう少しわかりやすくいうと，日本を上空から見たときのバイオームの分布が**水平分布**です。世界のバイオームで注目していたのも，水平分布でした。

・日本は年降水量の多い地域

日本は年降水量の多い地域に分類されます。p.372〜377に出てきた「バイオームと気候の関係」を見るとわかるように，普通，降水量の多い地域のバイオームは，熱帯多雨林→亜熱帯多雨林→照葉樹林→夏緑樹林→針葉樹林→ツンドラという順で変化します。

しかし，日本には，極端に気温の高い地域や，極端に気温の低い地域がないので，世界のバイオームで見られた両端の気候（熱帯多雨林とツンドラ）を除く，亜熱帯多雨林→照葉樹林→夏緑樹林→針葉樹林というバイオームの変化を見せます。

・代表的な植物

それぞれのバイオームの代表的な植物を載せておきますね。

　　☆亜熱帯多雨林…ガジュマル・アコウ・マングローブ（海水にも耐性のある常
　　　　　　　　　　緑広葉樹の総称）など
　　☆照葉樹林………クスノキ・タブノキ・スダジイ・アラカシなど
　　☆夏緑樹林………ブナ・ミズナラなど
　　☆針葉樹林………トドマツ・エゾマツ・シラビソなど

日本のバイオーム

・水平分布

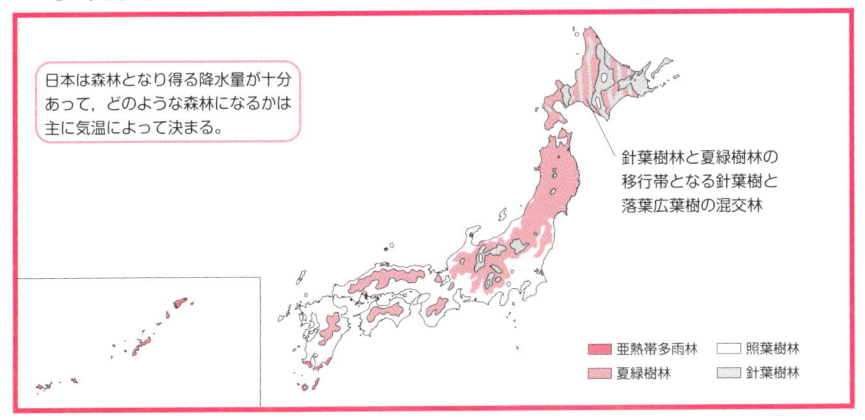

日本は森林となり得る降水量が十分あって、どのような森林になるかは主に気温によって決まる。

針葉樹林と夏緑樹林の移行帯となる針葉樹と落葉広葉樹の混交林

凡例：亜熱帯多雨林／夏緑樹林／照葉樹林／針葉樹林

・日本は年降水量の多い地域

~~熱帯多雨林~~ → 亜熱帯多雨林 → 照葉樹林 → 夏緑樹林 → 針葉樹林 → ~~ツンドラ~~

日本は年降水量の多い地域ではあるが、両端の気候は存在しないため、バイオームの変化は上のようになる。

・代表的な植物

亜熱帯多雨林
・ガジュマル
・アコウ
・マングローブ
　（オヒルギ・
　メヒルギなど）
　　など

照葉樹林
・クスノキ
・タブノキ
・スダジイ
・アラカシ
　など

夏緑樹林
・ブナ
・ミズナラ
　など

針葉樹林
・トドマツ
・エゾマツ
・シラビソ
　など

5-12 日本のバイオーム② ～垂直分布～

> **ココをおさえよう！**
>
> 標高に対応したバイオームの分布を垂直分布という。
> 垂直分布は，丘陵帯・山地帯・亜高山帯・高山帯に分けられる。
> 亜高山帯と高山帯の境界線を森林限界といい，森林限界より高度
> が高くなると高木が生育できず，森林が見られなくなる。

・垂直分布

日本が2次元の世界であったなら，水平分布だけ勉強すればいいのですが，私たちが住んでいる世界は（残念ながら？），3次元です。

ということは，標高についても考えなくてはいけません。標高が高くなるにつれて気温は下がっていきますので，バイオームにも変化が見られます。

このような，垂直方向の変化に対応したバイオームの分布を**垂直分布**といいます。

> **補足** 気温は，標高が1000 m高くなるごとに，5～6℃低くなります。

・丘陵帯・山地帯・亜高山帯・高山帯

垂直分布は，高度の低いところから高いところに向かって，**丘陵帯・山地帯・亜高山帯・高山帯**に分けられます。例えば，本州中部の山では，丘陵帯には**照葉樹林**が，山地帯には**夏緑樹林**が，亜高山帯には**針葉樹林**が見られます。

これらの分布帯の境界線は，北に向かうほど低くなります。
右ページの垂直分布の図を見るとわかりますね。

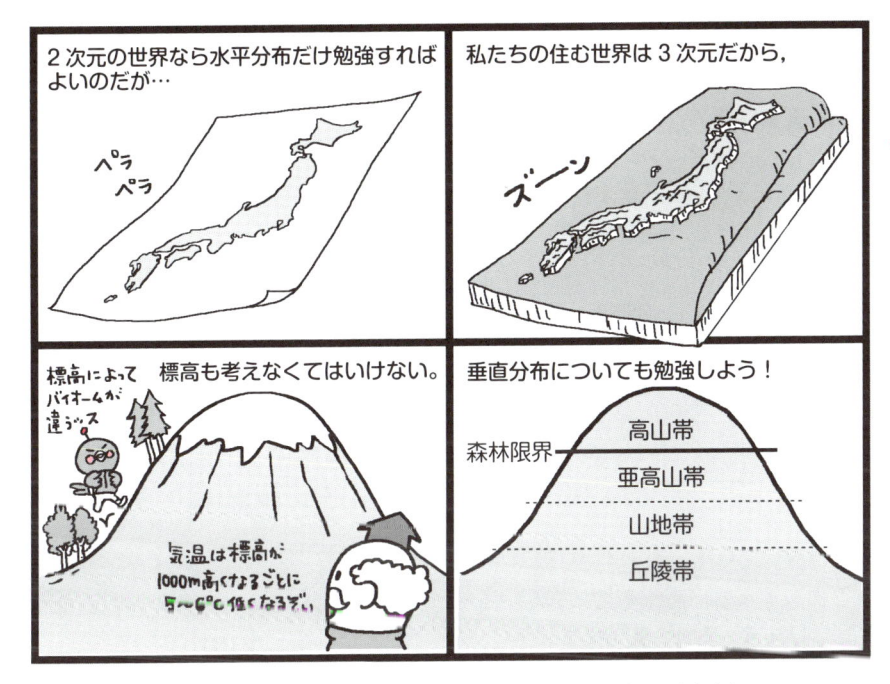

5-12 日本のバイオーム②　～垂直分布～

2次元の世界なら水平分布だけ勉強すればよいのだが…

私たちの住む世界は3次元だから、

標高によってバイオームが違うぜ　標高も考えなくてはいけない。
気温は標高が1000m高くなるごとに5〜6℃低くなるぜぃ

垂直分布についても勉強しよう！
森林限界
- 高山帯
- 亜高山帯
- 山地帯
- 丘陵帯

・日本のバイオームの分布（水平分布と垂直分布の対応）

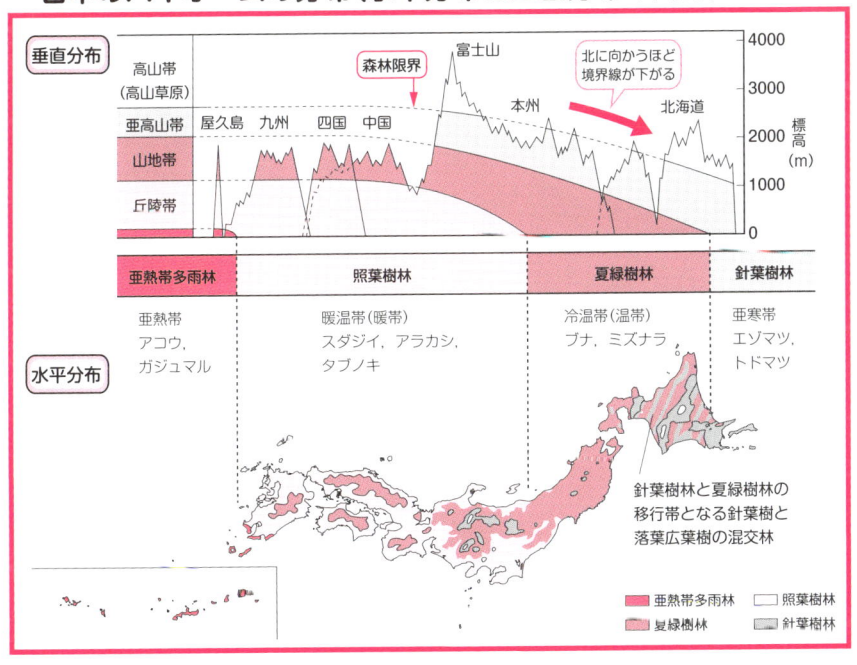

垂直分布
- 高山帯（高山草原）
- 亜高山帯
- 山地帯
- 丘陵帯

森林限界　富士山　北に向かうほど境界線が下がる
屋久島　九州　四国　中国　本州　北海道
標高(m) 4000 / 3000 / 2000 / 1000 / 0

水平分布
亜熱帯多雨林	照葉樹林	夏緑樹林	針葉樹林
亜熱帯 アコウ, ガジュマル	暖温帯（暖帯） スダジイ, アラカシ, タブノキ	冷温帯（温帯） ブナ, ミズナラ	亜寒帯 エゾマツ, トドマツ

針葉樹林と夏緑樹林の移行帯となる針葉樹と落葉広葉樹の混交林

凡例：亜熱帯多雨林／照葉樹林／夏緑樹林／針葉樹林

・例：本州中部の場合

境界線が場所によって移動してしまうので、本州中部に注目して見てみましょう。本州中部の標高・分布帯・植生の特徴・植物例は、以下の表のようにまとめることができます。

標高	分布帯	植生の特徴	植物例
2500 m 以上	高山帯	―	※ハイマツ，コケモモ，コマクサ
1500～2500 m	亜高山帯	針葉樹林	シラビソ，オオシラビソ，コメツガ
500～1500 m	山地帯	夏緑樹林	ブナ，ミズナラ
500 m 以下	丘陵帯	照葉樹林	クスノキ，タブノキ，スダジイ，アラカシ

※高山帯では森林は形成されないが，植物は存在する。

・森林限界とは？

ある標高よりも標高が高くなると、高木が生育できないくらいまで気温が下がってしまいます（平均気温：10℃以下）。
このような、森林形成の上限となる標高を、**森林限界**といいます。
森林限界が亜高山帯と高山帯の間にあるというのは、テストによく出題されるため、頭に入れてくださいね。
p.381の垂直分布の図を見ると、本州では森林限界の標高が約2000 mであるのに対し、北海道では約1000 mです。北に向かうほど平均気温が下がるので、より低い標高で森林限界の境界線が現れるのです。

5-12 日本のバイオーム②　～垂直分布～

例 本州中部の場合

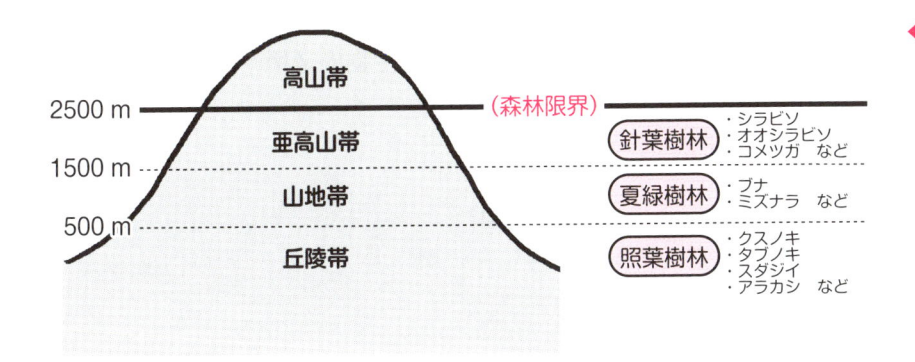

```
         高山帯
2500 m ─────────（森林限界）
         亜高山帯         針葉樹林 ・シラビソ
1500 m ─────────                  ・オオシラビソ
         山地帯                    ・コメツガ　など
 500 m ─────────         夏緑樹林 ・ブナ
         丘陵帯                    ・ミズナラ　など
                         照葉樹林 ・クスノキ
                                  ・タブノキ
                                  ・スダジイ
                                  ・アラカシ　など
```

・森林限界とは？

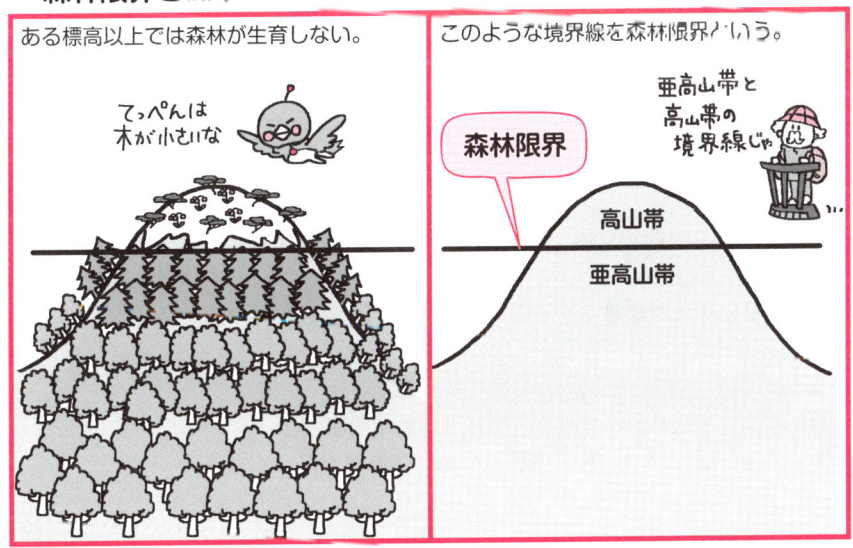

| ある標高以上では森林が生育しない。 | このような境界線を森林限界という。 |

てっぺんは木が小さいな

森林限界

亜高山帯と高山帯の境界線じゃ

高山帯
亜高山帯

ここまでやったら
別冊 p.49 へ

5-13 生態系①

> **ココをおさえよう!**
> ある地域に生息するすべての生物と非生物的環境をまとめて生態系という。

・生態系とは?
ある地域に生息しているすべての生物（バイオームといいましたね）に，**光・水・気温・土壌などの非生物的環境も含めたもの**を，**生態系**といいます。

生物と非生物的環境は互いに影響し合っているので，両方について考える必要があります。ここからは生態系について勉強していきますよ。

まずは，どの生態系にも共通する特徴について勉強しましょう。

・生物は，非生物的環境から影響を受けるだけでなく，影響を与えもする
植物が，気温や光・降水という非生物的環境から影響を受けているということはすでに勉強した通りです。このように，**非生物的環境が生物に与える影響**を，**作用**といいます。

一方，生物は非生物的環境に影響を及ぼします。例えば，植物の光合成や呼吸によって大気中の酸素濃度や二酸化炭素濃度が変化したり，成長した植物が光を遮ることで，林床が暗くなったりする，というようなことです。このように，**生物が非生物的環境に与える影響**を，**環境形成作用**といいます。

・生態系には，陸上生態系と水界生態系がある
生態系には，大きく分けて**陸上生態系**と**水界生態系**があり，水界生態系にはさらに，**湖沼生態系**や**海洋生態系**があります。

```
生態系 ─┬─ 陸上生態系（森林や草原など）
        └─ 水界生態系（湖沼・海洋など）─┬─ 湖沼生態系
                                        └─ 海洋生態系
```

5-13 生態系①

- 生態系とは？

ある地域に生息するすべての生物と非生物的環境をまとめたもの。

生物		非生物的環境		生態系
ある地域に生息するすべての生物	＋	光・水・気温・土壌など	＝	

- 生物は，非生物的環境から影響を受けるだけでなく，影響を与えもする。

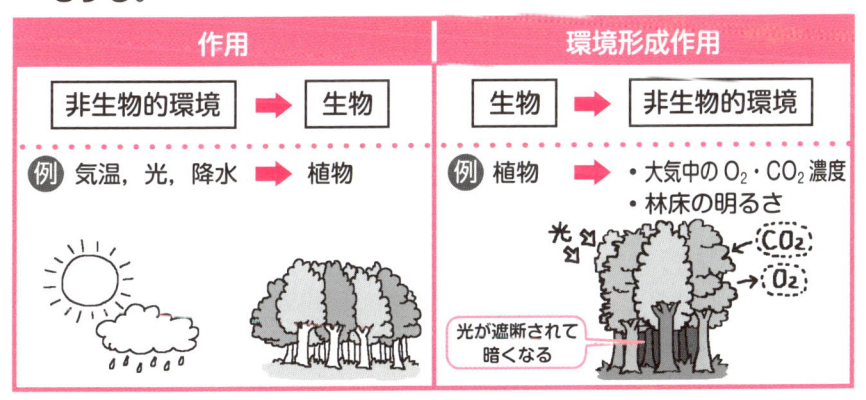

作用	環境形成作用
非生物的環境 ➡ 生物	生物 ➡ 非生物的環境
例 気温，光，降水 ➡ 植物	例 植物 ➡ ・大気中の O_2・CO_2 濃度 ・林床の明るさ
	光が遮断されて暗くなる

- 生態系には，陸上生態系と水界生態系がある。

```
生態系 ─┬─ 陸上生態系
        └─ 水界生態系 ─┬─ 湖沼生態系
                       └─ 海洋生態系
```

・**生態系において，生物には役割（生産者・消費者・分解者）がある**

生態系内において生物は，**生産者**と**消費者**という2つの役割に，大きく分けられます。また，消費者の中には**分解者**という役割の生物もいます。

☆**生産者**：光合成を行う**植物**などのことで，光合成によって水や二酸化炭素から有機物を"生産・合成"します。

☆**消費者**：自分では有機物を生産・合成できず，生産者である植物が生成した有機物を，栄養源として取り入れる生物のことを指します。消費者は，植物を食べる植物食性動物（**一次消費者**）と，植物食性動物を食べる動物食性動物（**二次消費者**）に分かれます。生態系によっては，二次消費者を食べる三次消費者，三次消費者を食べる四次消費者……など，より高次な消費者がいる場合もあります。

☆**分解者**：消費者の中には生産者の枯死体や，消費者の遺骸・排泄物を分解して無機物にする生物がいます。このような生物を特に分解者といいます。分解者には，**菌類**や**細菌類**などがいます。

こうしてできた無機物から，生産者が再度有機物を生産・合成します。

・**生態系における，生物と非生物的環境の関係図**

これらの役割は生物どうしの関係性にのみ注目した場合ですが，さらに生物と非生物的環境との相互作用（作用・環境形成作用）も含めると，右図のようにまとめることができます。

これまで勉強してきたように，①生産者は消費者に捕食され，低次の消費者はさらにより高次の消費者に捕食されます。
②生産者や消費者の遺骸や排泄物は，分解者によって分解されます。
そして，これら生物の活動は，③非生物的環境から影響を受けることもあれば（作用），④逆に影響を与えることもあるのです（環境形成作用）。

5-13 生態系① 387

- 生態系において，生物には役割（生産者・消費者・分解者）がある。

生産者

消費者

分解者

生態系における，生物と非生物的環境との関係図

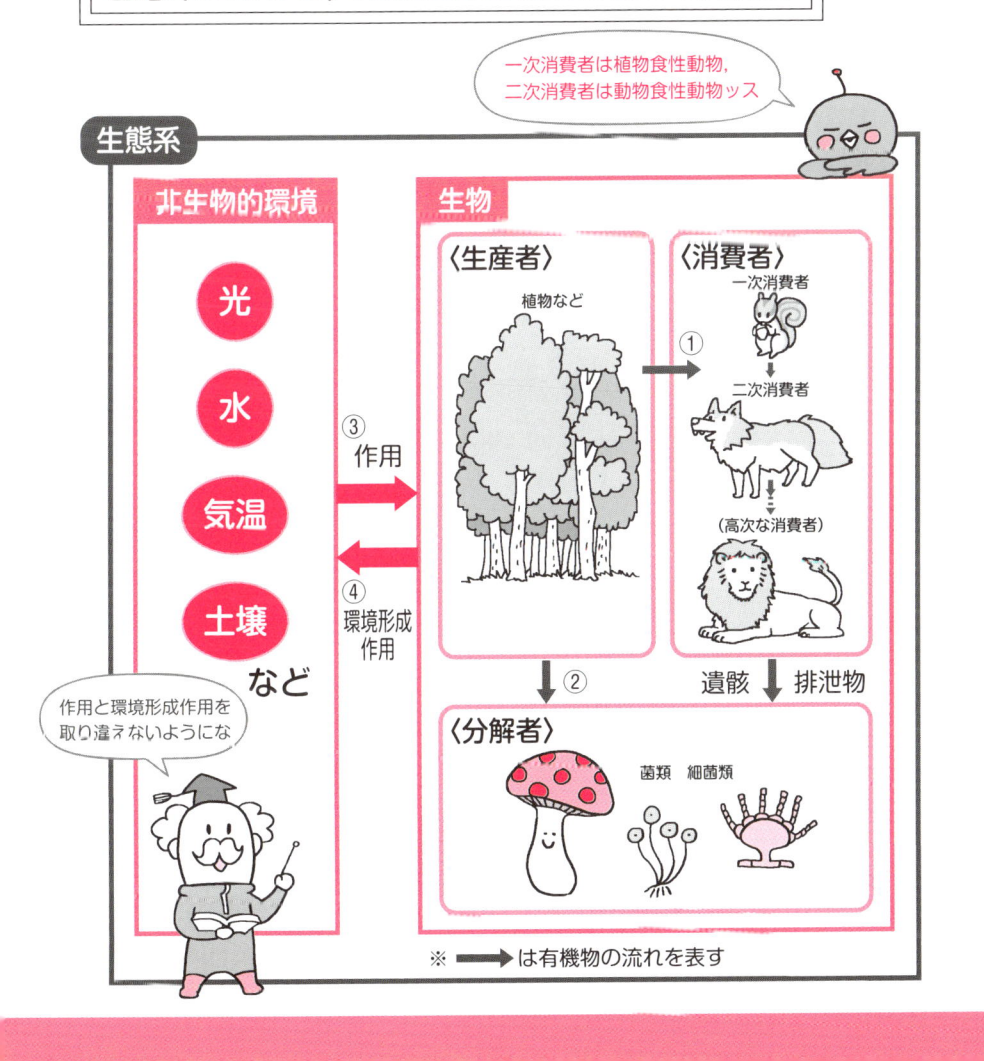

一次消費者は植物食性動物，二次消費者は動物食性動物ッス

生態系

非生物的環境
- 光
- 水
- 気温
- 土壌
- など

生物

〈生産者〉
植物など

〈消費者〉
- 一次消費者
- 二次消費者
- （高次な消費者）

③ 作用
④ 環境形成作用

② 　　遺骸　排泄物

〈分解者〉
菌類　細菌類

作用と環境形成作用を取り違えないようにな

※ ➡ は有機物の流れを表す

5-14 食物連鎖と食物網

ココをおさえよう！

被食者と捕食者の一連のつながりを食物連鎖という。
食物連鎖が複雑に入り組んで，網状の関係になった構造を食物網という。

・食物連鎖

生態系では，生産者を一次消費者が食べ，一次消費者を二次消費者が食べ，二次消費者をさらに高次の消費者が食べ……というように，被食者と捕食者は一連の鎖のようにつながっています。
この一連のつながりを**食物連鎖**といいます。

・食物網

実際の生態系では，被食者は何種類かの生物に食べられています。
また，捕食者も何種類かの生物を食べています。

すると，食物連鎖が複雑に入り組んだ構造になり，これが網のようになります。

この，網状になった被食者と捕食者の関係を，**食物網**といいます。

5-14 食物連鎖と食物網

- 食物連鎖…被食者と捕食者の一連のつながり。

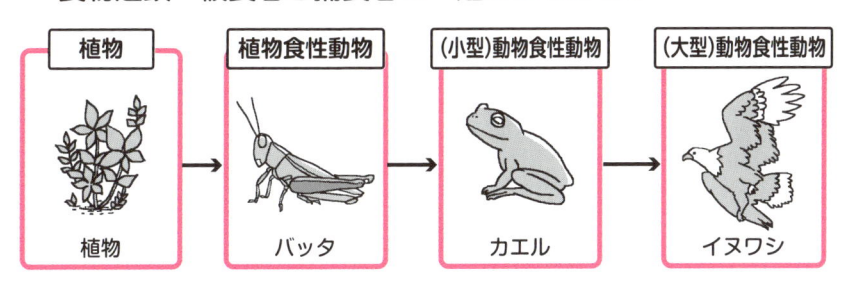

植物 → 植物食性動物 → (小型)動物食性動物 → (大型)動物食性動物
植物 → バッタ → カエル → イヌワシ

- 食物網…網状になった被食者と捕食者の関係のこと。

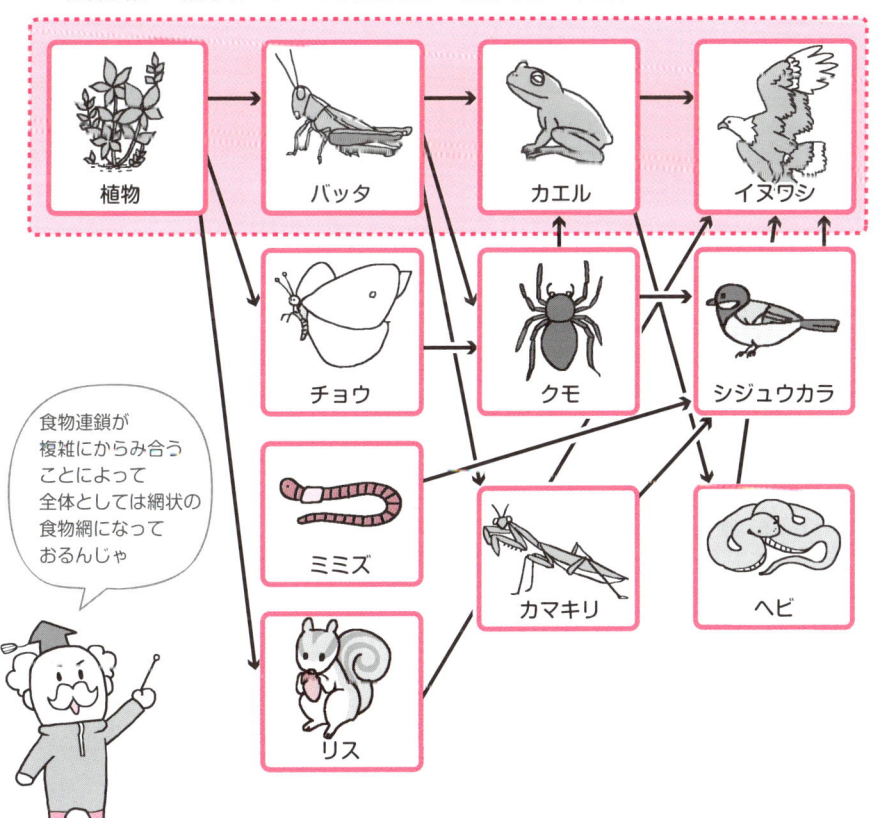

食物連鎖が複雑にからみ合うことによって全体としては網状の食物網になっておるんじゃ

5-15 発展 生態系②

ココをおさえよう！

光合成を行う植物などが生育できる限界の水深を，補償深度といいます。

さて，ここまで生態系について，陸上生態系を中心に見てきました。
今度は，水界生態系を見てみましょう。
水界生態系のうち，特に湖沼生態系について注目してみます。

・湖沼生態系

湖や沼における生態系を**湖沼生態系**といいます。
湖沼生態系にも生産者・消費者・分解者がいます。
それぞれ，どのような生物が担っているのでしょうか？

☆**生産者**：陸上の生態系と同じく，光合成を行う**植物**や**植物プランクトン**が生産者です。「光合成」ということは光が必要ですよね。植物や植物プランクトンが光合成を行うのに十分な光が到達するのは，水面から深くないところです。ですから，生産者となる水生植物は，水面付近に生息しています。
生産者である植物や植物プランクトンは，p.356で学んだように，光補償点以上の光が届く限界の水深（**補償深度**）までしか生息することができません。

☆**消費者**：動物プランクトンや魚類，海底に生息するエビやカニなどの甲殻類などの生物が消費者です。

☆**分解者**：水中や湖底に生息する菌類や細菌類が分解者です。

- 湖沼生態系…湖や沼における生態系。

☆生産者：光合成を行う植物・植物性プランクトン

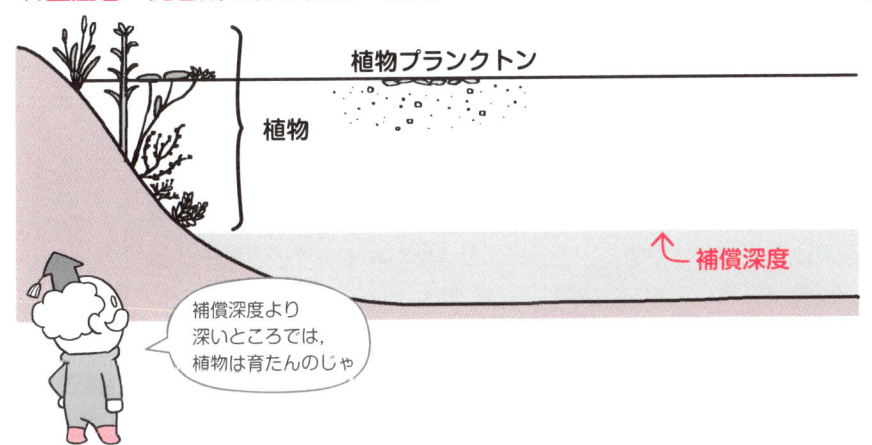

植物プランクトン
植物
↑補償深度

補償深度より深いところでは、植物は育たんのじゃ

☆消費者：動物プランクトン・魚類・甲殻類（エビ・カニなど）など

動物プランクトン
魚類
甲殻類

☆分解者：水中や湖底に生息する菌類や細菌類

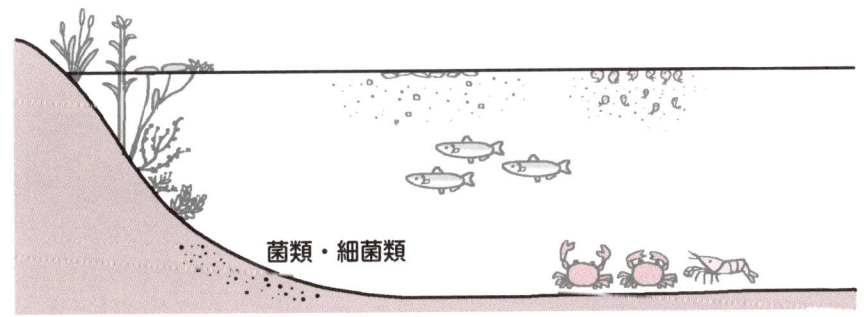

菌類・細菌類

5-16 陸上生態系と水界生態系の関係

ココをおさえよう！

陸上生態系と水界生態系は，密接につながっている。

・陸上と水界のつながり

陸上生態系と水界生態系は，密接に関係しています。

例えば，落ち葉やその分解物は，雨水とともに，湖沼や河川，海へと流れ込み，水界に生息する植物プランクトンの養分になります。そしてその植物プランクトンは動物プランクトンの食物になり，動物プランクトンは小型の魚類の食物になります。

一方，水界に生息する生物が陸上に生息する生物の食物になることもあります。クマがサケを捕食したり，ウミネコが魚を捕食したりするのが，その例です。

5-16 陸上生態系と水界生態系の関係

・陸上と水界のつながり

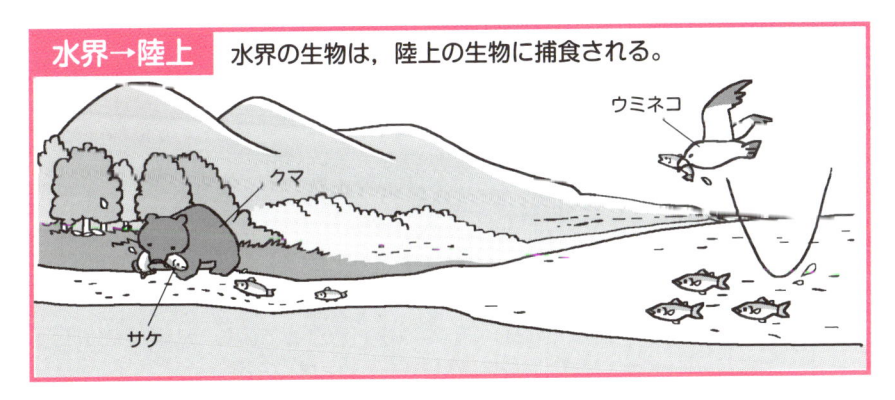

陸上→水界 落ち葉やその分解物が，雨水とともに流れ込み，水界の生物の食物になる。

落ち葉

水界→陸上 水界の生物は，陸上の生物に捕食される。

ウミネコ
クマ
サケ

陸上と水界だからといって関係ないわけじゃないんじゃぞ

みんなつながってるんだな〜

5-17 生態ピラミッド

> **ココをおさえよう！**
> 生態系の各栄養段階の個体数や現存量を図で表すとき，生産者 → 一次消費者 → 二次消費者 → ……と順に積み重ねていくと，ピラミッド状の形になる。これを生態ピラミッドという。

・栄養段階

生態系において生物には，捕食者・被食者という関係があり，それが網状（食物網）になっているということは 5-14 で勉強しましたね。
生態系における，生産者，一次消費者，二次消費者，三次消費者といった，食物連鎖の各段階を**栄養段階**と呼びます。

・生態ピラミッド

ここで，食物連鎖の順に，各段階ごとに分けた図を見ていきましょう。まずは食物網の図を，生産者 → 一次消費者 → 二次消費者 → ……と，順に積み上げていきます。

さらに，「各生物がどれくらい存在しているのか」も含めて図にまとめると，ピラミッド状の形になります。これを，**生態ピラミッド**と呼びます。
「各生物がどれくらい存在しているのか」，というのは，一定面積内における
- ☆各栄養段階の生物の個体数
- ☆生物量（その生物を乾燥させたときの重量）

で表されることが多く，これらを使ってできる生態ピラミッドを，それぞれ
- ☆**個体数ピラミッド**
- ☆**生物量ピラミッド**

と呼びます。

> **発展** その他にも，一定期間あたりに獲得するエネルギー量で表した，**生産力ピラミッド**というものもあります。
> 個体数ピラミッドは，例えば，1本の樹木の葉を食べる多数の昆虫，などという場合のように，生産者の個体数に対して，一次消費者の個体数のほうが多くなり，ピラミッドの上下が逆転することもあります。同じように，生物量ピラミッドも上下が逆転することがあります。
> しかし，このような場合でも，獲得エネルギー量で表す生産力ピラミッドだけは，ピラミッドの上下が逆転することはありません。

5-17 生態ピラミッド

・生態ピラミッド

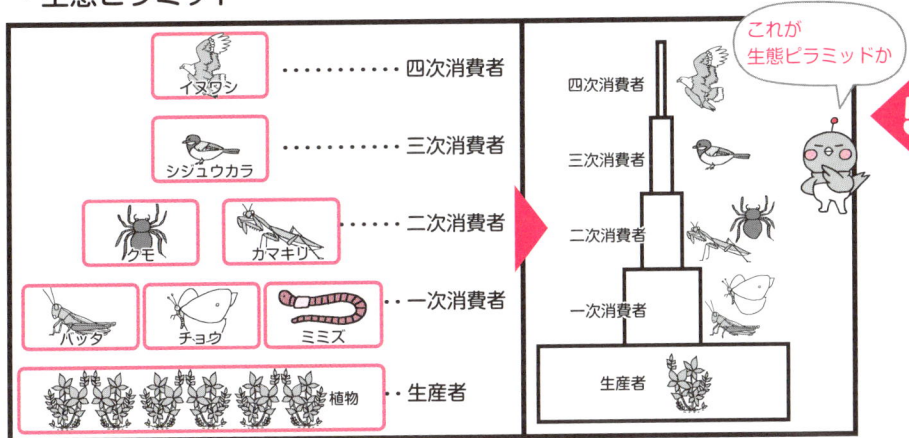

- 四次消費者：イヌワシ
- 三次消費者：シジュウカラ
- 二次消費者：クモ、カマキリ
- 一次消費者：バッタ、チョウ、ミミズ
- 生産者：植物

「これが生態ピラミッドか」

・生態ピラミッドの種類

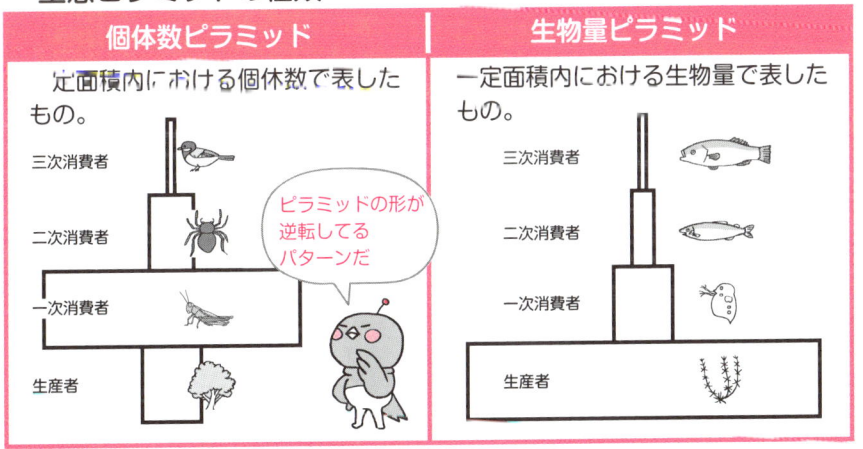

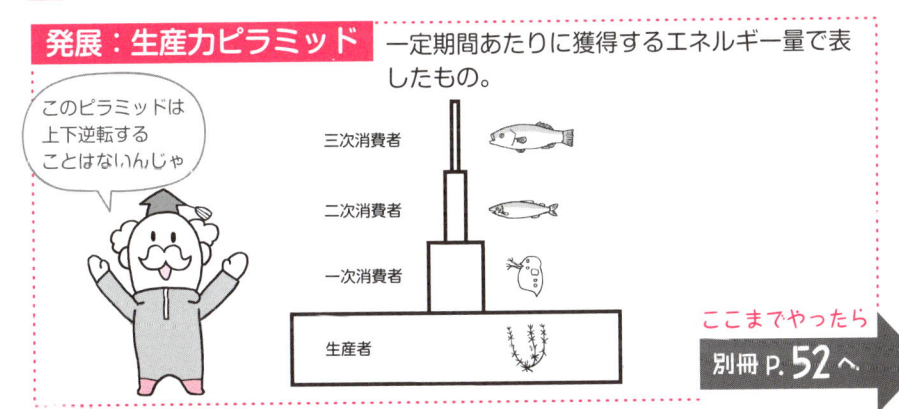

個体数ピラミッド
一定面積内における個体数で表したもの。
（三次消費者、二次消費者、一次消費者、生産者）

「ピラミッドの形が逆転してるパターンだ」

生物量ピラミッド
一定面積内における生物量で表したもの。
（三次消費者、二次消費者、一次消費者、生産者）

発展：生産力ピラミッド
一定期間あたりに獲得するエネルギー量で表したもの。
（三次消費者、二次消費者、一次消費者、生産者）

「このピラミッドは上下逆転することはないんじゃ」

ここまでやったら別冊 P.52 へ

5-18 生態系における物質の循環① 〜はじめに〜

ココをおさえよう！

炭素は有機物を構成する中心的な元素，窒素はタンパク質や核酸，ATPなどに含まれる重要な元素。

次は，生態系における物質の循環に注目してみましょう。

・炭素と窒素に注目

生態系における物質の中でも，生物にとって特に重要な元素である，**炭素**(C)と**窒素**(N)に注目しましょう。

生物を構成する化合物の中で，水の次に量的に多いのがタンパク質（筋肉・酵素の主成分）や炭水化物（エネルギー源）などの有機物で，有機物を構成する中心的な元素は炭素です。
生物に含まれている炭素は，もとをたどると大気中や水中にある二酸化炭素（CO_2）に由来します。

窒素は，有機物の中でもタンパク質や核酸，ATPなどに含まれる重要な元素です。

・普段は意識しない，炭素や窒素の流れ

普段の生活において，私たちは物質が循環しているということをあまり意識していません。
あなたが吐き出した二酸化炭素や，トイレで排出した"アレ"が，めぐりめぐって今日の晩ご飯になっている……なんてことに気づくのは，難しいですよね。

もし，私たちがもっと原始的な生活をしていたら，物質の循環に気づくのは容易かもしれません。排泄物が肥料になり，植物が育ち，その植物を食べて家畜が育ち，その家畜を食べて生きている……というように，実感しやすいと思います。

現代の生活の中ではなかなか実感できないことではありますが，生態系を理解するにはとても重要なことです。さっそく勉強していきましょう。

5-18 生態系における物質の循環① 〜はじめに〜

〈生態系における物質の循環〉

- 炭素と窒素に注目

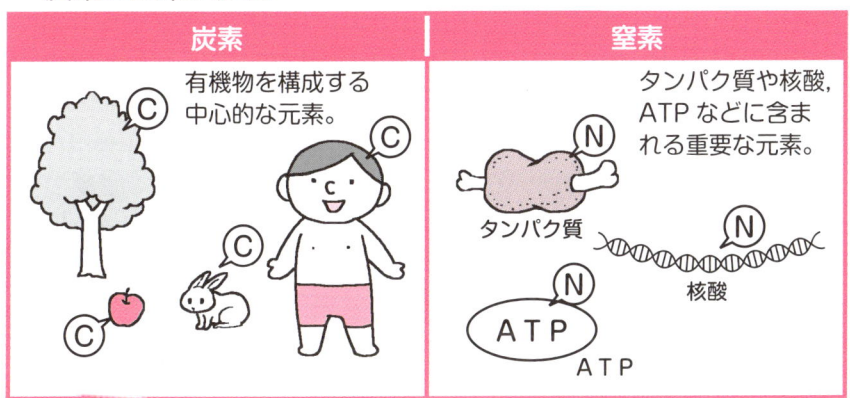

炭素	窒素
有機物を構成する中心的な元素。	タンパク質や核酸，ATP などに含まれる重要な元素。

- 普段は意識しない，炭素や窒素の循環

えぇっ！
ボクたちが食べてるご飯って!!

めぐりめぐって循環しておるんじゃ
なにも直接食べるわけじゃないぞい

5-19 生態系における物質の循環②　〜炭素〜

ココをおさえよう！

生産者（植物・植物プランクトン）が大気中の二酸化炭素を同化する。

・生産者（植物・植物プランクトン）が光合成によって二酸化炭素から有機物を作る

空気中には炭素（C）が二酸化炭素（CO_2）として存在します。生産者である植物・植物プランクトンは二酸化炭素を取り込み，光合成によって有機物を作ります。
生産者を介することで，炭素は「二酸化炭素」から「有機物」に変身するのです。

・消費者たちは捕食によって有機物を得て，呼吸で二酸化炭素を放出する

光合成で作られた有機物は，植物の体内に蓄えられたり成長に使われたりします。一次消費者は，その植物を食べることで，有機物を体内に取り入れます。一次消費者は取り入れた有機物を，呼吸で二酸化炭素として空気中へ放出します。
こうして炭素は「有機物」から「二酸化炭素」へと形を変えるのです。

一次消費者が取り入れた有機物のうち，呼吸で消費されなかったものの一部が，体内に残り体を作ります。
さらに高次の消費者は，一次消費者を食べます。これにより一次消費者のもっていた有機物が，高次消費者の呼吸に用いられ，二酸化炭素として放出されたり，高次消費者の体を作る物質となったりします。

このように炭素は，呼吸によって二酸化炭素として空気中へ放出されたり，捕食によって，有機物として生物間を移動したりします。

・土の中では菌類が活躍

植物や動物の遺骸・排泄物にも有機物が含まれますが，これらは菌類や細菌類の栄養源です。菌類や細菌類も呼吸をしているので，有機物の一部は二酸化炭素に変換されます。

以上をまとめると，呼吸によって空気中へ二酸化炭素として放出され，生産者がその二酸化炭素を光合成で有機物に変える，というのが炭素の循環なのです。

> **補足** 近年は人間による石炭や石油といった化石燃料の燃焼によって，大気中の二酸化炭素量が増えています。二酸化炭素が地球温暖化の原因といわれていますが，これは生産者による同化に比べ，生物による呼吸や化石燃料の燃焼などによって放出される二酸化炭素量のほうが多くなっている，ということを表しています。

5-19 生態系における物質の循環② ～炭素～

炭素の循環

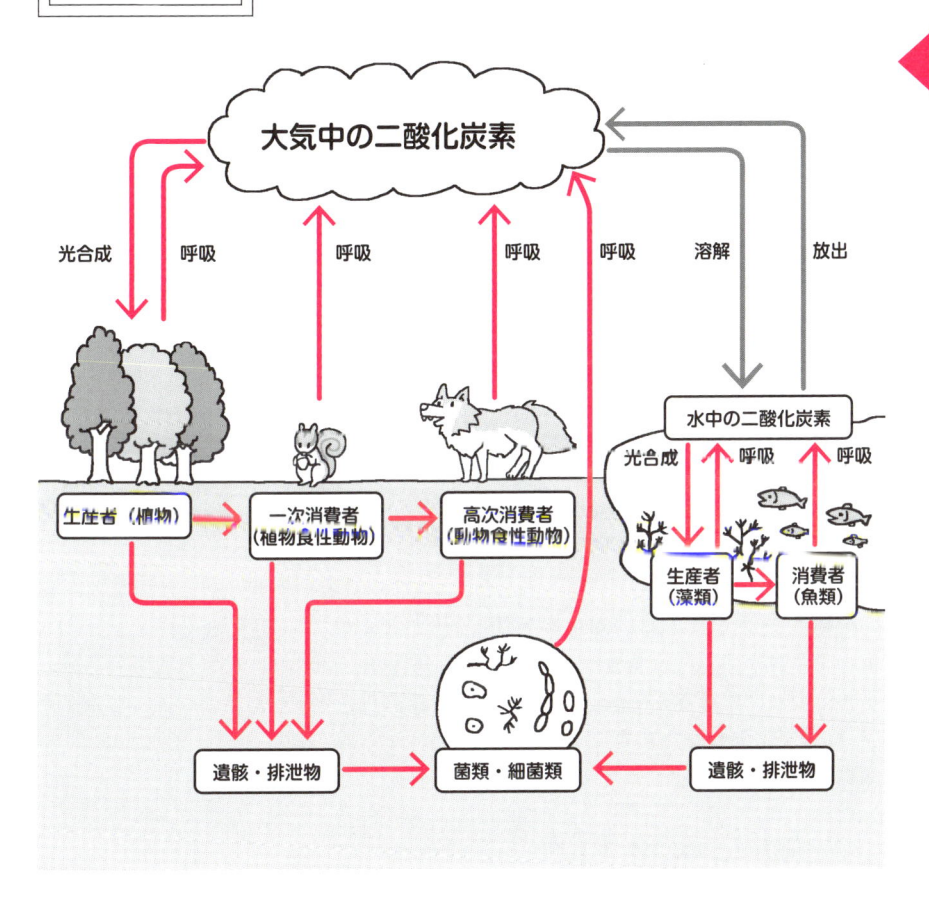

大気中の二酸化炭素

光合成／呼吸／呼吸／呼吸／呼吸／溶解／放出

生産者（植物）→ 一次消費者（植物食性動物）→ 高次消費者（動物食性動物）

水中の二酸化炭素
光合成／呼吸／呼吸
生産者（藻類）→ 消費者（魚類）

遺骸・排泄物 → 菌類・細菌類 ← 遺骸・排泄物

> 炭素Cは
> 二酸化炭素になって
> 大気中をめぐり
> 有機物となって
> 生物間を移動するんじゃ

> どの生物にとっても
> 炭素は重要な
> 物質なんスね

5-20 生態系における物質の循環③ ～窒素～

> **ココをおさえよう！**
>
> 植物は土壌中のNH_4^+やNO_3^-を取り込み，有機窒素化合物を合成する（窒素同化）。
> それを手助けするのが硝化菌（亜硝酸菌・硝酸菌）や窒素固定細菌（根粒菌）。

窒素（N）はタンパク質や核酸，ATPという，生物に不可欠な物質に含まれます。
そんな大事な窒素がどのようにして循環しているのかについて，見てみましょう。

・窒素は呼吸で放出されない

生物は炭素（C）を呼吸などに含まれる二酸化炭素（CO_2）として，大気中に放出しますが，窒素を呼吸で放出することはありません。
窒素は，遺骸や排泄物に含まれる有機窒素化合物（Cを含む窒素化合物）として，主に土壌に放出されます。

・植物は，NH_4^+，NO_3^-から有機窒素化合物を合成する（窒素同化）

生物の遺骸や排泄物に含まれる有機窒素化合物は，土壌中や水中の微生物のはたらきにより，無機窒素化合物（Cを含まない窒素化合物）であるアンモニウムイオン（NH_4^+）に分解されます。
植物は，NH_4^+を直接使って有機物を合成します。

また，NH_4^+は土壌中の亜硝酸菌によって亜硝酸イオン（NO_2^-）に変えられ，
さらにこのNO_2^-が硝酸菌によって硝酸イオン（NO_3^-）に変えられます。
このNO_3^-も，植物が有機物を合成するのに使われます。
亜硝酸菌や硝酸菌は，**硝化菌**と呼ばれます。

このように，体外から取り入れたアンモニウムイオン（NH_4^+）や硝酸イオン（NO_3^-）をもとに，タンパク質や核酸，ATPなどの有機窒素化合物を合成する植物のはたらきを，**窒素同化**といいます。

窒素の循環

・炭素の放出と窒素の放出の違い

炭素…呼吸などに含まれる二酸化炭素として大気中に放出

窒素…遺骸や排泄物に含まれる有機窒素化合物として主に土壌に放出

・窒素の放出

遺骸　排泄物

土壌

・窒素同化

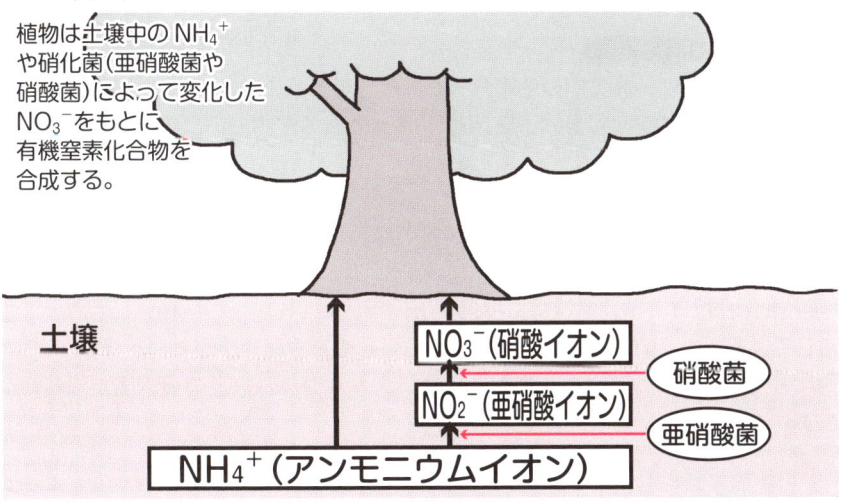

植物は土壌中の NH_4^+ や硝化菌(亜硝酸菌や硝酸菌)によって変化した NO_3^- をもとに有機窒素化合物を合成する。

土壌

NO_3^-(硝酸イオン) ← 硝酸菌

NO_2^-(亜硝酸イオン) ← 亜硝酸菌

NH_4^+(アンモニウムイオン)

生態系の中で，窒素の大部分は次のように循環しています。

☆動物の遺骸，排泄物［有機窒素化合物］
　↓
☆土壌中や水中の微生物，菌類が分解［NH_4^+やNO_3^-になる］
　↓
☆植物が窒素同化［有機窒素化合物が合成される］
　↓
☆動物が植物を捕食
　↓
☆動物の遺骸，排泄物

この他に，生物と大気との窒素のやり取りもあります。
次は，それを見ていきましょう。

・脱窒素細菌

土壌中には，植物が窒素同化をする前に，硝酸イオン（NO_3^-）や亜硝酸イオン（NO_2^-）を窒素分子N_2に変えて，大気中に放出する細菌もいます。
このような細菌を，**脱窒素細菌**と呼びます。

・根粒菌（窒素固定細菌）

ほとんどの生物は，大気中の窒素分子を直接利用することはできませんが，土壌中には，大気中の窒素分子をNH_4^+に変化させる生物もいます。
このようなはたらきを，**窒素固定**といいます。

代表的なものに，**根粒菌**という，マメ科の植物の根に生息する窒素固定細菌がいます。
根粒菌は生成したNH_4^+を植物に提供する代わりに，植物から栄養分をもらって生活しています。互いに協力し合って生きているのですね。
他にも土壌中には，アゾトバクターやクロストリジウムなどの窒素固定細菌がいます。

> **補足** 窒素固定細菌が介さない方法で，大気中の窒素分子（N_2）が窒素化合物になるのは，人間が工業的に化学肥料を合成するときや，雷による放電によって窒素化合物になる場合などです。

5-20 生態系における物質の循環③ ～窒素～

・脱窒素細菌

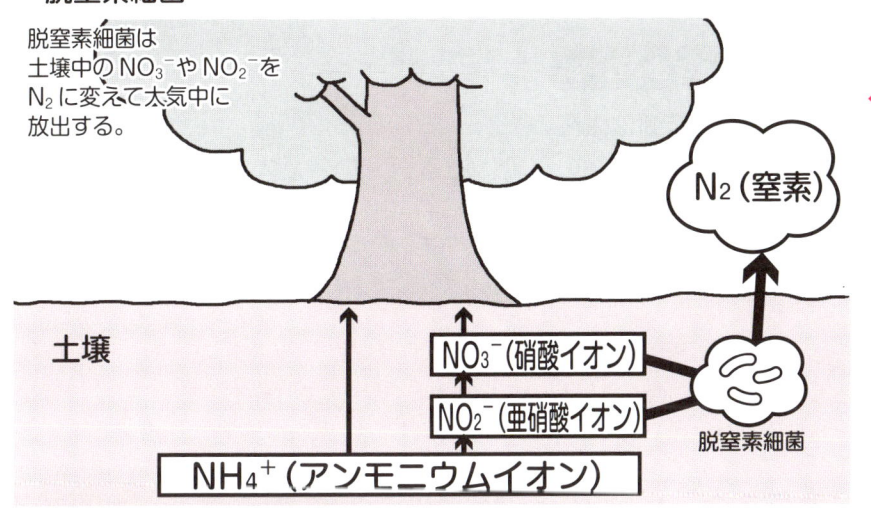

脱窒素細菌は土壌中の NO_3^- や NO_2^- を N_2 に変えて大気中に放出する。

土壌
NO_3^-（硝酸イオン）
NO_2^-（亜硝酸イオン）
NH_4^+（アンモニウムイオン）
N_2（窒素）
脱窒素細菌

・根粒菌（窒素固定細菌）

根粒菌は大気中の N_2 を NH_4^+ に変化させ，植物に提供する。

根粒菌は植物の根に共生しておるんじゃ

補足 窒素固定細菌を介さずに大気中の窒素が窒素化合物になる例

N_2 → 工業的に化学肥料を合成 or 雷による空中放電 → 窒素化合物

ここまでやったら 別冊 p.53 へ

5-21 生態系内でのエネルギーの移動

> **ココをおさえよう！**
> エネルギーの源は太陽の光。
> エネルギーの生物間の移動はあるが，生態系内で循環しない。

ここまで，炭素（C）と窒素（N）の生態系内での循環の話をしてきました。
今度はエネルギーが生態系でどう移っていくかを見ていきましょう。

・エネルギーの源は太陽

生産者である植物が，太陽からの光を受けて光合成をします。
光合成により，光エネルギーを，有機物のもつ化学エネルギーへと変換します。

・化学エネルギーが，生物間を移動していく

有機物の化学エネルギーは，生産者自身も消費しますが，食物連鎖を通じて一次消費者からより高次の消費者へと移っていき，それぞれの生命活動に利用されます。
有機物はエネルギーの元手という話をChapter2（p.64）でしましたね。

また，細菌類や菌類といった分解者は，生物の遺骸や排泄物に含まれる有機物を分解してエネルギーを得ています。

・生物は熱エネルギーを大気中へ放出する

有機物を介して生物間を移動する化学エネルギーは，それぞれの生物が生命活動を行う際に，その一部が熱エネルギーとして大気中へ放出されます。
大気へ放出された熱エネルギーは，再利用されることなく宇宙空間へと出ていきます。

太陽から与えられたエネルギーは，生態系内を流れたあと，地球外へと出て行ってしまうのです。
このように，エネルギーは生態系内で循環しません。
生態系内で循環する炭素や窒素とは違いますね。

5-21 生態系内でのエネルギーの移動　　405

エネルギーの流れ

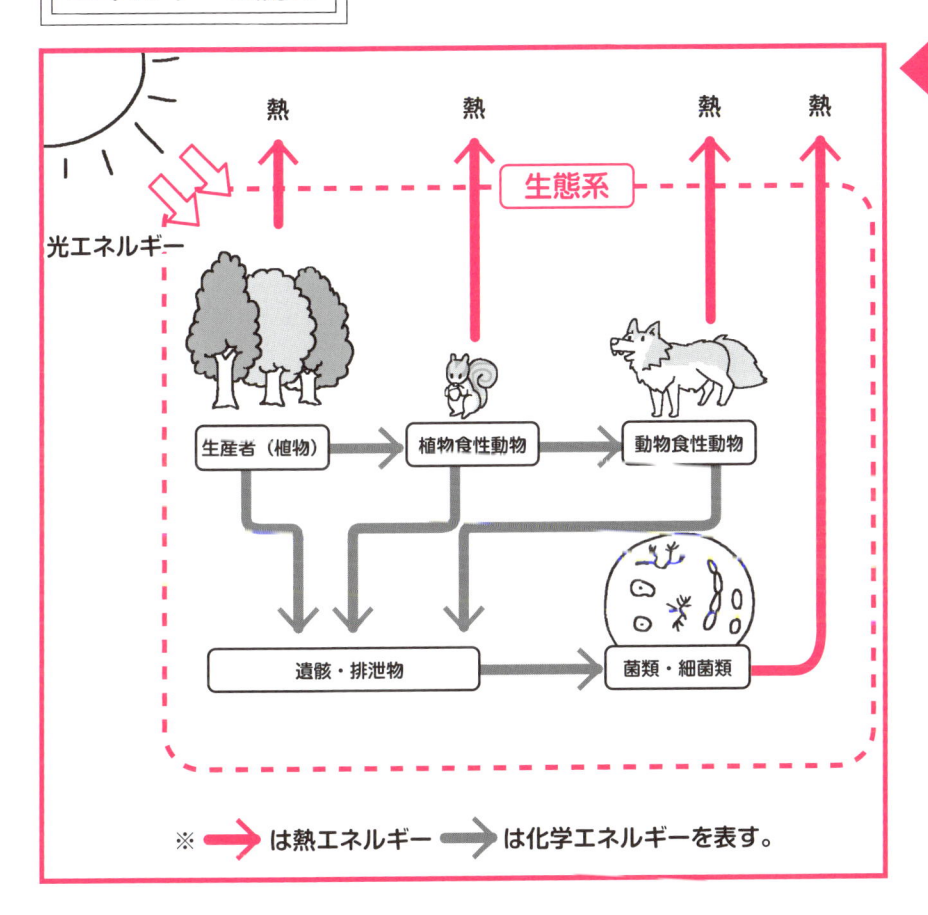

光エネルギー

熱　熱　熱　熱

生態系

生産者（植物）→ 植物食性動物 → 動物食性動物

遺骸・排泄物 → 菌類・細菌類

※ ⟶（赤）は熱エネルギー　⟶（黒）は化学エネルギーを表す。

> エネルギーは生態系内で循環しないんじゃ

> 炭素や窒素と違うってことを忘れないようにするッス

5-22 生態系のバランス

ココをおさえよう！
生態系のバランスは，自然現象や人間活動によって崩される。

生態系における生物の個体数や量は常に変動していますが，一定の範囲内で保たれています。
生態ピラミッドが何かしらの原因でバランスを崩したとしても，もとの状態に戻ろうとします。

・**自然現象によってバランスを崩す場合**

例えば，山火事・台風・土砂崩れなどによって植生が変化したとしても，二次遷移によって再びもとの植生に戻ります。ただし，荒れ地となってしまったりすると，もとの生態系に戻すことは困難になってしまいます。

動物に関しても同じことがいえます。何かしらの理由で，ある生物が減少し，それをエサとする生物も減少したとしても，やがてもとの状態に戻ります。ただし，ある生物の数があまりに減りすぎたり，絶滅したりしてしまうと，もとの生態系に戻すことは不可能になってしまいます。

・**人間活動によってバランスを崩す場合**

自然現象だけでなく，人間活動によって生態系のバランスが大きく崩れることもよくあります。これから挙げる例は，皆さんも一度は聞いたことがあるのではないでしょうか。

☆**森林伐採**：大規模な土地の開墾によって森林が失われ，動物の食物や住む場所を奪ってしまったりすると，生態系はもとに戻りません。

☆**水質汚染**：工場からの汚水や生活排水が湖沼や海洋に流れ込むことにより，栄養塩類が過多になります。これを**富栄養化**といいます。**赤潮**や**アオコ**などは，富栄養化によって植物プランクトンが大量繁殖した結果，植物プランクトンの遺骸が分解されるときに水中の酸素を大量に消費するため，魚類などの動物が呼吸できなくなるなどの影響を与えます。

生態系のバランス

- 自然現象によってバランスを崩す場合

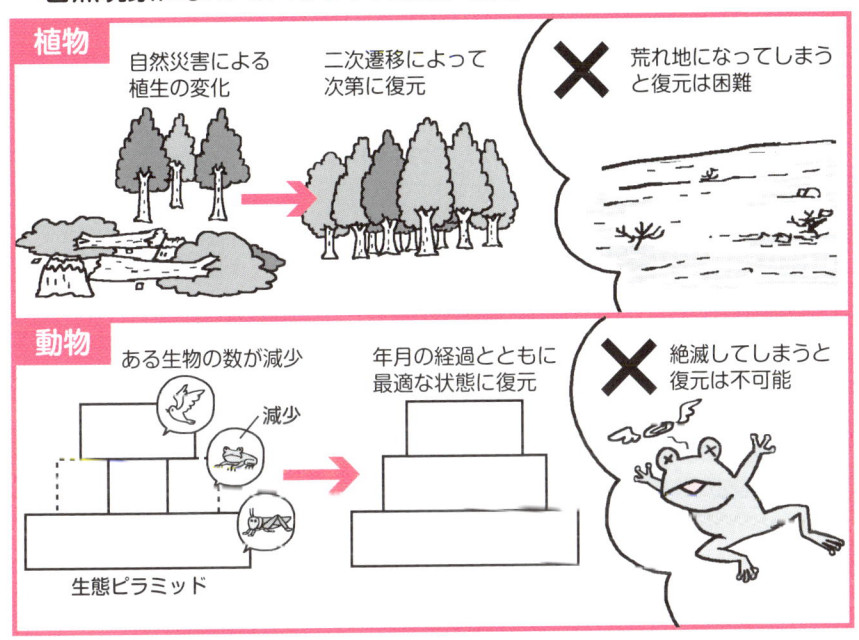

植物
- 自然災害による植生の変化
- 二次遷移によって次第に復元
- ✕ 荒れ地になってしまうと復元は困難

動物
- ある生物の数が減少（減少）
- 生態ピラミッド
- 年月の経過とともに最適な状態に復元
- ✕ 絶滅してしまうと復元は不可能

- 人間活動によってバランスを崩す場合

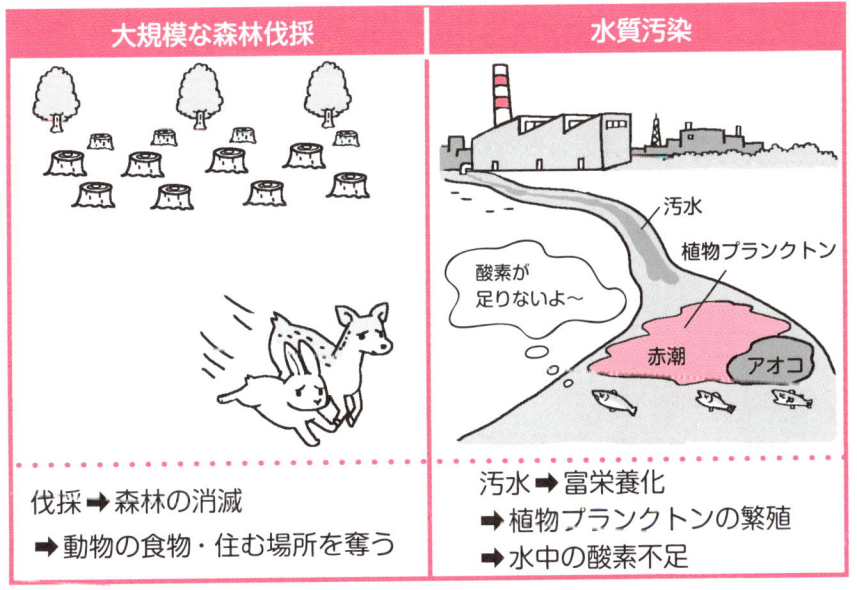

大規模な森林伐採

伐採 ➡ 森林の消滅
➡ 動物の食物・住む場所を奪う

水質汚染

汚水、植物プランクトン、赤潮、アオコ
「酸素が足りないよ〜」

汚水 ➡ 富栄養化
➡ 植物プランクトンの繁殖
➡ 水中の酸素不足

☆**外来生物の移入**：もともとその地域で生息していた生物を**在来種**というのに対し，人間によってもち込まれ，定住した生物を**外来生物**（**外来種**）といいます。特に，移入先の生態系に大きな影響を与えてしまう外来生物を，**侵略的外来生物**と呼びます。例えば，オオクチバス（通称，ブラックバス）と呼ばれる魚は，在来種を駆逐してしまい，それまでの生態系のバランスを崩す要因となっています。

外来生物が生態系に大きな影響を与えるのは，天敵となるような生物がそこに存在しないため，外来生物を減らす方向にはたらく力がないことが大きいのです。

☆**乱獲**：特定の生物を，人為的に大量に捕獲することを**乱獲**といいます。乱獲により絶滅したり，絶滅の危機に瀕した生物はたくさんいます。例えば，アフリカゾウは象牙が装飾品として，サイは角が漢方薬の材料として高額で売買されるため，密猟によって個体数が激減しています。

☆**地球温暖化**：工場や自動車から排出される二酸化炭素やメタンガスなどは，地表から放出される熱を吸収し，その熱の一部が再び地表に戻ることによって，大気の温度を上昇させます。このようなはたらきを**温室効果**といい，温室効果を引き起こす原因となる気体を**温室効果ガス**といいます。

近年，地球の年平均気温は上昇しており，大気中の温室効果ガスである二酸化炭素の増加が，**地球温暖化**の一因であると考えられています。

気温の上昇により，陸上では今まで生息できた動植物が生息できなくなる可能性があります。また，南極の氷が溶けて海面が上がったり，もともと暖かい海水に生息するサンゴが，海水温がさらに上昇したために死んでしまうなど，生態系のバランスを崩す要因になっています。

☆**酸性雨**：工場や自動車から排出される窒素酸化物や硫黄酸化物は，大気中の水分や酸素と反応して，硝酸や硫酸に変わることがあります。これらが大気中の水分に吸収され，通常より強い酸性の雨となって地上に降り注ぎます。これを**酸性雨**といいます。酸性雨が土壌に降り注ぐことで，植物が育たなくなったり，湖沼が酸性になることで生物が生息できなくなったりすることがあります。

外来生物の移入

在来種　侵略的外来生物

侵略的外来生物 ➡ 競争相手がいない
➡ 在来種へ影響

乱獲

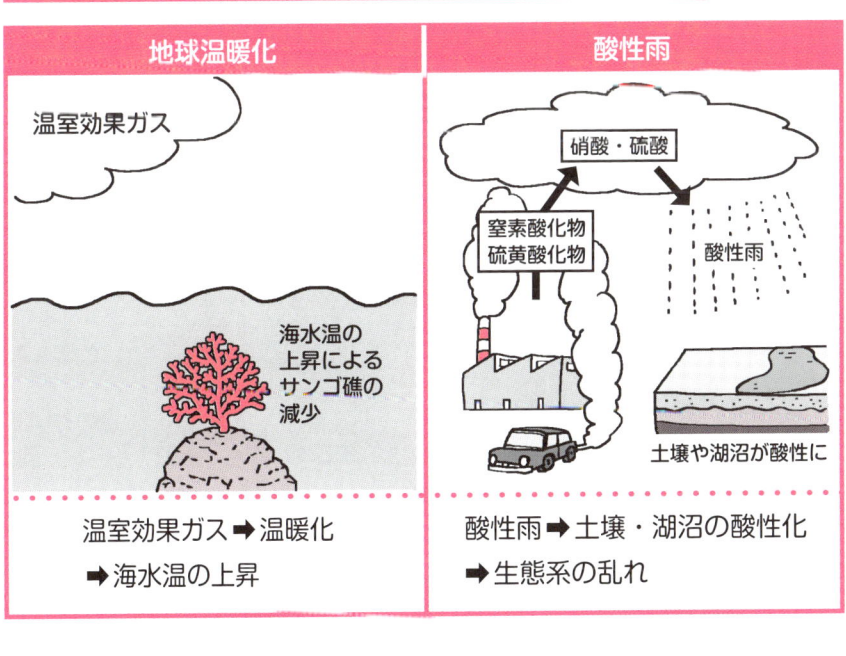

乱獲 ➡ 絶滅

地球温暖化

温室効果ガス

海水温の上昇によるサンゴ礁の減少

温室効果ガス ➡ 温暖化
➡ 海水温の上昇

酸性雨

硝酸・硫酸

窒素酸化物
硫黄酸化物

酸性雨

土壌や湖沼が酸性に

酸性雨 ➡ 土壌・湖沼の酸性化
➡ 生態系の乱れ

☆**里山の放棄**：人里の近くにあり，人為的に管理された森林や農地などの一帯を**里山**といいます。

近年，農村地から人が減少することで里山が放棄され，田畑や雑木林などが手入れされなくなることによって，里山で築かれた生態系に影響が出るようになりました。

例えば，田んぼは人間がきちんと管理・手入れしないと維持できないものですが，放置されることで，水田に生息していたタガメやゲンゴロウが生息できなくなります。

また，利用されなくなった夏緑樹の雑木林が，遷移が進んで照葉樹林になり，生息する生物も変化しています。

☆**化学物質の増加**：人工的に作られた化学物質が，自然界に大きな影響を与えることがあります。例えば，冷蔵庫の冷媒として利用されていたフロンガスは，オゾン層を破壊します。オゾン層は太陽から放射される有害な紫外線を遮断する役割があるのですが，フロンガスによってオゾン層が破壊されると，オゾン濃度の薄いオゾンホールと呼ばれる部分が作り出されます。その結果，生物に当たる紫外線の量が増え，生命活動に大きな影響を与えます。

> **補足** 紫外線はDNAを傷つけることがあるため，生物の生命活動に大きな影響を与えます。

5-22 生態系のバランス

里山の放棄

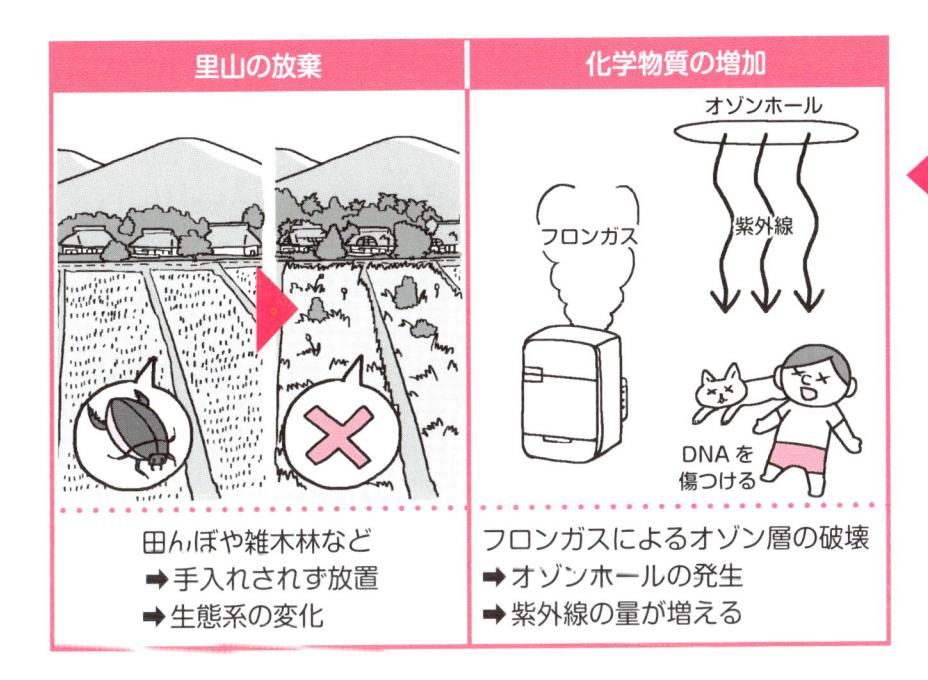

田んぼや雑木林など
➡ 手入れされず放置
➡ 生態系の変化

化学物質の増加

フロンガスによるオゾン層の破壊
➡ オゾンホールの発生
➡ 紫外線の量が増える

人間活動による生態系への影響は大きいのう

住む場所がなくなったらイヤッス〜

5-23 生物濃縮

> **ココをおさえよう!**
>
> 体内で分解されにくかったり,体外に排出されにくかったりといった理由で体内に蓄積される化学物質がある。このような特定の物質が,周辺の環境より高い濃度で生物体内に蓄積する現象を,生物濃縮という。

先ほど,化学物質の増加による生体への影響について触れたので,ここで**生物濃縮**についてお話ししましょう。

化学物質の中には,体内で分解されにくかったり,体外に排出されにくかったりといった理由で,体内に蓄積されていくものがあります。

そのような化学物質を体内にもつ,魚Aがいたとします。
そして,魚Aの体内には1gの化学物質が蓄積していたとします。(右ページ①)

生態系には被食―捕食の関係がありますので,魚Aを捕食する魚Bがいます。
魚Bは魚Aを5匹捕食するとした場合,体内には5gの化学物質が蓄積します。
(右ページ②)

さらに,この魚Bを5匹捕食する鳥がいたとすると,この鳥の体内には25gの化学物質が蓄積することになります。(右ページ③)

魚A,魚B,鳥の体重がそれぞれ100g,200g,500gだった場合,
体重に対する化学物質の濃度は,それぞれ1%,2.5%,5%となります。
(右ページ④)
(説明のため,わかりやすい数字を例に挙げましたが,実際はこんなに化学物質の濃度は高くありません)
このように,食物連鎖の上位にいくほど,化学物質が濃縮されるのです。
その結果,食物連鎖の上位の消費者ほど,化学物質の深刻な影響を受けることになります。ヒトも例外ではありません。

・DDT

かつて農薬として利用されていた**DDT**という化学物質があります。この物質は,自然界では分解されにくく脂肪に溶けやすい性質があるため,体外に排出されにくく,生物濃縮を起こします。体内に蓄積した高濃度のDDTが原因で,個体数が減ってしまった生物もいます。

5-23 生物濃縮

- 生物濃縮

① 魚A
体内に蓄積した化学物質 1g

② 魚A 1g×5 → 魚B 5g

③ 魚B 5g×5 → 鳥 25g

④ 食物連鎖の上位の消費者ほど，高濃度に蓄積する。

体重 500 g 中 25 g（5%）
体重 200 g 中 5 g（2.5%）
体重 100 g 中 1 g（1%）

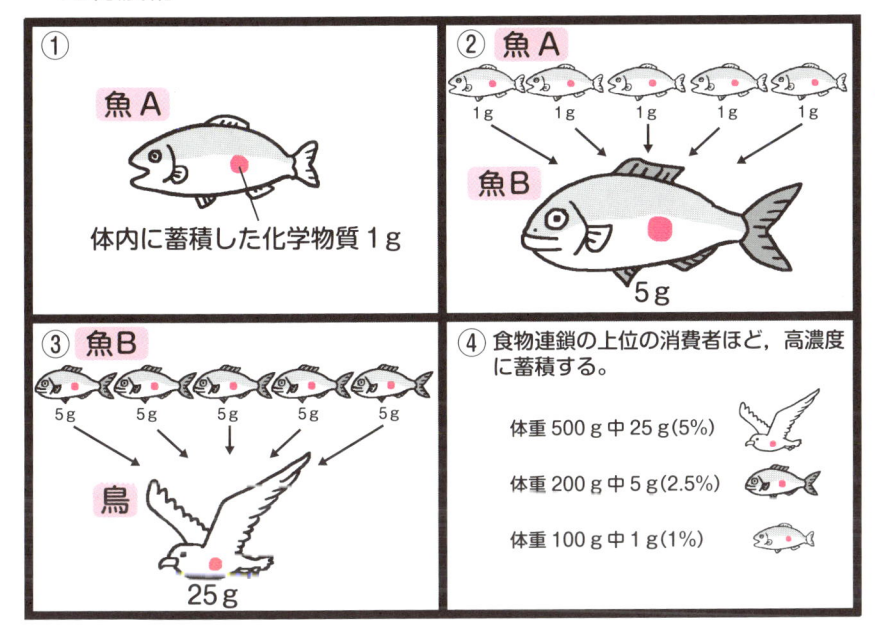

- DDT…生物濃縮を引き起こす農薬

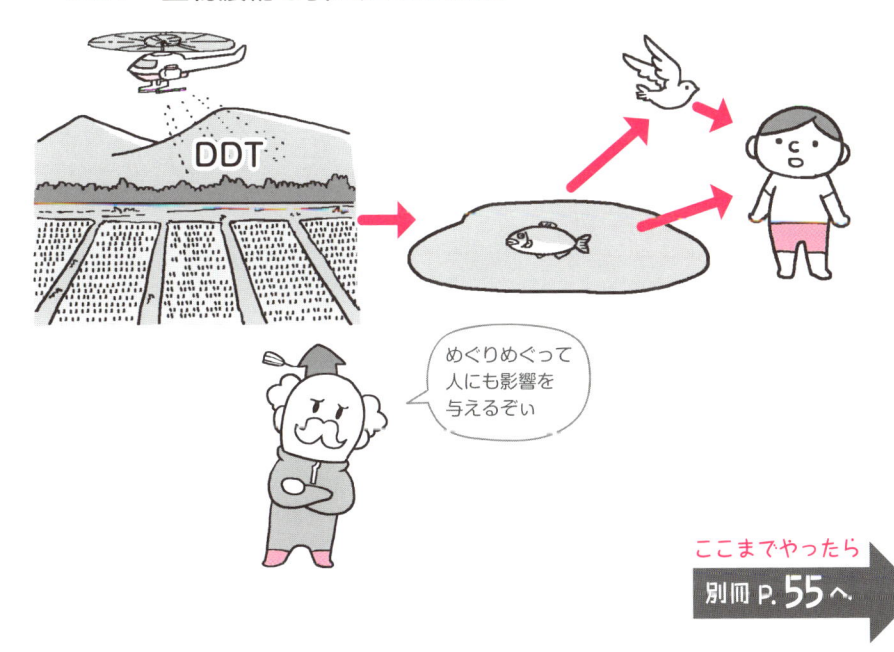

めぐりめぐって人にも影響を与えるぞい

ここまでやったら 別冊 p.55 へ

5-24 生物の多様性

ココをおさえよう！

生態系のバランスが崩れることで，生物の多様性が失われてしまう。

「生態系のバランスを崩す例」をいくつかご紹介してきたわけですが，
生態系のバランスが崩れるとよくないことが起こります。
それは，**生物の多様性**が失われてしまうということです。

地球上には数千万種もの生物が生息していると考えられ，この多様な生物の存在は地球46億年の歴史のたまものです。
人間はいろいろな生物に生活を支えられています。食料や衣料，燃料や建築材料，将来の医薬品としての開発に有望な生物までいます。
地球上にいろいろな生物がいることで我々はその恩恵を受けられますし，地球に生きるヒトという動物として，他の種の存在を脅かすようなことはしてはいけませんよね。

発展 多様性とひと口に言っても，さまざまな種類があります。

1つめは，**生態系の多様性**です。
生物は，その生態系から大きな影響を受けています。
よって，生態系自体の多様性を保たなければ，多くの種は生息できなくなってしまいます。

2つめは，**種の多様性**です。
生態系に生息する種がたくさんあることです。

3つめは，**遺伝子の多様性**です。
たとえ同じ種だったとしても，遺伝子に多様性があったほうが，環境の変化に対応して生き残れる可能性が高まります。なので，遺伝子の多様性を保つことも重要です。

以上のような3つのレベルの多様性を保つ必要があるのです。

生物の多様性

生態系のバランスが崩れると，生物の多様性が失われてしまう。

発展：生物の多様性の3つの概念

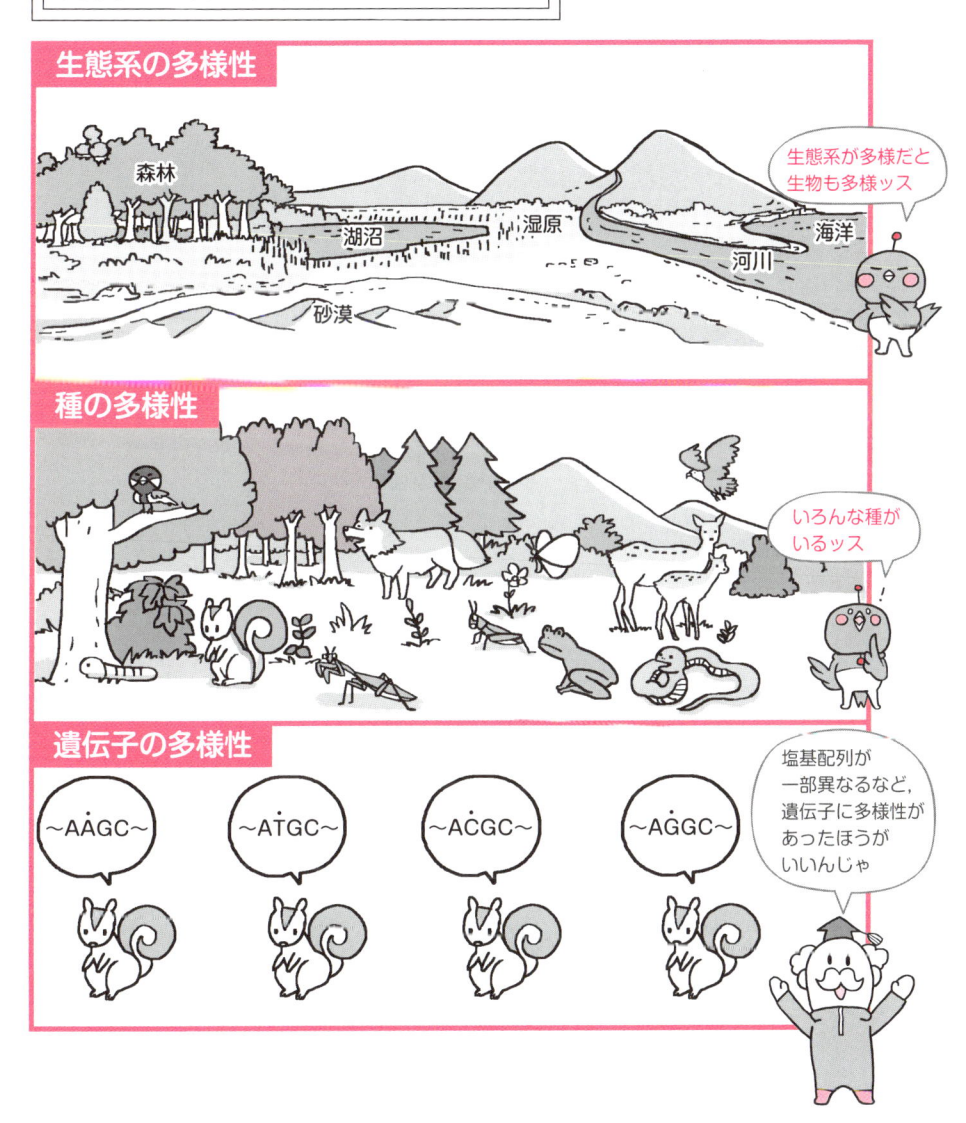

生態系の多様性

森林／湖沼／湿原／河川／海洋／砂漠

> 生態系が多様だと生物も多様ッス

種の多様性

> いろんな種がいるッス

遺伝子の多様性

〜AAGC〜　〜ATGC〜　〜ACGC〜　〜AGGC〜

> 塩基配列が一部異なるなど，遺伝子に多様性があったほうがいいんじゃ

5-25 生態系を保全するための取り組み

ココをおさえよう！

生物の多様性を保つため，条約や法律による規制が行われている。
- 生物多様性条約…生物の多様性を保全するため
- ラムサール条約…湿地の保全のため
- 外来生物法…外来種の取り扱いを規制するため

生物の多様性を保つために，さまざまな取り組みがなされています。
ここでは，条約や法律による規制をご紹介しましょう。

・生物多様性条約

1992年に採択された**生物多様性条約**は，生物の多様性を保全することを目的として締結されました。

・ラムサール条約

1971年，渡り鳥の中継地や生息地となる湿地の保全を目的として締結された条約が，**ラムサール条約**です。

・外来生物法

外来生物法では，生態系に影響を与える外来生物が指定され，その飼育方法や運搬方法などを規制しています。

このように，条約や法律によって決めごとをしないと，人間は自分たちの暴走を止めることができないようですね。
でも大切なことは，人間ひとりひとりが，生物の多様性など生態系をめぐる問題に関心をもち，自分の考えをもって行動することでしょう。

ハカセとツバメはこうして，生物の素晴らしさと人間の欲深さを深く理解したところで，筆を置いたのでした……。

以上で「生物基礎」は終わりです。本当にお疲れさまでした！

- 生態系を保全するための取り組み

生物多様性条約

生物の多様性を保全することを目的として，1992年に採択された条約。

ラムサール条約

渡り鳥の中継地や生息地を保全することを目的として，1971年に締結された条約。

外来生物法

生態系に影響を与える外来生物が指定され，その飼育方法や運搬方法などについて規制している法律。

生物って素晴らしいッス

うむ！学ぶほどに奥深いものじゃったのぅ

ここまでやったら 別冊 p.56 へ

ハカセの宇宙一キビしいチェック!!

理解できたものに，☑チェックをつけよう。

- ☐ 植生の外見上の様子を相観といい，優占種によって左右される。
- ☐ 植生は気温や降水量などの気候的な要因に大きく影響を受ける。
- ☐ 植生は森林・草原・荒原の3つに大別される。
- ☐ 発達した森林の内部は階層構造となっており，上部の葉が密になっている部分を林冠，地表近くを林床という。
- ☐ 日当たりのよい環境で速く成長する植物を陽生植物といい，日当たりのよくない環境でも成長できる植物を陰生植物という。
- ☐ 「見かけの光合成速度＋呼吸速度＝光合成速度」である。
- ☐ 呼吸速度＝光合成速度のときの光の強さを，光補償点という。
- ☐ 光合成速度が最大となるときの光の強さを，光飽和点という。
- ☐ 植生が移り変わることを遷移といい，一次遷移と二次遷移に分けられる。
- ☐ 一次遷移には，乾性遷移と湿性遷移がある。
- ☐ 乾性遷移は，先駆植物が侵入することから始まる。
- ☐ 二次遷移では，すでに植物が育つ下地（土壌がある，水分や栄養塩類・種子・根が残っているなど）がある状態からスタートする。
- ☐ 遷移が進化し，構成する樹木に大きな変化が見られなくなった状態を極相（クライマックス）という。
- ☐ 自然災害などにより，極相林の一部の高木が倒れ，林床まで光が届くようになった場所のことをギャップという。
- ☐ ある地域に生息する植物・動物・微生物などをまとめてバイオームという。
- ☐ 緯度に沿ったバイオームの分布を水平分布といい，標高に応じたバイオームの分布を垂直分布という。

- [ ] ある地域に生息する生物と非生物的環境（光・水・気温・土壌など）を含めて，その地域の生態系という。
- [ ] 非生物的環境が生物に与える影響を作用，生物が非生物的環境に与える影響を環境形成作用という。
- [ ] 生態系内において生物は，生産者と消費者に分けられる。
- [ ] 消費者の中には，生産者の枯死体などを分解する分解者がいる。
- [ ] 生産者を一次消費者が食べ，一次消費者を二次消費者が食べ……というように被食者と捕食者との間にある一連のつながりを食物連鎖という。
- [ ] 食物連鎖が複雑に入り組んで網状の関係になった構造を食物網という。
- [ ] 水界生態系の生産者は補償深度までしか生息することができない。
- [ ] 生態系における，生産者，一次消費者，二次消費者といった食物連鎖の各段階を栄養段階と呼ぶ。
- [ ] 栄養段階の低い順から生産者→一次消費者→二次消費者→……と，各生物がどれくらい存在しているのかを，下から積み上げて図示したものを生態ピラミッドという。
- [ ] 炭素Cの循環について，生産者である植物が二酸化炭素から有機物（炭素を含む化合物）を作り出し，消費者は捕食によって有機物を得る。有機物として生物の体内へ取り入れられた炭素は，呼吸によって二酸化炭素として放出される。
- [ ] 窒素Nは生物の遺骸や排泄物に有機窒素化合物として含まれ，土壌中の菌類・細菌類によって無機塩類（NH_4^+やNO_3^-）にされたあと，その無機塩類は生産者である植物によって有機窒素化合物に変えられる（窒素同化）。それを消費者が捕食することで，主に窒素Nは循環する。
- [ ] 土壌中のアンモニウムイオン（NH_4^+）を亜硝酸イオン（NO_2^-）に変えるのが亜硝酸菌，亜硝酸イオンを硝酸イオン（NO_3^-）に変えるのが硝酸菌である。

- [ ] 亜硝酸菌や硝酸菌は，硝化菌と呼ばれる。
- [ ] 硝酸イオンや亜硝酸イオンを窒素分子に変える細菌を脱窒素細菌という。
- [ ] 大気中の窒素分子を土壌中にアンモニウムイオン（NH_4^+）として取り入れることを窒素固定という。
- [ ] 窒素固定を行う代表的な細菌に根粒菌やアゾトバクターがいる。
- [ ] もともとその地域で生息していた生物を在来種というのに対し，人間によってもち込まれ，定住した生物を外来生物（外来種）という。
- [ ] 生物濃縮により，食物連鎖の上位の生物ほど，体内に多くの化学物質を蓄えてしまう。

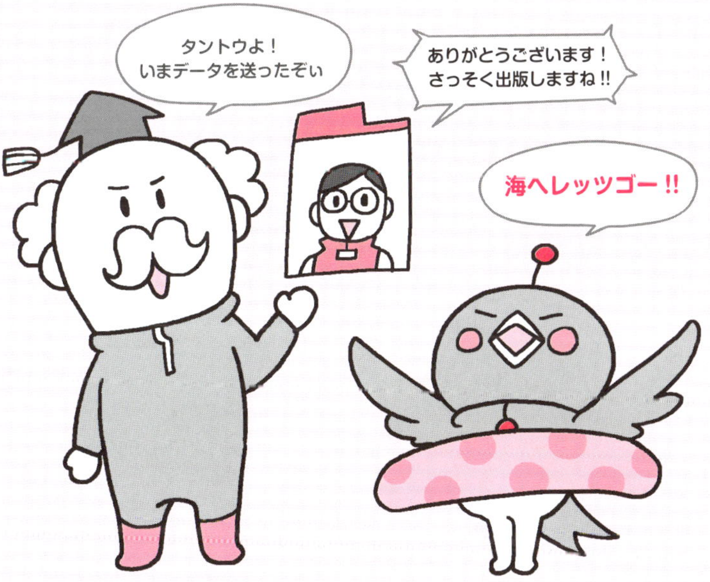
タントウよ！
いまデータを送ったぞぃ
ありがとうございます！
さっそく出版しますね!!
海へレッツゴー!!

海ッス〜〜！
ほほう，これが
地球の生命の源…
海か！
わ〜
潮風が
気持ちいい〜〜〜ッス
勉強からの
開放感も最高〜！
南の海はこんなに暖かくて
キレイで…頑張った
甲斐があったッス…！
うむ…地球は素晴らしい
ところじゃのう

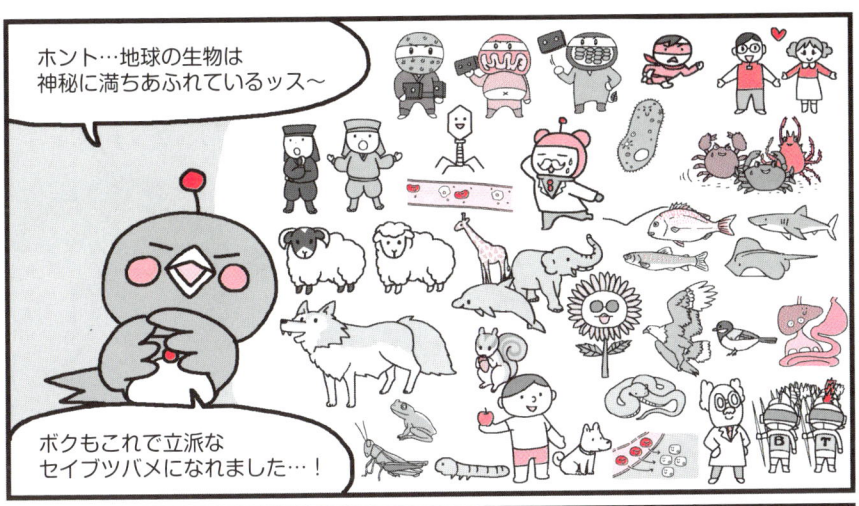

ホント…地球の生物は神秘に満ちあふれているッス〜

ボクもこれで立派なセイブツバメになれました…！

ハカセ…どこへ？

フィールドワークじゃ！海の中の生き物も興味深いのう

ボクは泳げないッスよ…

まあおまえはその辺でのんびりしておれ

ハカセは好奇心旺盛ッスね〜
しかし地球の生物をまとめ終わってこれからどうするんスかね…

ピー ピピピ
おや？
そこの
お嬢さん
ボクと一緒に
フルーツでも
いかがッスか？
あら…ありがとう
私、海を渡って来たところなの
ここは暖かくていいところよね
あなたはどこから来たの？
ぼ…ボクは宇宙から
地球の生物を勉強しに来たッス…
あら…ステキね
私はここにはパートナーを
探しに来たのよ
ぱ…パートナー！
そうか…恋の季節
なんスね！
生物としての大仕事…
それは…恋…！！
ボクもその大仕事を
この地球で……！

キャー！

ザッパーン

まだまだ仲良くなりたい生物がいっぱいじゃ！ワシはもう少し地球にいることにしたぞぃ！

ツバメよ！とても強い生物と仲良くなれたぞぃ！

ああ…ボクの大仕事の相手が…！

地球最強の生き物はどんな生き物じゃろうな？わしはそれを探しに行くぞぃ

ボクも生物としての大仕事を遂げるまでは地球にいることにしました！

すっかり地球の生物に魅了された2人…

もうしばらく地球にいるようです

さくいん

あ行

RNA………… 124,128,144
iPS細胞………… 160,322
アオコ………………… 406
赤潮…………………… 406
アクチン……………… 148
亜高山帯……………… 380
亜高木層……………… 350
亜硝酸イオン………… 400
亜硝酸菌……………… 400
アセトアルデヒド…… 262
アデニン………… 108,120
アデノシン三リン酸
　………………… 82,84
アデノシン二リン酸… 84
アドレナリン…… 296,298
アナフィラキシー…… 332
アナフィラキシーショック
　………………………… 332
亜熱帯多雨林
　………… 342,344,374,378
アミノ酸………… 108,112
アミラーゼ………… 72,80
アルコール発酵……… 92
アルブミン…………… 260
アレルギー…………… 332
アンチコドン………… 128
アントシアン………… 40
アンモニア…………… 260
アンモニウムイオン
　………………………… 400
ES細胞………………… 158
異化………… 66,82,86,92
　Ⅰ型糖尿病………… 334

一次応答……………… 328
一次構造……………… 116
一次消費者…………… 386
一次遷移……………… 360
遺伝…………………… 104
遺伝暗号表…………… 130
遺伝子
　………… 108,132,140,150
遺伝情報……………… 104
イヌリン…… 226,228,234
陰樹…………… 352,364
インスリン…… 294,304
陰生植物……… 352,358
イントロン…………… 128
ウイルス………… 24,140
ウラシル……………… 124
雨緑樹林……… 344,374
運動神経……………… 272
運搬RNA………… 126,128
永久凍土……………… 346
エイズ………………… 334
HIV……………………… 334
HLA……………………… 326
エイブリー…………… 138
栄養段階……………… 394
ATP……………………
　82,84,88,90,92,256,400
ADP……………………… 82,84
エキソン……………… 128
液胞…………………… 40
S期………… 164,166,170
エタノール…………… 92
エネルギー…………… 404
エネルギーの通貨…… 82

か行

mRNA……… 126,128,152
MHC…………… 324,326
M期…………………… 164
塩基…………… 108,120
塩基の相補性………… 122
延髄…………… 274,276
オキサロ酢酸………… 88
温室効果……………… 408
温室効果ガス………… 408

ガードン……………… 154
海水性硬骨魚類……… 250
海水性軟骨魚類……… 252
階層構造……………… 350
解糖…………………… 94
解糖系………………… 88
外分泌腺……………… 282
開放血管系…………… 212
海洋生態系…………… 384
外来種………………… 408
外来生物……………… 408
外来生物法…………… 416
核………………… 30,34
拡散…………………… 238
核酸…………………… 400
核相…………………… 174
獲得免疫………… 306,318
核分裂…………… 34,168
核膜……………… 34,168
カタラーゼ…………… 70
活性化エネルギー…… 68
活性中心……………… 74
活性部位……………… 74

花粉症……………… 332	極相……………… 360,364	血小板
可変部……………… 320	極相林…………… 364,366	……… 190,198,200,202
かま状赤血球……… 142	拒絶反応…… 158,322,326	血清……………… 200,330
夏緑樹林……………………	魚類……………… 236,250	血清療法…………… 330
……… 342,344,374,378,380	キラーT細胞…… 318,322	血糖………………… 256
カルシウムイオン…………	筋細胞……………… 110	血糖濃度…………… 294
………………… 202,228	菌類……………… 386,398	血ぺい………… 200,202
感覚神経…………… 272	グアニン………… 108,120	解毒作用…………… 262
間期…………… 164,166	クエン酸…………… 88	ゲノム……………… 174
環境形成作用……… 384	クエン酸回路……… 88	原核細胞…………… 28
肝静脈……………… 254	クライマックス… 364	原核生物………… 28,32
肝小葉……………… 254	グラナ……………… 36	原形質……………… 30
乾性遷移………… 360,362	グリコーゲン………………	原形質流動………… 30
汗腺…………… 282,302	………… 258,294,296	減数分裂…………… 172
肝臓…………………………	クリック…………… 120	原尿……… 222,234,292
… 218,254,256,258,260,	グリフィス………… 134	顕微鏡……………… 26
262,298	グルカゴン………… 296	高エネルギーリン酸結合
肝動脈……………… 254	グルコース…………………	………………… 84
間脳… 268,274,282,288	… 88,228,256,258,294,296	光学顕微鏡……… 26,44
肝門脈…… 254,258,262	304	交感神経… 272,274,276
記憶細胞…………… 328	クレアチニン……… 228	後期………… 164,168
気温………………… 344	クロマチン繊維…… 162	抗原………………… 318
器官………………… 32	クロロフィル……… 36	荒原…………342,346,376
器官系……………… 206	ケアシガニ………… 246	抗原抗体反応……… 320
基質………………… 72	形質………………… 106	抗原提示…………… 318
基質特異性……… 72,74	形質転換………134,138	光合成…… 36,64,96,398
逆転写……………… 146	形質発現…………… 148	光合成速度……352,356
逆転写酵素………… 146	系統………………… 20	硬骨魚類…………… 250
ギャップ…………… 366	系統樹……………… 20	高山帯……………… 380
ギャップ更新……… 366	血液………………… 188	恒常性……………… 186
休眠芽……………… 348	血液凝固… 198,200,202	甲状腺……………… 282
丘陵帯……………… 380	血管………………… 210	甲状腺刺激ホルモン
凝固因子………200,202	血球………………… 190	………………… 300
共生説……………… 98	血しょう……… 188,190	降水量……………… 344

酵素………… 68,70,110
酵素－基質複合体…… 74
酵素反応…………… 70
抗体……… 110,148,320
抗体産生細胞……… 320
好中球………… 314,316
高張液……………… 242
後天性免疫不全症候群
　………………… 334
酵母菌…………… 32,92
高木層……………… 350
高木林……………… 364
広葉樹……………… 348
硬葉樹林………… 344,374
呼吸………… 38,86,192
呼吸速度………… 354,356
湖沼生態系……… 384,390
個体………………… 32
個体数ピラミッド… 394
骨格筋……………… 298
骨髄………………… 190
コドン………… 128,130
コルク化…………… 42
根粒菌………… 96,402

さ行
再吸収
　…… 222,224,228,292
細菌類……… 28,386,398
最適温度………… 72,78
最適pH…………… 72,80
細尿管……………… 220
細胞………………… 22
細胞液……………… 40

細胞呼吸………… 86,192
細胞質基質……… 28,30
細胞質分裂………… 168
細胞周期…………… 164
細胞小器官………… 30
細胞性免疫
　………… 306,318,322
細胞説……………… 22
細胞内共生説……… 98
細胞の分化………… 152
細胞分画法………… 56
細胞分裂
　………… 22,162,164,168
細胞壁………… 28,30,42
細胞膜………… 28,242
在来種……………… 408
酢酸オルセイン…… 34
酢酸カーミン…… 34,152
里山………………… 410
砂漠……… 342,346,376
サバンナ… 342,346,376
作用………………… 384
酸化マンガン（Ⅳ）… 70
三次構造…………… 116
酸性雨……………… 408
酸素解離曲線……… 192
酸素ヘモグロビン… 192
山地帯……………… 380
シアノバクテリア
　……………… 28,98
G_2期……… 164,166,170
G_1期……… 164,166,170
糸球体……………… 220
自己免疫疾患……… 334

視床下部
　…… 268,274,282,288
自然免疫…………… 306
失活………………… 78
湿原………………… 368
湿性遷移………… 360,368
質量パーセント濃度
　…………………… 230
自動性……………… 208
シトシン……… 108,120
しぼり……………… 46
種…………………… 18
終期…………… 164,168
集合管……………… 220
収縮胞………… 32,244
樹状細胞……… 314,316,326
受精卵………… 106,162
主要組織適合抗原… 326
受容体……………… 284
シュライデン……… 22
シュワン…………… 22
循環系………… 206,208
硝化菌……………… 400
硝酸イオン………… 400
硝酸菌……………… 400
脂溶性ホルモン…… 286
小脳………………… 274
消費者……………… 386
静脈………………… 210
静脈血……………… 214
静脈弁……………… 210
照葉樹林
　……… 342,344,374,378,380
常緑広葉樹………… 374

常緑樹…………… 348	水質汚染………… 406	全透膜…………… 238
常緑針葉樹………… 374	すい臓…… 282,294,296	セントラルドグマ…144
食作用………… 198,314	垂直分布………… 380	相観…………… 342
植生……………… 342	水平分布………… 378	草原……………
植生の遷移……… 360	水溶性ホルモン…… 286	342,346,362,368,376
触媒……………… 70	ステップ… 342,346,376	相同染色体…… 162,174
植物……… 386,390,398	ストロマ…………… 36	相補性…………… 122
植物プランクトン	スプライシング…… 128	草本植物…… 342,376
……………… 390,398	スベリン…………… 42	草本層…………… 350
食胞……………… 32	生活形…………… 348	ゾウリムシ…… 32,244
食物網…………… 388	生産者……… 386,398	組織……………… 32
食物連鎖…… 388,412	生産ピラミッド…… 394	組織液……… 188,204
自律神経系	生殖細胞……… 172,174	
…… 270,272,274,276	生態系…………… 384	**た行**
真核細胞……… 28,30	生態ピラミッド…… 394	体液……… 182,184,188
真核生物……… 30,32	生体防御………… 306	体液性免疫
神経……………… 270	生物群系………… 372	………… 306,318,320
神経系…………… 268	生物多様性条約…… 416	体温……………… 262
人工多能性幹細胞… 160	生物濃縮………… 412	体細胞分裂… 22,162,172
心室……………… 208	生物の多様性…… 414	代謝……………… 66
腎小体…………… 220	生物量ピラミッド… 394	体循環……… 212,214
心臓…… 208,278,298	生理食塩水……… 242	体性神経系…… 270,272
腎臓……	脊髄……………… 276	大腸菌………… 28,32
218,222,226,228,252,292	接眼ミクロメーター… 52	体内環境………… 184
腎単位…………… 220	接眼レンズ………… 44	大脳……………… 274
心房……………… 208	赤血球	対物ミクロメーター… 52
針葉樹…………… 348	…… 190,192,242,262	対物レンズ………… 44
針葉樹林	セルロース………… 42	多細胞生物………… 32
………… 344,374,378,380	腺……………… 282	だ腺……………… 282
侵略的外来生物…… 408	遷移…………… 360	だ腺染色体……… 152
森林……… 342,344,374	前期……… 164,168	脱窒素細菌……… 402
森林限界………… 382	先駆植物………… 362	単細胞生物… 32,236,244
森林伐採………… 406	染色体	炭酸同化…………… 96
水界生態系……… 384	28,34,132,162,168,174	胆汁………… 254,262

淡水性硬骨魚類
　　………… 250,252
弾性膜………… 210
炭素…………… 396
胆のう………… 254,262
タンパク質………
　34,70,108,110,112,132
　140,144,228,320,400
チェイス……… 140
地球温暖化…… 408
チチュウカイミドリガニ
　　………………… 246
窒素…………… 396,400
窒素固定……… 96,402
窒素同化……… 400
チミン………… 108,120
中期…………… 164,168
中心体………… 168
中枢神経系…… 270
中脳…………… 274,276
チラコイド…… 36
チロキシン
　　……… 288,290,300
沈水植物……… 368
ツンドラ…… 342,346,376
tRNA………… 126,128
DNA………………
　34,98,108,118,120,132
　140,144,150,152,170
T細胞レセプター… 326
TCR…………… 324,326
T₂ファージ…… 140
DDT…………… 412
定常部………… 320

低張液………… 242
低木層………… 350
低木林………… 362
デオキシリボース
　　……………… 108,120
デオキシリボ核酸… 108
電子顕微鏡…… 26
電子伝達系…… 88,90
転写…………… 124,126
伝令RNA……… 126
糖……………… 108,120
同化…………… 66,82,96
糖質コルチコイド
　　……………… 296,300
等張液………… 242
糖尿病………… 304
洞房結節……… 208
動脈…………… 210
動脈血………… 214
突然変異……… 142
トリプレット… 130
トロンビン…… 202

な行

内皮…………… 210
内部環境……… 184
内分泌腺……… 280,282
ナトリウムイオン… 228
二酸化炭素…… 396,398
二次応答……… 328
二次構造……… 116
二次消費者…… 386
二次遷移……… 360,370
二重らせん構造…… 120

乳酸…………… 94
乳酸菌………… 94
乳酸発酵……… 92,94
尿……………… 218,234
尿酸…………… 228
尿素…………… 228,260
ヌクレオチド… 120
ヌクレオチド鎖… 120
熱帯多雨林
　　……… 342,344,374
ネフロン……… 220
脳……………… 274
脳下垂体……… 282
脳下垂体後葉… 292
脳下垂体前葉
　　……… 268,288,300
濃縮率………… 232

は行

ハーシー……… 140
肺炎球菌……… 134
肺炎双球菌…… 134
バイオーム…… 372
パイオニア植物… 362
肺循環………… 212,214
胚性幹細胞…… 158
バソプレシン… 292
白血球…… 190,198,314
発現…………… 148,150
発酵…………… 92
パフ…………… 152
半透膜………… 240,242
B細胞………… 318
光飽和点……… 356,358

光補償点………… 356,358
ヒスタミン………… 332
ヒストン…………… 162
微生物……………… 32
標的器官………… 280,284
標的細胞………… 284
日和見感染………… 334
ビリルビン………… 262
ピルビン酸………… 88
フィードバック調節
　…………………… 290
フィブリノーゲン
　………………… 202,260
フィブリン
　…………… 110,200,202
富栄養化…………… 406
副交感神経
　………………… 272,274,276
副甲状腺…………… 282
副腎………………… 282
副腎髄質………… 296,298
副腎皮質…………… 300
副腎皮質刺激ホルモン
　………………… 296,300
フック……………… 22
物理的・化学的防御
　………………… 306,312
不透膜……………… 238
負のフィードバック
　…………………… 290
浮葉植物…………… 368
プレパラート……… 46
プロトロンビン…… 202
分化…………… 152,154

分解者……………… 386
分解能……………… 26
分子系統樹………… 20
分裂期……… 164,168,170
閉鎖血管系………… 212
ペースメーカー…… 208
ペプシン………… 72,80
ペプチド結合……… 112
ペプチド鎖………… 112
ヘモグロビン………
　……… 110,148,192,198,262
ヘルパーT細胞
　…………… 318,322,326
変性………………… 78
放出ホルモン
　………………… 288,292,300
紡錘糸……………… 168
紡錘体……………… 168
ボーマンのう……… 220
補償深度…………… 390
ホメオスタシス…… 186
ポリペプチド……… 112
ホルモン……………
　……… 110,148,268,280,282
翻訳………………… 126

ま行

マクロファージ
　……… 198,314,316,326
マスト細胞………… 332
末梢神経系………… 270
マトリックス…… 38,88
ミオシン…………… 148

見かけの光合成速度
　…………………… 356
ミクロメーター…… 52
ミトコンドリア
　………… 30,38,86,88,98
無脊椎動物……… 236,246
免疫………… 306,314,332
免疫記憶…………… 328
免疫グロブリン…… 320
免疫不全…………… 334
毛細血管………… 210,298
モクズガニ………… 248
木本植物…………… 342
木化………………… 42

や行

ヤヌスグリーン…… 38
有機窒素化合物…… 400
有機物………… 62,64,398
優占種……………… 342
ユスリカ…………… 152
溶血………………… 242
陽樹………… 352,362,364
陽生植物………… 352,358
葉緑体………… 30,36,98
抑制ホルモン…… 288,292
四次構造…………… 116
予防接種…………… 330

ら行

ラウンケル………… 348
落葉広葉樹………… 374
落葉樹……………… 348
落葉針葉樹………… 374

ラムサール条約 …… 416	リン酸 ………… 108,120	**わ**行
乱獲 ……………… 408	林床 …………… 350	ワクチン療法 …… 330
ランゲルハンス島A細胞 …………… 296	リンパ液 … 188,204,216	ワトソン ………… 120
ランゲルハンス島B細胞 …………… 294,304	リンパ管 …… 188,216	
陸上生態系 ……… 384	リンパ球 …… 198,204,216,318	
リグニン ………… 42	リンパ節 ………… 216	
立毛筋 …………… 298	レセプター ……… 284	
リボース ………… 124	レトロウイルス …… 146	
リボ核酸 ………… 124	レボルバー ……… 46	
リボソーム ……… 128	ろ過 ……………… 222	
林冠 ……………… 350		

宇宙一わかりやすい高校生物〈生物基礎〉

デザイン	オカニワトモコ デザイン
イラスト	水谷さるころ
データ作成	株式会社四国写研
図版作成	有限会社熊アート
図版協力	数研出版株式会社
	株式会社第一学習社
印刷会社	株式会社リーブルテック
編集協力	秋下幸恵
	佐野美穂
	青木優美［上智大学］
	内山とも子
	佐藤玲子
	鈴木範奈
	舟木眞人
	村手佳奈
	渡辺泰葉
	株式会社 U-Tee（鈴木瑞人，熊谷瞳）
企画・編集	宮﨑 純

宇宙一わかりやすい高校生物
「生物基礎」

別冊
問題集

Chapter 1 生物の特徴

確認問題 1　1-1, 1-2, 1-3, 1-4 に対応

以下の文章中の空欄（　あ　）～（　お　）には適切な用語を入れ，（　①　），（　②　）は適切なものを選択せよ。また，下線部について下の**問 1 ～ 3**に答えよ。

　地球上には，現在わかっているだけでも，①(約12万・約180万・約12億)種の生物が生息しています。これほど_a_多くの種が存在しているわけですが，共通する特徴が4つあります。

　1つ目は（　あ　）を基本単位としてできているということ，2つ目はエネルギーを利用するということ，3つ目は（　い　）情報をもつということ，そして4つ目は環境の変化に対応するということです。ちなみに，ウイルスは生物に含まれ②(ます・ません)。

　生物に共通する特徴があるのは共通の（　う　）をもつからだと考えられています。
　生物が進化してきた経路に基づく種や集団の類縁関係を樹木に似た形で表した図を（　え　）といい，特に_b_生物間の遺伝情報の差の大きさを比較して作られた（え）を（　お　）といいます。

問1　下線部aについて。種とは何か，35字以内で説明せよ。

問2　下線部aについて。地球上に多くの種が存在する理由を，50字以内で説明せよ。

問3　下線部bについて。A，B，C，D，Eの5生物種のある領域の塩基配列の相対的な違い方を次の表で示した。これをもとに（お）を作成すると，どのような形になるか。次ページの(1)～(6)から選べ。

（杏林大(医)・改）

生物種	A	B	C	D	E
A	0	1	2	4	4
B		0	2	4	4
C			0	4	4
D				0	3

(1) 〜 (6) 系統樹の図

解説

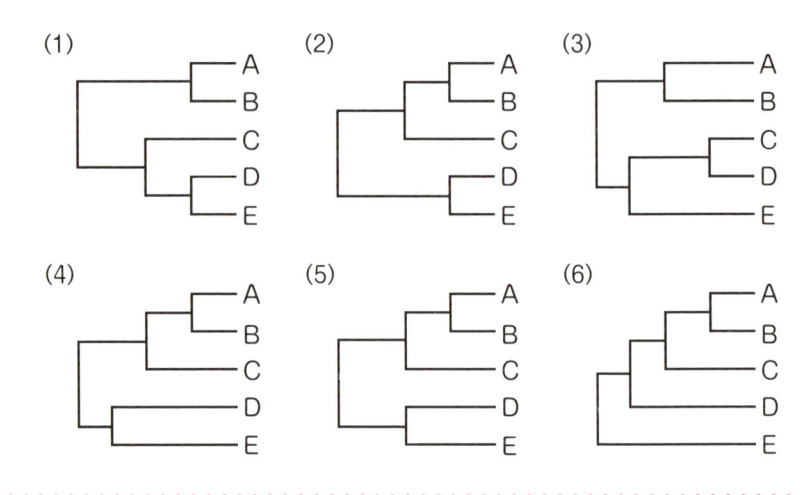

（あ）**細胞** （い）**遺伝** （う）**祖先** （え）**系統樹**
（お）**分子系統樹** 答

① **約180万** ② **ません** 答

問1 <u>生物の分類の基本的な単位で，互いに交配し子孫を残すことが可能な集団。（34字）</u> 答

問2 <u>地球の環境はさまざまであり，進化によりそれぞれの環境に適した形態や機能をもつ生物が生じたから。（47字）</u> 答

問3 塩基配列の相対的な違いが少ないほど，より最近分岐した生物種であることを示しています。よって，AとBが最も最近分岐した生物種です。
AとBにとって，次に近縁なのがCです（相対的な違いは2つ）。よって，(1)と(3)は除外されます。
さらに，AとBにとってDとEは同じだけ遠いので（相対的な違いは4つ），(6)は除外されます。
DとEの相対的な違いは3つであり，これはAとBに対するCとの違いに比べて違いが大きいため，より早い段階で分岐していることを表しています。これより，DとEの分岐がAとBの分岐と同じ時期である (2)，A・BとCの分岐と同じ時期である (5) が除外されます。
よって，答えは **(4)** 答

確認問題 2 1-3，1-5 に対応

以下の文章中の空欄（ あ ）～（ か ）に適切な用語や人名を入れよ。また，下線部について，下の問1～3に答えよ。

・細胞は，（ あ ）が顕微鏡でコルクを観察しているときに発見されました。実際には細胞の（ い ）という構造を観察していたにすぎませんでしたが，細胞の発見として知られています。その後，植物については（ う ）が，a動物については（ え ）が細胞説を提唱しました。

・顕微鏡の性能はb分解能で表されます。c光学顕微鏡の分解能は（ お ），電子顕微鏡の分解能は（ か ）です。

問1 下線部aについて。動物についての細胞説の内容を，20字程度で答えよ。

問2 下線部bについて。分解能を10字程度で説明せよ。

問3 下線部cについて。下の図は光学顕微鏡を示している。各部の名称として最も適切なものを次の（ア）～（シ）から1つずつ選べ。　　　（富山大）

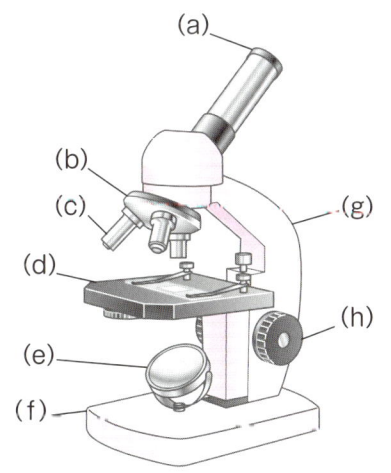

(ア) 鏡台　（イ) しぼり　（ウ) クリップ　（エ) ステージ　（オ) アーム
(カ) レボルバー　（キ) 調節ネジ　（ク) 接眼レンズ　（ケ) 対物レンズ
(コ) 反射鏡　（サ) アスピレーター　（シ) キモグラフ

解説

(あ) **ロバート・フック**　(い) **細胞壁**　(う) **シュライデン**
(え) **シュワン**　(お) **0.2 μm**　(か) **0.2 nm**

問1 **すべての動物の体は細胞からできている。(19字)**

問2 **区別できる2点の最小の幅(12字)**

問3 (a)**(ク)**　(b)**(カ)**　(c)**(ケ)**　(d)**(エ)**　(e)**(コ)**　(f)**(ア)**　(g)**(オ)**
(h)**(キ)**

確認問題 3　1-6，1-7 に対応

下表は，動物・植物・細菌の細胞について構造体の有無を示したもので，＋は存在する，－は存在しないことを表している。

(1) 表中の構造体(a)〜(d)は，それぞれ次の①〜④のいずれであるか，1つずつ選べ。　　　　　　　　　　　　　　　　　　　　　　　　（昭和薬大・改）

① 葉緑体　② 細胞壁　③ 核　④ 細胞膜

構造体	(ア)	(イ)	(ウ)
(a)	＋	＋	－
(b)	＋	＋	＋
(c)	＋	－	＋
ミトコンドリア	＋	＋	－
(d)	＋	－	－

(2) （ア）〜（ウ）はそれぞれ，以下のどれに相当するか，記号で答えよ。
　　　　　　　　　　　　　　　　　　　　　　　　　　　　　　　　（筑波大・改）

① ホウレンソウの葉　② 大腸菌　③ マウスの肝臓

(3) 植物細胞に関する以下の文章中の空欄（　あ　）～（　お　）に適切な用語を入れよ。また，下線部についての問いに答えよ。

植物細胞は細胞壁と（　あ　）からなり，さらに（あ）は核と（　い　）からなります。（い）にはミトコンドリア・葉緑体，主に植物細胞で発達する（　う　）が含まれており，<u>その間を（　え　）が埋めています。</u>（い）の最外層には（　お　）があります。

(4) （え）には流動性が見られる。この現象を何というか答えよ。

・・・

解説

(1) と **(2)** は同じ表についての設問なので，同時に考えます。

まず表を縦に見て，「＋」の少ないものが細菌，多いものが植物なのではないかと予想しましょう。実際，この中でミトコンドリアを含まないのは細菌だけなので，（ウ）は細菌の大腸菌であることがわかります。（ア）は植物のホウレンソウの葉で，残った（イ）は動物であるマウスの肝臓です。

（ウ）の細菌がもっている構造体は(b)と(c)ですが，(c)は（イ）の動物だけがもっていません。これは細胞壁であると考えられます。

(b)は植物・動物・細菌が共通してもつものなので，細胞膜です。(a)は原核生物である細菌だけがもっていないものなので，核です。すると，残りの(d)が葉緑体であることがわかります。葉緑体は植物細胞がもつ細胞小器官でしたね。

(1) (a)③　(b)④　(c)②　(d)① 答

(2) （ア）①　（イ）③　（ウ）② 答

(3) （あ）**原形質**　（い）**細胞質**　（う）**液胞**　（え）**細胞質基質**
　　（お）**細胞膜** 答

(4) **原形質流動** 答

確認問題 4 1-8に対応

次の文中の（　あ　）〜（　か　）に適切な用語を入れよ。また，**問い**にも答えよ。

　1つの細胞からなる生物を（　あ　）といいます。(あ)は1つの細胞でいろんな役割をしなくてはならず，例えばゾウリムシには体外に水分を排出するための（　い　）や，食べ物を消化する（　う　）があります。

　一方，動物や植物のように多数の細胞からなる生物を（　え　）といいます。(え)では，似たようなはたらきの細胞どうしが集まり（　お　）となり，(お)が集まって（　か　）になります。そして，(か)が統合することで個体が作られています。

問い 次の①〜④の文章のうち，正しいものを1つ選べ。
　①単細胞生物はすべて原核生物である。
　②真核生物はすべて多細胞生物である。
　③原核生物はすべて単細胞生物である。
　④多細胞生物であっても真核生物であるとは限らない。

解説

（　あ　）**単細胞生物**　（　い　）**収縮胞**　（　う　）**食胞**
（　え　）**多細胞生物**　（　お　）**組織**　（　か　）**器官**　答

問い 原核生物はすべて単細胞生物で，真核生物には単細胞生物と多細胞生物がいます。
　①単細胞生物でも真核生物であることがあります。
　②真核生物でも単細胞生物であることがあります。
　④多細胞生物であれば，必ず真核生物です。
　よって，答えは　③　答

確認問題 5 1-9, 1-10, 1-11, 1-12, 1-13 に対応

以下の図は植物細胞の模式図です。これについて，以下の **(1)** ～ **(4)** の問いに答えよ。

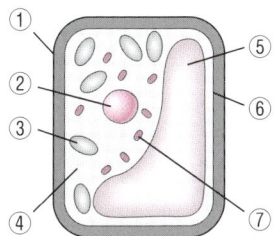

(1) ①～⑦で示された部分の名称を答えよ。

(2) 次の (ア) ～ (オ) にあてはまるものを①～⑦から選べ。
(ア) 呼吸を行うことで，有機物からエネルギーを取り出す。
(イ) 細胞内の水分・物質の濃度調節，老廃物の貯蔵を行う。
(ウ) 光合成を行うことで，二酸化炭素と水から，有機物と酸素を合成する。
(エ) 細胞の形態を支え，保持する。
(オ) 細胞の形態やはたらきに関する情報（遺伝情報）を保持している。

(3) 核とは別に，独自のDNAをもつものを①～⑦からすべて選べ。

(4) ②，⑦を観察するために用いる染色液を，次のa～dから1つずつ選べ。
a. エオシン   b. メチレンブルー   c. 酢酸カーミン   d. ヤヌスグリーン

解説

(1) ① <u>細胞壁</u>　② <u>核</u>　③ <u>葉緑体</u>　④ <u>細胞質基質</u>　⑤ <u>液胞</u>　⑥ <u>細胞膜</u>
　⑦ <u>ミトコンドリア</u>

(2) (ア) <u>⑦</u>　(イ) <u>⑤</u>　(ウ) <u>③</u>　(エ) <u>①</u>　(オ) <u>②</u>

(3) <u>③</u>, <u>⑦</u>

(4) ② <u>c</u>　⑦ <u>d</u>

確認問題 6　1-14 に対応

顕微鏡の取り扱いに関する以下の (1) ～ (4) の問いに答えよ。

(1) 以下の取り扱い方のうち，正しいものをすべて選べ。
　(a) 顕微鏡をもち運ぶ際にはステージをもつ。
　(b) 直射日光の当たる，明るいところに置く。
　(c) 水平な机の上に置く。
　(d) 低倍率のときは平面鏡を，高倍率のときは凹面鏡を使う。
　(e) 高倍率にする際には，しぼりを絞って明るくする。

(2) 以下の①～③は，顕微鏡を取り扱う際の手順として間違えている。以下の取り扱い方をした際にどのような不便なことが起こりうるか，それぞれ説明せよ。
　① 先に対物レンズをはめ，続いて接眼レンズを取り付ける。
　② 対物レンズを最高倍率にセットしてから観察を開始する。
　③ 対物レンズをプレパラートに近づけるようにしてピントを合わせる。

(3) 観察物が視野の左上にあり，右下へと移動させ，視野の中央で観察したい場合，プレパラートをどの方向に移動したらよいか。

(4) 視野にゴミがあった。接眼レンズを回してもゴミは回らず，レボルバーを回すとゴミが消えた。このとき，ゴミは接眼レンズ・対物レンズ・プレパラートのどこにあると考えられるか。

解説

(1) (a) ステージではなくアームを握ります。(b) 直射日光は危険ですので避けなければなりません。(e) 明るくするためには，しぼりを開く必要があります。ちなみに，しぼりを絞るとコントラストが強くなります。よって，答えは **(c), (d)** 答

(2) ① **対物レンズにゴミやほこりが入り，観察の邪魔になる。**
　② **倍率を高くすると視野が狭くなり，観察物が見つかりにくくなる。**
　③ **対物レンズがプレパラートに接触し，プレパラートが破損したり，対物レンズが傷ついたりする。** 答

(3) 左上 答

(4) 対物レンズ 答

確認問題 7　1-15 に対応

以下の(1)，(2)の問いに答えよ。

(1) 接眼レンズ10倍，対物レンズ10倍の光学顕微鏡において，接眼ミクロメーター8目盛り分が対物ミクロメーター5目盛り分に相当していた。このとき，接眼ミクロメーター1目盛りあたりの長さを求めよ（単位：µm）。

(2) 上記と同じ倍率で，ある細胞を観察したところ，細胞の長径（長い方の長さ）は，接眼ミクロメーターの10目盛り分であった。この細胞の長径を求めよ（単位：µm）。

解説

(1) 対物ミクロメーター1目盛りあたりの長さは10 µmと決まっています。これを基準に，接眼ミクロメーターの1目盛りあたりの長さを求めます。それは，以下の式で求められるのでした。

接眼ミクロメーター1目盛りの長さ (µm)
$$= \frac{\text{対物ミクロメーターの目盛り数}}{\text{接眼ミクロメーターの目盛り数}} \times 10 \text{ µm}$$

よって

接眼ミクロメーター1目盛りの長さ $= \frac{5}{8} \times 10$ µm $=$ **6.25 µm** 答

(2) 問題より，接眼レンズの倍率は10倍で，(1)の答えより，接眼ミクロメーター1目盛りの長さは6.25 µmなので

10×6.25 µm $=$ **62.5 µm** 答

確認問題 8　1-16 に対応

次の文章中の（　あ　），（　い　）に適切な用語を入れ，（　A　）では適切な語句を選べ。また，下線部について，以下の問いに答えよ。

　すりつぶした細胞に（　あ　）を段階的にかけていくと，（　い　）や密度の違いで細胞小器官や構成要素を𝑎分離できます。この方法を細胞分画法といいます。細胞をすりつぶす際に注意すべきことは，細胞内に含まれる溶液の濃度と同じくらいの浸透圧のスクロース溶液中で行い，𝑏温度も（A：35〜40℃，4℃以下，100℃以上）に保つことです。

問1 下線部 a について。次の細胞小器官は，どの順序で取り出すことができるか。
① ミトコンドリア　② 葉緑体　③ 核

問2 下線部 b のようにするのはなぜか。その理由を20字程度で答えよ。

解説

（　あ　）**遠心力**　（　い　）**大きさ**　（　A　）**4℃以下**　答

問1 細胞分画法では，だんだんと強い遠心力をかけながら，細胞小器官を取り出していきます。大きさや密度の大きな細胞小器官は弱い遠心力で分離できるので，大きさや密度の大きいものから順に取り出すことができます。
③→②→①　答

問2 細胞小器官を分解する酵素の活性を抑えるため。（22字）　答

（細胞をすりつぶすときは氷で冷やすんじゃったな）

Chapter 2 エネルギーの利用

確認問題 9　2-1 に対応

次の文章中の（　あ　）～（　け　）に適切な語句を入れよ。

　生物には「エネルギーを利用して生きる」という共通点があります。有機物のもつ（　あ　）エネルギーを利用して生きているのです。

　植物は，みずから太陽の（　い　）エネルギーを利用して水と（　う　）から有機物と（　え　）を作っています。このはたらきを（　お　）といいます。一方，動物は，みずから有機物を作ることはできないため，体外から食物として有機物を摂取しています。

　植物や動物は，こうして得た有機物を分解することで生命活動に必要なエネルギーを取り出しています。複雑な物質を単純な物質に分解する反応を（　か　）といいます。酸素を用いて有機物を分解する（　き　）はその代表例です。

　また，こうして有機物から取り出したエネルギーは逆に，単純な物質から（私たちの体に必要な）複雑な物質を合成するのに使われています。単純な物質から複雑な物質を合成する反応を（　く　）といいます。（お）はその代表例です。

　(か) と (く) は，まとめて（　け　）と呼ばれます。(け) は，生体内で行われている化学反応といい換えることができます。

解説

（　あ　）化学　（　い　）光　（　う　）二酸化炭素　（　え　）酸素
（　お　）光合成　（　か　）異化　（　き　）呼吸　（　く　）同化
（　け　）代謝　**答**

確認問題 10 2-2, 2-3 に対応

酵素について書かれた次の文章(1)～(4)のうち，正しいものを選べ。

(1) 酵素には，反応を起こすのに必要なエネルギーを上昇させるはたらきがある。
(2) 酵素とは，触媒のうち，主に無機物からなるものである。
(3) 酵素を含む触媒は，反応の前後で自分自身は変化しない。
(4) 過酸化水素水にカタラーゼを加えると水素が発生する。

解説

(1) 反応を起こすのに必要なエネルギーを低下させるはたらきがあります。
(2) 主にタンパク質からなるものです。主に無機物からなるものは無機触媒といいます。
(4) 酸素が発生します。

よって，答えは **(3)** 答

確認問題 11 2-4, 2-5 に対応

酵素に関する次の文章中の（ あ ）～（ お ）に適する用語を入れ，**問1，2**に答えよ。

　酵素が作用する物質を基質といいます。一般に，酵素は特定の基質にしか結合(作用)しません。例えば，アミラーゼは（ あ ）の分解を促進し，ペプシンは（ い ）の分解を促進します。酵素には，最も活性が高くなる温度があり，それを（ う ）といいます。温度をそれ以上に上げるとタンパク質が（ え ）し，酵素は（ お ）してしまいます。

問1 ①下線部のような性質を何というか答えよ。また，②結合する部分の名称，③結合してできる複合体の名称をそれぞれ何というか答えよ。

問2 トリプシンによる基質の分解反応を行った。温度は37℃, pH 7で調べた結果, 反応は次の図のように進行した。

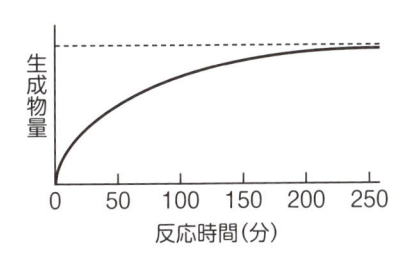

1つだけ条件を, それぞれ下の(ア)～(ウ)のように変え, 他の条件を変えずに実験したとき,

(ⅰ) 生成物量の到達する水平部の高さはどうなるか。
(ⅱ) 反応初期の勾配はどうなるか。

(ア)～(ウ)のそれぞれの場合について, 下のa～cより1つずつ選び答えよ。

(ア) トリプシンの濃度だけを高くする。
(イ) 温度だけを25℃にする。
(ウ) pHを1だけアルカリ側にずらす。

a. 増加する　b. 変化しない　c. 減少する　　　　　　(東海大・改)

解説

(あ) **デンプン**　(い) **タンパク質**　(う) **最適温度**
(え) **変性**　(お) **失活**　答

問1 ① **基質特異性**　② **活性部位(活性中心)**　③ **酵素-基質複合体**　答

問2 (ア) 酵素の量を増やしても基質の量が変わらなければ, 最終的な生成物量は変わりません。一方, 反応速度は速くなります。よって
　　(ⅰ) **b**　(ⅱ) **a**　答
(イ) 温度を下げても最終的な生成物量は変わりませんが, 反応速度はもとの温度(37℃)のほうがより速く反応します。よって
　　(ⅰ) **b**　(ⅱ) **c**　答
(ウ) 最終的な生成物量は変化しませんが, トリプシンの最適pHは8なので, 条件を変えた後のほうが反応速度が大きくなります。よって
　　(ⅰ) **b**　(ⅱ) **a**　答

確認問題 12 2-6, 2-7 に対応

ATPに関する次の文章(1)～(4)のうち,正しいものを1つ選べ。

(1) ATPはアデノシン二リン酸の略である。
(2) ATPはアデノシンとリン酸との結合の間に多量のエネルギーをもつ。
(3) ADPからATPを合成するときにエネルギーが必要である。
(4) ATPがADPに変化する際,2分子のリン酸が生成する。

解説

(1) ATPはアデノシン三リン酸の略です。アデノシン二リン酸は,ADPです。
(2) リン酸とリン酸の結合の間に多量のエネルギーをもちます。この結合を高エネルギーリン酸結合と呼びます。
(4) 1分子のリン酸が生成します。

よって,答えは **(3)**

ADP エネルギー低
ATP エネルギー高

ATP強そうッス!
ATPのほうがADPよりエネルギーが高いッスね

確認問題 13 2-8, 2-9, 2-10, 2-11, 2-12 に対応

次の文章中の（ あ ）～（ こ ）に適切な用語または語句を入れよ。また，下の**問1**～**3**にも答えよ。

生体内で起こる反応のうち，複雑な物質を単純な物質に分解してエネルギーを得る反応を（ あ ）といいます。その中でも特に，酸素を用いて有機物を分解し，ADPとリン酸からATPを合成する反応を（ い ）といいます。真核生物では主に，細胞小器官である（ う ）で行なわれ，その反応は次のように表されます。

　　有機物 ＋ 酸素 ─→ 水 ＋（ え ）＋ エネルギー（ATP）

（い）は ₐ3つの過程からなり，1つのグルコースから最大で（ お ）個のATPを合成します。

酸素を用いずに有機物を分解する反応もあり，これを発酵といいます。代表的なものに ᵦアルコール発酵と乳酸発酵があります。動物の筋肉内で起きている（ か ）の化学反応式は，乳酸発酵と同じです。

一方，生体内で起きる反応のうち，単純な物質から複雑な物質を合成する反応を（ き ）といいます。その中でも特に，無機物から炭水化物などの有機物を合成するはたらきを（ く ）といいます。その代表例である光合成は，植物細胞の細胞小器官である（ け ）で行われます。

（う）と（け）は， c もともと細胞外で生息していた原核生物で，細胞内に取り入れられて細胞小器官になったのではないかと考えられており，この説を（ こ ）といいます。

問1 下線部aについて。3つの過程の名称を，反応の過程順に答えよ。

問2 下線部bについて。①アルコール発酵，②乳酸発酵のそれぞれについて，1個のグルコースから生成される最大のATPの数を答えよ。

問3 下線部cのように考えられる理由を3つ挙げよ。

解説

いずれも本冊の本文中に書かれていた内容ですね。呼吸で生成される最大38個のATPは，解糖系で2個，クエン酸回路で2個，電子伝達系で最大34個という内訳になっています。

(あ) **異化**　(い) **呼吸(細胞呼吸)**　(う) **ミトコンドリア**
(え) **二酸化炭素**　(お) **38**　(か) **解糖**　(き) **同化**
(く) **炭酸同化**　(け) **葉緑体**　(こ) **共生説(細胞内共生説)**

問1 解糖系，クエン酸回路，電子伝達系

問2 ① アルコール発酵：**2**　② 乳酸発酵：**2**

問3
・核内のDNAとは異なる，独自のDNAが存在する。
・細胞の分裂とは別に，独自に分裂して増殖する。
・内外2枚の膜がある。

> 解糖系，クエン酸回路，電子伝達系がどこで行われているか，覚えておるか？

> 忘れたッス…p.88〜91を復習するッス

Chapter 3 遺伝情報（DNA）

確認問題 14　3-1, 3-2, 3-3 に対応

次の文章中の（　あ　）〜（　く　）に適切な用語または語句を入れよ。ただし，（　お　）〜（　く　）については，〈語群〉より選んで答えよ。また，下の**問い**に答えよ。

　遺伝子の正体はDNAです。DNAとは（　あ　）の略で，（　い　）と，糖である（　う　），そして（　え　）から構成されています。(え)は<u>4種類あり</u>ます。

　DNAはタンパク質に関する情報をもっています。タンパク質は非常に重要なはたらきをする物質で，生体内での化学反応の触媒となる（　お　），赤血球中の（　か　），血しょう中のフィブリン，特定の組織や器官のはたらきを調整する（　き　），免疫に関わる（　く　）などはすべて，タンパク質が主成分の物質です。これらのタンパク質のはたらきが，生物の形質を決めているのです。

〈語群〉

| アセチルコリン | 抗体 | ATP | グルコース | ホルモン | DNA |
| ヘモグロビン | 鉄イオン | 酵素 | 抗原 | | |

問い 下線部について，4種類の塩基の略称と名称を，それぞれ答えよ。

解説

（あ）**デオキシリボ核酸**　（い）**リン酸**　（う）**デオキシリボース**
（え）**塩基**　（お）**酵素**　（か）**ヘモグロビン**　（き）**ホルモン**
（く）**抗体**　答

問い A（アデニン），T（チミン），G（グアニン），C（シトシン）　答

確認問題 15　3-5, 3-6に対応

次の文章中の（　あ　）～（　お　）に適切な用語または語句を入れよ。また、下の**問1～4**に答えよ。

遺伝子の正体がDNAであるとわかると、次はその構造に関心が集まるようになりました。ワトソンとクリックによって特定されたその構造は、以下のようになっていました。

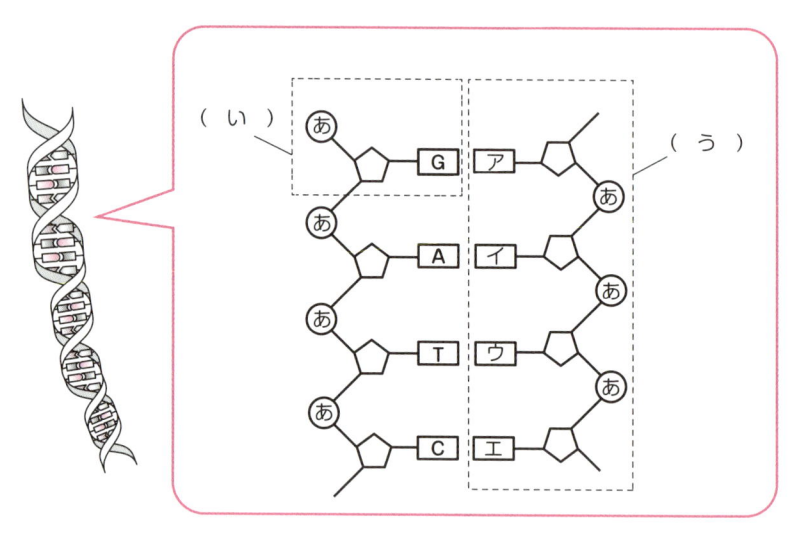

DNAは、（　あ　）とデオキシリボース、ₐ塩基が結合した（　い　）という構成単位が多数連なってできています。(い)が連なったものを（　う　）と呼びます。DNAは♭（　え　）本の（う）が塩基どうしで結合し、ねじれて（　お　）状になった構造をしています。

問1 下線部aについて。DNAは特定の塩基どうしが対をなしているが、この性質を何というか答えよ。

問2 下線部bについて。このようなDNAの構造を何というか答えよ。

問3 図のア～エに入る塩基をA, C, G, Tから選べ。

問4 あるDNAにおけるアデニンの割合は全塩基中の27％だった。このDNAにおける、①シトシンの割合、②グアニンの割合、③チミンの割合をそれぞれ答えよ。

（中央大・改）

解 説

（あ）**リン酸**　（い）**ヌクレオチド**　（う）**ヌクレオチド鎖**
（え）**2**　（お）**らせん**　答

問1　相補性　答

問2　二重らせん構造　答

問3　ア：C　イ：T　ウ：A　エ：G　答

問4　DNAには相補性があります。アデニンと対をなすのはチミンですので，チミンも27%存在します。すると，アデニン＋チミン＝27＋27＝54〔%〕ですので，残りは46%です。
また，シトシンとグアニンも対をなしているので同じ割合で存在しています。よって，46÷2＝23〔%〕となります。
① **23%**　② **23%**　③ **27%**　答

確認問題 16　3-7, 3-8, 3-9 に対応

次の文章中の（あ）～（お）に適切な用語または語句を入れよ。また，以下の**問1～4**に答えよ。

DNAのもつ遺伝情報とは，タンパク質の合成に関する情報です。DNAからタンパク質が作られる過程は，次のようになっています。

まず，DNAの2本鎖の一部がほどけ，片方のDNA鎖の塩基配列に対となる塩基をもったRNAの（あ）が運ばれてきます。この(あ)どうしが結合してmRNA（伝令RNA）が作られます。この過程を（い）といいます。

mRNAは（う）を通って核の外に出ると，mRNAの3つの連続した塩基配列に対して1つのアミノ酸が（え）によって運ばれてきます。そして，アミノ酸どうしが結合し，タンパク質となります。このような，mRNAからタンパク質が作られる過程を（お）といいます。

問1 下線部について。核の外に出る前のRNAには，タンパク質の合成に①不要な部分と②必要な部分がある。それぞれ何というか答えよ。また，③必要な部分だけをつなぎ合わせる過程を何というか答えよ。

次の〈図〉は，大腸菌が産生するある酵素のmRNAの塩基配列の一部である。下線は1組のコドンを示す（ただし，塩基配列は左から右に読む）。
〈表〉はmRNAの遺伝暗号表である。

〈図〉（先端側）－－ U A U A C C U A U U U G C U G －－（末端側）

〈表〉

1番目の塩基(先端側)	2番目の塩基				3番目の塩基(末端側)
	U	C	A	G	
U	UUU, UUC フェニルアラニン / UUA, UUG ロイシン	UCU, UCC, UCA, UCG セリン	UAU, UAC チロシン / UAA, UAG（終止）	UGU, UGC システイン / UGA（終止）/ UGG トリプトファン	U C A G
C	CUU, CUC, CUA, CUG ロイシン	CCU, CCC, CCA, CCG プロリン	CAU, CAC ヒスチジン / CAA, CAG グルタミン	CGU, CGC, CGA, CGG アルギニン	U C A G
A	AUU, AUC, AUA イソロイシン / AUG メチオニン（開始）	ACU, ACC, ACA, ACG トレオニン	AAU, AAC アスパラギン / AAA, AAG リシン	AGU, AGC セリン / AGA, AGG アルギニン	U C A G
G	GUU, GUC, GUA, GUG バリン	GCU, GCC, GCA, GCG アラニン	GAU, GAC アスパラギン酸 / GAA, GAG グルタミン酸	GGU, GGC, GGA, GGG グリシン	U C A G

問2 図のmRNAに相補的なDNAの鋳型となる鎖の塩基配列を記せ。

問3 図のmRNAの塩基配列によって合成されるポリペプチド鎖のアミノ酸配列を記せ。

問4 ロイシン－セリン－バリンというアミノ酸配列に対応するmRNAの塩基配列は何通りあるか答えよ。　　　　　　　　　　　　（大阪府大・改）

解説

（あ）**ヌクレオチド**　（い）**転写**　（う）**核膜孔**
（え）**tRNA（運搬RNA）**　（お）**翻訳**　答

問1 ① **イントロン**　② **エキソン**　③ **スプライシング**　答

問2 DNAの塩基(A, T, G, C)と相補的な関係にあるRNAの塩基は(U, A, C, G)です。
よって，**ATATGGATAAACGAC**　答

問3 塩基配列を左から3つずつ読んでいき，対応するアミノ酸を遺伝暗号表から見つけます。
よって，**チロシン　トレオニン　チロシン　ロイシン　ロイシン**　答

問4 1つのアミノ酸を指定する塩基配列は何種類かあります。遺伝暗号表を見てみると，ロイシンを指定するコドンは6種類，セリンを指定するコドンも6種類，バリンは4種類あることがわかります。
よって，6×6×4=**144通り**　答

確認問題 17　3-10，3-11，3-12 に対応

次の文章中の（あ）～（え）に適切な用語または語句を入れよ。

遺伝子の本体がDNAであることを見出した有名な実験が3つあります。
1つ目は，グリフィスによる肺炎球菌を使った実験です。肺炎球菌には病原性のS型菌と非病原性のR型菌があり，S型菌を加熱処理したあとR型菌と混ぜてマウスに注射すると，肺炎を発病することを見出しました。これは，S型菌からR型菌に遺伝子が移ったことによって起きた現象と考えられました。この現象を（あ）といいます。また，遺伝子の本体は熱に強いことも示唆されていました。
2つ目は，エイブリーらによる実験です。エイブリーらはS型菌をすりつぶしたあと（い）を分解する酵素を加えると(あ)が起こらないことを見

出しました。

3つ目は、ハーシーとチェイスによるT₂ファージを用いた実験です。T₂ファージは(い)と(う)からなるウイルスで、(い)と(う)をそれぞれ(え)で標識したあと、大腸菌に感染させました。その後、培養液を激しく撹拌し、遠心分離すると、(い)の多くは沈殿に、(う)の多くは上澄みにあることがわかりました。これらの実験から、遺伝子の本体はDNAであることがわかったのです。

解説

T₂ファージはDNAとタンパク質の殻から構成されるウイルスです。T₂ファージのDNAは大腸菌に注入され、タンパク質の殻は撹拌した際に大腸菌から振りほどかれます。よって遠心分離すると、沈殿（大腸菌）からはDNAが、上澄みからはタンパク質が検出されます。

（あ）**形質転換** （い）**DNA** （う）**タンパク質**
（え）**放射性物質（放射性同位元素）** 答

確認問題 18　3-14, 3-15 に対応

下図について、**問1～3**に答えよ。

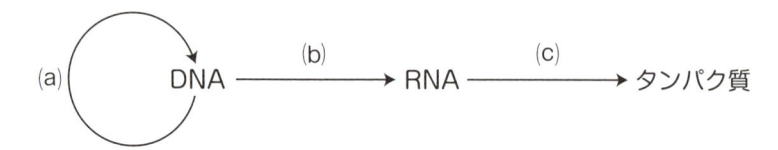

(a) ⟲ DNA —(b)→ RNA —(c)→ タンパク質

問1 図中の矢印(a)～(c)は何を示すか。次の①～⑤から選び、記号で答えよ。
① 置換　② 複製　③ 翻訳　④ 付加　⑤ 転写

問2 上図のように、遺伝情報がDNA→タンパク質へと一方向に流れるという考え方を何というか答えよ。

問3 問2の考え方の例外として、HIVウイルスなどのレトロウイルスがある。それらのウイルスが行うRNAからDNAを合成することを何というか答えよ。

解説

問1 (a)② (b)⑤ (c)③ 答

問2 セントラルドグマ 答

問3 逆転写 答

確認問題 19 3-16，3-17，3-18 に対応

次の文章中の（ あ ）〜（ う ）に適切な用語または語句を入れよ。ただし，（ う ）には30字以内の文章が入る。また，**問1〜3**にも答えよ。

同一個体の細胞は，原則的にすべて同じ遺伝情報をもっています。しかし，成長の段階や組織によって ₐ合成されるタンパク質は異なります。例えば，キイロショウジョウバエの幼虫の（ あ ）の細胞には，(あ)染色体と呼ばれる巨大染色体があり，それを観察すると，発生段階に応じて（ い ）と呼ばれるふくらみのできる場所が異なっていることがわかります。

一方，1996年にイギリスで，次のような実験が行われました。まず，フィンドーセットと呼ばれる種類のヒツジ（ⅰ）の体細胞から核を取り出し，それをスコティッシュブラックフェイスと呼ばれる種類のヒツジ（ⅱ）の未受精卵（核を除いた）に移植します。そして，これを別の代理母となるスコティッシュブラックフェイス（ⅲ）の子宮に戻しました。すると，♭代理母から子ヒツジが誕生したのです。この実験により，ほ乳類において，（ う ）ことがわかりました。

ヒトの細胞も，もともと1個の細胞である受精卵が体細胞分裂を繰り返す過程で，特定の形やはたらきをもった細胞に変化していくことがわかっています。

同一個体の細胞が同じ遺伝情報をもっていることを利用して，.ES細胞やiPS細胞を医療に応用しようとする動きが広がっています。

問1 下線部aについて。遺伝情報をもとにタンパク質が作られることを何というか答えよ。

問2 下線部bについて。文中の(i)〜(iii)のうち，子ヒツジと同じ遺伝子をもつものを答えよ。

問3 下線部cについて。ES細胞やiPS細胞は臓器移植への応用が期待されているが，問題もある。それについて，次の文章中の（ ア ）〜（ ウ ）に入る適切な用語または語句を答えよ。

ES細胞は（ ア ）から発生した胚をもとに作られるため，倫理的な問題がある。また，他人由来の(ア)を用いた場合，（ イ ）反応も起こる。
一方，iPS細胞は自分自身の（ ウ ）した細胞を用いるため，上記のような問題が解消できると期待されている。

解説

(あ) **だ腺**　(い) **パフ**
(う) **体内の細胞は基本的に同じ遺伝情報をもっている**
　　　（別解：**体細胞の核は発生に必要なすべての遺伝情報をもっている**）

問1 **発現**

問2 **(i)**

問3 (ア) **受精卵**　(イ) **拒絶**　(ウ) **分化**

確認問題 20 　3-19，3-20，3-21，3-22 に対応

次の文章を読み，問1，2に答えよ。

　体細胞には間期と分裂期があり，これが周期的に繰り返されています。a 間期はさらに3つの時期，b 分裂期はさらに4つの時期に分けることができます。

問1 下線部aについて。次の①～④にあてはまる時期の名称をそれぞれアルファベットと数字の略称で答えよ。
① DNA合成期と呼ばれる時期。
② 細胞分裂が終了した直後に開始する時期。
③ DNA合成準備期に比べ，核1個あたりのDNA量が常に2倍となっている時期。
④ 分裂期に入る直前の時期。

問2 下線部bについて。次の①～⑥にあてはまる時期の名称をそれぞれ答えよ。
① 染色体が赤道面に並び，最も観察しやすい時期。
② 細胞質分裂が行われる時期。
③ 染色体が糸状から太く短くなる時期。
④ 染色体が両極に移動する時期。
⑤ 紡錘体を形成する時期。
⑥ 核膜が消失する時期。

・・

解説

問1 ① S期　② G_1期　③ G_2期　④ G_2期　答

問2 ① 中期　② 終期　③ 前期　④ 後期　⑤ 中期　⑥ 前期　答

確認問題 21 3-23, 3-24 に対応

次の文章中の（　あ　），（　い　）に入る適切な用語または語句を答えよ。また，下の**問1，2**にも答えよ。

　精子や卵のような生殖細胞を作るときに行われる細胞分裂を（　あ　）といいます。（あ）の分裂前後で，細胞1つあたりの染色体の数は（　い　）分の1になり，核相も変わります。

問1 下線部について。次の細胞の核相を，n を用いて答えよ。
(a) ヒツジの体細胞
(b) ヒトの精子または卵
(c) 被子植物の胚乳

問2 ヒトの精子または卵，および体細胞の染色体数をそれぞれ答えよ。

解説

核相とは，ゲノムが何セット含まれているかを表したものです。一般に，ほ乳類の体細胞の核相は $2n$，生殖細胞の核相は n です。被子植物の胚乳が $3n$ であるのは有名なので覚えましょう。
　（　あ　）**減数分裂**　（　い　）**2**　答

問1 (a) $2n$　(b) n　(c) $3n$　答

問2 精子または卵の染色体数：**23**，体細胞の染色体数：**46**　答

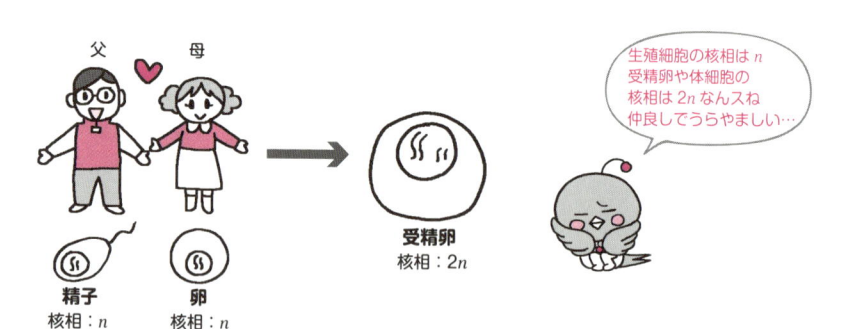

> 生殖細胞の核相は n
> 受精卵や体細胞の核相は $2n$ なんスね
> 仲良しでうらやましい…

父　母　→　受精卵　核相：$2n$
精子　核相：n　　卵　核相：n

Chapter 4 環境変化への対応

確認問題 22 　4-1，4-2，4-3，4-4，4-5 に対応

次の文章中の（ あ ）～（ え ）に入る適切な用語または語句を答えなさい。また，以下の**問い**に答えよ。

　体液は，（ あ ），（ い ），リンパ液に分けられます。（あ）は，液体成分である（ う ）と有形成分である<u>赤血球</u>，白血球，血小板などからなります。（い）は（う）の成分が血管外にしみ出したもので，細胞に栄養分を受け渡し，老廃物を受け取ります。

　ヒトには，体液の状態を一定に保つなどして体内環境を一定に保つはたらきが備わっており，それを（ え ）といいます。

問い　下線部について。次の文章を読み，**(1)**～**(5)**に答えよ。

　赤血球中のヘモグロビンは，肺で酸素と結合して酸素ヘモグロビンとなり，全身の組織に酸素を運ぶ役割を担う。このヘモグロビンと酸素の結合は可逆的に行われ，生体では主に酸素分圧（肺胞中は100 mmHg，筋肉中は30 mmHgとする）や二酸化炭素分圧（肺胞中は40 mmHg，筋肉中は70 mmHgとする）に依存する。
　下の図の2つの曲線は，二酸化炭素分圧40 mmHgと70 mmHgでの酸素分圧と酸素ヘモグロビンの割合との関係を示している。
（注：mmHgは気体の圧力の単位）

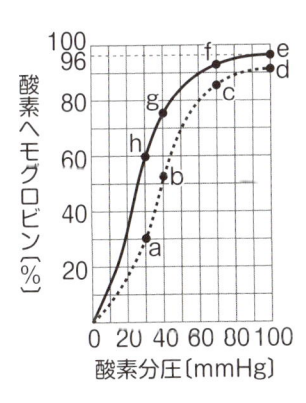

(1) ヘモグロビンに含まれる金属元素は何か答えよ。

(2) 図に示すようなグラフを一般に何というか答えよ。

(3) 曲線上のa〜hから肺静脈中の血液の状態を示す点を選び，記号で答えよ。

(4) 曲線上のa〜hから筋肉中における血液の状態を示す点を選び，記号で答えよ。

(5) 肺静脈中の酸素ヘモグロビンのうち，何％が解離して酸素を筋肉に供給するか。計算式を示し，小数点以下を四捨五入して答えよ。

解説

（ あ ）**血液**　（ い ）**組織液**　（ う ）**血しょう**
（ え ）**恒常性（ホメオスタシス）** 答

(1) **鉄** 答

(2) **酸素解離曲線** 答

(3) まず，どちらのグラフがどの二酸化炭素分圧におけるグラフなのかを特定する必要があります。酸素分圧が同じとき二酸化炭素分圧が高いほうが酸素ヘモグロビンの割合が小さいので，実線のグラフが二酸化炭素分圧40 mmHg，破線のグラフが70 mmHgです。問題文中から，肺胞中の二酸化炭素分圧は40 mmHg，酸素分圧は100 mmHgなので，
答えは **e** 答

(4) 筋肉中の二酸化炭素分圧は70 mmHg，酸素分圧は30 mmHgなので，
答えは **a** 答

(5) 肺胞中の酸素ヘモグロビンの割合は96％（点e），筋肉中では30％（点a）なので，解離したのは
　　$(96 - 30) \div 96 \times 100 = 68.7 \fallingdotseq$ **69％** 答

確認問題 23 4-6, 4-7, 4-8, 4-9 に対応

血液凝固に関する次の文章中の（ あ ）〜（ き ）に適切な用語または語句を入れよ。また，下の**問い**に答えよ。

　血管が傷つくと，まず血小板などから放出された（ あ ）や，血しょう中に含まれる（あ），（ い ）イオンなどが，血しょう中のタンパク質である（ う ）にはたらきかけます。すると，（う）は（ え ）という酵素になり，（え）は（ お ）にはたらきかけます。（お）は繊維状のタンパク質である（ か ）になり，これが血球を絡めとります。その結果，（ き ）というかたまりになり，血管の傷口をふさぎ出血が止まるのです。

問い 採血した血液を放置した際にできる沈殿物，上澄みをそれぞれ何というか答えよ。

解説

（ あ ）**(血液)凝固因子**　（ い ）**カルシウム**　（ う ）**プロトロンビン**
（ え ）**トロンビン**　（ お ）**フィブリノーゲン**　（ か ）**フィブリン**
（ き ）**血ぺい**　**答**

問い 血液を放置しても血液凝固は見られます。こうしてできる沈殿物は**血ぺい**，上澄みは**血清**です。　**答**

確認問題 24 4-10, 4-11, 4-12, 4-13, 4-14, 4-15 に対応

次の文章中の（ あ ）〜（ く ）に入る適切な用語または語句を答えよ。また，**問1〜3**に答えよ。

　体液の循環にかかわる，心臓・血管・リンパ管などの器官をまとめて（ あ ）と呼びます。

ヒトの心臓は（ い ）心房（ う ）心室の構造となっていますが，_a両生類・は虫類はこれとは異なる構造をしています。

心臓には，他からの刺激がなくても自発的に拍動する自動性という性質があります。これは，心臓の大静脈と右心房の境界にある（ え ）という細胞のかたまりが，規則的に電気信号を出すからです。

血管は，大きく動脈・静脈・（ お ）に分けられ，_b動脈と静脈には相違点がいくつかあります。脊椎動物の血管系は（ か ）と呼ばれ，血液の流れには_c肺循環と体循環があります。

リンパ管は全身に張り巡らされており，（ き ）で静脈に合流します。リンパ管にはところどころ球状にふくらんだ（ く ）があり，重要なはたらきを担っています。

問1 下線部aについて。両生類・は虫類の心臓の構造を答えよ。

問2 下線部bについて。動脈と静脈の相違点を明確にし，30字以内で説明せよ。

問3 下線部cについて。それぞれの循環について次の模式図に入る適切な語を答えよ。
　肺循環：（ 1 ）→肺動脈→肺→（ 2 ）→左心房
　体循環：（ 3 ）→（ 4 ）→全身→大静脈→右心房

解説

（ あ ）**循環系**　（ い ）**2**　（ う ）**2**
（ え ）**洞房結節（ペースメーカー）**　（ お ）**毛細血管**
（ か ）**閉鎖血管系**　（ き ）**鎖骨下静脈**　（ く ）**リンパ節**

問1 **2心房1心室**

問2 **動脈は筋肉の層が発達しており，静脈には逆流を防ぐ弁がある。（29字）**

問3（ 1 ）**右心室**　（ 2 ）**肺静脈**　（ 3 ）**左心室**　（ 4 ）**大動脈**

確認問題 25　4-16，4-17，4-18，4-19 に対応

次の図1，2について，下の文章を読み，**問1〜6**に答えよ。

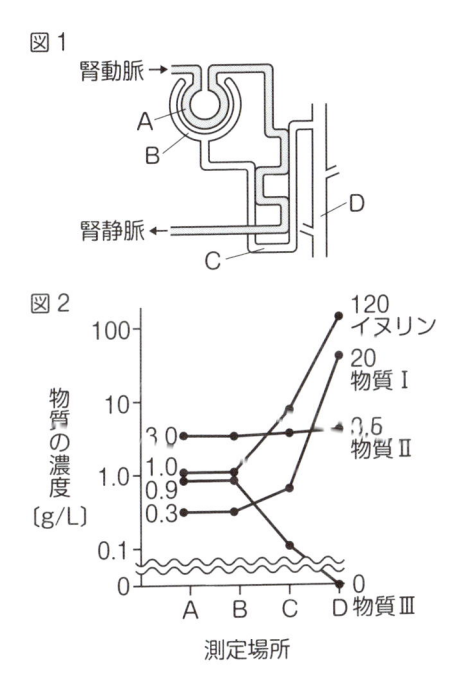

図1

図2

ヒトの腎臓は，老廃物の排出や体液の水分調節の役割を果たしている。腎臓内部には，多くの腎単位（ネフロン）と呼ばれる構造体があり，ここで尿が生成される。図1は腎単位の1つを模式的に示したものである。

図2は，イヌリンを静脈に注射したのち，図1のA〜Dでのイヌリンおよび物質Ⅰ〜Ⅲの濃度を，正常に機能している腎臓において測定した結果である。イヌリンは人体には含まれない成分で，静脈注射によって血液中に入ると腎小体でろ過され，CとDでは一切再吸収されないという性質をもつ。

問1 図1のA，B，C，Dの名称を答えよ。

問2 正常な状態で，図1のA〜Dのうち，タンパク質を含まない液体が流れている場所をすべて選び，その記号で答えよ。

問3 図2の物質Ⅰ〜Ⅲの中で，尿が生成されるA〜Dの過程で最も濃縮率の高い物質は何か。また，その物質は何倍に濃縮されたか。図2の数値をもとに計算し，小数点以下を四捨五入して答えよ。

問4 図2の物質Ⅰ〜Ⅲは，下記のa〜fのどれに相当するか。それぞれ最も適当と思われるものを1つ選べ。
a. 尿酸　　b. タンパク質　　c. ナトリウムイオン　　d. 尿素
e. カルシウムイオン　　f. グルコース

問5 ヒトが1日に排出する尿の量を1.3〔L〕とすると，腎小体でろ過される液の量は1日に何Lになるか答えよ。

問6 原尿中の物質Ⅱは，何％再吸収されるか。図2の数値をもとに計算し，小数点以下を四捨五入して答えよ。

解説

問1 A：**糸球体**　B：**ボーマンのう**　C：**細尿管（腎細管）**　D：**集合管**　答

問2 タンパク質はボーマンのうにろ過されません。よって，B以降にはどこにも含まれていないので　**B，C，D**　答

問3 濃縮率は物質の濃度がどれだけ変化したかを示す値です。物質Ⅰは0.3→20なので20÷0.3≒67倍，物質Ⅱは3.0→3.5なので3.5÷3.0≒1倍，物質Ⅲは0.9→0なので0倍。よって　**物質Ⅰ，67倍**　答

問4 物質Ⅰは濃縮率がとても高いので再吸収されにくい物質です（まったく再吸収されないイヌリンの濃縮率は120倍）。よって，体に不要な物質である尿酸・尿素のいずれかであると考えられます。尿酸は血しょう中の濃度が非常に低いため（p.227参照），dの尿素であることがわかります。
　物質Ⅱはろ過されたあと一部吸収されているので，ナトリウムイオンかカルシウムイオンに絞られます。カルシウムイオンの血しょう中の濃度は非常に低いため（p.227参照），cのナトリウムイオンということがわかります。
　物質Ⅲは尿中の量が0なので，すべて再吸収される物質であるfのグルコースであることがわかります。
　物質Ⅰ：d　物質Ⅱ：c　物質Ⅲ：f　答

問5 ろ過される量というのは原尿の量のことです。原尿中の濃度は書かれていませんが，血しょう中の濃度と同じなので，その値を使います。
さて，イヌリンは再吸収されないため，原尿中のものがすべて尿として排出されます。よって，イヌリンの濃縮率を使えば，尿の量から原尿の量を求めることができます。

　　1.3〔L〕× 120 = **156〔L〕** 答

問6 物質Ⅱが再吸収された割合〔%〕を求めるためには，1日あたりの「再吸収された量÷ろ過された量」を計算する必要があります。
まず，ろ過された量を算出するには「原尿の量〔L〕×濃度〔g/L〕」を計算すればいいので，156〔L〕× 3〔g/L〕= 468〔g〕となります。
再吸収されずに尿中に含まれる量は，「尿の量〔L〕×濃度〔g/L〕」を計算すると，1.3〔L〕× 3.5〔g/L〕= 4.55〔g〕となります。
ということは，再吸収されたのは，468 − 4.55 = 463.45〔g〕となります。
以上から，再吸収された割合〔%〕は
　　463.45 ÷ 468 ≒ **99〔%〕** 答

確認問題 26　4-20，4-21，4-22 に対応

次の文章中の（　あ　）～（　く　）に入る適切な用語または語句を答えよ。ただし，（　い　）と（　え　）は適切なものを選べ。

物質は一般に，濃度の高い側から低い側に移動します。その結果，均一に分布するようになります。この現象を（　あ　）といいます。生物の細胞を囲っている細胞膜は基本的に（い　全透膜・半透膜・不透膜）であり，その性質を（　う　）といいます。
赤血球を（え　高張液・等張液・低張液）に浸すと，水分が細胞内に侵入してくるため，細胞は膨張します。ある濃度よりも塩類濃度が低い（え）の場合，細胞が破裂してしまう（　お　）という現象が見られます。
多細胞動物の細胞は（　か　）で囲まれているため体外の環境に大きく影響を受けませんが，単細胞生物は周りの環境に大きく影響を受けます。ゾウリムシは，体内に侵入してきた水を（　き　）という細胞小器官を通して排出することで，体内の（　く　）濃度を一定に保っています。

解説

（あ）**拡散**　（い）**半透膜**　（う）**半透性**　（え）**低張液**
（お）**溶血**　（か）**体液**　（き）**収縮胞**　（く）**塩類**　答

確認問題 27　4-23，4-24 に対応

次の**問1，2**に答えよ。

問1 下の図は，3種類のカニ（ケアシガニ・モクズガニ・イソガザミ）について，外液の塩濃度をさまざまに変更した場合に，体液の浸透圧の変化と生存可能範囲を示したものである。なお，自然海水の塩濃度は塩をNaClとみなしたとき0.5〔mol/L〕であり，その浸透圧は22.3気圧である。海水の塩濃度以外の生活環境条件は一定とする。

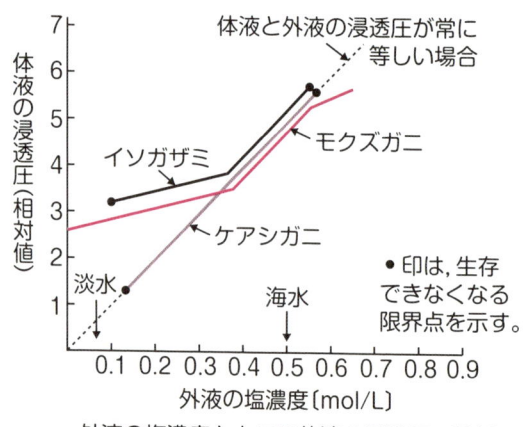

外液の塩濃度とカニの体液の浸透圧の関係

図に基づいて，次の(a)〜(f)にあてはまるカニが，ケアシガニの場合には「A」，モクズガニの場合には「B」，イソガザミの場合には「C」，いずれもあてはまらない場合には「D」の記号で答えよ。なお，解答が複数ある場合には，すべて答えよ。

(a) 体液の浸透圧を調節する能力が最も劣っている。

(b) 体液の浸透圧を調節する能力が最も優れている。
(c) 海水中でも淡水中でも生存できる。
(d) 淡水中での体液浸透圧が，自然海水での体液の浸透圧に等しい。
(e) 自然海水中に置いたときの体液の浸透圧が，自然海水の浸透圧の半分以下である。
(f) 自然海水よりも塩濃度の低い海水中で浸透圧を調節することができる。

(藤田保健衛生大・改)

問2 淡水性のフナと海水性のタイを比較した場合，タイの飲水行動や腎臓の尿排出についてあてはまるものを，次の①〜⑨から3つ選べ。ただし，解答の順序は問わない。

① 低張の尿を排出する。
② 高張の尿を排出する。
③ 等張の尿を排出する。
④ 尿を大量に排出する。
⑤ 尿を少量だけ排出する。
⑥ 尿量はフナとほとんど変わらない。
⑦ 大量に飲水する行為が見られる。
⑧ 飲水量はフナとほとんど変わらない。
⑨ 積極的に飲水する行動はほとんど見られない。

(日本大・医)

解説

問1 (a)「体液と外液の浸透圧が常に等しい場合」にあると，その生物は「浸透圧調節をしていない」ことを意味します。よって，最も浸透圧調節が劣っているのはケアシガニとなります。

(b) 逆に，「体液と外液の浸透圧が常に等しい場合」から外れている生物は，浸透圧の調節能力が高いということを意味しています。それはモクズガニですね。

(c) 海水中で生存できるということは，海水中の塩濃度（0.5〔mol/L〕）のときにグラフがあることが必要です。これはいずれのカニでも大丈夫そうですね。一方，淡水中ではモクズガニのグラフだけがあります（イソガザミとケアシガニは外液の塩濃度が約0.1〔mol/L〕で途切れています）。ということで，海水中でも淡水中でも生存できるのはモクズガニとなります。

(d) 淡水中で生存できるのはモクズガニだけですが（浸透圧調節をしている

ため),体液の浸透圧は自然海水よりも低くなっていますね。よって,あてはまる生物はありません。
(e) 自然海水中の浸透圧は0.5〔mol/L〕ですが,いずれのカニもほぼ近しい浸透圧となっており,半分以下になっているものはありません。
(f)「自然海水よりも塩濃度の低い海水中で浸透圧を調節することができる」をいい換えると,「外液の塩濃度が0.5〔mol/L〕以下において,『体液と外液の浸透圧が常に等しい場合』のグラフから外れることができる」となります。よって,イソガザミ,モクズガニが該当しますね。
(a) **A** (b) **B** (c) **B** (d) **D** (e) **D** (f) **B, C** 答

問2 フナは淡水性硬骨魚類,タイは海水性硬骨魚類です。海水性硬骨魚類は外界の塩類濃度が体液よりも高いため,水が常に体外に流出していきます。よって「大量に飲水し,等張の尿を少量だけ排出する(えらからも余分な塩類を排出)」のが特徴です。
ゆえに ③,⑤,⑦ 答

確認問題 28 4-25, 4-26 に対応

次の文章中の(あ)〜(こ)に入る適切な用語または語句を答えよ。

ヒトの肝臓は(あ)の下にある体内で最も大きな器官で,約50万個の肝細胞からなる(い)を基本単位としています。血液は肝動脈と(う)を通って肝臓に流れ込み,(え)から出ていきます。

肝臓には主なはたらきが7つあります。

1. 血液中に含まれる(お)を血糖といい,その濃度がほぼ一定になるよう維持しています。血糖濃度が高いときは(お)の一部を(か)として蓄え,血糖濃度が低いときは逆に消費します。

2. 血しょう中に含まれるタンパク質を合成したり,不要になったタンパク質やアミノ酸を分解したりしています。

3. タンパク質やアミノ酸を分解したときに生じる有害な(き)を,毒性の低い(く)に変えます。(く)は腎臓のはたらきによって体外に排出されます。

4. 有害物質を無害な物質に変える解毒作用があります。例えば，アルコールは酵素によって（　け　）に変えられ，さらに酵素によって酢酸に変わります。

5. 古くなった（　こ　）は肝臓で破壊されます。

6. 胆汁を生成します。

7. 物質を分解したときに発生する熱によって，体温調節を行っています。

解説

（　あ　）**横隔膜**　（　い　）**肝小葉**　（　う　）**肝門脈**　（　え　）**肝静脈**
（　お　）**グルコース**　（　か　）**グリコーゲン**　（　き　）**アンモニア**
（　く　）**尿素**　（　け　）**アセトアルデヒド**　（　こ　）**赤血球**　答

確認問題 29　4-27，4-28，4-29，4-30，4-31 に対応

次の文章中の（　あ　）～（　う　）に入る適切な用語または語句を答えよ。また，**問1～3**に答えよ。

ヒトの神経系は，脳・脊髄からなる（　あ　）神経系と，その周辺部の（　い　）神経系に分けられます。（い）神経系はさらに，感覚器官と運動器官を支配する（　う　）神経系と内臓や分泌腺を支配する自律神経系に分けられます。

自律神経系は(i)基本的に1つの器官に対して2つの神経（交感神経，副交感神経）が接続しており，(ii)互いに反対の作用を及ぼします。

(iii)交感神経は一般的に運動時や緊張時，興奮時に優位にはたらく神経です。一方，副交感神経は一般的に休息時やリラックスしているときに優位にはたらく神経です。

問1　下線部(i)について。瞳孔・立毛筋・気管支・ぼうこうの中で，交感神経は接続しているが，副交感神経が接続していない器官を1つ選べ。

問2 下線部(ii)について。このような作用を何というか答えよ。

問3 下線部(iii)について。次の器官において交感神経はどのようにはたらくか。それぞれ選び，記号で答えよ。

(1) 心臓の拍動： a．促進 b．抑制
(2) 消化管の運動： a．促進 b．抑制
(3) 皮膚の血管： a．拡張 b．収縮
(4) 汗腺からの発汗： a．促進 b．抑制
(5) 呼吸運動： a．浅く・速く b．深く・遅く
(6) 瞳孔： a．拡大 b．縮小
(7) 立毛筋： a．拡張 b．収縮
(8) 気管支： a．拡張 b．収縮
(9) ぼうこう： a．排尿促進 b．排尿抑制

解説

（あ）**中枢** （い）**末梢** （う）**体性** 答

問1 副交感神経が接続していない器官には，皮膚の血管・汗腺・立毛筋がありましたね。
立毛筋 答

問2 **拮抗的な作用（拮抗作用）** 答

問3 (1) **a** (2) **b** (3) **b** (4) **a** (5) **a**
　　　(6) **a** (7) **b** (8) **a** (9) **b** 答

> 交感神経も副交感神経も両方とも大切じゃ

> リラックス時には副交感神経が優位にはたらくッス

確認問題 30 4-32, 4-33, 4-34, 4-35, 4-36 に対応

次の文章中の（ あ ）に入る適切な用語または語句を答えよ。また，下の**問1～3**に答えよ。

　腺は分泌作用のある細胞からなる組織で，a 外分泌腺と内分泌腺があります。内分泌腺から分泌されるホルモンは b 特定の器官に作用します。この器官には特定のホルモンを受け取る細胞があり，その細胞には特定のホルモンと結合する（ あ ）があります。

問1 下線部aについて。次の(1)～(5)の腺は外分泌腺「A」，内分泌腺「B」のどちらか。記号で答えよ。
(1) 副腎　　(2) だ腺　　(3) 脳下垂体　　(4) 甲状腺　　(5) 汗腺

問2 下線部bについて。このような器官を何というか答えよ。

問3 ホルモンの分泌調節のしくみに関する次の図の(1)～(4)に適切な語を答えよ。

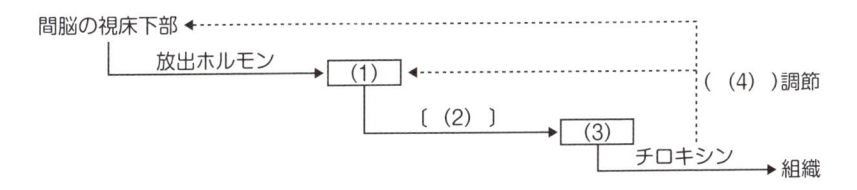

```
間脳の視床下部 ←----------------------┐
    └─ 放出ホルモン →[ (1) ]←----┐    ┊
                      │ 〔(2)〕 →[(3)]  ( (4) )調節
                                   └─ チロキシン → 組織
```

解説

（ あ ）**受容体（レセプター）**　答

問1 外分泌腺は体外に分泌物を分泌する腺で，汗腺・だ腺などがあります。一方，内分泌腺は体液中に直接分泌物を分泌する腺で，間脳の視床下部・脳下垂体・副腎・甲状腺・すい臓などがあります。
(1) **B**　(2) **A**　(3) **B**　(4) **B**　(5) **A**　答

問2 **標的器官**　答

問3 (1) **脳下垂体前葉** (2) **甲状腺刺激ホルモン** (3) **甲状腺**
(4) **負のフィードバック**

確認問題 31　4-37, 4-38, 4-39, 4-40, 4-41, 4-42に対応

〔1〕次の文章を読み，問1～3に答えよ。

下の図は，血糖濃度の恒常性維持のための調節機構を示している。

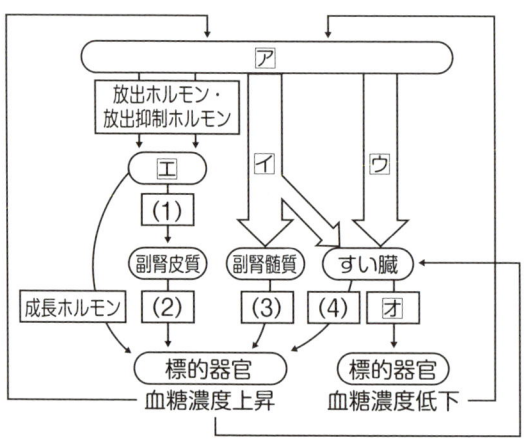

矢印は作用の方向を示す

恒常性維持調節の中枢である間脳の（　ア　）は（　イ　）と（　ウ　）を介した調節を行うと同時に，放出ホルモンや放出抑制ホルモン分泌を調節する。（　エ　）から分泌されるホルモンや（イ）と（ウ）は，副腎やすい臓などの内分泌器官からのホルモン分泌を調節する。これらの内分泌器官から分泌されたホルモンは，血液循環によって標的器官である肝臓や筋肉に作用する。
血糖濃度の上昇機構には肝臓における（　A　）によるグルコースの生成，細胞におけるグルコースの取り込みの低下などがある。
血糖濃度の上昇や低下は（ア）にフィードバックされる。
また，すい臓は（イ）と（ウ）による調節だけでなく，血糖濃度の上昇を直接感じて血糖濃度の低下作用をもつ（　オ　）の分泌を増加させる。

問1 文章中の（ ア ）〜（ オ ）は，図中のア〜オに対応している。あてはまる適切な語句を答えよ。

問2 文章中の（ A ）に，あてはまる適切な語句を9字で答えよ。

問3 図中のホルモン（1）〜（4）をそれぞれ答えよ。

(大阪府立大・改)

〔2〕次の文章を読み，**問1，2**に答えよ。

　ヒトの体温調節を考えてみよう。体温は，脳にある①<u>体温調節中枢</u>を介して自律神経系とホルモンによってほぼ一定に保たれている。環境温度が下がると，皮膚の温度受容器が刺激され，その情報は（ ア ）神経によって脊髄に入り，脳へ伝わる。脳の体温調節中枢は，（ イ ）神経の活動を高めることによって皮膚の血管を（ ウ ）させるとともに，立毛筋を（ エ ）させて熱の放散を抑制する。
　さらに，自律神経系以外のしくみも体温調節に関与し，骨格筋に律動的な不随意収縮（ふるえ）を起こし，発熱を促し体温維持をはかる。
　また，②<u>副腎の髄質と皮質</u>ならびに甲状腺からは，ホルモン分泌が高まり体温を維持する。これとは逆に，環境温度が上がると皮膚血管が（ オ ）し，体温の上昇を抑える。さらに，汗腺に分布する（ カ ）神経によって発汗が促進され，汗の蒸発作用により体温は下がる。

問1 上の文章中の（ ア ）〜（ カ ）にあてはまる適切な語句を答えよ。

問2 下線部①について。体温調節中枢がある脳の部域の名称を答えよ。

(岡山大・改)

〔3〕体液中の水分量が少ないとき，体内ではどのような調節が行われるか。次の語句をすべて使い，100字程度で答えよ。
　　（語句：塩類濃度　間脳の視床下部　脳下垂体後葉　バソプレシン
　　　　　　標的器官　再吸収）

解説

〔1〕**問1** （ア）**視床下部**　（イ）**交感神経**　（ウ）**副交感神経**
　　　（エ）**脳下垂体前葉**　（オ）**インスリン**　答

問2 グリコーゲンの分解 答

問3 (1) 副腎皮質刺激ホルモン (2) 糖質コルチコイド (3) アドレナリン
(4) グルカゴン 答

〔2〕問1 （ア）感覚 （イ）交感 （ウ）収縮 （エ）収縮
（オ）拡張 （カ）交感 答

問2 （間脳の）視床下部 答

〔3〕体液の塩類濃度が高まると，それを間脳の視床下部が感知し神経分泌細胞がバソプレシンを合成する。バソプレシンは，脳下垂体後葉の血管に分泌され，標的器官である腎臓が受け取って水分の再吸収を促進する。（96字） 答

確認問題 32　4-43，4-44，4-45，4-46，4-47，4-48，4-49 に対応

次の文章中の（あ）～（く）に入る適切な用語または語句を答えよ。また，**問1～4**に答えよ。

　ヒトには病原体などの異物から生体を守ろうとするしくみが備わっており，a 物理的・化学的防御と免疫に分けられます。体に侵入してきた異物はまず，好中球や，マクロファージ，樹状細胞などによる（あ）によって排除されます。このような非特異的な認識反応による免疫を（い）免疫といいます。
　一方，異物と特異的に反応する免疫を（う）免疫といいます。中でも，b 抗体を作って抗原を無毒化する免疫を（え）免疫といいます。（え）免疫では，（お）細胞が分化・増殖して（か）細胞となり，c 抗体を大量に産生して体液中に分泌します。
　一方，（き）細胞がかかわる免疫を（く）免疫といいます。

問1　下線部aについて。物理的防御の1つに皮膚の角質層の存在が挙げられる。なぜ角質層は物理的防御に寄与しているかを，次の語彙を用いて説明せよ。
（語彙：死細胞　隙間　ウイルス）

問2 下線部aについて。以下のそれぞれの器官における化学的防御を説明せよ。
(1) 眼　(2) 胃

問3 下線部bについて。このような反応を何というか答えよ。

問4 下線部cについて。これは何というタンパク質からなるか、その名称を答えよ。また、タンパク質のうち、抗体ごとに異なる構造をした部位を何と呼ぶか答えよ。

解説

（あ）**食作用**　（い）**自然**　（う）**獲得**　（え）**体液性**
（お）**B**　（か）**抗体産生**　（き）**キラーT**　（く）**細胞性**

問1 ウイルスは生きた細胞にしか感染できないが、角質層は死細胞が隙間なく重なってできているため、ウイルスが体内に侵入するのが困難だから。

問2 (1) 涙に含まれる酵素が病原菌を死滅させる。
(2) 強酸性の胃酸が病原菌を死滅させる。

問3 抗原抗体反応

問4 免疫グロブリン、可変部

確認問題 33　4-50, 4-51, 4-52, 4-53 に対応

次の文章中の（あ）〜（き）に入る適切な用語または語句を答えよ。また、問1〜5に答えよ。

　樹状細胞やマクロファージは、細菌やウイルスの一部を細胞表面に提示します。すると、この情報を得た（　あ　）細胞が、B細胞や（　い　）細胞を活性化します。その際、B細胞や（い）細胞の一部が ₐ（　う　）細胞となって残ります。このような現象を（　え　）といいます。

2回目の免疫反応を（　お　）といい，1回目と比べて抗体の産生が短期間で大量に行われるという特徴があります。

免疫機能が低下すると，感染症にかかりやすくなります。そのような状態を（　か　）といい，エイズは(か)を引き起こします。エイズの発症メカニズムは，まず（　き　）と呼ばれるウイルスが(あ)細胞に感染し，(あ)細胞を破壊します。これによって体液性免疫と細胞性免疫の両方が機能しなくなり，b健康なヒトなら普通はかからないようなさまざまな感染症にかかってしまいます。

一方，c免疫の過剰反応が体に不利益を起こすこともあります。例えば，花粉症は抗体がマスト細胞に付着した際にヒスタミンという物質を放出し，粘膜や神経を刺激することが原因です。他にも，dハチに2度目に刺された際に失神や呼吸困難などになるのも，免疫の過剰反応が体に不利益を起こすものの一種です。

問1 下線部aについて。この細胞を利用した，無毒化・弱毒化した病原体などを抗原として接種する感染症の予防法を何というか答えよ。

問2 ヘビ毒や破傷風などを，免疫を利用して治療する方法を何というか答えよ。

問3 下線部bについて。このような状態を何というか答えよ。

問4 下線部cについて。このような反応を何というか答えよ。

問5 下線部dについて。このような反応のうち，生命にかかわる重篤な症状を伴うものを何というか答えよ。

解説

（　あ　）**ヘルパーT**　（　い　）**キラーT**　（　う　）**記憶**
（　え　）**免疫記憶**　（　お　）**二次応答**　（　か　）**免疫不全**
（　き　）**HIV**

問1　**予防接種**　**問2**　**血清療法**　**問3**　**日和見感染**　**問4**　**アレルギー**
問5　**アナフィラキシーショック**

Chapter 5 生物の多様性と生態系

確認問題 34　5-1，5-2，5-3に対応

次の文章中の（　あ　），（　い　）に入る適切な用語または語句を答えよ。また，下の**問1〜3**に答えよ。

　ある地域に生育している植物全体のことを（　あ　）といいます。（あ）の外見上の様子を（　い　）といい，aその空間を占有している面積が多い植物に左右されます。また（あ）は，b気候的な要因に大きく影響を受けます。

問1 下線部aについて。このような植物を何というか答えよ。

問2 下線部bについて。気候的な要因とは何か，具体的に2つ挙げよ。

問3 以下の（ア）〜（ウ）のラウンケルの生活形の説明として，最も適切なものを下の①〜⑤から1つずつ選べ。

　（ア）一年生植物　　（イ）半地中植物　　（ウ）地上植物

　① 生育に適した時期がくると，高い位置に枝や葉をすばやくつけることができる。
　② 地上30cm未満の地表付近に休眠芽をつける。
　③ 休眠芽を地中の地下茎などにつけて，地表の凍結に対抗する。
　④ 生活に適さない期間を，種子として生きのびる。
　⑤ タンポポなどが，この生活形に含まれる。

（熊本大・改）

解説

（あ）**植生**　（い）**相観**　答

問1 **優占種**　答

問2 **気温，降水量**　答

問3 ラウンケルの生活形では，生育に適さない時期を休眠芽として過ごすのでした。①は高い位置で休眠芽をつける地上植物を表しています。②は地表植物，③は地中植物，④は休眠芽の状態を種子として過ごす一年生植物を表しています。⑤は半地中植物のことで，半地中植物は休眠芽が地表面に接しています。

(ア) ④　(イ) ⑤　(ウ) ①　**答**

確認問題 35　5-4，5-5 に対応

次の文章中の（あ）～（お）に入る適切な用語または語句を答えよ。また，**問い**に答えよ。

　森林の内部には，植物の高さによって層状となっている構造が見られます。この構造を（あ）といいます。植物の高さが高いところから順に高木層，（い）層，低木層，（う）層となっています。また，森林の上部の葉が密になっている部分を（え）といい，地表に近い部分を（お）といいます。(お)に近づくにつれて降り注ぐ光が減り，あまり光が届かなくなり，植物の生育に大きな影響を与えます。

問い 下線部について。下の図は，A，Bの2種類の植物の葉にいろいろな強さの光を当て，光合成速度をCO_2の吸収量で調べた結果である。これについて，**(1)～(4)**に答えよ。

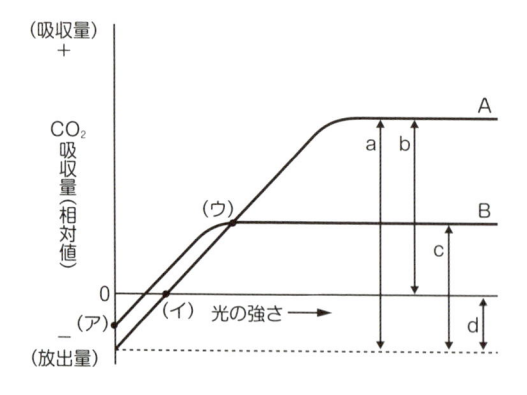

(1) A，Bは片方が陽樹の葉，片方が陰樹の葉である。陰樹の葉はA，Bのどちらと考えられるか，記号で答えよ。
(2) Aの呼吸速度を表しているのは図中のa〜dのどれか，記号で答えよ。
(3) Aの光合成速度を表しているのは図中のa〜dのどれか，記号で答えよ。
(4) Aの光補償点を表しているのは図中の（ア）〜（ウ）のどれか，記号で答えよ。

解説

（あ）**階層構造** （い）**亜高木** （う）**草本** （え）**林冠** （お）**林床** 答

問い (1) 陰樹は陽樹に比べて光補償点が低い。よって **B** 答
(2) 呼吸速度は光の強さが0のときのCO_2吸収量です。よって **d** 答
(3) 見かけの光合成速度を表しているのがbです。
光合成速度は「呼吸速度（d）」＋「見かけの光合成速度（b）」なので，答えは **a** 答
(4) 光補償点とは，見かけの光合成速度が0となるときの光の強さです。よって **（イ）** 答

確認問題 36　5-6，5-7，5-8，5-9 に対応

次の文章中の（　あ　）〜（　お　）に入る適切な用語または語句を答えよ。（　ア　）〜（　カ　）には適切な語彙を【語群】から選べ。また，下の**問1〜3**に答えよ。

ある地域における植生が，時間とともに移り変わることを遷移といいます。火山の噴火などで生じた裸地の状態から始まる遷移を一次遷移といいます。はじめは土壌がほとんどなく栄養塩類も少ないですが，そのような厳しい環境でも生育できる（　ア　）などの草本類がa最初に侵入してきます。
裸地の状況によっては，（　イ　）や（　ウ　）が最初に侵入することもあります。

こうして土壌が発達すると他の多くの草本類も侵入し，さらに（ エ ）やコナラなどの（ あ ）が(あ)林を形成します。その後，混合林となり，最終的に（ い ）林となって，b構成する種や相観に大きな変化が見られなくなります。

しかし，台風などで一部の高木が倒れ，植生が部分的に破壊されることもあります。こうしてできた部分を（ う ）といいます。

また，山火事や森林伐採の跡地などから始まる遷移を（ え ）といい，一次遷移と比べて。短時間で新たな植生が形成されます。

湖沼などから始まる一次遷移を（ お ）といいます。生物の遺体や土砂がたい積したあと（ オ ）などが生え，ある程度浅くなると（ カ ）が生えてきます。その後，湿原を経て草本類が生育してくると，乾性遷移と同じ過程をたどります。

【語群】
浮葉植物　　地衣類　　ブナ　　タブノキ　　ススキ　　コケ類
アカマツ　　沈水植物

問1 下線部aについて。このような植物を何というか答えよ。

問2 下線部bについて。このような状態を何というか答えよ。

問3 下線部cについて。その理由を30字以内で答えよ。

解説

（ あ ）**陽樹**　（ い ）**陰樹**　（ う ）**ギャップ**　（ え ）**二次遷移**
（ お ）**湿性遷移**
（ ア ）**ススキ**　（ イ ）・（ ウ ）**地衣類・コケ類**（順不同）
（ エ ）**アカマツ**　（ オ ）**沈水植物**　（ カ ）**浮葉植物**

問1 **先駆植物（パイオニア植物）**

問2 **極相（クライマックス）**

問3 **すでに土壌があり，水分や栄養塩類，種子や根が残っているため。（30字）**

確認問題 **37** 5-10, 5-11, 5-12 に対応

次の文章中の（ あ ）～（ す ）に入る適切な用語または語句を答え,（ せ ）は適切な用語を選びなさい。また，以下の**問1**～**4**に答えよ。

その地域に生息する植物・動物・微生物などをまとめてバイオームといい，（ あ ）によって区別されます。バイオームは（ い ）と（ う ）によって決まります。
森林のバイオームは（い）が多く，（う）が－5℃以上の地域で形成されます。一方，（い）が1000 mm以下の地域では草原のバイオームが形成され，（い）が極端に少なかったり（う）が極端に低かったりする地域には（ え ）のバイオームが見られます。

日本列島の（い）は植物の生育に十分であるため，バイオームの分布は（う）による影響を大きく受けます。日本のバイオームは南から北にかけて（ お ）→（ か ）→（ き ）→（ く ）となっています。このような緯度に沿ったバイオームの分布を（ け ）といいます。
一方，標高の違いによる分布を（ こ ）といい，ある標高以上になると森林が形成できなくなります。このような標高を（ さ ）といい, その境界は（ し ）帯と（ す ）帯の間にあります。（さ）は南から北に向かうほど（せ：高く・低く）なります。

問1 次の図は（い）と（う）をもとに分類した世界のバイオームを示したものである。

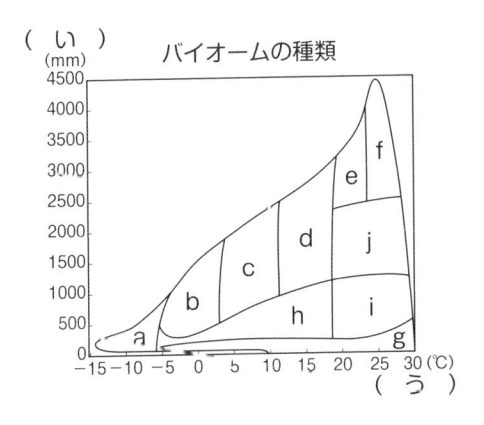

（ い ）
(mm)
バイオームの種類

（縦軸: －15, －10, －5, 0, 5, 10, 15, 20, 25, 30 (℃)）
（ う ）

領域記号: a, b, c, d, e, f, g, h, i, j

次の **(1)** ～ **(5)** の記述は，バイオームの特性を述べたものである。それぞれが図中のどのバイオームに属するのか，a ～ j の記号で答え，さらに，そのバイオームの名称を記せ。

(1) 樹木の葉は厚くて光沢のあるクチクラ層が発達している。
(2) 世界の主要なコムギ生産地が分布している。
(3) 雨季と乾季が交互にある東南アジアに発達している。
(4) 北アメリカ北部，アジア北部，ヨーロッパ北部の寒帯に発達し，地衣類，コケ類が見られる。
(5) 樹高の高い常緑地帯で，階層構造が発達し，つる植物，着生植物も多いが，種あたりの個体数は少ない。

問2 次の①～④の植物は図中のどのバイオームを代表するものか，それぞれa ～ j の記号で答え，さらに，そのバイオームの名称を記せ。

① トドマツ，エゾマツ　② タブノキ，クスノキ
③ ブナ，ミズナラ　　　④ チーク

（名城大・改）

問3 下線部について。（お）～（く）の森林で優占する高木を以下からそれぞれ1つずつ選べ。

フタバガキ，エゾマツ，サボテン，ブナ，コルクガシ，スダジイ，コケモモ，ガジュマル

問4 次の図について。②の群系に属する木として適切なものを2つ選べ。

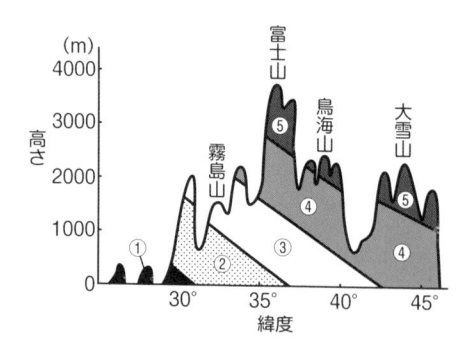

（ア）ミズナラ　（イ）エゾマツ　（ウ）シラカバ　（エ）ブナ
（オ）クスノキ　（カ）スダジイ

解説

(あ) 植生　(い) 年降水量　(う) 年平均気温　(え) 荒原
(お) 亜熱帯多雨林　(か) 照葉樹林　(き) 夏緑樹林
(く) 針葉樹林　(け) 水平分布　(こ) 垂直分布
(さ) 森林限界　(し)・(す) 亜高山，高山 (順不同)
(せ) 低く　**答**

問1 年平均気温と年降水量の関係を表した図は下図のようになっています。

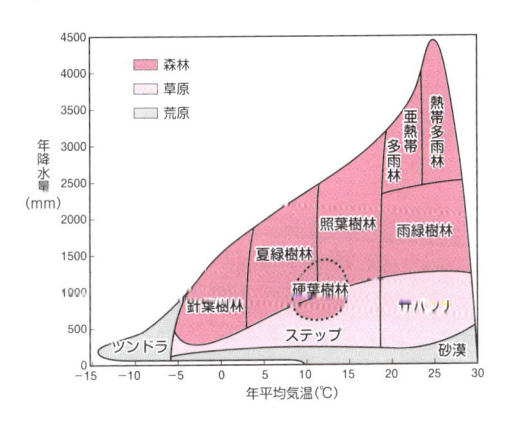

(1) d，照葉樹林　(2) h，ステップ　(3) j，雨緑樹林　(4) a，ツンドラ
(5) f，熱帯多雨林　**答**

問2 ① b，針葉樹林　② d，照葉樹林　③ c，夏緑樹林　④ j，雨緑樹林　**答**

問3 (お) ガジュマル　(か) スダジイ　(き) ブナ　(く) エゾマツ　**答**

問4 日本のバイオームは，南から北に向かうにしたがって「亜熱帯多雨林→照葉樹林→夏緑樹林→針葉樹林」となることを頭に入れておきましょう。あとは，バイオームに対して標高，帯，植生をリンクさせておくと覚えやすいはずです。②は照葉樹林ですので，答えは**(オ)，(カ)**　**答**

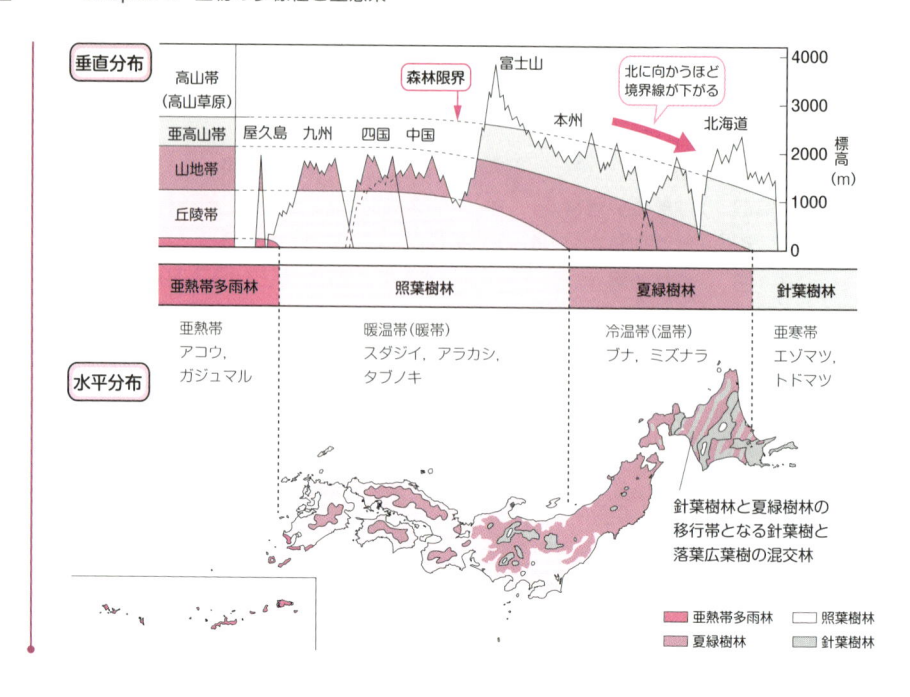

垂直分布

高山帯（高山草原）
亜高山帯
山地帯
丘陵帯

屋久島　九州　四国　中国　本州　北海道

森林限界
富士山
北に向かうほど境界線が下がる

標高(m) 4000／3000／2000／1000／0

| 亜熱帯多雨林 | 照葉樹林 | 夏緑樹林 | 針葉樹林 |

亜熱帯
アコウ, ガジュマル

暖温帯(暖帯)
スダジイ, アラカシ, タブノキ

冷温帯(温帯)
ブナ, ミズナラ

亜寒帯
エゾマツ, トドマツ

水平分布

針葉樹林と夏緑樹林の移行帯となる針葉樹と落葉広葉樹の混交林

凡例：亜熱帯多雨林／照葉樹林／夏緑樹林／針葉樹林

確認問題 38　5-13, 5-14, 5-15, 5-16, 5-17 に対応

次の文章中の（　あ　）～（　か　）に入る適切な用語または語句を答えよ。

　ある地域に生息するすべての生物と非生物的環境をまとめたものを生態系といいます。
　生物と非生物的環境は互いに影響を及ぼし合います。環境が生物に影響を及ぼすことを作用といい，生物が環境に影響を及ぼすことを（　あ　）といいます。
　生態系内の生物は，その役割から a 生産者，消費者に分けられ，消費者の中には b 分解者がいます。
　消費者には，植物を食べる（　い　）消費者と，それを食べる（　う　）消費者がおり，さらに高次な消費者もいます。このように被食者と捕食者が一連の鎖のようにつながっていることを食物連鎖といい，一般に複雑に入り組んだ構造になっています。これを（　え　）といいます。
　（え）を構成する生物の，食物連鎖の各段階を（　お　）といい，その個体数

や生物量を順に積み重ねたものを（　か　）といいます。

問1 下線部aについて。水界における生産者は，光補償点以上の光が届く限界の水深までしか生息できない。この水深を何と呼ぶか答えよ。

問2 下線部bについて。生態系における分解者の役割を30字以内で答えよ。

解説

（　あ　）**環境形成作用**　（　い　）**一次**　（　う　）**二次**　（　え　）**食物網**
（　お　）**栄養段階**　（　か　）**生態ピラミッド**　【答】

問1 **補償深度**　【答】

問2 **生産者や消費者の遺骸や排泄物を分解し，無機物にする。（26字）**　【答】

確認問題 39　5-18，5-19，5-20 に対応

生態系における物質の循環に関して，次の問1，2に答えよ。

問1 下図は生態系における炭素の循環を示している。①～⑦に入る適切な語句を，次のa～gから選んで記号で答えよ。

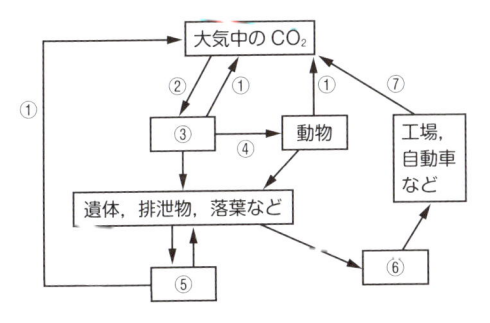

（図：大気中のCO₂ を中心とした炭素循環図。ボックス：③，動物，遺体・排泄物・落葉など，工場・自動車など。番号①～⑦の矢印。）

a. 呼吸　b. 光合成　c. 摂食　d. 燃焼　e. 化石燃料　f. 菌類・細菌類
g. 緑色植物

問2 窒素の循環に関する次の文章中の（　あ　）～（　お　）に適切な用語または語句を入れよ。また，下線部の細菌を3つ挙げよ。

植物は土壌中のアンモニウムイオンや硝酸イオンを根から吸収しており，これらは細菌が生成しています。

土壌中のアンモニウムイオンは<u>ある種の細菌</u>が空気中の窒素から作っており，このはたらきを（　あ　）といいます。

一方，土壌中の硝酸イオンを作るのに関わっている細菌は，アンモニウムイオンから亜硝酸イオンを合成する（　い　）と，硝酸イオンを合成する（　う　）です。これらの反応を行う細菌を（　え　）といい，（え）が力を合わせることでアンモニウムイオンから硝酸イオンが生じる作用を硝化作用といいます。

こうして作られた硝酸イオンは（　お　）細菌により窒素ガスとなって大気中に戻ります。

解説

問1 ①**a** ②**b** ③**g** ④**c** ⑤**f** ⑥**e** ⑦**d**　答

問2 （　あ　）**窒素固定**　（　い　）**亜硝酸菌**　（　う　）**硝酸菌**
（　え　）**硝化菌**　（　お　）**脱窒素**
下線部：**根粒菌，アゾトバクター，ネンジュモ**　など　答

確認問題 40 5-21，5-22，5-23 に対応

生態系のバランスに関する次の文章中の（ あ ）～（ け ）に入る適切な用語または語句を答えよ。

・もともとその地域に生息していた生物を（ あ ）というのに対し，人間によってもち込まれ，定住した生物を（ い ）という。(い)の中でも，移入先の生態系に大きな影響を与えてしまうものを（ う ）といい，生態系のバランスを崩す要因となっている。

・特定の生物を人為的に大量に捕獲することを（ え ）といい，絶滅危惧種がうまれる要因の1つとなっている。

・栄養塩類の過多によって引き起こされる水質汚染を（ お ）という。(か)やアオコなどは(お)によって起きる。

・人里の近くにある，人為的に管理された田んぼや雑木林などを（ さ ）という。農村地から人が減少すると(き)が放置され，それまで築かれていた生態系に影響が出ることがある。

・DDTなど特定の化学物質が食物連鎖を通して，生体内で環境より高濃度になる現象を（ く ）といい，食物連鎖の（ け ）位の消費者ほど，体内に化学物質を多く取り込んでいる。

解説

（ あ ）**在来種**　（ い ）**外来生物（外来種）**　（ う ）**侵略的外来生物**
（ え ）**乱獲**　（ お ）**富栄養化**　（ か ）**赤潮**　（ き ）**里山**
（ く ）**生物濃縮**　（ け ）**上**　答

確認問題 41　5-24，5-25 に対応

次の①〜⑤のうち，生物多様性に関する説明として適切でないものを1つ選び，番号で答えよ。

① 生物多様性は，生態系の多様性，種の多様性，遺伝子の多様性から成り立つ。
② 外来生物により乱された生態系を再生するには，主要因となった特定の外来生物のみを駆除すればよい。
③ 生育地の減少や継続的な乱獲は，現在の個体数がたとえ多くても，絶滅を招く可能性がある。
④ 深海から高山まで，さまざまな生態系にさまざまな生物が生息しており，中には医薬品の開発や農作物の品種改良などに有望な生物もいる。
⑤ 新たな環境への適応には，同一種内に遺伝的に異なるさまざまな個体が存在することが重要である。

解説

②外来生物は人間活動によって移入してきた生物ですので，特定の外来生物のみを駆除するのではなく，人間活動を含め見直す必要があります。
よって　②　答

これで別冊も終わりじゃ　よく頑張ったのぅ

本冊も別冊も何度も繰り返して実力をつけるッスよ